Corrosão e Degradação em Estruturas de Concreto

Teoria, Controle e Técnicas de Análise e Intervenção

2ª edição

O GEN | Grupo Editorial Nacional – maior plataforma editorial brasileira no segmento científico, técnico e profissional – publica conteúdos nas áreas de ciências exatas, humanas, jurídicas, da saúde e sociais aplicadas, além de prover serviços direcionados à educação continuada e à preparação para concursos.

As editoras que integram o GEN, das mais respeitadas no mercado editorial, construíram catálogos inigualáveis, com obras decisivas para a formação acadêmica e o aperfeiçoamento de várias gerações de profissionais e estudantes, tendo se tornado sinônimo de qualidade e seriedade.

A missão do GEN e dos núcleos de conteúdo que o compõem é prover a melhor informação científica e distribuí-la de maneira flexível e conveniente, a preços justos, gerando benefícios e servindo a autores, docentes, livreiros, funcionários, colaboradores e acionistas.

Nosso comportamento ético incondicional e nossa responsabilidade social e ambiental são reforçados pela natureza educacional de nossa atividade e dão sustentabilidade ao crescimento contínuo e à rentabilidade do grupo.

Corrosão e Degradação em Estruturas de Concreto

Teoria, Controle e Técnicas de Análise e Intervenção

Daniel Véras Ribeiro
(Coordenador)

**Almir Sales
Bernardo Fonseca Tutikian
Carlos Alberto Caldas de Sousa
Fernando do Couto Rosa Almeida
Manuel Paulo Teixeira Cunha
M. Zita Lourenço
Oswaldo Cascudo
Paulo Helene**

2ª edição

- Os autores deste livro e a editora empenharam seus melhores esforços para assegurar que as informações e os procedimentos apresentados no texto estejam em acordo com os padrões aceitos à época da publicação, *e todos os dados foram atualizados pelos autores até a data de fechamento do livro.* Entretanto, tendo em conta a evolução das ciências, as atualizações legislativas, as mudanças regulamentares governamentais e o constante fluxo de novas informações sobre os temas que constam do livro, recomendamos enfaticamente que os leitores consultem sempre outras fontes fidedignas, de modo a se certificarem de que as informações contidas no texto estão corretas e de que não houve alterações nas recomendações ou na legislação regulamentadora.

- Os autores e a editora se empenharam para citar adequadamente e dar o devido crédito a todos os detentores de direitos autorais de qualquer material utilizado neste livro, dispondo-se a possíveis acertos posteriores caso, inadvertida e involuntariamente, a identificação de algum deles tenha sido omitida.

- **Atendimento ao cliente:** (11) 5080-0751 | faleconosco@grupogen.com.br

- Direitos exclusivos para a língua portuguesa
  Copyright © 2018 Elsevier Editora Ltda., © 2021 (4ª impressão) by
  GEN | GRUPO EDITORIAL NACIONAL S.A.
  Publicado pelo selo **LTC | Livros Técnicos e Científicos Editora Ltda.**
  Uma editora integrante do GEN | Grupo Editorial Nacional
  Travessa do Ouvidor, 11
  Rio de Janeiro – RJ – 20040-040
  www.grupogen.com.br

- Reservados todos os direitos. É proibida a duplicação ou reprodução deste volume, no todo ou em parte, em quaisquer formas ou por quaisquer meios (eletrônico, mecânico, gravação, fotocópia, distribuição pela Internet ou outros), sem permissão, por escrito, da LTC | Livros Técnicos e Científicos Editora Ltda.

- Capa: Vinícius Dias

- Imagem de Capa: Stocksnap@pixabay.com

- Editoração Eletrônica: Thomson Digital

- Ficha catalográfica

C85
Corrosão e degradação em estruturas de concreto : teoria, controle e técnicas de análise e intervenção / Almir Sales ... [et al.] ; coordenador Daniel Véras Ribeiro. – [2. ed.] – [Reimpr.]. – Rio de Janeiro : GEN | Grupo Editorial Nacional S.A. Publicado pelo selo LTC | Livros Técnicos e Científicos Editora Ltda., 2021.
     : il.

   Inclui bibliografia
   ISBN 978-85-352-7487-5

   1. Engenharia civil. 2. Corrosão e anticorrosivos. I. Sales, Almir. II. Ribeiro, Daniel Véras.

18-47088   CDD: 620.11223
                                CDU: 620.19

A mente que se abre a uma nova ideia jamais voltará ao seu tamanho original.
Albert Einstein

Coordenador

Daniel Véras Ribeiro

Graduação em Engenharia Civil pela Universidade Federal da Bahia (2004), Mestrado (2006), Doutorado (2010) e Pós-doutorado (2011) em Ciência e Engenharia de Materiais pela Universidade Federal de São Carlos. Desenvolveu Estágio de Pós-graduação na Universidade de Aveiro, no Instituto Superior Técnico de Viana do Castelo e no Laboratório Nacional de Engenharia Civil (LNEC), em Portugal. Foi vencedor do Prêmio Nacional de Teses Marechal-do-Ar Casimiro Montenegro Filho (2011), promovido pela Secretaria Nacional de Assuntos Estratégicos (SAE). Atualmente é professor da Universidade Federal da Bahia, orientador de mestrado/doutorado, membro do Conselho Fiscal da Fundação Escola Politécnica da Bahia (FEP) e diretor regional na Bahia da Associação Brasileira de Patologia das Construções (ALCONPAT Brasil). Como pesquisador coordena o Laboratório de Ensaios em Durabilidade dos Materiais (LEDMa), sendo assessor *ad hoc* de diversas agências de fomento para a área de Engenharias e Revisor de diversos periódicos nacionais e internacionais. Atua no desenvolvimento de materiais para a Engenharia Civil, com ênfase em concretos e argamassas, com foco no desenvolvimento em novos materiais, reutilização de resíduos industriais, reologia de matrizes cimentíceas e análise da durabilidade de materiais e componentes. Autor de mais de 150 trabalhos, artigos técnico-científicos publicados em congressos nacionais e internacionais e várias revistas especializadas e do livro *Resíduos Sólidos: problema ou oportunidade?*, sendo ainda coordenador da obra *Corrosão em Estruturas de Concreto Armado: teoria, controle e métodos de análise*.

Os autores

Almir Sales

Professor titular da Universidade Federal de São Carlos (UFSCar). Engenheiro Civil pela UFSCar (1986). Mestre pela Escola de Engenharia de São Carlos da Universidade de São Paulo EESC/USP (1991). Doutor pela Escola Politécnica da USP (1996). Orientador de mestrado/doutorado no Programa de Pós-graduação em Estruturas e Construção Civil da Universidade Federal de São Carlos (PPGECiv/UFSCar). Ministra disciplinas na temática Durabilidade dos Materiais e Componentes em cursos de pós-graduação. Assessor *ad hoc* do Conselho Nacional de Desenvolvimento Científico e Tecnológico (CNPq), da Coordenação de Aperfeiçoamento de Pessoal de Nível Superior (CAPES), da Fundação de Amparo à Pesquisa do Estado de São Paulo (FAPESP) e do Programa Ibero Americano de Ciência e Tecnologia para o Desenvolvimento (CYTED). Revisor de diversos periódicos nacionais e internacionais da área de Engenharia Civil. Detentor de patente relacionada com o desenvolvimento de compósito para uso em concreto leve e autor de diversos artigos científicos em periódicos indexados.

Bernardo Fonseca Tutikian

Professor e pesquisador da UNISINOS-RS. É coordenador do Instituto Tecnológico de Desempenho para Construção Civil - itt Performance e é coordenador do projeto de Rede Redetec. Engenheiro civil, mestre e doutor em engenharia. Tem pós doutorado pela CUJAE em 2013 e é Professor visitante na *Missouri University of Science and Technology* (EUA). É autor do livro 'Concreto autoadensável', publicado pela PINI em 2008 e 2015. Atua nos cursos de especialização em Construção Civil, Segurança contra Incêndio e Patologia e Desempenho nas Obras Civis na Unisinos. Membro fundador da Alconpat Brasil e vice-presidente do IBRACON. Presidente de honra da Alconpat Brasil e gestor da Alconpat Internacional. Presta consultoria para empresas de construção civil na área de dosagem de concretos, desempenho e patologia. Publicou mais de 150 trabalhos em periódicos e eventos.

Carlos Alberto Caldas de Sousa

Graduação em Engenharia Química pela Universidade Federal de São Carlos (UFSCar) (1986). Mestrado em Ciência e Engenharia dos Materiais pela UFSCar (1989). Doutorado em Ciência e Engenharia dos Materiais pela UFSCar (1994). Atualmente é professor adjunto da Universidade Federal da Bahia (UFBA). Tem experiência na área de Engenharia de Materiais e Metalúrgica, com ênfase em Corrosão, atuando principalmente nos seguintes temas: corrosão, eletrodeposição, ligas amorfas e ligas nanocristalinas.

Fernando do Couto Rosa Almeida

Professor da Universidade Federal de Minas Gerais. Engenheiro Civil pela Universidade Federal de São Carlos (2010), com intercâmbio acadêmico na Universidade de Coimbra (Portugal). Mestre pela Universidade Federal de São Carlos (2013). Doutor pela Glasgow Caledonian University (Escócia, 2018), com período sanduíche na Università Politecnica delle Marche (Itália). Foi vencedor do Prêmio Capes Natura-Campus de Excelência em Pesquisa 2015 (Ministério da Educação), no Tema – Sustentabilidade: novos materiais e tecnologias. Membro ativo da RILEM e do GESEC-UFSCar. Pesquisador na área de novos materiais para construção civil, com foco em durabilidade e sustentabilidade de matrizes cimentícias (argamassas e concretos). Autor de artigos científicos publicados em periódicos indexados e em eventos nacionais e internacionais.

Manuel Paulo Teixeira Cunha

Licenciado em Física pela Faculdade de Ciências da Universidade do Porto. Mestre em Ciência e Engenharia da Corrosão pelo Instituto de Ciência e Tecnologia da Universidade de Manchester. Doutor em Engenharia de Materiais pela Universidade de Aveiro. Atualmente é professor auxiliar do Departamento de Ciências Empresariais no Instituto Superior da Maia. Fundador e Sócio da Empresa Icorr Ltda, detentora de duas patentes responsáveis pelo desenvolvimento de dois sistemas de monitorização da corrosão do concreto armado em tempo real, e coautor de diversos artigos na área da corrosão e monitorização da corrosão.

M. Zita Lourenço

Licenciada em Engenharia Química pela Universidade de Coimbra. Doutora em Engenharia de Materiais pela Monash University, em Melbourne, na área da proteção catódica do concreto. Foi agraciada pela Australasian Corrosion Association com o *Amac Best Research Award*, em 1992, e o *The David Whitby Best Review Paper Award*, em 1996. Desde 1990 atua no desenvolvimento e implementação de novas tecnologias para a reabilitação de estruturas de concreto na Austrália e em Portugal. Desenvolveu vários projetos internacionais de proteção catódica, como a Casa da Opera de Sidney, a Mesquita Hassan II, em Casablanca, e o Novo Porto de Tanger, no Marrocos. Em 2001, fundou a Zetacorr Ltda. (www.zetacorr.com). Membro da comissão redatorial da revista *Corrosão e Proteção de Materiais* e membro da comissão instaladora da Divisão Técnica de Corrosão (DTCPM) da Sociedade Portuguesa de Materiais.

Oswaldo Cascudo

Professor e pesquisador da Universidade Federal de Goiás (UFG), vinculado ao Programa de pós-graduação em Geotecnia, Estruturas e Construção Civil (PPG-GECON). Engenheiro Civil pela Universidade Federal da Paraíba (UFPB). Mestre e doutor pela Escola Politécnica da Universidade de São Paulo (EPUSP). Pós-doutorado no Institut National des Sciences Appliquées (INSA) de Toulouse, na França. Atuante em consultorias e pesquisas nas áreas de ciência e tecnologia dos concretos e argamassas, durabilidade das estruturas e corrosão das armaduras, com ênfase no diagnóstico e terapia de manifestações patológicas, bem como na concepção de concretos duráveis.

Autor de diversos trabalhos técnico-científicos em congressos e periódicos nacionais e internacionais e do livro *O controle da corrosão de armaduras em concreto: inspeção e técnicas eletroquímicas* (PINI, 1997). Coordenador da tradução da obra *Durabilidade do concreto – bases científicas para a formulação de concretos duráveis de acordo com o ambiente*, de autoria de Jean-Pierre Ollivier e Angélique Vichot (IBRACON, 2014).

Paulo Helene

Engenheiro Civil pela Escola Politécnica da Universidade de São Paulo (EPUSP). Especialista em *Patología de las Construcciones* pelo Instituto Eduardo Torroja em Madri, Espanha. Doutor em Engenharia, com pós-doutorado na Universidade da Califórnia, em Berkeley. Livre-docente, professor associado e titular da Universidade de São Paulo (USP). Educador, pesquisador renomado e respeitado consultor.

Autor de mais de 400 trabalhos e artigos técnico-científicos publicados em congressos nacionais e internacionais e em várias revistas especializadas. Autor de oito livros publicados no Brasil e exterior. Autor de capítulos de livro e editor, além de consultor *ad hoc* da Fundação de Amparo à Pesquisa do Estado de São Paulo (FAPESP), do Conselho Nacional de Desenvolvimento Científico e Tecnológico (CNPq), da Financiadora de Estudos e Projetos (FINEP), da Coordenação de Aperfeiçoamento de Pessoal de Nível Superior (CAPES) e outras agências de fomento à pesquisa. Em 2002, foi agraciado com o American Concrete Institute *ACI AWARD* "for sustained and outstanding contributions in the general area of design for high-rise concrete structures", tendo sido considerado no país, *Personalidade do Ano 1997*, pelo Sindicato dos Engenheiros no Estado de São Paulo. Em 2001, recebeu o Prêmio *Ary Torres* conferido pelo Instituto Brasileiro do Concreto (IBRACON). Em 1999, foi agraciado com o prêmio *El Registro* do Instituto Mexicano del Cemento y del Concreto (IMCYC).

Exerceu a presidência do IBRACON de 2003 a 2008. Atualmente é membro permanente do conselho diretor desse Instituto, sócio honorário e presidente do Conselho Editorial da *Revista CONCRETO*. Membro de conselhos científicos e editoriais de revistas e congressos nacionais e internacionais. Conselheiro Internacional da Rede PREVENIR com sede no México, presidente da Asociación Latino Americana de Control de Calidad (ALCONPAT), Patología y Recuperación de la Construcción e Diretor da PhD Engenharia.

Agradecimentos

A Deus, por mais um sonho realizado e por nos dar força para superar todos os momentos de adversidade, nas esferas pessoal e profissional.

A meus pais, Everaldo (*in memoriam*) e Carmen, grandes incentivadores em todos os nossos projetos. A educação sempre foi o grande legado deixado por eles, e os frutos brotam como consequência de toda essa dedicação.

Ao meu grande amigo e eterno orientador, Márcio Morelli, pelos conselhos e apoio desde o início de carreira, com tantas dificuldades.

Ao Professor Doutor Enio Pazini Figueiredo (UFG), renomado e experiente pesquisador, com atuação em diversos trabalhos técnicos sobre corrosão em estruturas de concreto armado, que nos agraciou com um belo texto, prefaciando esta obra.

Aos Professores Paulo Helene (USP), Carlos Alberto Caldas (UFBA), Almir Sales (UFSCar), Bernardo Tutikian (UNISINOS) e Oswaldo Cascudo (UFG), ao pesquisador Fernando Almeida e aos colaboradores portugueses Manuel Paulo Cunha (Icorr) e M. Zita Lourenço (Zetacorr), que abrilhantaram esta obra, dando suas valiosas contribuições na redação de seus capítulos.

Às empresas e instituições que acreditaram neste trabalho, consolidando seu comprometimento com a ciência e a tecnologia, apoiando iniciativas que visam minimizar os riscos associados à degradação dos materiais.

Aos colegas do Departamento de Ciência e Tecnologia dos Materiais da Universidade Federal da Bahia (DCTM/UFBA) Carlos Alberto, Cléber Dias, Marcelo Cilla, Paulo César Sant'Anna, Sandro Lemos e Vanessa Silveira pela força e pelo apoio, fazendo do ambiente de trabalho uma extensão de meu lar.

Aos jovens pesquisadores que compõem o Laboratório de Ensaios em Durabilidade dos Materiais (LEDMa), que são a certeza de um futuro promissor para a área, em especial Bruna Santos, Daniel Mota, Débhora Soto, Guilherme Silva, Ivan Henrique Santos, José Andrade Neto, Manuella Souza, Nilson Amorim, Rafaela Rey, Saulo Leão Marques, Silas Pinto e Tiago Assunção, cujos resultados e apoio enriqueceram esta nova edição.

Ao engenheiro Jander Fabiano Barbosa da Silva pelo apoio na arte final de diversas figuras que compõem a obra.

À minha companheira Adriana (Drica, Adri ou Dri), sempre presente, e aos amigos, pelo apoio incondicional, além de todos que, direta ou indiretamente, colaboraram para que este livro se tornasse uma realidade.

Daniel Véras Ribeiro

Apresentação

É com muita satisfação que apresentamos a obra *Corrosão e degradação em estruturas de concreto armado: teoria, controle e técnicas de análise e intervenção*, que, apesar das profundas alterações e da ampliação, pode ser considerada uma 2ª edição do livro *Corrosão em Estruturas de Concreto Armado: teoria, controle e métodos de análise*, lançado em 2014.

No período compreendido entre o lançamento dessas duas obras (2014-2018) verificou-se o aparecimento de diversos livros sobre o tema, com abordagens diferenciadas. No entanto, ao contrário do que se possa imaginar, vemos isso com bastante alegria, pois essas obras não são concorrentes, mas ajudam a levar a temática para a discussão cotidiana na engenharia civil.

A obra, desenvolvida em 2013 e lançada em 2014, surgiu em um momento em que havia muita dificuldade de se encontrar referências especializadas a respeito do tema e disponíveis para os engenheiros em geral, ao mesmo tempo que cresceram as demandas pelo assunto, bastante influenciadas, no Brasil, pela publicação da "Norma de Desempenho", a ABNT NBR 15575 (Edificações habitacionais – Desempenho), em 2013, que tratou a questão, mesmo que superficialmente e sem trazer parâmetros a serem seguidos. Ainda assim, observa-se a necessidade de diversas normas específicas sobre o tema.

Se observarmos os capítulos que compõem esta edição, nota-se a formação multidisciplinar dos autores, auxiliando no entendimento das particularidades dos processos corrosivos e degradativos: engenheiros civis, engenheiros de materiais de diferentes áreas, um físico e um químico que, juntos, contribuem, de forma fundamental, nesta obra.

O Professor Enio Pazini Figueiredo, autor de diversas referências sobre o tema nos presenteia com um excelente texto que prefacia esta obra, mostrando seu entusiasmo sobre o estudo do processo corrosivo.

O texto introdutório do Professor Paulo Helene nos dá uma visão sistêmica e atual do problema, sua importância na economia e na segurança estrutural, além de um panorama das pesquisas na área, no Brasil e no mundo. Só um professor com a vivência e experiência de Paulo Helene seria capaz de fazer esse panorama de forma tão completa. Abro parênteses aqui para expressar minha admiração por esse professor que dedicou sua vida à formação de novos pesquisadores e à educação, tendo sido uma das referências de minha formação. É uma honra, até pouco tempo inimaginável, tê-lo como colega e participar de um projeto como este, ao seu lado.

No Capítulo 2, o Professor Carlos Alberto Caldas de Souza nos apresenta os conceitos básicos dos processos corrosivos, importantes para o entendimento de diversos capítulos posteriores.

No Capítulo 3, temos a coparticipação do Professor Oswaldo Cascudo, autor de uma das referências sobre o tema (*Controle da corrosão de armaduras em concreto: inspeção e técnicas eletroquímicas*), em um texto que trata da durabilidade e vida útil das estruturas de concreto, discutindo os modelos matemáticos para a estimativa da vida útil, com uma visão sistêmica e análise de custos, associando esses conceitos com os preconizados na normatização brasileira (NBR 6118:2007: Projeto de estruturas de concreto – Procedimento).

No Capítulo 4, a estrutura dos poros e os conceitos mais modernos a respeito dos mecanismos de transporte de agentes agressivos no concreto são discutidos em profundidade, dando embasamento para os capítulos seguintes.

O Professor Almir Sales e o Doutorando Fernando do Couto R. Almeida discutem os efeitos da ação do meio ambiente sobre as estruturas de concreto, abordando os efeitos relacionados com as causas químicas e físicas, sendo o tema do Capítulo 5.

O Capítulo 6 apresenta as principais consequências do fenômeno da carbonatação e da ação de cloretos na corrosão de estruturas de concreto armado e os mecanismos de passivação da armadura no concreto, iniciação e a propagação da corrosão, além da ação dos sais, como os cloretos, sendo complementado pelo Capítulo 7, que trata de outros mecanismos de degradação do concreto, tais como reação álcalis-agregado (RAA), corrosão negra, corrosão bacteriana, corrosão por "correntes de fuga", lixiviação/eflorescências e ataque por ácidos.

No Capítulo 8, em coautoria com o Professor Bernardo Tutikian, são discutidos aspectos muitas vezes negligenciados quanto à durabilidade das estruturas, que ocorrem quando o concreto é exposto a situações extremas, como os ciclos de gelo-degelo ou a ação do fogo. O Professor Bernardo Tutikian coordena o Instituto Tecnológico de Desempenho para Construção Civil (ITT Performance), na Universidade do Vale do Rio dos Sinos (UNISINOS), sendo membro fundador e presidente de honra da Associação Brasileira de Patologia das Construções (ALCONPAT) no Brasil e gestor da ALCONPAT Internacional.

A primeira parceria luso-brasileira da obra acontece no Capítulo 9, quando os autores Carlos Alberto Caldas de Souza e M. Zita Lourenço abordam os principais métodos de proteção e aumento da durabilidade do concreto armado, seja por meio de inibidores, prevenção catódica, armaduras especiais (galvanizadas, duplex, inox, poliméricas reforçadas com fibras) ou por proteção superficial do concreto. A pesquisadora M. Zita Lourenço é fundadora da Zetacorr Ltda., tendo larga experiência no estudo e na execução de projetos de proteção catódica, tais como o da Sidney Opera House, na Austrália, da Mesquita Hassan II, em Casablanca, e do Novo Porto de Tanger, ambos no Marrocos.

Mais uma parceria luso-brasileira ocorre no Capítulo 10, com a coautoria do Pesquisador Manuel Paulo Teixeira Cunha, sócio da empresa Icorr, especializada em avaliação da deterioração das estruturas de concreto armado. Este capítulo apresenta as mais modernas técnicas de avaliação e monitoramento da corrosão em estruturas de concreto armado, envolvendo a inspeção visual, as técnicas de avaliação da qualidade do concreto como uma barreira física à ocorrência da corrosão e, por fim, o monitoramento e a previsão da corrosão das armaduras.

Finalizando, o Capítulo 11, de autoria da portuguesa M. Zita Lourenço, aborda as mais utilizadas técnicas eletroquímicas para a reabilitação de estruturas, tais como a proteção catódica pós-edificação, a dessalinização e a realcalinização. O capítulo é concluído com a apresentação de casos práticos, quando a autora compartilha algumas de suas experiências profissionais na resolução de problemas que envolvem a corrosão de concreto armado.

Assim, percebe-se que este livro aborda o tema de forma bastante detalhada e completa, trazendo diversos aspectos que o diferenciam da obra lançada há quatro anos, seja por uma nova abordagem ou pelo aprofundamento da temática apresentada anteriormente, fornecendo aos leitores de todos os níveis as informações necessárias para a iniciação na área.

Os autores esperam que esta obra sirva de inspiração para engenheiros e pesquisadores e que estes desfrutem das informações aqui contidas com a mesma satisfação que nós tivemos em escrevê-las e servindo como vetor de disseminação dessas informações.

Professor Doutor Daniel Véras Ribeiro
Coordenador

Prefácio

Quando o leitor vê a capa deste livro, imediatamente reconhece que o tema tratado é extremamente importante para a qualidade das estruturas de concreto, que o livro é coordenado pelo destacado pesquisador e professor Daniel Véras da UFBA e que os autores dos capítulos são reconhecidos professores, pesquisadores e profissionais atuantes na área de corrosão das armaduras. Tenho orgulho de reconhecer nos autores alguns amigos recentes e amigos de longa data. Portanto, é um verdadeiro prazer e honra fazer este prefácio.

Esta obra encontra forte justificativa no fato de o concreto ser o material de construção estrutural mais empregado no nosso país e no mundo. O concreto armado é uma associação inteligente de materiais, que fornece um material construtivo estrutural relativamente barato se comparado aos demais, com boa resistência à água, grande estabilidade dimensional, com inúmeras possibilidades de tamanhos e formas e, principalmente, alta capacidade de suportar esforços, tanto de tração quanto de compressão. Por esses motivos, durante muito tempo, o concreto armado foi considerado um material definitivo na construção civil, aliando durabilidade e resistência. Porém, com o passar dos anos, a durabilidade do concreto armado, que antes era considerada ilimitada, começou a ser questionada, em razão do surgimento de manifestações patológicas que começaram a deteriorar as estruturas de concreto, algumas vezes de forma prematura, sendo a principal delas a corrosão das armaduras. Atualmente, vários profissionais e setores da construção civil estão mobilizados no sentido de prevenir, controlar e reabilitar estruturas de concreto que apresentam ou estão susceptíveis a esse fenômeno tão danoso e que tanto prejuízo econômico traz para a sociedade.

Este livro apresenta e discute, de forma profunda, uma das mais incidentes e complexas manifestações patológicas das construções, a corrosão das armaduras das estruturas de concreto, mostrando ao leitor, de forma didática e detalhada, os mecanismos de passivação e despassivação das armaduras, os fatores que afetam a iniciação e propagação desse fenômeno, as técnicas de monitoramento da corrosão, o controle e a prevenção, bem como as formas de reabilitar as estruturas de concreto acometidas por esse problema.

Esta nova edição foi atualizada e ampliada. O Capítulo 6 da antiga versão foi desmembrado nos atuais Capítulos 6 e 7, que tratam da iniciação da corrosão pela carbonatação e pelos cloretos e de outros processos degradativos à estrutura de concreto, respectivamente. Foi introduzido também o Capítulo 8, que trata da resistência do concreto à ação de ciclos de gelo e degelo e à ação do fogo. Os demais capítulos mantidos foram atualizados, a fim de acompanhar as evoluções na área e atender a dinâmica da produção científica e tecnológica e do aprendizado.

O livro tem todos os ingredientes para despertar o interesse dos profissionais que labutam na área e daqueles que estão iniciando no tema. Portanto, felicito todos os autores e o organizador pelo excelente livro produzido e desejo que ele seja um sucesso, chegando rapidamente nas mãos de estudantes, consultores, escritórios de engenharia e demais profissionais da construção civil.

Professor Doutor Enio Pazini Figueiredo*

---

* Professor titular da Escola de Engenharia Civil e Ambiental da Universidade Federal de Goiás (EECA/UFG), desde 1995. Especialista em Patologia das Construções pelo Instituto Eduardo Torroja (IccET/Espanha, 1988). Mestre em Construção Civil pela Universidade Federal do Rio Grande do Sul (UFRGS, 1989). Doutor em Materiais e Componentes de Construção pela Universidade de São Paulo (USP) em intercâmbio no IccET/Espanha e Aston University/Inglaterra (1994). Aperfeiçoamento em Construção Avançada pela Japan International Cooperation Agency (JICA/Japão, 1998). Pós-doutorado em Durabilidade das Estruturas de Concreto pela Norwegian University of Science and Technology/Noruega (2009). Doutor *Honoris Causa* pela Universidade Científica Del Perú (UCP/Peru, 2013). Conselheiro e diretor do Instituto Brasileiro do Concreto (IBRACON), presidente da Associação Brasileira de Patologia das Construções (ALCONPAT Brasil) e Vice-Predidente da *Asociación Latinoamericana de Control de Calidad, Patologia y Recuperación de la Construcción* (ALCONPAT Internacional). Autor, coautor e editor de livros publicados no Brasil e no exterior. Autor de mais de 150 artigos em congressos e revistas nacionais e internacionais, sendo consultor de importantes obras no Brasil e na América Latina. Recebeu prêmios e honrarias no Brasil e no exterior.

Sumário

Capítulo 1 **Introdução.** 1

    1.1. Corrosão das armaduras. 1

    1.2. Visão sistêmica e atual do problema .3

    1.3. Importância econômica e na segurança estrutural. 4

    1.4. Pesquisas na área. 6

    Referências. 9

Capítulo 2 **Princípios da corrosão eletroquímica.** 11

    2.1. Introdução. 11

    2.2. Reações eletroquímicas presentes no processo
        de corrosão. 12

    2.3. Produtos de corrosão. 14

    2.4. Potenciais de equilíbrio do eletrodo. 16

        2.4.1. Potencial de equilíbrio reversível. 17

        2.4.2. Potencial de equilíbrio irreversível ou potencial
             de corrosão. 18

    2.5. Polarização. 19

        2.5.1. Polarização causada pela utilização de uma fonte
             de corrente. 21

        2.5.2. Polarização causada pela formação de um par
             galvânico. 22

        2.5.3. Classificação da polarização em função das etapas
             limitantes do processo corrosivo. 24

2.6. Corrosão por pite. 25

    2.6.1. Ruptura do filme passivo. 26

        a. Mecanismo de penetração através do filme passivo. .27

        b. Mecanismo de ruptura mecânica. 27

        c. Mecanismo de adsorção. 28

    2.6.2. Formação do pite estável. .29

Referências. 32

Capítulo 3   **Durabilidade e vida útil das estruturas de concreto . 33**

3.1. Introdução. 33

3.2. Conceitos de durabilidade e vida útil. 35

3.3. Modelos de vida útil e de degradação das estruturas
de concreto. 36

3.4. Níveis de abordagem para a concepção de estruturas
de concreto duráveis e considerações sobre
os indicadores de durabilidade. 40

    3.4.1. Níveis de abordagem de projeto visando a
durabilidade estrutural. 40

    3.4.2. Indicadores de durabilidade. 42

3.5. Visão sistêmica e análise de custos. 45

3.6. Durabilidade e vida útil segundo a normatização brasileira. . .47

Referências. 49

Capítulo 4   **Estrutura dos poros e mecanismos de transporte
no concreto 51**

4.1. Introdução. 51

4.2. Estrutura dos poros do concreto. 54

4.3. Principais mecanismos de transporte no concreto. 57

    4.3.1. Permeabilidade. 58

    4.3.2. Absorção capilar. 59

    4.3.3. Difusão. 60

        4.3.3.1. Dispersão por difusão (D_e) 62

        4.3.3.2. Coeficiente de dispersão mecânica (D_m). 63

        4.3.3.3. Coeficiente de dispersão hidrodinâmica (D_h). . . .64

    4.3.4. Migração iônica. 64

4.4. Ensaio de migração e difusão iônica de cloretos............65

4.5. Fatores que influenciam no transporte de cloretos
no concreto...73

    4.5.1. Influência da relação água/cimento (porosidade)......73

    4.5.2. Influência da composição química e da finura do
cimento...77

    4.5.3. Influência do teor de argamassa no concreto.........84

    4.5.4. Influência da presença de adições minerais.........86

        4.5.4.1. Sílica ativa...............................87

        4.5.4.2. Metacaulim..............................89

Referências..93

Capítulo 5 — Ação do meio ambiente sobre as estruturas de concreto: efeitos e considerações para projeto..... 97

5.1. Introdução..97

5.2. Efeitos das ações do meio ambiente nas estruturas de
concreto armado.....................................97

    5.2.1. Efeitos relacionados com as causas químicas........99

        5.2.1.1. Ação da água do mar.....................99

        5.2.1.2. Ação dos sais à base de cloreto...........102

        5.2.1.3. Ação do dióxido de carbono (CO_2).........103

        5.2.1.4. Ataque ácido...........................104

        5.2.1.5. Ataque por sulfatos.....................105

        5.2.1.6. Reação álcalis-agregado (RAA).............106

        5.2.1.7. Hidrólise dos componentes da pasta
de cimento................................108

    5.2.2. Efeitos relacionados com as causas físicas.........108

        5.2.2.1. Ação do gelo-degelo.....................109

        5.2.2.2. Ação do fogo...........................109

        5.2.2.3. Cristalização de sais nos poros...........111

        5.2.2.4. Abrasão e erosão........................111

5.3. Considerações para projetos de estruturas de concreto.....112

    5.3.1. Normalização brasileira.........................112

	5.3.2.	Normalização europeia	115
	5.3.3.	Normalização norte-americana	119
	5.3.4.	Comparativo das normas apresentadas	122
5.4.	Considerações finais		123
Referências			123

Capítulo 6 — Corrosão em estruturas de concreto armado como consequência da carbonatação e da ação dos cloretos ... 125

6.1.	Introdução		125
6.2.	Carbonatação		126
	6.2.1.	As reações de carbonatação	127
	6.2.2.	Velocidade de carbonatação	130
	6.2.3.	Fatores que influenciam na carbonatação	132
		6.2.3.1. Relação água/cimento	132
		6.2.3.2. Consumo e tipo de cimento	133
		6.2.3.3. Presença de adições minerais	133
		6.2.3.4. Condições de cura	134
		6.2.3.5. Presença de fissuras	135
		6.2.3.6. Concentração de CO_2	135
		6.2.3.7. Umidade relativa do ar e grau saturação dos poros	136
		6.2.3.8. Temperatura	137
	6.2.4.	Influência da carbonatação nas propriedades mecânicas do concreto e na liberação de cloretos	137
	6.2.5.	Determinação da profundidade de carbonatação	138
6.3.	Corrosão nas armaduras		138
	6.3.1.	Processos de corrosão no concreto armado	140
	6.3.2.	Passivação da armadura no concreto	144
	6.3.3.	Iniciação da corrosão	146
	6.3.4.	Propagação da corrosão	147
	6.3.5.	Ação dos cloretos	147
	6.3.6.	Ação de outros sais	154
		6.3.6.1. Sais de amônia	154

		6.3.6.2. Sais de magnésio.	155
		6.3.6.3. Sais de ferro e alumínio.	155
	Referências.		155

Capítulo 7 — Deterioração das estruturas de concreto. 159

	7.1.	Introdução.		159
	7.2.	Reações álcalis-agregado (RAA).		161
		7.2.1.	Tipos de reações álcalis-agregado (RAA).	162
			7.2.1.1. Reação álcalis-sílica (RAS).	162
			7.2.1.2. Reação álcalis-silicato (RASS).	163
			7.2.1.3. Reação álcalis-carbonato (RAC).	163
		7.2.2.	Fatores condicionantes à ocorrência de RAA.	164
			7.2.2.1. Presença de fases reativas no agregado.	164
			7.2.2.2. Elevado teor de umidade	164
			7.2.2.3. Elevada concentração de hidróxidos alcalinos.	165
		7.2.3.	Medidas preventivas.	166
			7.2.3.1. Antes da construção.	166
			7.2.3.2. Após a construção.	167
		7.2.4.	Mecanismo de minimização da RAA por meio da utilização de adições ativas.	167
			7.2.4.1. Diluição dos álcalis.	167
			7.2.4.2. Retenção dos álcalis no C-S-H.	167
			7.2.4.3. Redução da permeabilidade.	167
			7.2.4.4. Redução do pH.	168
		7.2.5.	Mecanismo de minimização da RAA por meio da utilização de pó ultrafino de agregados reativos.	168
	7.3.	Ataque por sulfatos		169
		7.3.1.	Fontes de sulfatos	174
			7.3.1.1. Águas.	174
			7.3.1.2. Solo.	174
			7.3.1.3. Agregados.	174
			7.3.1.4. Esgoto.	175

	7.3.2.	Reações dos principais tipos de sulfatos no concreto . . 175
		7.3.2.1. Sulfato de sódio. 175
		7.3.2.2. Sulfato de magnésio. 177
		7.3.2.3. Dissulfeto de ferro (pirita) 179
	7.3.3.	Uso de pozolanas para inibir o ataque por sulfatos. . .180
7.4.	Outros mecanismos de degradação do concreto. 181
	7.4.1.	Corrosão negra (ausência de oxigênio) 181
	7.4.2.	Biodegradação. 182
	7.4.3.	Corrosão por "correntes de fuga". 185
	7.4.4.	Ataque por ácidos. 186
Referências. 187

Capítulo 8 — Durabilidade do concreto submetido a situações extremas: resistência a ciclos de gelo e degelo e ação do fogo. 191

8.1. Introdução. 191

8.2. Resistência a ciclos de congelamento e descongelamento. . .191

    8.2.1. Comportamento anômalo da água. 192

    8.2.2. Ação do congelamento na pasta de cimento endurecido. 193

        8.2.2.1. Pressão hidráulica. 194

        8.2.2.2. Pressão osmótica. 195

        8.2.2.3. Efeito capilar. 195

    8.2.3. Ação do congelamento no agregado. 196

        8.2.3.1. Agregados de baixa permeabilidade. 196

        8.2.3.2. Agregados de permeabilidade intermediária. . .196

        8.2.3.3. Agregados de alta permeabilidade. 196

    8.2.4. Ação dos sais de degelo e escamação do concreto. . .196

    8.2.5. Fator de durabilidade. 197

    8.2.6. Fatores que controlam a resistência ao congelamento. .199

        8.2.6.1. Uso de incorporadores de ar. 199

        8.2.6.2. Relação água/cimento e cura 204

        8.2.6.3. Grau de saturação. 204

        8.2.6.4. Resistência mecânica. 204

Sumário xxv

8.2.7. Outros mecanismos de aumento de resistência ao
congelamento e descongelamento 205

8.2.7.1. Incremento de fibras 205

8.2.7.2. Uso de adições ativas 205

8.2.7.3. Uso de agregados porosos 206

8.3. Resistência do concreto à ação do fogo 209

8.3.1. Desempenho das edificações habitacionais:
requisitos 211

8.3.2. Segurança contra incêndio 211

8.3.2.1. O fogo e o incêndio 212

8.3.2.2. Medidas de segurança contra incêndio 213

8.3.2.3. Compartimentação vertical e horizontal 213

8.3.2.4. Padronização de curvas de incêndio 215

8.3.2.5. Legislação de resistência ao fogo 218

8.3.3. Efeitos do fogo no concreto e no aço 220

8.3.3.1. Transferência de calor 220

8.3.3.2. Alteração das propriedades do concreto 220

8.3.3.3. O teor de umidade como fator de influência . . .223

8.3.4. Requisito: tempo requerido de resistência ao fogo 224

8.3.5. Desempenho das estruturas de concreto
em situação de incêndio 225

8.3.5.1. Comportamento mecânico de pilares em
situação de incêndio 226

8.3.5.2. Efeito da curvatura térmica em placas de
concreto 226

8.3.5.3. Desplacamento ou lascamento 228

Referências 234

Capítulo 9   Métodos de proteção e aumento da durabilidade do concreto armado 243

9.1. Introdução 243

9.2. Uso de inibidores 244

9.2.1. Exemplos de inibidores que elevam resistência à
corrosão da armadura na estrutura de concreto 244

9.3. Prevenção catódica.....................................248

    9.3.1. Teoria e princípios básicos........................248

    9.3.2. Dimensionamento e instalação....................249

    9.3.3. Caso prático de aplicação de prevenção catódica....250

9.4. Armaduras especiais....................................252

    9.4.1. Armaduras galvanizadas.........................252

        9.4.1.1. Principais efeitos da utilização de armaduras galvanizadas na melhoria do desempenho de estruturas de concreto armado.....................................254

        9.4.1.2. Aderência da armadura de aço galvanizado ao concreto....................258

        9.4.1.3. Adição de elementos de liga no banho de galvanização.............................259

    9.4.2. Armaduras revestidas com epóxi..................260

        9.4.2.1. Deterioração do revestimento de epóxi......261

        9.4.2.2. Adição de aditivos na resina epóxi..........263

    9.4.3. Armaduras em aço inox.........................265

        9.4.3.1. Características gerais e classificação dos aços inoxidáveis.....................267

        9.4.3.2. Características gerais dos aços inoxidáveis austeníticos..............................269

        9.4.3.3. Características gerais dos aços inoxidáveis duplex.................................272

        9.4.3.4. Desempenho das ligas de aço inoxidável como armadura em estruturas de concreto armado.......................275

    9.4.4. Armaduras poliméricas reforçadas com fibras......278

        9.4.4.1. Degradabilidade do compósito PRF.........280

        9.4.4.2. Aderência entre a armadura PRF e o concreto..............................281

        9.4.4.3. Geometria e resistência mecânica da estrutura de concreto.....................282

9.5. Revestimento do concreto...............................282

    9.5.1. Revestimentos orgânicos........................283

Sumário xxvii

9.5.2. Revestimentos de concreto impermeável
e argamassa polimérica. 285

Referências. 285

Capítulo 10 Uso de técnicas de avaliação e monitoramento da corrosão em estruturas de concreto armado . . . 291

10.1. Introdução. 291

10.2. Inspeção visual. 292

10.3. Técnicas de avaliação da qualidade do concreto como
uma barreira física à ocorrência da corrosão. 292

10.3.1. Ensaio de migração de cloretos. 292

10.3.2. Profundidade de carbonatação. 294

10.3.3. Resistividade do concreto. 297

10.3.3.1. Medida da resistividade do concreto. 301

10.3.3.2. Influência da presença de adições
pozolânicas na resistividade do concreto. . . .304

10.3.4. Ultrassom. 307

10.4. Monitoramento e previsão da corrosão das armaduras. 308

10.4.1. Potencial de corrosão. 309

10.4.2. Espectroscopia de impedância eletroquímica. 319

10.4.2.1. Interpretação dos resultados. 320

10.4.2.2. Circuitos equivalentes. 322

10.4.2.3. Análise dos resultados. 327

10.4.3. Ruídos eletroquímicos. 330

10.4.4. Ruído ou emissão acústica. 330

10.4.5. Resistência à polarização linear (LPR). 330

10.4.6. TDR (Time Domain Reflectrometry). 336

10.4.7. Radiografia. 337

10.4.8. Tomografia computadorizada. 338

10.4.9. Radar. 338

10.4.10. Impulso galvanostático. 339

10.4.11. Intensidade de corrente de macrocélula
(*zero resistance ammetry*). 340

10.4.12. Monitoramento da corrosão em tempo real........341

Referências...345

Capítulo 11 Uso de técnicas eletroquímicas para a reabilitação de estruturas................ 351

11.1. Introdução...351

11.2. Proteção catódica....................................352

11.2.1. Teoria e princípios básicos.......................352

11.2.2. Densidade de corrente...........................354

11.2.3. Critérios de proteção............................354

11.2.4. Tipos de ânodos.................................355

11.2.5. Sensores de monitoramento......................360

11.2.6. Transformadores retificadores e sistemas de monitoramento e controle.....................361

11.2.7. Aspectos a considerar no projeto e aplicação.......362

11.3. Dessalinação..363

11.3.1. Teoria e princípios básicos.......................363

11.3.2. Ânodos e eletrólitos.............................364

11.3.3. Critérios de finalização de tratamento.............364

11.3.4. Limitações à sua aplicabilidade..................365

11.4. Realcalinização......................................365

11.4.1. Teoria e princípios básicos.......................365

11.4.2. Ânodos e eletrólitos.............................366

11.4.3. Critérios de finalização de tratamento.............366

11.4.4. Limitações à sua aplicabilidade..................366

11.5. Casos práticos.......................................366

11.5.1. Aplicação de proteção catódica...................366

11.5.2. Aplicação de dessalinização......................368

Referências...369

Capítulo 1

Introdução

Paulo Helene

1.1. Corrosão das armaduras

Várias são as vezes em que o profissional de engenharia civil se vê diante de um problema de corrosão de armaduras nas estruturas de concreto armado e protendido. Devido à complexidade do processo, em muitas situações, não é fácil nem rápido justificar o porquê de uma estrutura corroída quando tantas outras, em tudo semelhantes e similares, não apresentam ou até nunca apresentarão o problema.

Corrosão pode ser entendida como a interação destrutiva de um material com o meio ambiente, nas temperaturas ambientes usuais, acima de 5 °C e abaixo de 65°C, como resultado de reações deletérias de natureza química ou eletroquímica, associadas ou não a ações físicas ou mecânicas de deterioração.

No caso de armaduras em concreto, os efeitos degenerativos manifestam-se na forma de manchas superficiais causadas pelos produtos de corrosão, seguidas por fissuras, destacamento do concreto de cobrimento, redução da secção resistente das armaduras com frequente seccionamento de estribos, redução e eventual perda de aderência das armaduras principais, ou seja, deteriorações que levam a um comprometimento estético e da segurança estrutural ao longo do tempo, conforme será discutido em detalhes neste livro.

O processo por meio do qual um metal retorna ao seu estado natural, tal qual se encontrava na natureza formando compostos estáveis na forma de óxidos, é espontâneo, pois corresponde a uma redução da energia livre de Gibbs*. O fenômeno vai acompanhado de uma perda de elétrons por parte do metal, o que também o torna conhecido por "oxidação"; mas, em estruturas de concreto, é preferível denominá-lo de "corrosão", pois sempre se dá em presença de água e nas condições ambientes, enquanto a oxidação do aço é um mecanismo genérico que pode ocorrer mesmo sem

---

* Josiah Willard Gibbs (1839-1903), físico americano. Professor de matemática e física na Universidade de Yale, nos Estados Unidos, ficou conhecido pelos desenvolvimentos e contribuições à termodinâmica, em especial à teoria conhecida por "regras de fases", correlacionando a microestrutura dos materiais com as variáveis de estado: temperatura, pressão e composição. A variação da energia livre de Gibbs pode ser calculada por $\Delta G = -n.F.E.$, onde: n = número de elétrons; F = constante de Faraday ($96.493\,°C$) e E = potencial de eletrodo do metal, em Volts. Sempre que $E > 0$ e $\Delta G < 0$, a reação será espontânea.

água, por exemplo, a formação de carepa de laminação durante a fabricação das armaduras em siderurgias e metalúrgicas, em temperaturas acima de 200°C.

Toda corrosão do aço à temperatura ambiente em meio aquoso é de natureza eletroquímica, ou seja, pressupõe a existência de uma reação de oxidorredução e a circulação de íons num eletrólito. Essa corrosão eletroquímica, no caso das armaduras de concreto, conduz à formação de óxidos/hidróxidos de ferro, denominados de "produtos da corrosão".

Esses produtos da corrosão são variáveis e complexos devido ao elevado número de compostos transitórios e definitivos passíveis de ocorrência, com volumes algumas vezes superiores ao volume do metal de origem, apresentando-se em cores variadas (marrom, preto, esverdeado), sendo, com frequência, no final do processo, de cor predominantemente amarronzada, com constituição gelatinosa ou porosa, denominados comumente de "ferrugem".

As armaduras inseridas nos componentes estruturais de concreto estão, em princípio, protegidas e passivadas contra o risco de corrosão. Essa proteção é proporcionada pelo concreto de cobrimento, que forma uma barreira física ao ingresso de agentes externos, e principalmente por uma proteção química conferida pela alta alcalinidade da solução aquosa presente nos poros do concreto.

A perda ou ruptura dessa proteção, ainda que localizada, pode desencadear um processo de deterioração, na maioria das vezes progressivo e autoacelerante. A perda da proteção pode dar-se principalmente por meio dos fenômenos de carbonatação e de contaminação por cloretos no concreto de cobrimento da armadura. Fissuração, solicitações cíclicas, execução inadequada, materiais de natureza diversa, ciclos de molhagem e secagem, fungos, fuligem, variações de temperatura e atmosferas agressivas são outros agentes que contribuem para o risco de perda dessa proteção natural, além de contribuírem para a aceleração de um processo corrosivo já iniciado.

O fenômeno da corrosão de armaduras ocorre segundo vários fatores que agem simultaneamente, devendo sempre ser analisado com uma visão sistêmica. Para fins didáticos, facilidade de compreensão e de estudo, os principais fatores podem ser analisados isolada e individualmente. Somente por meio de estudo e entendimento desses fatores e mecanismos de ação, assim como do conhecimento dos recursos existentes para observação e medida dos parâmetros eletroquímicos da corrosão, será possível evitá-la em obras novas e, sobretudo, corrigir os problemas em estruturas existentes.

Desde a década de 1980, a comunidade técnica internacional tem dedicado majoritariamente sua atenção aos problemas de corrosão de armaduras, buscando os melhores caminhos para a especificação e o projeto de obras novas, assim como para a execução de reparos, reforços e reconstruções de um sem-número de obras com problemas patológicos.

Não é uma tarefa de fácil conscientização, pois os problemas de corrosão, os denominados sintomas visíveis, em geral, só aparecem depois de vários anos da estrutura em uso, que pode ser acima de 10 a 15 anos. Raríssimas são as vezes que um problema de corrosão se manifesta a curto prazo (< dois anos), ou mesmo durante a fase de execução de uma estrutura.

Por essa simples razão, há dificuldade de grande parte dos profissionais de Projeto e de Execução de obras em adotar, ou mesmo entender e defender o emprego de medidas efetivas de proteção, como: aumento da resistência característica; redução da relação água/cimento; aumento da espessura de cobrimento e cuidado em garantir esse cobrimento; projetar e instalar pingadeiras, rufos, chapins; realizar uma cura adequada; e outras medidas mitigadoras do risco, como proteção e impermeabilização da superfície do concreto. Como o fenômeno da corrosão ocorre durante a fase de uso e operação da obra, anos depois da execução terminada, fica uma falsa impressão de que esse fenômeno nada tem a ver com as decisões equivocadas de projeto e a má-execução da estrutura.

1.2. Visão sistêmica e atual do problema

Muitos projetistas pouco esclarecidos fazem uso da possibilidade de reduzir em 5 mm a espessura de cobrimento nominal das armaduras em nome de uma pseudoeconomia da obra. Essa redução, que só é permitida em casos excepcionais pela ABNT NBR 6118, pode significar uma redução de 15 anos na vida útil de uma estrutura que deveria, por exemplo, ter cobrimento nominal de 30 mm e o projeto especificou apenas 25 mm.

Infelizmente, ter um problema de corrosão com 35 anos de uso, quando deveria aparecer somente após 50 anos, parece não preocupar alguns projetistas e construtores por entenderem que esse problema estará muito longe do curto horizonte de preocupação que, em geral, se resume ao habite-se de uma nova obra e seus primeiros cinco anos, como se a vida útil e a responsabilidade profissional fossem ali encerradas.

Certamente, com o advento das novas ferramentas de análise do tipo "avaliação do ciclo de vida" das estruturas, esses aspectos ainda um pouco desconhecidos vão sendo esclarecidos e incorporados adequadamente ao projeto e à construção de obras novas.

Mas cabe observar que a importância do estudo da corrosão das armaduras não reside somente na questão relacionada com a profilaxia, ou seja, tomar medidas preventivas que reduzam o risco de aparecimento futuro do problema. Entender o fenômeno em toda sua complexidade também é fundamental para obter sucesso em processos de intervenções corretivas, a chamada terapia ou medidas terapêuticas, tais como reparos, reforços, reabilitações e restaurações de estruturas de concreto.

O domínio do conhecimento do fenômeno e dos procedimentos de ensaio e diagnóstico pode viabilizar avaliações e critérios adequados para a correta implementação de reparos localizados sem risco de eventual migração da célula de corrosão, conforme bem demonstrado por MONTEIRO e HELENE[1].

Desde a década de 1990, com a publicação do *fib* (CEB-FIP) Model Code 90, há um crescente interesse mostrado por todas as normas do mundo em melhor descrever os processos de deterioração e envelhecimento das estruturas de concreto com o objetivo de evitar o envelhecimento precoce, também chamado envelhecimento patológico, e, ao mesmo tempo, minimizar o excesso de gastos em manutenção ao longo do tempo de uso.

Os termos Vida Útil (VU) e Vida Útil de Projeto (VUP), que serão discutidos em profundidade neste livro e que constam na ABNT NBR 15575, estão associados a critérios subjetivos de avaliação como aspectos estéticos e psicológicos, por exemplo: deve manter-se em condições normais de uso; deve apresentar flechas e fissuras que não causem desconforto nos usuários; e outras. Com o passar dos anos, a engenharia percebeu que há necessidade de estabelecer critérios claros, objetivos e quantificáveis.

No projeto estrutural, desde a década de 1970, é recomendável utilizar os conceitos da estatística de Estados Limites Últimos (ULS) para assegurar segurança e estabilidade às estruturas, assim como conceitos de Estados Limites de Serviço (SLS) para assegurar conforto e salubridade aos usuários de estruturas de concreto armado e protendido. Hoje em dia, certas normas já descrevem Vida Útil, Vida Útil de Referência, Vida Útil Nominal, Vida Útil de Projeto e Vida Útil de Serviço, assim como tentam estabelecer critérios próprios daquilo que se pode chamar de Estados Limites de Durabilidade (DLS).

Do ponto de vista do desenvolvimento e conhecimento de modelos adequados a representar cada um dos vários mecanismos de deterioração e envelhecimento de estruturas de concreto, tais como reação álcalis-agregado (RAA), reações expansivas por sulfatos internos (DEF) e externos, lixiviação, microbiológicos e outros, destaca-se o fenômeno da corrosão das armaduras como o mais conhecido e que, em primeira instância, tem viabilizado os modelos de previsão da Vida Útil de Projeto e de Serviço, assim como os estudos de ciclo de vida[2] e de desempenho[3].

Cabe ressaltar que, apesar do grande investimento em pesquisa na área de durabilidade das estruturas de concreto, recentes ferramentas de avaliação vêm demonstrando, sistematicamente, que o concreto armado e protendido ainda é o melhor, mais durável e mais sustentável material estrutural da atualidade, conforme se prova pelas análises que utilizam conceitos e ferramentas como a declaração ambiental de produto (EPD)[4], introduzida também na ISO 14025.

Dentro dessa linha atual de estudos e pesquisas de alternativas construtivas mais sustentáveis e socialmente mais responsáveis, destaca-se, também, a importância do conhecimento da corrosão de armaduras como ferramenta para o desenvolvimento de novos produtos e reaproveitamento de resíduos industriais, por exemplo, o sucesso obtido nos estudos e na avaliação da viabilização do uso de agregados reciclados na composição dos concretos estruturais[5].

1.3. Importância econômica e na segurança estrutural

MEHTA[6], em palestra principal da segunda Conferência Internacional sobre Durabilidade do Concreto, realizada em 1991, no Canadá, abordou a questão da durabilidade das estruturas de concreto nos últimos 50 anos, enfocando todos os aspectos do problema: corrosão de armaduras, ação de congelamento e descongelamento, reações álcalis-agregado, reações com sulfatos, dosagem e composição do concreto e aspectos químicos em geral. Para tal, reviu os anais de vários congressos internacionais, demonstrando, claramente, o aumento significativo de pesquisas sobre durabilidade*. Na sua extensa e minuciosa análise, dedicou especial atenção ao capítulo de corrosão de armaduras citando os seguintes fatos:

- 253.000 tabuleiros de pontes rodoviárias e ferroviárias, nos Estados Unidos, estavam com problemas de durabilidade, conforme levantamento publicado em 1986;
- vários túneis de concreto armado construídos em diferentes países apresentaram problemas de vazamentos e infiltrações, associados à corrosão de armaduras;
- a análise de 27 edifícios que ruíram, total ou parcialmente, na Inglaterra durante o período de 1974 a 1978 mostrou que a causa principal de falha de pelo menos oito deles, com idades entre 12 e 40 anos, foi corrosão de armaduras;
- o custo da recuperação das estruturas de concreto armado destinadas a garagens e estacionamentos no Canadá que apresentam problemas de corrosão de armaduras atinge mais de US$3 bilhões;
- a reduzida vida útil das estruturas de concreto, por exemplo, o reparo da estrutura de concreto, com problemas de corrosão de armaduras, da ponte San Mateo-Hayward na Califórnia, sobre as águas da Baía de San Francisco, efetuada após 16 anos da inauguração;
- recuperação de túnel em Dubai, junto ao Golfo Pérsico, ao custo equivalente ao dobro do custo de construção devido a problemas de infiltrações de água agressiva e consequente corrosão de armaduras.

Os americanos são pródigos em levantamentos confiáveis sobre a incidência de manifestações patológicas em estruturas de concreto. Em 1982[7], por exemplo, um levantamento do estado de

---

* Enquanto que, em 1938, no Congresso Internacional de Química do Cimento em Estocolmo havia apenas um parágrafo sobre durabilidade, em 1987, na International Conference on Concrete Durability, promovida pelo ACI em Atlanta, nos Estados Unidos, foram apresentados mais de 100 trabalhos sobre o tema.

Capítulo 1 Introdução 5

conservação de 560.000 pontes indicou que 39.000 delas deveriam ser reparadas ao custo de US$ 7,2 bilhões, para poderem ser utilizadas com segurança. SKALNY[8] em nome do comitê Concrete Durability informou, em 1987, que o valor de todos os edifícios e estruturas de concreto nos Estados Unidos alcançava a cifra de US$ 6 trilhões. Ao mesmo tempo, o volume de recursos manipulados pela construção civil, em 1985, foi de US$ 300 bilhões, empregando 5,5 milhões de trabalhadores, cerca de 17% da força de trabalho americana. Em relação a esse volume de recursos, os custos de reparos podem ser estimados em US$ 50 bilhões por ano, representando aproximadamente 16% do total do setor.

A corrosão de armaduras aparece como a terceira manifestação patológica de maior incidência nas estruturas de concreto, conforme levantamento efetuado pelo GEHO[9] em 52 províncias espanholas. Na análise de 844 casos, a corrosão foi a causa de 15% do total de manifestações patológicas encontradas, somente atrás das fissuras (62%) e das deformações excessivas (22%).

Em nível nacional, ainda são poucos os dados e as enquetes disponíveis. O levantamento de manifestações patológicas efetuado por DAL MOLIN[10,] no Rio Grande do Sul, mostra que se, por um lado, a incidência de corrosão de armaduras em edificações é da ordem de apenas 11% do total de problemas patológicos encontradas, por outro lado, essa cifra sobe ao significativo patamar de 40%, quando analisada segundo a gravidade e implicações da manifestação patológica na segurança estrutural.

MAGALHÃES et al.[11], da Divisão de Obras de Arte da Prefeitura do Município de São Paulo, realizaram extensa vistoria em 145 viadutos e pontes da capital, classificando 22 como de alto risco e 18 como de médio risco; 58% do total apresentavam problemas de corrosão de armadura.

FIGUEIREDO e ANDRÉS[12] têm estudado, sistematicamente, os problemas de durabilidade das obras civis nas indústrias de celulose e papel, encontrando a corrosão de armaduras como um dos problemas frequentes, de correção difícil e dispendiosa. No campo das soluções e correções dos problemas de corrosão de armaduras, OLIVEIRA[13] tem frequentemente abordado as principais questões relacionadas com a problemática de reparos.

Um interessante trabalho sobre o tema, no Brasil, é de autoria dos professores Antonio Carmona Filho e Arthur Marega, intitulado Retrospectiva da Patologia no Brasil; Estudo Estatístico[13] no qual foram analisados mais de 700 relatórios técnicos de casos de patologia em diferentes regiões do país. Tomando como base o faturamento das nove maiores empresas de recuperação do Brasil e dos seis maiores escritórios de projeto de recuperação estrutural, os pesquisadores citados encontraram a expressiva cifra de US$ 28 milhões investidos no ano de 1987 em obras de recuperação e reforço. A corrosão de armaduras ocorreu em 27% do total de casos analisados. As soluções mais utilizadas na correção dos problemas encontrados foram o concreto projetado com 47% do total, seguido por resinas epóxi, com 35%, e concreto convencional, com 20%.

O problema de corrosão das armaduras em estruturas de concreto infelizmente tem grande incidência, tem acarretado acidentes fatais, como alguns desabamentos das marquises e lajes em balanço sobre calçadas em Porto Alegre*, ou acarretado enormes prejuízos, como a queda da adutora principal da Sabesp† sobre o rio Pinheiros na Ponte do Socorro, em São Paulo, que deixou perto de três milhões de paulistanos sem água potável, durante cerca de 15 dias.

Para evitar a ocorrência de corrosão em obras novas é necessário o conhecimento técnico atualizado e abrangente do problema. No caso de reparos e recuperações, as exigências de conhecimento são

---

* Publicado em manchete no jornal O Estado de S. Paulo de 7 de outubro de 1988.

† Publicado em manchete de primeira página no Jornal da Tarde de 22 de junho de 1988.

ainda maiores, requerendo materiais e técnicas específicos a cada caso, sendo, dessa forma, o estudo da corrosão de armaduras um tema de grande importância atual para o desenvolvimento da engenharia.

1.4. Pesquisas na área

Nos Estados Unidos, os primeiros estudos sistemáticos de corrosão de armaduras tiveram início em 1961, por iniciativa da Portland Cement Association (PCA)[15], que, juntamente com dez departamentos estaduais de transportes, efetuaram levantamento de manifestações patológicas em 70 tabuleiros de pontes distribuídas por vários estados americanos. O programa teve por objetivo não só identificar os problemas, mas também encontrar suas causas e propor recomendações para projetos futuros. Concluiu recomendando, entre outros cuidados, concretos de relação água/cimento máxima de 0,44 e cobrimentos mínimos de concreto à armadura de 50 mm*.

BABAEI[16] em seu relatório de avaliação da durabilidade de tabuleiro de pontes no estado de Washington, descreve também as experiências de outros nove departamentos estaduais de transporte dos Estados Unidos que empregaram técnicas eletroquímicas para monitoramento da corrosão, dando especial ênfase à medida do potencial de eletrodo por meio do uso do eletrodo de referência secundário à base de cobre/sulfato de cobre em continuidade aos trabalhos pioneiros de STRATFULL[17] introdutor do método nas aplicações em tabuleiro de pontes de concreto nos Estados Unidos.

Em 1984, o National Materials Advisory Board (NMAB), pertencente ao National Research Council of USA, utilizando recursos do Departamento de Defesa e da Aeronáutica Americana, contratou o Committee on Concrete Durability: Needs and Opportunities[16] para estudar a questão da durabilidade das obras civis de infraestrutura do país. Em 1980, o próprio NMAB havia elaborado um estudo intitulado *The Status of Cement and Concrete Research and Development in the United States*, que concluiu estar a atividade de pesquisa americana[18] no campo de concreto, deficiente e em declínio, o que deu origem à solicitação deste segundo estudo para saber as razões desse declínio e as posições a serem tomadas[19]. O relatório final do segundo trabalho, publicado em 1987, concluiu que havia problemas graves de durabilidade das estruturas de concreto em proporção suficientemente grande para merecer uma ação nacional.

Como resultado desse relatório contundente, a Federal Highway Agency of USA (FHA) por intermédio da Surface Transportation and Urban Relocation Assistence (STURA) lançou, em 1987, um programa nacional de pesquisa intitulado Strategic Highway Research Program (SHRP), no valor de US$ 150 milhões, para serem investidos no prazo de cinco anos, contemplando os estudos de durabilidade das estruturas de concreto como um dos quatro temas principais.

No campo da normalização, pelo menos três entidades americanas de reconhecida competência constituíram comitês específicos para tratar do tema: ACI Committee 222 Corrosion of Metals in Concrete pertencente ao American Concrete Institute (ACI); ASTM G.01 Corrosion of Metals pertencente à American Society for Testing and Materials (ASTM); e o T-3K Corrosion and Other Deterioration Phenomena Associated with Concrete pertencente à National Association of Corrosion Engineers (NACE). Esses comitês e subcomitês foram constituídos na década de 1970, viabilizando o desenvolvimento adequado do conhecimento na área, dando origem aos modelos atuais de previsão de vida útil, o que demonstra ser o estudo sistemático da corrosão das armaduras um tema relativamente novo no meio técnico.

---

*   Para locais onde não serão utilizados sais de degelo, o limite pode ser de a/c $\leq$ 0,49 e cobrimento mínimo de 38 mm.

Na Europa, a The International Union of Testing and Research Laboratories for Materials and Structures (RILEM) promoveu dois congressos internacionais sobre durabilidade, um em 1961 e outro em 1969, culminando com a publicação, em 1974, do estado da arte sobre corrosão de armaduras elaborado pelo comitê RILEM 12-CRC[20]. Mais recentemente, em 1988, SCHIESSL[21] publicou um relatório abrangente e atualizado do comitê técnico RILEM 60-CSC sobre corrosão do aço no concreto, o qual mostra o estágio adiantado das pesquisas, assim como a visão atualizada dos pesquisadores europeus na área de corrosão de armaduras.

Na Inglaterra, os estudos sistemáticos dos problemas de corrosão em estruturas marítimas começaram em 1976 por meio do programa denominado de Concrete-in-the-Oceans Programme, patrocinado pela Construction Industry Research and Information Association (CIRIA)[22] e pelo Departamento de Energia da Inglaterra, constando de duas fases: a primeira no valor de US$ 800 mil, contemplando oito projetos, e a segunda no valor de US$ 1,4 milhão, contemplando seis projetos, com duração total, das duas fases, de aproximadamente 10 anos. O primeiro relatório desse programa foi elaborado por BEEBY[23], reconhecido pesquisador da Cement & Concrete Association (C&CA), que tratou da questão da relação da abertura de fissuras com a taxa de corrosão das armaduras*, propondo, pela primeira vez, que fossem aceitas, em projeto, aberturas de fissura de até 0,4 mm sem prejuízo à vida útil* da estrutura. Suas recomendações foram posteriormente aceitas e incorporadas nas recomendações do Comitê Euro-International du Béton (CEB)[24] de 1990. TREADAWAY† e PAGE‡ são também outros pesquisadores ingleses de renome internacional na área, participantes desse programa.

O Departamento de Transportes da Inglaterra vem estudando sistematicamente os problemas de durabilidade das pontes de concreto armado e protendido, tendo publicado, em 1989, um relatório extenso e detalhado de avaliação de desempenho de 200 pontes[25]. O estudo constou de observações visuais, medidas de potencial de eletrodo, determinação do teor de cloretos impregnado, profundidade de carbonatação e espessura do cobrimento das armaduras, concluindo que 60 delas, ou seja, 30% do total de pontes vistoriadas apresentavam problemas graves. As pesquisas de avaliação das estruturas de concreto armado e protendido do sistema de transportes inglês são contínuas e tiveram início na década de 1960. Para dar uma ideia da seriedade com que a engenharia inglesa trata a questão da durabilidade nas suas obras, pode-se mencionar terem sido propostas, em continuidade ao estudo citado, mais 10 novas pesquisas visando a melhoria dos recursos de avaliação de estruturas: 18 sobre efeitos, mecanismos e proteção contra a contaminação por cloretos; 14 sobre reação álcalis-agregado; e outros 14 sobre procedimentos, especificações e projeto, tanto para construção de obras novas duráveis, quanto para manutenção preventiva e corretiva de obras degradadas.

Ainda sobre experiência europeia, SOZEN[26] discute e recomenda o trabalho de BIJEN[27], pesquisador holandês, que trata das questões de manutenção e reparo das estruturas de concreto, mostrando ser grave e de grande incidência o problema de corrosão e degradação das lajes em balanço, tais como

---

* Através da análise de mais de 500 corpos de prova, fruto de seis investigações independentes durante exposição a ambientes agressivos, por períodos variando de 2 a 15 anos.
* Na realidade, segundo o próprio autor, a taxa de corrosão analisada até dois anos foi maior para os corpos de prova com maiores aberturas de fissura, porém analisada por longos períodos, acima de oito anos, não foram encontradas diferenças significativas.
† K. Treadaway é pesquisador chefe da seção de metais do Building Research Establishment (BRE), em Garston, Watford.
‡ Christian L. Page é professor de pesquisa de ciências dos materiais no Departamento de Engenharia Civil da Universidade de Aston, em Birmingham.

varandas, balcões e marquises. BIJEN[27] apresenta uma análise econômica da questão com base em quatro alternativas de projeto e manutenção, a saber:

a. cobrimento de 15 mm, sem revestimento protetor e sem manutenção;
b. cobrimento de 15 mm, com revestimento protetor e manutenção a cada 20 anos;
c. cobrimento de 15 mm, com revestimento protetor e manutenção a cada 10 anos;
d. cobrimento de 30 mm, sem revestimento protetor e sem manutenção.

Após computar os custos e analisar as probabilidades de ruína e perda das condições de serviço, com base na experiência holandesa, concluiu que um cobrimento maior, decidido na fase de projeto, ainda é a melhor alternativa de prevenção da corrosão.

Segundo ANDRADE e GONZÁLEZ[28], a evolução histórica das pesquisas na área de corrosão de armaduras podem ser separadas em três períodos: i) no primeiro até 1959, os artigos são raros e a avaliação da corrosão é efetuada com base a observações visuais; ii) no segundo, de 1960 a 1980, as técnicas eletroquímicas de avaliação da corrosão se generalizam, e são numerosos os centros de pesquisa que se dedicam ao tema; e, iii) o terceiro e atual período, a partir de 1980, quando há uma verdadeira expansão dos estudos e da preocupação dos governos, empresas e centros de pesquisa mundiais em encontrar solução para tão graves problemas patológicos.

Os mesmos pesquisadores citam, ainda, que tanto os russos quanto os japoneses têm se dedicado muito à pesquisa na área de corrosão de armaduras, mas o idioma ainda constitui uma barreira para a maioria dos outros países, e acabam sendo pesquisas com reduzida divulgação mundial.

Na Espanha, os estudos sistemáticos começaram no Instituto Eduardo Torroja, em 1969, quando Maria del Carmen Andrade iniciou sua pesquisa experimental sobre o uso da técnica da resistência de polarização, para medida da taxa de corrosão de armaduras, com vistas à obtenção do título de doutora na Universidade Complutense de Madrid. GONZÁLEZ* e FELIÚ† são também outros pesquisadores espanhóis de renome internacional na área de corrosão de armaduras.

GJØRV‡, pesquisador norueguês, ficou conhecido por seu trabalho sobre difusão do oxigênio dissolvido na solução dos poros do concreto[29] e seu grupo de pesquisas tem publicado regularmente artigos sobre o tema corrosão de armaduras.

No Brasil, o primeiro trabalho específico e abrangente sobre o tema foi publicado por este autor em 1981 nos anais do Simpósio de Aplicação da Tecnologia do Concreto realizado em Campinas[30]. Versão atualizada desse trabalho foi publicada no exterior[31] e no Brasil[32], culminando com a publicação do primeiro livro nacional sobre o tema, em 1986[33].

Na linha dos estudos de durabilidade do concreto em geral, deve-se ressaltar os vários trabalhos do Instituto de Pesquisas Tecnológicas do Estado de São Paulo (IPT), dos quais se podem citar o de MOLINARI[34] e o de CINCOTTO[35].

O Professor MIRANDA[36], do Departamento de Metalurgia da Universidade Federal do Rio de Janeiro, foi um dos pioneiros no Brasil a aplicar as técnicas de medida de potencial de eletrodo nas estruturas de concreto. Pesquisadores do Instituto Nacional de Tecnologia (INT), também no Rio de Janeiro, têm estudado e implantado, no INT, novos recursos de monitoramento da corrosão,

---

*   José A. González Fernandez é doutor em química industrial e pesquisador científico do Centro Nacional de Investigaciones Metalúrgicas-CENIM do Consejo Superior de Investigaciones Científicas (CSIC), em Madri.

†   Sebastián Feliú Mata foi doutor em ciências químicas, professor de pesquisa em corrosão e proteção e pesquisador científico do CENIM do CSIC, em Madri.

‡   Odd E. Gjørv foi chefe da divisão de materiais de construção do The Norwegian Institute of Technology em Trondheim, na Noruega.

tais como resistência de polarização e impedância eletroquímica. Ainda no Rio de Janeiro, deve-se citar o professor GENTIL[37], pesquisador de renome e especialista em vários fenômenos de corrosão.

Referências

1. HELENE, P.; MONTEIRO, P.J.M. (1993) Reparos localizados podem ser considerados soluções eficientes para correção de problemas de corrosão de armaduras em estruturas de concreto armado? In: II Congreso iberoamericano de patología de la construcción y IV Congreso de control de calidad, ALCONPAT Int., Barquisimeto. Anais....

2. ISO 14040. Avaliação do ciclo de vida. Princípios e estrutura.

3. ABNT. Associação Brasileira de Normas Técnicas. (2013) NBR 15575, partes 1 a 6 – Edifícios habitacionais de até cinco pavimentos – Desempenho.

4. EN 15804. (2012) Sustainability of construction works – Environmental Product Declarations – Core Rules for the Product Category of Construction Products.

5. RIBEIRO, D.V.; LABRINCHA, J.A.; MORELLI, M.R. (2012) Effect of the addition of red mud on the corrosion parameters of reinforced concrete. Cement and Concrete Research, v. 42, n. 1, p. 124-133.

6. MEHTA, P.K. (1991) Durability of concrete – fifty years of progress? In : MALHOTRA, V.M., (ed.). Proceedings of the Second International Conference on Durability of Concrete. Detroit, ACI, 1-31.(SP-126).

7. CRAIG, J.R.; O'CONNER, D.S.; AHLSKOG, J.J. (1982) Economic of bridge deck. Protection methods. Materials Performance, p. 32-34, nov.

8. COMMITTEE ON CONCRETE DURABILITY: NEEDS AND OPPORTUNITIES. (1987) Concrete Durability: a Multibillion-dolar Opportunity. Washington, NMAB, CETS, NRC: National Academy Press (Report NMAB-437).

9. GRUPO ESPAÑOL DEL HORMIGÓN. (1992) Encuesta sobre Patología de Estructuras de Hormigón. Madrid, GEHO, feb.(Boletín, 10).

10. DAL MOLIN, D.C.C. (1988) Fissuras em estruturas de concreto armado: análise das manifestações típicas e levantamento de casos ocorridos no Estado do Rio Grande do Sul. Porto Alegre. Dissertação (Mestrado). Curso de Pós-graduação em Engenharia Civil, Universidade Federal do Rio Grande do Sul.

11. MAGALHÃES, C.P.; FOLLONI, R.; FURMAN, H. (1989) Análise da patologia das obras de arte do município de São Paulo. In: Simpósio Nacional de Reforços, Reparos e Proteção das Estruturas de Concreto, São Paulo, maio 1989. Anais.. São Paulo: EPUSP, p. 3-17.

12. FIGUEIREDO, E.J.P.; ANDRÉS, P.R. (1989) Patologia das obras civis nas indústrias de celulose e papel. In: Simpósio sobre Patologia das Edificações: Prevenção e Recuperação, Porto Alegre, out. 1989. Anais.. Porto Alegre; CPGEC, UFRGS, p. 283-301.

13. OLIVEIRA, P.S.F. (1991) Proteção e manutenção das estruturas de concreto. Engenharia, n. 485, p. 11-26, nov. dez.

14. CARMONA FILHO, A.; MAREGA, A. (1988) Retrospectiva da patologia no brasil; estudo estatístico. In: Jornadas en Español y Português sobre Estructuras y Materiales, Madrid. Colloquia 88. Madrid: CEDEX, IET, mayo, 325-348.

15. PORTLAND CEMENT ASSOCIATION. (1970) Durability of concrete bridge decks: a cooperative study; final Report EB067.01E. Skokie, PCA.

16. BABAEI, K. (1986) Evaluation of half-cell corrosion detection test for concrete bridge decks: final report. Seattle: Washington State Department of Transportation (WA-RD 95.1).

17. STRATFULL, R.F. (1973) Half-cell potentials and the corrosion of steel in concrete. Highway Research Record, n. 433, p. 12-21.

18. ESTADOS UNIDOS. National Materials Advisory Board. (1980) The Status of cement and concrete R&D in the United States. Washington, D.C.: National Academy of Sciences.(Report NMAB, 361).

19. SKALNY, P. (1988) Concrete durability: a multibillion-dollar opportunity. Concrete International, v. 10, n. 1, p. 33-35.

20. REUNION INTERNATIONALE DE LABORATOIRES D'ESSAIS ET MATERIAUX. (1976) Corrosion of reinforcement and presstressing tendons: a "state-of-art" report. Reported by RILEM Technical Committee 12-CRC. Matériaux et Constructions, v. 9, n. 51, p. 187-206.

21. SCHIESSL, P. (ed.) (1988). Corrosion of steel in concrete: RILEM Report of the Technical Committee 60-CSC. London, Chapman & Hall.

22. LEEMING, M.B. (1983) Corrosion of steel reinforcement in offshore concrete. experience from the concrete-in-the-oceans programme. In: A.P. CRANE (ed.) Corrosion of reinforcement in concrete construction (p. 59-78). London, society of chemical industry, Ellis Horwood Limited.

23. BEEBY, A.W. (1978) Concrete in the oceans. Cracking and corrosion. Wexham Springs: CIRIA/CCA. (Technical Report, 1).

24. COMITE EURO-INTERNATIONAL DU BETON. (1991) CEB-FIP model code 1990 Final Draft. Lausanne. (Bulletin d'Information, 203-205).

25. WALLBANK, E.J. (1989) the performance of concrete in bridges. a survey of 200 highway bridges. London, Her Majesty's Stationery Office-HMSO, apr.

26. SOZEN, M.A. (1990) Maintenance and repair. Concrete International, v. 12, n. 9, p. 717-73, set.

27. BIJEN, J.M. (1989) Maintenance and repair of concrete structures. Heron, v. 34, n. 2.

28. ANDRADE, C.; GONZÁLEZ, J.A. (1988) Tendencias actuales en la investigación sobre corrosion de armaduras. Informes de la Construcción, v. 40, n. 398, p. 7-14nov. dic.

29. GJØRV, O.E.; VENNESLAND, O.; EL-BUSAIDY, A.H.S. (1986) Diffusion of dissolved oxygen through concrete. Materials Performance, v. 25, n. 12, p. 39-44.

30. HELENE, P.R.L. (1981) Corrosão das armaduras em concreto armado. In: Simpósio de Aplicação da Tecnologia do Concreto, 4. Campinas, 1981. SIMPATCON: Anais... Campinas: Concrelix.

31. HELENE, P.R.L. (1983) Corrosión de las armaduras en él hormigón armado. Cemento-Hormigón, v. 54, n. 591–93, p. feb.-abr.

32. HELENE, P.R.L. (1984) Corrosão de armaduras para concreto armado. A Construção São Paulo, v. 37, n. 1983, p. 15-20, mar.

33. HELENE, P.R.L. (1986) Corrosão em armaduras para concreto armado. São Paulo, IPT, PINI.

34. MOLINARI, G. (1972) Deterioração do concreto provocado por águas do subsolo contendo anidrido carbônico agressivo. In: Colóquio sobre a Durabilidade do Concreto Armado, 2, São Paulo, jun. Anais.. São Paulo: IBRACON.

35. CINCOTTO, M.A. (1992) Avaliação do grau de agressividade do meio aquoso em contato com o concreto. São Paulo, IPT (Boletim, 64), p. 15-27.

36. MIRANDA, L.R.M.; NOGUEIRA, R. (1986) Medidas de potencial de eletrodo em armaduras. Avaliação do estado de corrosão. In: Seminário Nacional de Corrosão na Construção Civil, 2, Rio de Janeiro, set. Anais.. Rio de Janeiro: ABRACO.

37. GENTIL, V. (1987) Corrosão (2ª ed). Rio de Janeiro, LTC.

Capítulo 2

Princípios da corrosão eletroquímica

Carlos Alberto Caldas de Sousa

2.1. Introdução

De uma maneira geral, a corrosão pode ser definida como um processo de deterioração do material devido à ação química ou eletroquímica do meio ambiente, resultando na perda de massa do material.

O processo de corrosão é um processo espontâneo, causado pela necessidade do material em atingir o seu estado de menor energia, que é o seu estado mais estável. A maioria dos metais, como ocorre com o ferro, é encontrada, na natureza, na forma de compostos, como óxidos e hidróxidos, já que nessa forma eles apresentam um estado mínimo de energia. Quando esses metais são processados, eles passam a adquirir o estado metálico, porém, ao entrarem em contato com o meio ambiente, eles passam a reagir espontaneamente com o meio, se transformando em composto, que apresenta um menor estado de energia. O ferro, por exemplo, que é o principal componente da armadura de aço utilizada na estrutura de concreto, reage com o meio ambiente, se transformando principalmente em Fe_2O_3 hidratado, conhecido como ferrugem, que apresenta um estado de energia menor e, portanto, mais estável que o do ferro metálico.

A ocorrência da corrosão em um material metálico, de uma maneira geral, implica um custo adicional significativo, seja para substituir o material corroído ou como consequência das perdas indiretas causadas pela corrosão, como a necessidade de manutenção, a utilização de materiais mais resistentes à corrosão que apresentam um custo mais elevado, ou perdas devido à parada produção. Em relação à armadura de aço de uma estrutura de concreto, a corrosão, além de deteriorar as propriedades mecânicas da armadura, resulta na formação de um produto volumoso, geralmente o Fe_2O_3 hidratado, que, ao exercer uma pressão sobre a cobertura de concreto, pode ocasionar o desprendimento dessa camada.

A corrosão que ocorre na armadura de aço, assim como a maioria dos processos corrosivos, é caracterizada pela transferência de elétrons e íons entre duas regiões distintas do metal, sendo esse tipo de corrosão denominado de corrosão eletroquímica. Na seção 2.2, estão descritas as principais reações eletroquímicas que acontecem em um processo de corrosão. Na armadura de aço, a corrosão pode ser tanto uniforme, ocorrendo uniformemente ao longo da superfície da armadura, como localizada, a qual se concentra em uma determinada área específica. A corrosão localizada por pite pode ser considera como o tipo mais grave de corrosão que ocorre na armadura de aço. Esse tipo de corrosão, que é causado principalmente pela presença dos íons cloreto, resulta na formação de uma cavidade que se propaga rapidamente e deteriora significativamente as propriedades mecânicas da armadura. Na seção 2.6, é feita uma descrição da corrosão por pite.

A proteção contra a corrosão da armadura de aço em uma estrutura de concreto se dá, principalmente, por meio da utilização de inibidores, de revestimentos protetores e proteção catódica. Esses métodos de proteção envolvem os conceitos de polarização, cujos fundamentos são descritos na seção 2.5.

2.2. Reações eletroquímicas presentes no processo de corrosão

A corrosão eletroquímica, na verdade, é causada pela ação de um agente oxidante, como o oxigênio e o hidrogênio, que, ao entrar em contato com a superfície do metal, passa a receber elétrons, ocorrendo, assim, a reação de redução. Os elétrons que são consumidos na reação de redução, que acontece no cátodo, são fornecidos pela reação de oxidação do metal que ocorre no ânodo, sendo transferidos para o cátodo através do metal, que atua como um eletrodo (material no qual ocorre a transferência de elétrons). Quando o metal sofre oxidação, perde elétrons e se transforma em um cátion, que se desprende da estrutura metálica passando, dessa forma, a ocorrer a dissolução do metal. A seguir, são descritas as principais reações que acontecem em um processo de corrosão eletroquímica:
– Reação anódica

$$M \rightarrow M^{n+} + ne \qquad , \text{ onde M é o metal} \tag{2.1}$$

– Reações catódicas
  a) Redução do oxigênio em meio neutro ou alcalino

$$n/4 O_2 + n/2\, H_2O + ne \rightarrow nOH^- \tag{2.2}$$

  b) Redução do oxigênio em meio ácido

$$n/4 O_2 + nH^+ + ne \rightarrow n/2\, H_2O \tag{2.3}$$

  c) Redução do íon H^+ em meio ácido não aerado

$$nH^+ + ne \rightarrow n/2\, H_2 \tag{2.4}$$

  d) Redução do íon H^+ em meio neutro não aerado

$$nH_2O + ne \rightarrow n/2\, H_2 + OH^- \tag{2.5}$$

  e) Redução do Cl_2

$$Cl_2 + 2e \rightarrow 2Cl^- \tag{2.6}$$

Para ocorrer a reação de redução, deve haver um fluxo do agente oxidante do meio corrosivo em direção à superfície do metal, que constitui a corrente catódica (I_c). Como resultado da reação de oxidação ocorre um fluxo de cátion metálico da superfície do metal em direção ao meio corrosivo, que constitui a corrente anódica (I_a).

Na armadura de aço de uma estrutura de concreto armado, a reação anódica, em geral, envolve a oxidação do Fe e a reação catódica envolve a redução do oxigênio em meio alcalino, já que o pH do concreto é alcalino. A cobertura de concreto normalmente não evita que o oxigênio e a água entrem em contato com a armadura de aço. Na Figura 2.1 está esquematizado o processo de corrosão que costuma ocorrer na armadura de aço envolvida pelo concreto.

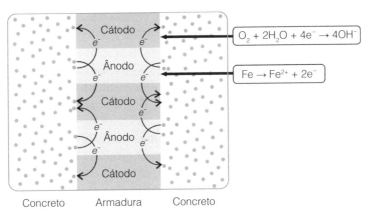

Figura 2.1. Representação esquemática do processo de corrosão eletroquímica presente na armadura de aço de uma estrutura de concreto armado envolvendo as reações de oxidação (Fe → Fe^{2+} + 2e) e redução (O$_2$ + 2 H$_2$O + 4e → 4OH$^-$).

A presença das regiões anódica e catódica implica a formação de uma pilha eletroquímica. Portanto, como em uma superfície metálica está presente um grande número de microrregiões anódicas e catódicas, há a formação de uma grande quantidade de pilhas eletroquímica. A presença de diferentes potenciais eletroquímicos, que resultam na formação da pilha, é causada pela ocorrência de heterogeneidades físicas e/ou químicas na superfície do metal. Na armadura de aço, as heterogeneidades podem ser provocadas pela diferença de concentração de íons, como cloreto, oxigênio e álcalis, pela presença de regiões com diferentes níveis de tensão e pelo contato da armadura com um material metálico que apresenta uma resistência à corrosão superior à do aço.

Como consequência das heterogeneidades presentes, vários tipos de corrosão podem ocorrer na armadura de aço de uma estrutura de concreto armado. Além da corrosão uniforme e da corrosão localizada por pite, podem ocorrer também a corrosão por aeração diferencial, galvânica e sob tensão.

A corrosão por aeração diferencial é causada pela presença de regiões com diferentes concentrações de oxigênio na superfície da armadura. Na região com maior concentração de oxigênio ocorre a reação ou reações de redução, atuando essa região como cátodo. Já a região com menor concentração de oxigênio atua como ânodo, ocorrendo nessa região a reação de oxidação e, consequentemente, a corrosão do metal. A presença de regiões com diferentes concentrações de oxigênio na superfície da armadura está relacionada com a permeabilidade da cobertura de concreto e também com a presença de trincas no concreto. Assim, a região da armadura, que está localizada na parte posterior da armadura, estará em contato com uma maior concentração de oxigênio, e se comportará como cátodo, já a região vizinha, que está em contato com uma menor concentração de oxigênio, se comportará como ânodo.

O contato da armadura de aço com um material metálico de maior resistência à corrosão pode ocasionar a corrosão galvânica, com a armadura se comportando como ânodo, enquanto o material mais nobre sofre redução, se comportando, assim, como cátodo. A corrosão galvânica pode ocorrer quando a armadura estiver em contato com ligas, como o aço inoxidável e o cobre, que apresentam uma resistência à corrosão superior à da armadura.

A corrosão sob tensão pode acontecer na armadura de estruturas de concreto pretendido. Esse tipo de corrosão dá-se quando o metal é submetido simultaneamente à ação de uma força de tração estática e ao meio corrosivo, e é caracterizado pela formação de trincas no metal. Essas trincas, que podem ocorrer nos contornos de grãos (intergranular) ou através dos grãos (transgranular), levam à ruptura do material, sendo, portanto, um tipo grave de corrosão.

Na corrosão sob tensão existe um efeito cinergético entre o meio corrosivo e a tensão aplicada; a ruptura do material causada pela corrosão sob tensão pode ocorrer em condições nas quais não ocorreria se o material fosse submetido à ação isolada do meio corrosivo ou da tensão. A tensão em tração, que juntamente com o meio corrosivo resulta na corrosão sob tensão, pode corresponder à tensão estática na qual o material é submetido durante a sua utilização, como acontece com a armadura de aço no concreto protendido, ou pode ser também uma tensão residual resultante de uma deformação plástica ou do processo de soldagem.

Para ocorrer a corrosão sob tensão, deve haver uma combinação específica entre o material metálico e o meio corrosivo. Os materiais metálicos com estrutura cúbica de face centrada, como os aços inoxidáveis austeníticos e as ligas de alumínio, são mais susceptíveis à corrosão sob tensão em relação aos materiais metálicos com estrutura hexagonal compacta, e com estrutura cúbica de corpo centrado, como as ligas de aço-carbono, tradicionalmente utilizadas na construção civil. Nas ligas de aço comum, a corrosão sob tensão pode ocorrer em determinados meios, como aqueles meios que contêm gás sulfídrico, H_2S, em meios que contêm nitrato, em meios que contêm amônia líquida e em meios com a presença de álcalis. Já nas ligas de aço inoxidável austenítico, dependendo da concentração dos íons e da temperatura do meio, a corrosão sob tensão pode acontecer em um meio aquoso contendo cloretos ou em solução concentrada de hidróxidos[1].

2.3. Produtos de corrosão

O processo de corrosão de um material metálico é afetado pelo produto resultante da corrosão, podendo ser inibido significativamente, dependendo do produto que é formado.

Dependendo da composição e do meio corrosivo, o cátion metálico resultante do processo corrosivo pode sofrer dissolução ou, então, reagir com os elementos presentes no meio, como o oxigênio, a hidroxila, o enxofre e o cloreto, resultando de um filme superficial.

O filme superficial, formado como resultado do processo corrosivo, pode apresentar características de um filme poroso, não compacto, com baixa aderência, e que não eleva significativamente a resistência à corrosão material. Por outro lado, o filme superficial pode ser compacto, aderente e inibir significativamente o processo corrosivo, sendo denominado de filme passivo. Como exemplo de filme passivo pode ser citado o Fe_3O_4, que se forma sobre a superfície do aço, o Al_2O_3, que se forma sobre a superfície do alumínio, e um filme de óxido de cromo formado sobre a superfície do aço inoxidável.

Na superfície do aço, a depender da temperatura e do pH do meio, vários óxidos e hidróxidos podem ser formados; os mais comuns são: FeO, Fe_2O_3, Fe_3O_4, $Fe(OH)_2$, $Fe(OH)_3$, e $Fe(OH)_3 3H_2O$[2]. A Figura 2.2 apresenta o diagrama de Pourbaix para o ferro em uma solução aquosa na temperatura ambiente. Por meio desse diagrama é possível identificar os produtos de corrosão que estarão presentes no aço, em função do potencial e do pH da solução aquosa na temperatura ambiente.

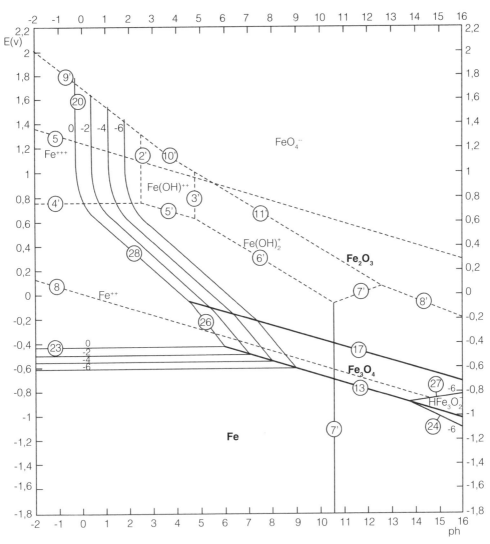

Figura 2.2. Diagrama de equilíbrio termodinâmico (diagrama de Pourbaix), Potencial *versus* pH para o sistema ferro-H$_2$O a 25°C[3].

As reações que dependem do pH e do potencial são representadas por um conjunto de linhas inclinadas. As equações dessas retas decorrem da aplicação de equação de Nernst às reações em questão.

No diagrama, as duas linhas pontilhadas paralelas "a" e "b" representam as condições de equilíbrio das reações eletroquímicas. Abaixo da linha "a", correspondendo a p_{H2} = 1 atm, a água tende a se decompor por redução, gerando H$_2$. Acima da linha "b" correspondendo à p_{O2} = 1 atm, a água tende a se decompor por oxidação, gerando O$_2$. A região entre as linhas é o domínio de estabilidade termodinâmica da água.

Quando a armadura de aço está em contato com o concreto na estrutura de concreto armado, ela normalmente estará exposta a um pH em torno de 12. Como pode ser observado pelo diagrama de Pourbaix, para a faixa de potencial na qual o aço geralmente se encontra (em torno do potencial de

550 mV *vs.* SCE) e em pH igual a 12, estará presente na superfície da armadura um filme de Fe_3O_4. Esse composto é compacto e aderente e atua como uma barreira entre o meio corrosivo e a superfície do aço, diminuindo significativamente a taxa de dissolução da armadura tornando-a protegida contra a corrosão na ausência dos íons cloreto.

No entanto, como pode ser observado pela Figura 2.2, com a diminuição do pH o filme passivo de Fe_3O_4 deixa de ser estável, passando a ser formado o $Fe_2O_3.3H_2O$, que é um filme não protetor. Esse óxido, conhecido vulgarmente como ferrugem, é um filme não compacto e de baixa aderência, normalmente formado na armadura de aço nas condições nas quais o filme passivo Fe_3O_4 deixa de ocorrer. A seguir, estão descritas as reações envolvidas na formação do Fe_2O_3.

$$Fe \rightarrow Fe^{2+} + 2e \tag{2.7}$$

$$O_2 + 2\,H_2O + 4e \rightarrow 4OH^- \tag{2.8}$$

$$2Fe + O_2 + 2\,H_2O \rightarrow 2Fe(OH)_2 \tag{2.9}$$

O $Fe(OH)_2$ é geralmente oxidado para $Fe(OH)_3$, que é, com frequência, representado por $Fe_2O_3.3H_2O$. A diminuição do pH do concreto normalmente não ocorre nas condições normais, mas pode ocorrer se o concreto apresentar elevada permeabilidade ou se for submetido ao fenômeno da carbonatação. Esse fenômeno, a ser discutido em capítulos seguintes, resulta em uma diminuição do pH para um valor em torno de 8; nessa condição o filme passivo deixa de acontecer e o aço passa a sofrer corrosão.

A presença do filme passivo Fe_3O_4, no entanto, não é suficiente para proteger a armadura de aço contra a corrosão em um meio contendo íons cloreto. Os íons cloreto interagem com o filme passivo tornando-o não protetor, independentemente do pH do meio. A concentração crítica de cloreto no concreto, para que o filme passivo deixe de proteger contra a corrosão, é 0,6 a 0,9 kg de Cl- por m³ de concreto[4].

A ação dos íons cloreto no filme passivo ocorre geralmente em sítios preferenciais, que são defeitos presentes no filme. Portanto, a corrosão causada pela presença desses íons na armadura de aço é uma corrosão localizada que ocorre em uma área restrita.

Os íons cloreto, quando presentes na camada de concreto, podem também diminuir a resistividade do concreto, já que o cloreto absorve umidade, e, consequentemente, favorecer a corrosão da armadura. No Capítulo 6 é discutida a penetração dos íons cloretos na camada de concreto e o efeito desses íons em sua resistividade.

Os filmes não passivos, que resultam da corrosão da armadura de aço na estrutura de concreto, são geralmente filmes volumosos que aumentam significativamente o volume do metal original. Por conseguinte, com a formação desse filme volumoso na superfície do aço passa a ser exercida uma pressão sobre a camada de concreto, que se acentua com o prosseguimento do processo corrosivo. Essa pressão resulta na formação de fissuras na camada de concreto, que pode causar a sua remoção. Com a formação do $Fe_2O_3.3H_2O$ (ferrugem), o volume da armadura é aumentado em cerca de seis vezes[5].

2.4. Potenciais de equilíbrio do eletrodo

Um eletrodo pode ser definido como um condutor de elétrons em contato com um eletrólito, e o potencial do eletrodo em relação ao eletrólito é denominado de potencial do eletrodo. Esse

Capítulo 2   Princípios da corrosão eletroquímica

potencial é eletroquímico, devido ao fato de existir uma diferença tanto de natureza química, quanto de natureza elétrica entre os potenciais do eletrodo e do eletrólito.

O potencial do eletrodo atinge a condição de equilíbrio quando as velocidades das reações de oxidação e redução passam a ser iguais, isto é, a densidade da corrente anódica (i_a) e a densidade da corrente catódica (i_c) passam a apresentar o mesmo valor e, consequentemente, a densidade da corrente total, i, se torna nula.

$$i = i_a + i_c = 0 \qquad (2.10)$$

Na condição de equilíbrio, o eletrodo não sofre corrosão nem redução, já que a intensidade das reações de oxidação e redução é igual. Nessa condição, o potencial apresenta um valor estacionário, isto é, não varia com o tempo.

Há dois tipos de potencial de equilíbrio de um eletrodo: o potencial de equilíbrio reversível e o potencial de equilíbrio irreversível, conhecido como potencial de corrosão, os quais são descritos a seguir.

2.4.1. Potencial de equilíbrio reversível

O potencial de equilíbrio reversível de um eletrodo (E_r) corresponde ao potencial de um eletrodo de elevada pureza, com heterogeneidades desprezíveis, imerso em uma solução isenta de agentes oxidantes.

Na determinação do potencial de equilíbrio reversível, o eletrodo é imerso em uma solução salina contendo apenas os íons metálicos do eletrodo (MSO_4 ou MCl), sem a presença de qualquer espécie que possa sofrer redução. Assim que é imerso nessa solução, o eletrodo passa a sofrer oxidação.

$$M \rightarrow M^{n+} + ne \qquad (2.11)$$

Como resultado da reação de oxidação, são liberados elétrons que permanecem no metal e são formados cátions metálicos (M^{n+}) que passam para a solução. Portanto, na interface metal/solução são introduzidas duas camadas de cargas elétricas com sinais opostos, com as cargas negativas localizadas no metal e as positivas na solução. Na medida em que essas cargas vão sendo introduzidas, os cátions M^{n+}, resultantes da reação de oxidação, tendem a sofrer uma repulsão cada vez maior dos cátions que já se encontram na solução e, por outro lado, tendem a ser atraídos cada vez mais pelas cargas negativas presentes no lado do metal. Assim, a partir de um certo instante, o cátion metálico se deposita no metal, isto é, passa a ocorrer a redução do cátion M^{n+}, que recebe elétrons e deposita no metal.

$$M^{n+} + ne \rightarrow M \qquad (2.12)$$

Quando a velocidade das reações de oxidação e redução passa a ser a mesma, isto é, as densidades de corrente anódica (i_a) e catódica (i_c) se igualam, o potencial do eletrodo assume a condição de equilíbrio reversível. Nessa condição, a densidade de corrente que circula através do eletrodo é denominada de densidade de corrente de troca (i_0), onde:

$$i_0 = i_a = (-i_c) \qquad (2.13)$$

O potencial de equilíbrio reversível, quando obtido em condições padronizadas, é denominado de potencial de eletrodo-padrão. Nessas condições, o metal é imerso em uma solução, geralmente sulfato, isenta de agentes oxidantes e contendo 1 M de seus íons. O potencial é medido estando a solução em uma temperatura de 25°C e a uma pressão de 1 atmosfera. O potencial de um eletrodo em um eletrólito só pode ser determinado se for em relação a um outro eletrodo, o qual é denominado de eletrodo de referência. Assim, mede-se uma diferença de potencial com relação ao eletrodo de referência.

Na determinação do potencial de um eletrodo, o eletrodo de referência e o eletrodo cujo potencial será medido são imersos no mesmo eletrólito e conectados a um voltímetro, sendo feita a leitura do potencial. Caso os eletrodos estejam em recipientes diferentes, deve ser colocada uma ponte salina entre eles.

No caso do potencial do eletrodo-padrão, a medida de potencial é feita utilizando-se o eletrodo-padrão de hidrogênio como referência. Ao eletrodo de referência se atribui o valor de potencial igual zero (0 V), sendo este constituído por um fio ou por uma placa de platina, em cuja superfície são depositadas finas partículas de platina. O eletrodo é imerso em uma solução ácida padrão (1,2 M de HCl a 25°C), por meio da qual é borbulhado hidrogênio. O hidrogênio é adsorvido na superfície porosa do eletrodo que passa a atuar como se fosse um eletrodo de hidrogênio. Coloca-se uma ponte salina entre o recipiente que contém a solução ácida padrão e o recipiente que contém o eletrodo cujo potencial será medido.

O potencial de equilíbrio reversível do eletrodo indica a tendência do eletrodo em sofrer oxidação ou redução, isto é, de perder ou de receber elétrons em um determinado eletrólito. Os potenciais relacionados com as reações de redução e oxidação têm a mesma intensidade em módulo, mas apresentam sinais opostos. Um eletrodo que tem um maior potencial de equilíbrio correspondente à redução apresenta uma maior tendência em sofrer redução e uma menor tendência em se oxidar, isto é, em sofrer corrosão, sendo considerado um eletrodo mais nobre. No entanto, a velocidade com que a reação de oxidação ocorre, isto é, a cinética do processo de corrosão, não é informada.

2.4.2. Potencial de equilíbrio irreversível ou potencial de corrosão

O meio corrosivo geralmente apresenta íons ou gases que atuam como agentes oxidantes. Portanto, o potencial de equilíbrio reversível do eletrodo é um potencial que corresponde a uma condição bastante restrita e que não ocorre em uma situação real de corrosão. Já o potencial de equilíbrio irreversível ou potencial de corrosão (E_{cor}) corresponde ao potencial de equilíbrio de um eletrodo, independentemente de ser um metal ou uma liga, em um eletrólito contendo elementos oxidantes.

Ao passo que na condição na qual o potencial de equilíbrio reversível é determinado a reação de redução se limita à reação de redeposição do cátion metálico, na condição de equilíbrio irreversível ocorrem também as reações correspondentes à redução dos agentes oxidantes presentes. Como visto anteriormente, essas reações envolvem principalmente a redução do oxigênio e do hidrogênio.

O potencial de equilíbrio reversível ou de corrosão é atingido quando as reações de oxidação e redução passam a apresentar a mesma velocidade. Nessa condição, o potencial atinge um valor estacionário e as densidades de corrente anódica e catódica se igualam; a densidade de corrente que circula através do eletrodo recebe o nome de densidade de corrente de corrosão (i_{cor}).

$$i_{cor} = i_a = (-i_c)$$

(2.14)

Assim como ocorre com potencial de equilíbrio reversível, o potencial de corrosão de um eletrodo indica a tendência desse eletrodo em sofrer redução ou oxidação, com a diferença de que o potencial de corrosão leva em consideração a presença dos agentes oxidantes no meio corrosivo.

Como visto anteriormente, a presença do oxigênio e do hidrogênio no meio corrosivo pode levar à formação de um filme passivo na superfície do eletrodo, o que eleva significativamente a sua resistência à corrosão. Esse efeito, no entanto, não é considerado na determinação do potencial de equilíbrio reversível, já que ela é realizada na ausência dos agentes oxidantes. Dessa forma, o potencial de corrosão é o potencial de equilíbrio normalmente utilizado para avaliar o comportamento em relação à corrosão do eletrodo em um determinado meio.

Na determinação do potencial de corrosão, geralmente não se utiliza o eletrodo de hidrogênio como eletrodo de referência, devido à complexidade desse eletrodo, sendo utilizados outros eletrodos de referência, como os eletrodos de calomelano e de sulfato de cobre, que costumam ser os mais utilizados na determinação do potencial de corrosão da armadura das estruturas de concreto. O eletrodo de calomelano é normalmente constituído por um tubo de vidro contendo, em seu interior, um fio de platina coberto por uma camada de mercúrio que, por sua vez, é coberta por uma pasta de Hg_2Cl_2. Essas camadas são imersas em uma solução de KCl e o contato com o eletrólito, dentro do qual é inserido o eletrodo cujo potencial será determinado, é feito por meio de uma placa porosa, em geral de vidro. No eletrodo de calomelano saturado, a solução se encontra saturada com HCl.

O eletrodo de sulfato de cobre é constituído por um tubo habitualmente de policarbonato ou vidro, dentro do qual se encontra uma barra de cobre imersa em uma solução saturada de sulfato de cobre. O contato entre essa solução e o eletrólito, no qual se encontra o eletrodo cujo potencial será medido, é feito por uma placa porosa, geralmente de vidro ou madeira.

Sempre que o potencial de um eletrodo é medido, deve-se indicar o eletrodo de referência que foi utilizado. Com frequência, essa indicação é feita colocando-se entre parênteses ou subscrito o símbolo do eletrodo de referência utilizado. Assim, se um potencial do eletrodo é representado por $0,100$ mV (ECS) ou $0,100$ mV$_{ECS}$, significa que o potencial foi medido utilizando-se um eletrodo de calomelano saturado como eletrodo de referência.

O potencial de corrosão de um eletrodo depende do meio no qual ele se encontra, já que, dependendo das condições do meio, pode ocorrer ou não a passivação. Portanto, estando diferentes eletrodos metálicos em um mesmo meio corrosivo, deverá apresentar uma maior resistência à corrosão o eletrodo que tiver maior potencial de corrosão.

A avaliação da resistência à corrosão por meio do potencial de corrosão é limitada devido ao fato de que não é levada em consideração a velocidade com que o processo corrosivo ocorre. No entanto, por intermédio de uma tabela de potenciais de corrosão de diferentes materiais referente a um determinado meio, é possível identificar entre dois materiais de diferentes composições que estejam acoplados entre si, qual deve atuar como ânodo e qual deve atuar como cátodo quando expostos nesse meio. Na Tabela 2.1 estão descritos os potenciais de corrosão de diferentes materiais metálicos expostos em um meio constituído por um fluxo de água do mar.

2.5. Polarização

A polarização pode ser definida como o deslocamento de um potencial do eletrodo do seu valor de equilíbrio como resultado de um determinado processo, como a passagem de um fluxo de corrente através do eletrodo. Portanto, quando um eletrodo que estava em equilíbrio é polarizado,

Tabela 2.1. Potencial de corrosão na água do mar (fluxo), medido em relação ao eletrodo de calomelano saturado[6]

Metal ou liga	$E_{cor}(V)$	Metal ou liga	$E_{cor}(V)$
Magnésio	-1,60 a -1,63	Cobre	-0,28 a -0,36
Zinco	-0.99 a -1,05	Chumbo-estanho (50-50)	-0,26 a -0,35
Ligas de alumínio	-0,78 a -1,00	Latão almirantado	-0,25 a -0,34
Cádmio	-0,70 a -0,76	Bronze de silício	-0,24 a -0,27
Ferro Fundido e aço comum de baixo teor de C	-0,61 a - 0,72	Aços inoxidáveis 4310 e 416	-0,25 a -0,35
Aço de baixa liga	-0,59 a -0,65	Cobre-níquel (90-10)	-0,24 a -0,28
Cobre-alumínio	-0,32 a -0,44	Aço Inoxidável 430	-0,22 a -0,28
Latão amarelo	-0,30 a -0,40	Chumbo	-0,20 a -0,25
Cobre-níquel (70-30)	-0,19 a -0,22	Platina	0,25 a 0,18
Aços inoxidáveis 302,304, 321 e 347	-0,05 a -0,10	Grafite	0,30 a 0,28
Monel K-500	-0,04 a -0,17	Titânio	0,06 a 0,05
Aços inoxidáveis 316 e 317	0,00 a -0,15	Hastelloy (Ni-Cr-Mo) C- 276	0,10 a 0,04

as densidades de corrente anódica e catódica deixam de ser iguais, passando a ocorrer o predomínio do processo de redução ou do processo de oxidação.

Quando o eletrodo é polarizado, de tal maneira que a densidade de corrente anódica (i_a) passa a ser superior a densidade de corrente catódica (i_c), a polarização é denominada anódica. Desse modo, a densidade de corrente total (i), que circula através do eletrodo será positiva.

$$i = i_a + (-|i_c|) > 0 \tag{2.15}$$

Como resultado da polarização anódica, o processo de oxidação passa a predominar sobre o processo de redução e o eletrodo tende a sofrer corrosão.

Já quando a polarização do eletrodo é catódica, a densidade de corrente catódica será superior à anódica. Portanto, a densidade de corrente total (i), que circula através do eletrodo, será negativa.

$$i = i_a + (-|i_c|) < 0 \tag{2.16}$$

Como resultado da polarização catódica, o processo de redução passa a predominar sobre o processo de oxidação e à medida que a polarização vai se intensificando, o eletrodo tende a sofrer apenas redução.

A diferença entre o potencial do eletrodo resultante da polarização (E) e o potencial de equilíbrio (E_{eq}), denominada de sobrepotencial, ou sobretensão, η, é dada por:

$$\eta = E - E_{eq} \tag{2.17}$$

Quando o eletrodo se encontra no estado de equilíbrio, o sobrepotencial será nulo, já que $E = E_{eq}$. Na polarização anódica, o potencial do eletrodo resultante da polarização será superior ao potencial de equilíbrio, portanto, o sobrepotencial será positivo e é denominado de sobrepotencial anódico (η_a).

$$\eta_a = E - E_{eq} > 0 \qquad (2.18)$$

Já na polarização catódica, o potencial do eletrodo resultante da polarização (E) será inferior ao potencial de equilíbrio, por conseguinte, o sobrepotencial será negativo e é denominado de sobrepotencial catódico (η_c):

$$\eta_c = E - E_{eq} < 0 \qquad (2.19)$$

A aplicação do fluxo de corrente que resulta na polarização do eletrodo pode ser feita conectando-se o eletrodo a uma fonte de corrente, como um gerador, ou pode também ser realizada pela aplicação de par galvânico. A seguir, essas duas possibilidades são analisadas.

2.5.1. Polarização causada pela utilização de uma fonte de corrente

O eletrodo pode ser polarizado se ele for conectado ao terminal de uma fonte de corrente, como um gerador. Para que a polarização ocorra, um outro eletrodo deve estar conectado ao outro terminal, sendo esse eletrodo denominado de contraeletrodo ou eletrodo auxiliar. O eletrodo que será polarizado, o qual é geralmente denominado de eletrodo de trabalho, e o eletrodo de referência devem estar contidos no mesmo eletrólito, ocorrendo, assim, a formação de uma pilha eletroquímica.

Se o eletrodo de trabalho estiver conectado ao terminal negativo da fonte de corrente, ele deverá receber um fluxo de elétrons e, portanto, sofrer uma polarização catódica. Já se o eletrodo de trabalho estiver conectado ao terminal positivo da fonte de corrente, ele deverá perder elétrons, sofrendo, dessa forma, uma polarização anódica.

A Figura 2.3 ilustra uma representação esquemática de uma célula eletroquímica, na qual o eletrodo de trabalho está sendo polarizado catodicamente, por estar recebendo elétrons de uma fonte de corrente. Ao receber elétrons da fonte de corrente, o eletrodo deixa de estar em equilíbrio, passando a apresentar um excesso de elétrons. Para que o equilíbrio seja restaurado, o sistema passa a

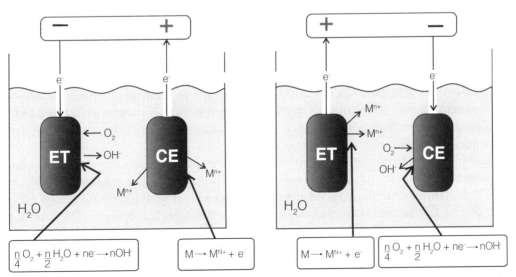

Figura 2.3. Representação esquemática de uma célula eletroquímica, na qual está ocorrendo uma polarização (A) catódica e (B) anódica do eletrodo devido a um fluxo de corrente gerado por uma fonte de corrente.

eliminar esse excesso de elétrons. Os elétrons são eliminados com a ocorrência da reação de redução na superfície do eletrodo imersa no eletrólito, já que, com a ocorrência dessa reação, os elétrons em excesso são consumidos ao reagirem com o agente oxidante. Por conseguinte, o eletrodo de trabalho passa a atuar como cátodo e passa a ocorrer a reação inversa no contraeletrodo, isto é, ele passa a sofrer oxidação, atuando como ânodo. Nessa célula considera-se que os eletrodos estão imersos em um meio aerado neutro; a reação de redução que ocorre é a do oxigênio nesse meio.

A reação de redução do oxigênio geralmente ocorre em meio corrosivo. No entanto, a depender dos agentes oxidantes presentes no meio corrosivo, outras reações de redução podem acontecer, como a reação de redução do hidrogênio ou a de redução de um cátion metálico.

Quando o eletrodo que está sendo polarizado catodicamente recebe um fluxo de corrente com uma intensidade suficientemente elevada, ele quase não sofre corrosão, sofrendo apenas redução. Esse método de proteção contra a corrosão é denominado de proteção catódica por corrente impressa e é frequentemente utilizado na proteção contra a corrosão de várias estruturas metálicas, armaduras de aço de uma estrutura de concreto armado, tubulações enterradas no solo, colunas de plataforma de petróleo imersas no mar, casco de navio, dentre outras.

A utilização da proteção catódica por corrente impressa na proteção contra a corrosão da armadura de aço do concreto armado, embora pouco difundida no Brasil, tem demonstrado ser uma técnica eficiente na prolongação da vida útil de estruturas de concreto armado. No Capítulo 9 é feita uma descrição da utilização dessa técnica na proteção contra a corrosão da armadura de aço de uma estrutura de concreto.

Na Figura 2.3B está esquematizada uma célula eletroquímica, na qual o eletrodo de trabalho está sendo polarizado anodicamente, com o fluxo saindo do eletrodo de trabalho e se dirigindo ao terminal positivo da fonte de corrente. Ao perder elétrons, o eletrodo deixa de estar em equilíbrio e, para que o equilíbrio seja restaurado, o sistema passa a receber elétrons. Os elétrons são fornecidos ao eletrodo com a ocorrência da reação de oxidação na superfície do eletrodo imersa no eletrólito, portanto, o eletrodo de trabalho passa a atuar como ânodo. No contraeletrodo passa a ocorrer a reação inversa, isto é, ele passa a sofrer redução, atuando como cátodo.

2.5.2. Polarização causada pela formação de um par galvânico

O fluxo de corrente, que causa a polarização de um eletrodo, pode também ser produzido pela formação de um par galvânico.

O par galvânico é constituído por dois eletrodos que, na presença de um eletrólito, estão em contato elétrico entre si, apresentando, esses eletrodos, diferentes resistências à corrosão devido ao fato de apresentarem diversas composições. O eletrodo que apresenta maior resistência à corrosão recebe elétrons do eletrodo de menor resistência à corrosão, atuando, assim, como cátodo, enquanto o eletrodo que doa os elétrons atua como ânodo.

Quando um eletrodo que está em equilíbrio em um determinado eletrólito é conectado eletricamente a um outro eletrodo com diferente resistência à corrosão, passa a ocorrer um fluxo de corrente entre os dois eletrodos e o potencial do eletrodo é deslocado do seu valor de equilíbrio, sofrendo, desse modo, uma polarização. Com a formação do par galvânico, o eletrodo que recebe elétrons passa a sofrer uma polarização catódica, já que a eliminação dos elétrons em excesso é feita por meio da ocorrência da reação de redução na superfície do eletrodo. Já o eletrodo que doa elétrons é polarizado anodicamente, pois, para compensar os elétrons perdidos, passa a ocorrer a reação de oxidação na superfície do eletrodo. A polarização se dá na região próxima do contato entre os dois eletrodos e deixa de acontecer nos locais mais distantes dessa região, onde o fluxo de elétrons se torna insignificante.

Capítulo 2 Princípios da corrosão eletroquímica 23

A polarização devido à formação de um par galvânico depende da diferença do potencial de equilíbrio entre os dois eletrodos. Assim, quanto mais nobre for um potencial em relação ao outro, isto é, quanto maior for a resistência de corrosão entre eles, mais intensa tende a ser a polarização. Portanto, a redução do cátodo e a oxidação do ânodo tendem a ser mais intensas.

A relação entre as áreas do ânodo e do cátodo depende também da relação entre as áreas dos dois eletrodos; quanto maior for a relação entre a área do eletrodo que atua como cátodo e do eletrodo que atua como ânodo, mais intensa será a corrosão do ânodo. Com a elevação da área do cátodo em relação ao ânodo, aumenta a demanda por elétrons do cátodo, ao passo que a área do ânodo, a partir da qual os elétrons serão fornecidos, diminui e, portanto, a taxa de dissolução do ânodo aumenta.

São várias as situações nas quais ocorre a polarização de um eletrodo pela formação de um par galvânico, como é o caso da conexão entre tubulações metálicas de diferentes composições, e uma conexão entre uma chapa e um parafuso de diferentes composições.

Um outro exemplo importante de polarização causada pela presença de um par galvânico corresponde a um substrato metálico revestido com um depósito metálico, com uma resistência à corrosão diferente do substrato. Se o depósito apresentar descontinuidades, como fissuras ou riscos, na presença de um eletrólito, haverá a formação de uma pilha eletroquímica. Essa situação está esquematizada na Figura 2.4.

A região do substrato desprovida de depósito, devido à ocorrência da descontinuidade, atuará como ânodo ou cátodo. Assim, se o substrato for mais nobre, isto é, apresentar uma resistência à corrosão superior à do depósito, este atuará como cátodo, estando, por conseguinte, protegido contra a corrosão e o depósito atuará como ânodo. Portanto, mesmo que o depósito apresente fissuras, o substrato continuará protegido devido à formação do par galvânico. Essa situação, que está representada na Figura 2.4A ocorre, por exemplo, quando o substrato de aço é revestido por um depósito de Zn (aço galvanizado). Essa situação é analisada no Capítulo 9, referente à utilização de armaduras galvanizadas na estrutura de concreto armado.

Quando o substrato é menos nobre que o depósito, este atuará como cátodo e a região do substrato desprovida de depósito atuará como ânodo. Essa região deverá sofrer uma forte corrosão, já que a relação entre as áreas do cátodo e ânodo será elevada. Essa situação, que está representada na Figura 2.4B, ocorre, por exemplo, quando o substrato de aço é revestido por depósitos como o níquel e o cromo.

A polarização devido à formação de um par galvânico é frequentemente utilizada na proteção contra a corrosão de estruturas metálicas, sendo esse método conhecido como proteção catódica por ânodo de sacrifício. A região metálica a ser protegida é conectada a um eletrodo menos nobre, atuando esse eletrodo como ânodo, enquanto a região a ser protegida atua como cátodo, passando a sofrer redução.

Como exemplo da proteção catódica por ânodo de sacrifício de estruturas de aço, pode ser citada a proteção de tubulações enterradas, que utilizam eletrodos de zinco como ânodo, casco de navio e colunas de plataforma de petróleo que utilizam ligas de alumínio como ânodo de sacrifício. A proteção catódica por ânodo de sacrifício tem demonstrado ser uma técnica eficiente na prolongação da vida útil de estruturas de concreto armado. Ainda no Capítulo 9 é feita uma descrição da utilização dessa técnica de proteção contra a corrosão da armadura de aço em estruturas de concreto.

Outro exemplo importante de polarização ocasionada pela presença de um par galvânico corresponde a um substrato metálico revestido com um depósito metálico, com uma resistência à corrosão diferente do substrato. Se o depósito apresentar descontinuidades, como fissuras ou riscos, na presença de um eletrólito, haverá a formação de uma pilha eletroquímica. Essa situação está esquematizada na Figura 2.4.

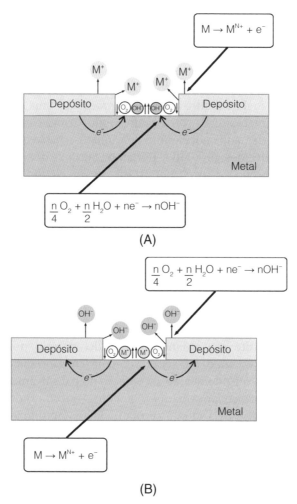

Figura 2.4. Representação esquemática de uma célula eletroquímica causada pela presença de um substrato metálico revestido com um depósito metálico, com a presença de descontinuidade. (A) Substrato com uma resistência à corrosão superior à do depósito e (B) substrato com uma resistência à corrosão inferior à do depósito.

2.5.3. Classificação da polarização em função das etapas limitantes do processo corrosivo

Como visto anteriormente, durante o processo corrosivo há uma difusão dos agentes oxidantes em direção à interface metal/eletrólito e também uma difusão dos produtos resultantes das reações de oxidação e redução em direção ao eletrólito. Se essa etapa correspondente à difusão dos agentes oxidantes ou dos produtos das reações que ocorrem na interface mata/eletrólito for mais lenta que as demais, o processo corrosivo será controlado por difusão ou transferência de carga. Nessa situação, ocorre a polarização por concentração.

Já quando a etapa mais lenta do processo corrosivo corresponde às reações de transferência de carga de oxidação ou de redução que ocorrem na interface metal/eletrólito, o processo corrosivo será controlado por transferência de carga. Nessa situação, ocorre a polarização por ativação.

Capítulo 2   Princípios da corrosão eletroquímica

O processo corrosivo também pode ser controlado pelas propriedades do filme passivo formado sobre a superfície do eletrodo ou pode ser controlado pela resistividade do eletrólito. Quando o eletrólito apresenta uma elevada resistividade, por exemplo, uma solução de H_2SO_4 com concentração inferior a 0,1 M, o processo corrosivo passa a ser controlado pela resistividade do eletrólito; nessa situação, ocorre a polarização ôhmica.

2.6. Corrosão por pite

A corrosão por pite é um tipo de corrosão localizada que é caracterizada por causar a presença de um pite, que é uma cavidade com elevada relação entre o comprimento e o diâmetro.

Diferentemente da corrosão uniforme, que causa uma perda de massa uniforme ao longo da superfície do metal, na corrosão localizada por pite a perda de massa ocorre apenas em determinadas regiões específicas, ocorrendo, assim, uma perda de massa inferior à causada pela corrosão uniforme. No entanto, a corrosão por pite, além da perda de massa, ocasiona efeitos altamente prejudiciais ao material metálico.

Durante o processo corrosivo, o pite apresenta uma elevada taxa de crescimento e quando ocorre, por exemplo, em tubulações e tanques metálicos, resulta na perfuração desses equipamentos provocando como consequência a presença de vazamentos em um intervalo relativamente curto de tempo. A presença do pite causa também um efeito altamente prejudicial às propriedades mecânicas do material metálico ao atuar como um sítio amplificador de tensões em tração. A tensão em tração (σ_m) na extremidade de um defeito superficial é superior à intensidade da tensão aplicada (σ_0), sendo a relação entre essas duas tensões descrita pela Equação 2.20.

$$\sigma_m = \sigma_0 \left[1 + (a/r)^{1/2} \right] \tag{2.20}$$

Onde "a" corresponde ao comprimento do defeito superficial e "r" corresponde ao raio de curvatura na extremidade do defeito.

Considerando-se que o pite apresenta uma elevada relação a/r, ele atuará como um importante fator amplificador da tensão de tração. O pite, ao atuar como um sítio nucleador de trincas, causa também uma diminuição significativa da resistência à fadiga do material metálico. Portanto, a ocorrência da corrosão localizada por pite em uma armadura de aço de uma estrutura de concreto armado, além de causar a perda de massa, pode ocasionar, também, efeitos adversos nas propriedades mecânicas da armadura.

A corrosão por pite é causada pelos íons halogênios Cl^-, Br^- e I^-. O íon cloreto é o agente agressivo mais importante devido à sua ampla presença na natureza. O pequeno diâmetro dos íons cloreto torna esses íons capazes de penetrarem com relativa facilidade através do filme de óxido, o que os torna mais agressivos que outros íons, como os íons Br^-.

Como o processo de corrosão por pite é um processo de corrosão localizada, é necessário, para a ocorrência desse processo, que o a dissolução do metal aconteça em uma região localizada, denominada de sítio ativo. Geralmente, a corrosão por pite ocorre sobre uma superfície metálica recoberta por um filme passivo, constituído por óxido e/ou hidróxido em contato com um meio aquoso; a formação do pite ocorre em sítios ativos correspondentes a imperfeições na superfície do metal, como contornos de grão, inclusões e segundas fases.

As inclusões são os sítios preferenciais mais importantes para a nucleação do pite nas ligas ferrosas, tendo sido constatado que, se o metal contém inclusões de sulfeto em adição a outras heterogeneidades, as inclusões de sulfeto agirão como sítios preferenciais à nucleação do pite[7]. As inclusões de sulfeto são defeitos presentes, com frequência, em ligas ferrosas, devido à presença do enxofre como impureza nessas ligas; essas inclusões podem também estar presentes em metais puros, como o Fe e o Ni.

Devido à baixa solubilidade do enxofre nas ligas à base de ferro, esse elemento se precipita na forma de inclusões de sulfeto ou de óxido de sulfeto. Nas ligas de aço-carbono, as inclusões mais frequentes são as de MnS, FeS, (Mn,Fe)S e CaS[8].

A nucleação do pite não ocorre, necessariamente, em todas as inclusões presentes em uma superfície metálica, podendo a composição e a geometria da inclusão ter uma influência significativa na susceptibilidade da inclusão à formação do pite[8].

A ruptura do filme passivo pelos íons halogêneos constitui a etapa inicial da corrosão por pite. Após esses íons superarem a barreira representada pelo filme passivo e atingirem a superfície do metal, pode ocorrer a formação do pite estável, desde que a concentração dos íons alcance um valor mínimo e que se dê em presença de água.

A corrosão por pite é um tipo único de reação anódica, sendo característico desse tipo de corrosão o fato de apresentar um mecanismo autocalítico, pois no interior do pite são produzidas condições que propiciam a continuidade do processo corrosivo.

Nos itens a seguir são descritas as etapas correspondentes à ruptura do filme passivo e à formação do pite estável. Devido ao fato de a corrosão por pite da armadura de aço em uma estrutura de concreto armado ser causada geralmente pelos íons cloreto, a descrição sobre a corrosão por pite neste capítulo será limitada à ação dos íons cloretos.

2.6.1. Ruptura do filme passivo

A ruptura do filme passivo, que é a etapa inicial do processo de formação do pite, na qual os íons halogênios superam a barreira representada pelo filme passivo. É um fenômeno que ocorre com extrema rapidez e em uma escala muito pequena, tornando, assim, a observação direta desse fenômeno bastante difícil. Esse fator dificulta, portanto, o esclarecimento do mecanismo de ruptura do filme passivo[9].

Colabora também para a complexidade do processo de ruptura do filme passivo, o fato de fatores, como a composição do metal e do meio corrosivo, além do histórico de exposição a esse meio, afetarem significativamente a espessura, a composição e a estrutura e, por consequência, a resistência à ruptura do filme passivo[8].

Na literatura são apresentados três mecanismos principais que procuram explicar como ocorre o processo de ruptura do filme passivo. Esses mecanismos são: mecanismo de migração iônica através do filme passivo, mecanismo de ruptura mecânica e o mecanismo de adsorção.

Provavelmente nenhum dos mecanismos propostos para a ruptura do filme passivo deve ocorrer isoladamente, devendo acontecer uma combinação desses mecanismos, com a predominância de um determinado mecanismo, dependendo do sistema metal/meio corrosivo[10]. Nos itens a seguir, é feita uma descrição de cada um dos mecanismos referentes à ruptura do filme passivo. É importante destacar que esses mecanismos são descritos considerando-se sistemas metálicos puros sem a presença de defeitos. No entanto, em uma situação real, a corrosão por pite está geralmente associada a defeitos presentes na superfície metálica.

Como visto anteriormente, a ruptura do filme passivo dá início ao processo de corrosão por pite e ocorre, preferencialmente, a partir de determinados sítios ativos presentes na superfície do metal. Portanto, a presença desses sítios é de fundamental importância na resistência à corrosão por pite do material metálico. Nos itens a seguir, após a descrição dos mecanismos de ruptura do filme passivo, é feita uma descrição dos principais sítios ativos para a nucleação do pite presentes nos materiais metálicos.

a. Mecanismo de penetração através do filme passivo

O mecanismo de penetração apresenta como etapa determinante a migração de íons agressivos através do filme passivo na direção da interface metal/óxido, onde passa a ocorrer a formação do pite, após os íons agressivos atingirem uma concentração crítica. A ocorrência desse mecanismo está associada à presença de um campo elétrico com intensidade suficientemente elevada para permitir a migração dos íons através do filme passivo[11]. Para um campo elétrico com intensidade suficiente seriam formadas vias de elevada condutividade iônica dentro do filme.

No entanto, há dúvidas sobre a ocorrência do mecanismo de penetração iônica, já que mesmo que íons cloreto estejam presentes no filme passivo, não há evidências experimentais de que eles migrem através do filme passivo até a interface filme/metal[9]. Uma possível ocorrência desse mecanismo provavelmente deve estar associada à ocorrência de outros mecanismos. Também está claro que a formação do pite pode se iniciar sem a ocorrência desse mecanismo.

b. Mecanismo de ruptura mecânica

O mecanismo de ruptura mecânica do filme passivo é baseado no rompimento localizado do filme, permitindo o contato direto entre a superfície do metal e os íons agressivos. A presença desses íons acima de uma determinada concentração impede a repassivação do filme, possibilitando a ocorrência do pite estável.

De acordo com o modelo da ruptura mecânica, a ruptura localizada do filme passivo sempre ocorrerá, sendo considerado que o filme passivo está em um estado contínuo de passivação e repassivação. Quando o filme passivo entra em contato com o eletrólito agressivo, passam a acontecer mudanças interfaciais que tornam o filme mecanicamente tensionado resultando, assim, na presença de falhas no filme passivo[12]. O rompimento do filme é também atribuído à ação de forças de eletroestricção provocadas por íons cloretos adsorvidos na superfície do filme[13].

A simples ocorrência da ruptura mecânica do filme passivo, cujo processo é frequente e rápido, não implica a ocorrência de um pite estável[10]. A formação do pite estável só acontecerá se determinadas condições forem atendidas, tais como a ocorrência de uma dissolução da superfície metálica no local da ruptura a uma intensidade suficiente para estabilizar a ruptura, evitando a repassivação desse local.

Os principais modelos que explicam a ruptura localizada do filme passivo são o modelo do defeito pontual e o modelo baseado na ruptura eletrônica do filme passivo. Esses modelos propõem que ocorre a adsorção e a incorporação dos íons cloro apenas nas camadas próximas à superfície do filme passivo, sem haver a penetração desses íons através desse filme. Os modelos estão de acordo com os resultados experimentais, que têm constatado a presença dos íons cloro próximos à superfície do filme passivo, mas, não têm constatado a presença desses no interior do filme passivo[14]. De acordo com o mecanismo do defeito pontual, a ruptura do filme passivo está baseada na concentração de vacâncias de cátions metálicos na interface metal/filme, o que diminui a espessura do filme. Essa diminuição da espessura produz uma tensão crescente no interior do filme resultando na sua ruptura. Esse mecanismo é verificado experimentalmente no processo de ruptura do filme passivo pelos cloretos no níquel, uma vez que nesse filme passivo predominam as vacâncias de cátions metálico, que atuam como receptor de elétrons. Entretanto, esse mecanismo não é verificado experimentalmente no ferro[14], cujo filme passivo se comporta como um semicondutor do tipo "n", onde predominam as vacâncias de oxigênio e os cátions metálicos intersticiais, que atuam como doador de elétrons.

No mecanismo baseado na ruptura eletrônica do filme passivo pelos íons Cl^-, é proposto que a ruptura do filme passivo ocorra devido à liberação de elétrons no filme[9]. De acordo com esse modelo, os cloretos são adsorvidos na camada superficial do filme passivo e liberam elétrons através da seguinte reação:

$$Me(OH)_{ads} + Cl^- \rightarrow Me(OHCl)_{ads} + e^- \tag{2.21}$$

A liberação dos elétrons no filme passivo pelos íons Cl⁻ ou pelos outros íons halogênios resulta em uma elevada corrente elétrica, que causa um considerável aquecimento localizado. O aumento da temperatura expande o metal na interface metal/filme, causando, assim, a ruptura localizada do filme passivo.

Para que a reação descrita na Equação 2.21 seja possível e, dessa forma, a liberação de elétrons possa ocorrer, é necessário que o íon Cl⁻ sofra uma transferência de carga substancial na superfície do filme passivo. É possível que esse mecanismo ocorra em aço inoxidável, conforme já foi constatado *in situ*[20] por meio da técnica de resistência elétrica.

A relação I⁻ < Br⁻ < Cl⁻, que compara em ordem crescente a agressividade dos íons halogênios na corrosão por pite, pode ser explicada pela adsorção menos intensa dos íons Cl⁻ em relação ao Br⁻ e I⁻, que resulta em maior injeção de elétrons no filme passivo pelos íons Cl⁻. Uma adsorção mais intensa decresce a taxa de adsorção/dessorção dos ânions halogênios durante a formação do filme passivo e, portanto, diminui a injeção de elétrons para o filme passivo. É também possível que a hidrólise do hidróxido de bromo adsorvido seja mais difícil que a hidrólise do hidróxido de cloro adsorvido[9].

c. Mecanismo de adsorção

O mecanismo de adsorção, representado na Figura 2.5, é baseado na diminuição da espessura do filme passivo nos locais onde ocorre uma concentração crítica dos íons agressivos adsorvidos sobre a superfície do filme. Essa diminuição da espessura do filme passivo pode levar à sua ruptura, permitindo a exposição direta da superfície metálica à ação do meio agressivo e a consequente formação do pite[9].

Medidas de Espectroscopia Fotoeletrônica de Raios-X (XPS), realizadas em um eletrodo de ferro exposto a um meio contendo íons cloreto e de outros haletos, indicaram a diminuição da espessura

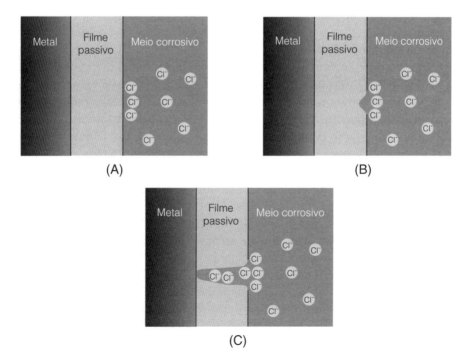

Figura 2.5. Representação esquemática do mecanismo de ruptura por adsorção.

do filme passivo[15]. A dissolução localizada do filme passivo, que se inicia com a adsorção dos íons cloreto, é atribuída à formação de um complexo solúvel entre esses íons e os cátions na superfície do filme passivo[15]. A diminuição local da espessura do filme passivo, devido a alguma espécie adsorvida, pode também causar a elevação da intensidade do campo elétrico no filme e, por conseguinte, resultar na ruptura do filme passivo com a formação do pite[11].

No entanto, o mecanismo de diminuição do filme passivo não está bem esclarecido por meio de observações experimentais. Inclusive, têm sido constatada experimentalmente a ausência de íons haletos agressivos no interior do filme passivo em amostras de ferro imersas em solução contendo esses íons[16] e que é possível a ocorrência do pite causada pela ação dos íons cloreto, sem a dissolução do filme passivo no local de formação do pite[9]. Essa constatação, portanto, indica que o mecanismo de adsorção não é imprescindível para a ocorrência do pite.

2.6.2. Formação do pite estável

O processo de formação do pite é um processo autocatalítico, sendo explicado a partir da acidificação do local no qual o pite é formado, mecanismo esse denominado de acidificação localizada[17]. Esse mecanismo é baseado na formação do cátion H^+, a partir da hidrólise do cátion metálico.

Se, devido aos mecanismos de ruptura do filme passivo, ou por uma outra razão qualquer, a taxa de dissolução do metal é momentaneamente elevada em um local específico, passa a ocorrer, nesse local, a formação do pite. Com a formação do pite, passam a acontecer, no seu interior, alterações que promovem o seu crescimento.

Com a formação do pite, o seu interior passa a apresentar um teor de oxigênio inferior ao teor de oxigênio localizado na superfície fora da cavidade do pite. Dessa forma, passa a ocorrer uma pilha de corrosão por aeração diferencial, com a superfície metálica no interior do pite atuando como ânodo e sofrendo dissolução, enquanto a superfície metálica localizada nas proximidades do pite atua como cátodo, permanecendo no estado passivo.

Geralmente, a reação de redução que se dá nessa região catódica é a de redução do oxigênio em meio neutro ou alcalino ($n/4 O_2 + n/2\ H2O + ne \rightarrow nOH^-$). Assim, a grande relação entre as áreas ativa e passiva favorece uma intensa dissolução do local no qual o pite está ocorrendo.

A rápida dissolução do metal no interior do pite tende a produzir um excesso de carga positiva nessa área, resultando na migração dos ânions agressivos, para causar a neutralidade elétrica, ocorrendo, assim, a formação do cloreto metálico. Na presença de água, passa a se dar a hidrólise do cloreto metálico ou dos cátions metálicos, sendo essas reações descritas a seguir.

– Hidrólise do cloreto metálico

$$MCl_2 + 2 H_2O \rightarrow M(OH)_2 + 2 HCl \tag{2.22}$$

– Hidrólise do cátion metálico

$$M^{n+} + H_2O \rightarrow M(OH)^{(n-1)} + H^+ \tag{2.23}$$

A formação dos íons H^+, devido à dissociação do HCl ou à hidrolise do cátion metálico, diminui o pH da solução no interior do pite. A presença desses íons dificulta a repassivação do pite, além de acelerar a dissolução em seu interior. Como visto anteriormente, o H^+ sofre redução na superfície do metal, promovendo, assim, a reação de oxidação e a consequente dissolução deste. Os ânions Cl^-, formados a partir da dissociação do HCl, reagem com os cátions metálicos, formando o cloreto metálico que sofrerá novamente hidrólise, mantendo, desse modo, o processo de corrosão.

Um esquema do mecanismo da corrosão por pite está representado na Figura 2.6, que considera um metal imerso em uma solução aerada contendo íons cloreto.

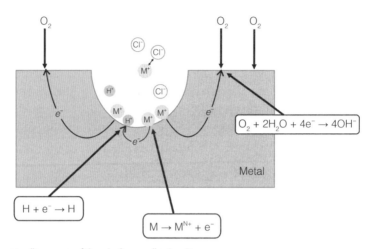

Figura 2.6. Representação esquemática da formação do pite.

O mecanismo de crescimento do pite é geralmente descrito considerando que o eletrodo está imerso em uma solução aquosa contendo os íons halogênios, a exemplo do mecanismo descrito anteriormente. No entanto, a corrosão por pite pode também ocorrer sem que o metal esteja imerso na solução aquosa, mas esteja em contato com um filme de uma solução aquosa, formado a partir da condensação do vapor presente em uma atmosfera marinha. Na armadura de aço de uma estrutura de concreto armado, a corrosão por pite da armadura pode ocorrer se a estrutura estiver em contato com uma atmosfera úmida e contendo íons cloreto.

De acordo com um mecanismo proposto por TSUTSUMI et al.[18] para explicar a formação do pite nessa condição prevista no parágrafo anterior, ocorre a formação de uma fina camada aquosa em volta do pite, rica em íons cloretos, que afeta a direção do crescimento do pite. Ao invés de a dissolução ocorrer, preferencialmente, na direção vertical como ocorre com o metal imerso na solução, a dissolução ocorre, preferencialmente, na direção horizontal, com a elevação do diâmetro do pite. De acordo com esse mecanismo, após a formação do pite em um determinado sítio de nucleação, como a adjacência de uma inclusão de sulfeto de manganês, os cátions metálicos resultantes da dissolução do metal passam a se difundir e emigrar através da camada aquosa localizada em torno do pite. Uma parte desses cátions reage com os íons cloro contidos na camada aquosa e formam o sal metálico que, ao sofrer hidrólise, causa a liberação de íons H$^+$, diminuindo, assim, o pH da camada aquosa. Com a diminuição do pH, passa a ocorrer a dissolução da superfície metálica sobre a qual a camada aquosa está depositada. Já os cátions metálicos que difundem e migram através da camada aquosa para locais próximos ao do cátodo onde o pH é suficientemente elevado para a precipitação, forma precipitados de óxidos ou hidróxidos.

Em um metal imerso em uma solução aquosa não há formação da fina camada aquosa rica em íons cloro, devido à convecção e à dissolução, que ocorre, principalmente, no fundo do pite e na direção vertical. Já no metal sobre o qual se encontra depositada a fina camada aquosa, a área relativamente ampla do metal exposta a um pH baixo favorece uma dissolução na direção horizontal em torno do pite. O crescimento horizontal do pite também é favorecido pelo fato de existir uma intensa concentração dos íons metálicos na camada aquosa sobre o centro do pite, o que causa a saturação da camada e a consequente redução da dissolução nessa região. Já nas proximidades do pite, a camada aquosa não se encontra saturada, resultando em uma dissolução mais intensa dessa região e, consequentemente, no crescimento do pite na direção horizontal[18].

Quando um metal é exposto a uma atmosfera contendo íons cloro, como ocorre em uma atmosfera marinha, a diminuição da temperatura e a elevação da umidade relativa do ar, que ocorrem durante a noite, causam a condensação do vapor, resultando na presença de uma fina camada de solução aquosa contendo cloretos sobre a superfície do metal. Durante o dia, quando a temperatura geralmente aumenta e a umidade diminui, a concentração dos íons cloro no filme diminui, devido à evaporação. A presença dessa camada aquosa contendo cloretos sobre a superfície de um metal passivo pode causar a corrosão localizada por pite. Nessa situação, a susceptibilidade do metal à corrosão por pite aumenta significativamente com a elevação da concentração de cloreto presentes na atmosfera, associada com uma variação mais brusca da temperatura e com uma maior umidade relativa do ar.

A velocidade do vento e o nível de radiação da luz solar também afetam a corrosão por pite, pois uma maior velocidade do vento e uma radiação mais intensa elevam a taxa de secagem na superfície do metal. Tem-se constatado experimentalmente[19] que a susceptibilidade de uma liga de aço inoxidável 430 à corrosão por pite diminui com a elevação da taxa de secagem, quando uma camada aquosa contendo íons cloreto está depositada sobre a superfície metálica. Esse resultado é atribuído ao fato de que, com a diminuição da taxa de secagem, há um maior tempo para a incubação do pite estável.

Durante os estágios iniciais de formação do pite, as condições necessárias para continuação do processo de dissolução são instáveis, estando o pite sujeito a um processo de repassivação, que pode interromper o seu crescimento.

Para haver crescimento estável do pite é necessário que a concentração dos íons agressivos no meio corrosivo alcance um valor crítico. A elevação da concentração do íon cloreto no meio corrosivo favorece a corrosão por pite do metal. Por outro lado, a presença de ânions não agressivos, tais como nitratos, sulfatos e acetados, no meio corrosivo pode favorecer a repassivação do pite. Assim, na formação do pite estável ocorre um processo competitivo entre os íons agressivos e não agressivos em direção ao local de formação do pite[20]. Portanto, a concentração crítica dos íons cloreto, necessária para que a corrosão por pite possa ocorrer, depende da composição do meio agressivo.

Além disso, a concentração localizada elevada dos íons cloreto e hidrogênio pode ser dissipada por correntes de convecção, uma vez que a cavidade do pite ainda não é suficientemente profunda para evitar a ocorrência desse fator. É frequente a constatação de que um número significativo de pites torna-se instável após alguns minutos de crescimento. Uma vez que uma solução concentrada dentro do pite é necessária para que o processo de crescimento do pite tenha continuidade, os pites são mais estáveis quando crescem na direção da gravidade. Para que possa ocorrer a formação de um pite estável, é necessário que o pH no interior do pite atinja um valor mínimo[17], o que corresponde a uma concentração mínima de íons cloreto necessária para que não haja a repassivação do pite.

O processo de acidificação localizada resulta em um baixo valor de pH no interior do pite, mesmo quando o pH do meio, no qual o metal esteja inserido, seja fortemente alcalino. Como exemplo desse comportamento, pode ser citada a ocorrência do pite na armadura de aço do concreto armado. Assim, enquanto o pH da solução aquosa contida nos poros do concreto em contato com a armadura apresenta um valor em torno de 12,6, no interior do pite, o valor do pH é em torno de 5[21].

É importante destacar que, para ocorrer a corrosão por pite, não basta que os ânions agressivos, como o cloreto, entrem em contato com a superfície metálica, sendo também necessária a presença de água para ocorrer a reação de hidrólise. Portanto, nos métodos de proteção contra o pite, nos quais se utilizam recobrimentos protetores, para evitar a corrosão por pite, basta que o revestimento evite a penetração da água, mesmo que ele não possa evitar a penetração dos ânions agressivos.

Referências

1. NPLN – National Physical Laboratory. Guides to good pratictice in corrosion control, stress corrosion cracking. Teddington, Midlesex. United Kington.
2. CORNELL, R.M.; SCHWARTMAM, U. (2003) The iron oxides: structures properties, reactions, occurrences and uses (2nd ed.). Weinheim, Willy-VCH.
3. SANTOS, L. (2006) Avaliação da resistividade elétrica do concreto como parâmetro para a previsão da iniciação da corrosão induzida por cloretos em estruturas de concreto. Dissertação (Mestrado em estruturas) – Departamento de Estruturas, Universidade de Brasília, Brasília. 162 p.
4. GUIMARÃES, A.T.C.; HELENE, P.R.L. (2004) Modelo para previsão de vida útil residual utilizando perfil de cloreto com pico. Teoria e Prática na Engenharia Civil, n. 5, p. 11-21.
5. MEHTA, P.K.; MONTEIRO, P.J.M. (1994) Concreto: estrutura, propriedades e materiais. São Paulo, PINI, 256 p.
6. ASTM, G82-98. (2002) In: NACE corrosion engineer's reference book. 3ª ed. Houston: National Association of Corrosion Engineers International. 154 p.
7. NOH, J. (2000) Effects of nitric acid passivation on the pitting resistance of 316 stainless steel. Corrosion Science, v. 42, n. 12, p. 2069-2084.
8. SZKLARSKA-SMIALOWSKA, Z. (1986) Pitting corrosion of metals. Houston: National Association of Corrosion Engineers International. 72 p.
9. SZKLARSKA-SMIALOWSKA, Z. (2002) Mechanism of pit nucleation by electrical breakdown of the passive film. Corrosion Science, v. 44, 1143-1149.
10. FRANKEL, G.S. (1998) Pitting corrosion of metals a review of the critical factors. Corrosion Science, v. 145, n. 6, p. 2186-2198.
11. HOAR, T.P.; MEARS, D.C.; ROTHWELL, G.P. (1965) The relationships between anodic passivity, brightening and pitting. Corrosion Science, v. 5, n. 4, p. 279-289.
12. HOAR, T.T. (1949) The breakdown and repair of oxide films on iron. Transactions of the Faraday Society, v. 45, 683-693.
13. SATO, N. (1971) A theory for breakdown of anodic oxide films on metal. Electrochemical Acta, v. 16, 1683-192
14. AHN, S.J.; KWON, H.S.; MACDONALD, D.D. (2005) Role of chloride ion in passivity breakdown on iron and nickel. Journal of Electrochemistry Society, v. 152, B482B490.
15. ANDERKO, A.; SRIDHAR, N.; DUNN, D.S. (2004) A general model for the repassivation potential as a function of multiple aqueous solutions species. Corrosion Science, v. 46, n. 12, p. 1583-1612.
16. STREHBLOW, H.H. (1995) In: MARCUS, P.; OUDAR, J. Corrosion mechanism theory and practice. New York: Marcel Dekker, p. 201.
17. BARDWELL, J.A.; MACDOUGALL, B.; SPORULE, G.I. (1989) Use of SIMS to investigate the induction stage in the pitting of iron. Journal of Electrochmemistry Society, v. 136, 1331-1336.
18. GALVELE, J.R. (1976) Transport process and the mechanism of pitting of metals. Journal of Electrochemistry Society, v. 123, 464-474.
19. TSUTSUMI, Y.; NSHIKATA, A.; TSURU, T. (2007) Pitting corrosion mechanism of type 304 stainless steel under a droplet of chloride solutions. Corrosion Science, v. 49, n. 3, p. 1394-1407.
20. HASTUTY, S.; TSUTSUMI, Y.; NISHIKATA, A. (2012) Pitting corrosion of type 430 stainless steel in the process of drying of chloride solution layer. ISIJ International, v. 52, 863-867.
21. ANDERKO, A.; SRIDHAR, N.; DUNN, D.S. (2004) A general model for the repassivation potential as a function of multiple aqueous solutions species. Corrosion Science, v. 46, n. 12, p. 1583-1612.
22. NEWMAN, R. (2010) Pitting corrosion of metals, the electrochemical society. Spring. Disponível em: <http://www.electrochem.org/dl/interface/ spr/spr10/spr10_p033-038.pdf>. Acesso em: 19 mar. 2013.

Capítulo 3

Durabilidade e vida útil
das estruturas de concreto

Daniel Véras Ribeiro
Oswaldo Cascudo

3.1. Introdução

Devido às suas interações com o ambiente no qual estão expostas, as estruturas de concreto sofrem alterações que podem, com o passar do tempo, comprometer a sua estabilidade e a sua funcionalidade.

O concreto armado tem sido utilizado como principal material de construção, superando o aço e, principalmente, o bloco cerâmico (ou tijolo) e a madeira. Um dos fatores que levaram a essa preferência do setor construtivo foi a maior durabilidade dos componentes, uma vez que o aço estaria protegido do ambiente externo e, consequentemente, de uma agressividade mais intensa.

No entanto, a evolução da construção civil, com o aperfeiçoamento dos sistemas construtivos e dos métodos de cálculo, apresentou duas faces diferentes de uma mesma moeda: ao passo que permitiu maior produtividade e menores custos, de acordo com as premissas capitalistas que se impunham, também foi responsável pelo aumento da esbeltez das estruturas, com redução do cobrimento das armaduras e aumento substancial das tensões de trabalho, o que contribuiu, decisivamente, para uma menor durabilidade das edificações.

Por outro lado, o desenvolvimento de sistemas de proteção contra a corrosão e de novos materiais de construção tende a atenuar parte desses problemas oriundos da evolução do setor construtivo. Soma-se a isso o fato de a última grande revisão normativa da NBR 6118 (Projeto de estruturas de concreto – Procedimento), que ocorreu no ano de 2003, introduzir um conteúdo exclusivo de durabilidade, tendo tido uma preocupação clara com a questão do cobrimento. Ao prescrever espessuras de cobrimento nominais mínimas em função da classe de agressividade ambiental, a referida norma, de certa forma, "recuou" nessa tendência de redução drástica dos cobrimentos, contribuindo, assim, para um melhor desempenho das estruturas de concreto, em face da elevada agressividade ambiental a que está sujeita grande parte das edificações e obras de arte brasileiras.

Segundo ANDRADE[1], a construção civil começou a se confrontar com um grande aumento dos danos causados pela deterioração das estruturas a partir da segunda metade do século XX, quando os gastos com reparos foram significativamente acentuados. Assim, os mecanismos de deterioração passaram a ser mais estudados, gerando normas e parâmetros de projeto diretamente associados à durabilidade.

Os problemas associados à durabilidade tendem a se acentuar nos próximos anos, visto que grande parte das edificações das principais metrópoles brasileiras foi construída nas décadas de 1970 e 1980, isto é, estão completando entre 40 e 50 anos de vida, idade em que custos com manutenção e reparos tornam-se mais constantes. Vale lembrar que os concretos dessas décadas tinham valores de f_{ck} (resistência) tipicamente baixos, com relações água/cimento mais altas, o que significa porosidades mais elevadas em relação ao que se pratica atualmente. O alento positivo desse passado foram os cobrimentos mais altos, notadamente em comparação aos observados no final dos anos 1980 até o início dos anos 2000 (ou seja, durante todos os anos 1990), que efetivamente eram muito reduzidos.

É comum atribuir-se o problema atual da pouca durabilidade das construções à carência de conhecimento quanto aos materiais e componentes das estruturas de concreto. No caso de materiais e componentes tradicionalmente utilizados, o conhecimento do seu uso constitui uma fonte preciosa de dados para a estimativa de vida útil desses produtos. Entretanto, quando se trata de materiais e componentes inovadores é necessário recorrer a métodos de ensaio que simulem o seu uso em obra[2]. Para estes, a durabilidade é uma das exigências dos usuários que tem sido menos atendida. Isso ocorre, pois, a durabilidade não é simplesmente uma característica dos materiais, mas, um resultado da interação de um material ou componente com o meio ambiente. Essa interação provoca alterações na capacidade de atendimento das demais necessidades dos usuários, ou seja, pode provocar uma degradação.

Um projeto adequadamente elaborado deve conferir segurança às estruturas, garantindo desempenho satisfatório em serviço, além de aparência aceitável. Portanto, devem ser observadas as exigências com relação à capacidade resistente, bem como às condições em uso normal e, principalmente, às especificações referentes à durabilidade. Quanto aos requisitos de segurança, tem-se observado que, em geral, eles são satisfatoriamente atendidos, ao passo que as exigências de bom desempenho em serviço e durabilidade têm sido, muitas vezes, deixadas em segundo plano[3].

Nesse sentido, os erros de projeto, juntamente com a utilização de materiais inadequados, representam uma parcela relativamente grande das causas de patologias. Segundo BRANDÃO e PINHEIRO[3], para que possam ser elaboradas especificações adequadas, torna-se imprescindível conhecer o comportamento dos materiais que compõem a estrutura, quando submetidos às várias condições de exposição, associando à avaliação do nível de agressividade do meio ambiente.

De acordo com HELENE *apud* ANDRADE[4], o estudo da durabilidade evoluiu principalmente devido ao maior conhecimento dos mecanismos de transporte de fluidos em meios porosos, permitindo associar o tempo aos modelos matemáticos e físicos que expressam quantitativamente esses mecanismos.

Dessa forma, uma das grandes questões contemporâneas é levar todo o conhecimento gerado nas instituições de ensino e pesquisa ao setor produtivo. No entanto, existe uma grande barreira quanto a essa aproximação, uma vez que a indústria da construção é, certamente, uma das mais conservadoras e menos abertas a inovações, em especial quando essas realizações trazem impactos econômicos na cadeia. É preciso entender que custos com manutenção e reparo consomem parcela significativa dos orçamentos dos países, o que pode ser atenuado, além de se evitar a perda de vidas humanas, de valor inestimável, decorrente de acidentes provocados por falhas nos materiais.

Atenta a esse panorama, a principal norma técnica voltada às estruturas de concreto, a NBR 6118:2014[5], dedica dois capítulos à durabilidade, nos quais são definidos, entre outras questões, os parâmetros de projeto em função da agressividade do meio em que está inserida a estrutura e do seu tipo (armada ou protendida). Essas questões serão abordadas com mais detalhes nas seções subsequentes.

3.2. Conceitos de durabilidade e vida útil

Existe uma grande confusão ao se definir e distinguir os termos durabilidade e vida útil, que são, muitas vezes, usados de forma inadequada e até como sinônimos. Obviamente, durabilidade e vida útil apresentam grande associação, apesar de suas diferenças conceituais.

Num sentido geral, a *durabilidade* pode ser entendida como a capacidade do material em suportar as solicitações para as quais foi concebido ao longo de um determinado período, em decorrência de um ou mais processos patológicos instalados de natureza físico-mecânica, química, biológica ou eletroquímica. Os mecanismos de degradação/deterioração ou de envelhecimento comprometem o desempenho do material, componente ou sistema, reduzindo ou anulando sua aptidão ao uso nas condições de serviço.

A NBR 6118:2014[5] define durabilidade como a capacidade da estrutura em resistir às influências previstas e definidas em conjunto pelo autor do projeto estrutural e o contratante, no início dos trabalhos de elaboração do projeto.

Segundo essa norma brasileira, as estruturas de concreto armado devem ser projetadas e construí-das de modo que, sob as condições ambientais previstas e, quando utilizadas conforme preconizado em projeto, conservem sua segurança, sua estabilidade e sua aptidão em serviço durante o período correspondente à sua vida útil, estabelecida pelo contratante.

O código FIP-CEB[6] (*Comité Euro-International du Béton*) define durabilidade como a capacidade da estrutura em oferecer o desempenho requerido durante um período de vida útil desejado, de acordo com a influência dos fatores de degradação. Já o Comitê 201 do ACI (*American Concrete Institute*)[7] define durabilidade do concreto de cimento Portland como a sua capacidade de resistir à ação das intempéries, ataques químicos, abrasão ou qualquer outro processo de deterioração.

Portanto, o concreto é considerado durável quando desempenha as funções que lhe foram atribuídas, mantendo a resistência e a utilidade esperada, durante um período previsto[8]. Como qualquer tipo de material, a elevada durabilidade do concreto não implica uma vida indefinida, nem em suportar qualquer tipo de ação, pois, com as interações com o meio ambiente, a microestrutura e as propriedades dos materiais mudam ao longo do tempo. Alguns autores[2], inclusive, acreditam que nenhum material é intrinsecamente durável, porque suas propriedades variam em decorrência dessas interações com o meio ambiente.

Assim, conforme destacado de forma bastante precisa por ANDRADE[1], um concreto "durável" não confere, necessariamente, durabilidade à estrutura. Segundo esse autor, as características e pro-priedades do concreto, apesar de importantes, somente compõem os parâmetros e aspectos globais que influenciam a durabilidade, dentre os quais se podem destacar, ainda, detalhes arquitetônicos e construtivos, deformabilidade da estrutura, cobrimento da armadura, entre outros.

Uma antiga diretriz encontrada na literatura técnica diz que a durabilidade da estrutura de con-creto é determinada por quatro fatores, identificados por HELENE[9] como regra dos 4C:

- Composição ou traço do concreto
- Compactação ou adensamento efetivo do concreto na estrutura
- Cura efetiva do concreto na estrutura
- Cobrimento ou espessura do concreto de cobrimento das armaduras

Atualmente, sabe-se que para se definir de forma mais adequada a durabilidade, além desses fatores, é necessário definir o desempenho mínimo requerido para o material, em um determinado intervalo de tempo desejado, em função de um meio ambiente específico.

A partir das definições apresentadas anteriormente, entende-se que a durabilidade de uma estrutura é função de certos parâmetros básicos, como características da construção, agressividade ambiental, critérios de desempenho desejados e do tempo, ou seja, da vida útil requerida para uma estrutura em particular. Numa analogia simplista, pode-se dizer que a vida útil está para a durabilidade, assim como a resistência do concreto está para o projeto estrutural.

Dessa forma, a vida útil de uma estrutura é definida pelo código FIP-CEB (*Comité Euro-International du Béton*), em seu boletim 192[6], como o tempo em que a estrutura mantém um limite mínimo de comportamento em serviço, para o qual foi projetada, sem elevados custos de manutenção e reparo. A NBR 6118:2014[5] utiliza o conceito de vida útil de projeto para definir o período de tempo durante o qual se mantêm as características das estruturas de concreto, desde que atendidos os requisitos de uso e manutenção previstos pelo projetista e pelo construtor, bem como de execução dos reparos necessários decorrentes de danos acidentais.

3.3. Modelos de vida útil e de degradação das estruturas de concreto

A criação de modelos, com o intuito de prever a vida útil de estruturas de concreto, é de fundamental importância para melhor entendimento dos mecanismos de degradação por parte dos engenheiros projetistas de estruturas.

Um modelo simplificado para explicar o conceito de vida útil foi proposto por TUUTTI[10]. De acordo com esse modelo qualitativo, a vida útil de uma estrutura de concreto armado, sob o ponto de vista da corrosão das armaduras, é dividida em dois períodos: o *período de iniciação da corrosão* e o *período de propagação*, conforme apresentado na Figura 3.1.

Nesse modelo, o período de iniciação é definido como o tempo em que os agentes agressivos levam para atravessar o cobrimento, atingir a armadura e provocar a sua despassivação; e o período

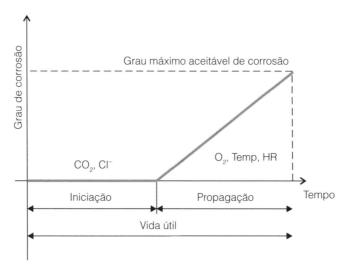

Figura 3.1. Representação esquemática do modelo de vida útil de estruturas de concreto armado, proposto por TUUTTI.

de propagação é definido como o tempo em que a deterioração evolui até chegar a uma condição inaceitável.

Durante a fase de iniciação, os danos apresentados pela estrutura são geralmente imperceptíveis. Na segunda fase, ocorre a formação de óxidos devidos à corrosão das armaduras, a consequente redução da seção dessas armaduras e, em função do grau de corrosão, pode ocorrer o aparecimento de fissuras, o que acelera ainda mais o processo de deterioração.

A armadura não é susceptível a sofrer corrosão, a não ser que ocorram contaminação e deterioração do concreto. Os constituintes do concreto inibem a corrosão do material metálico e se opõem à entrada de contaminantes. Daí se pode afirmar que, quanto mais o concreto se mantiver inalterado, mais protegida estará a armadura. Na maioria dos casos, a armadura permanece por longo tempo resistente aos agentes corrosivos[11].

Além desse modelo simplificado, VAN DER TOORN[12] apresenta alguns modelos genéricos dos processos de degradação, de acordo com a forma e a intensidade de ocorrência, conforme a Figura 3.2.

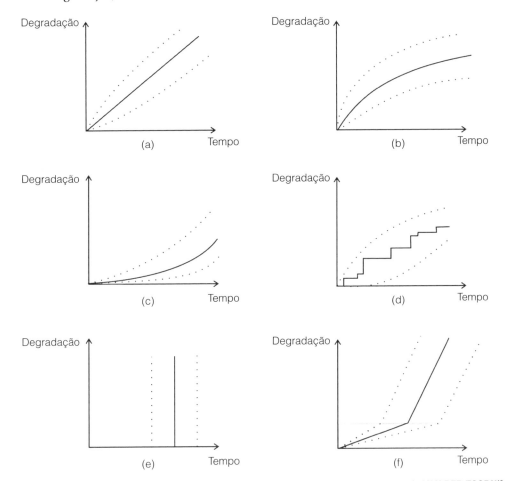

Figura 3.2. Possíveis formas de degradação das estruturas de concreto armado. Adaptado de VAN DER TOORN[12].

De acordo com a Figura 3.2, pode-se interpretar os modelos propostos da seguinte forma:
(a) O processo linear em função do tempo apresenta uma crescente incerteza, já que, em alguns casos, o processo corrosivo pode apresentar tal configuração.

(b) A penetração dos cloretos e do CO_2 pode ser modelada com a raiz quadrada do tempo com uma função erro.
(c) No processo por fadiga, a degradação tende a acelerar com o tempo, devido ao efeito acumulativo das cargas, segundo uma curva exponencial.
(d) As colisões são representadas por um processo descontínuo (em etapas), representado o efeito de cargas extremas.
(e) Um carregamento excessivo, não previsto em projeto, pode levar a estrutura ao colapso de forma súbita.
(f) Processo que se assemelha ao modelo proposto por TUUTTI (Figura 3.1), caracterizado pelos estágios de iniciação e propagação.

A partir desses modelos, HELENE[9] apresenta uma proposta que representa melhor o comportamento da estrutura de concreto ao longo do tempo, em face das condições de serviço típicas e das manifestações patológicas mais incidentes (Figura 3.3), assemelhando-se ao modelo (f) de VAN DER TOORN[12].

Nessa configuração de vida útil, que expressa a curva global de desempenho de uma estrutura, os tipos de vida útil são apresentados para uma situação mais genérica, visando representar, de forma mais abrangente, os principais mecanismos de degradação que atuam nas estruturas de concreto, ao longo do seu período de serviço. Dessa forma, conforme a Figura 3.3, a vida útil global de uma estrutura pode ser subdividida nas seguintes partes:

(a) *Vida útil de projeto*: nesta etapa, também conhecida como *período de iniciação*, os agentes agressivos, tais como cloretos, CO_2 e sulfatos, ainda estão penetrando através da rede de poros do cobrimento, sem causar danos efetivos à estrutura. A vida útil de projeto para estruturas de concreto convencionais é de 50 anos, podendo-se estender para 100 anos (pontes) ou 200 anos (barragens).

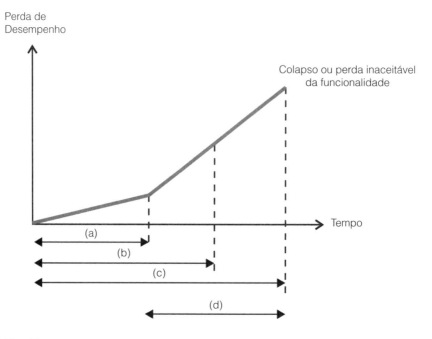

Figura 3.3. Vida útil das estruturas, segundo proposta de HELENE[9].

(b) *Vida útil de serviço ou de utilização*: os efeitos dos agentes agressivos começam a se manifestar, como a fissuração do concreto por ataque químico ou manchas consequentes da corrosão das armaduras. Essa vida útil é difícil de determinar, pois varia em função de cada caso. Ao passo que algumas estruturas não admitem determinadas manifestações, como manchas e eflorescências, outras só serão levadas em consideração quando chegam a níveis que possam comprometer a funcionalidade ou a segurança das estruturas.

(c) *Vida útil total*: corresponde ao período de tempo que vai até à ruptura e ao colapso parcial ou total da estrutura. Nesse momento, a estrutura está condenada ou os custos de reparo são demasiadamente elevados.

(d) *Vida útil residual*: envolve parte das vidas úteis de serviço e total, após a vida útil de projeto, correspondendo ao período de tempo no qual a estrutura será capaz de desenvolver as suas funções, contado após uma inspeção e/ou intervenção.

Conforme observação de ANDRADE[4], a vida útil de uma estrutura depende do desempenho dos elementos estruturais e não estruturais, tais como juntas, aparelhos de apoio, drenos etc., que normalmente apresentam vida útil menor que a do concreto, levando à necessidade do estabelecimento de um programa adequado de manutenção, a fim de que não prejudiquem toda a estrutura.

Baseado nesses conceitos, a NBR 15575:2013 (Edificações Habitacionais – Desempenho)[13], desde julho de 2013, estabeleceu exigências mínimas de vida útil para os sistemas estruturais de edifícios residenciais. Esses critérios de vida útil devem ser estabelecidos em projeto, razão pela qual a vida útil assume a terminologia de vida útil de projeto (VUP), o que significa que a estrutura projetada, executada e mantida à luz das normas técnicas específicas vigentes, produzirá durabilidade (até atingir condições limites de serviço) condizente aos critérios de VUP preestabelecidos no projeto. Esses critérios obedecem a três níveis de desempenho: mínimo, intermediário e superior, cujos valores mínimos de VUP são os seguintes:

- Desempenho mínimo: VUP $\geq$ 50 anos
- Desempenho intermediário: VUP $\geq$ 63 anos
- Desempenho superior: VUP $\geq$ 75 anos

Esses valores de vida útil de projeto para os sistemas estruturais são considerados um marco na engenharia nacional, pois pela primeira vez há um parâmetro quantitativo formalmente inserido em uma norma, estabelecendo uma meta de durabilidade, a ser observada pelas partes técnicas responsáveis pela concepção estrutural (projeto e execução), bem como pelos usuários da edificação (manutenção). A expressão explícita de vida útil, sem dúvida, impõe maior rigor e responsabilidade às partes, ao mesmo tempo que promove mudanças positivas em termos de qualidade e conformidade do concreto e em relação ao desempenho estrutural como um todo.

Se aplicadas à corrosão da armadura em especial, como discutido por CASCUDO[14] e CASCUDO e HELENE[15], as seguintes possibilidades de vida útil são possíveis:

- *Vida útil de projeto*: corresponde ao período de tempo que vai desde o início da construção até a despassivação da armadura, dada, por exemplo, pela chegada dos cloretos ou da frente de carbonatação à armadura.
- *Vida útil de serviço* ou *de utilização*: corresponde ao período de tempo que vai desde o início da construção até um determinado estado de fissuração do concreto ou de ocorrência de manchas de corrosão em sua superfície, ou quando houver o destacamento do concreto de cobrimento. Essas condições são indicativas do fim das condições de serviço.

- *Vida útil residual de serviço* ou *de utilização*: corresponde período de tempo entre a data de uma certa inspeção (a qualquer idade) e a data limite de vida útil preestabelecida, onde esta última representa o fim das condições de serviço.
- *Vida útil total*: corresponde ao período de tempo que vai desde o início da construção até que se atinja o estado limite último, associado à ruptura do material ou ao colapso estrutural.

Nessa linha de pensamento, ainda com relação à corrosão das armaduras, é possível definir estados limites de durabilidade para cada um dos aspectos relacionados com a corrosão (despassivação, fissuração, lascamento etc.). Dessa forma, os seguintes estados limites de serviço (ELS) de durabilidade podem ser considerados[16]:

- ELS 1: *despassivação das armaduras* devida à carbonatação do concreto ou à penetração de cloretos (fronteira entre os períodos de iniciação e de propagação).
- ELS 2: ocorrência das primeiras *fissuras* devidas à formação de produtos de corrosão.
- ELS 3: *lascamento* do concreto nos paramentos (no qual uma eventual queda de fragmentos de concreto não implique riscos ao usuário).

Habitualmente, é o ELS 1 que se considera como estado-limite, uma vez que a modelagem da fissuração do concreto devida à corrosão é um tema complexo.

A vida útil da estrutura em relação à corrosão das armaduras (que no caso pode ser entendida como a *vida útil de projeto*, conforme expressa anteriormente, ou, em outras palavras, como a *vida útil de serviço de durabilidade*) pode, então, ser definida como o tempo necessário para que o ELS 1 seja atingido, a saber:

- *Nos ambientes sem cloretos:* corresponde ao tempo decorrido para que a profundidade de carbonatação seja igual à espessura do cobrimento.
- *Nos ambientes contendo cloretos*: corresponde ao tempo decorrido para que a concentração de cloretos livres $[Cl^-_{livres}]$ atinja uma concentração crítica $[Cl^-_{livres}]_{crítica}$ ao nível da primeira camada de armaduras (mais superficiais).

3.4. Níveis de abordagem para a concepção de estruturas de concreto duráveis e considerações sobre os indicadores de durabilidade

São discutidos nesta seção os aspectos concernentes aos níveis de abordagem (prescritiva ou de desempenho) para a concepção de estruturas duráveis, bem como são tecidas considerações sobre os indicadores de durabilidade.

3.4.1. Níveis de abordagem de projeto visando à durabilidade estrutural

Ao nível do projeto e da especificação de concretos, como discutido por BAROGUEL-BOUNY et al.[16], podem-se distinguir quatro níveis de abordagem em termos da concepção estrutural, visando atender aos requisitos de durabilidade, ou seja, visando cumprir os critérios de vida útil de projeto. Resumidamente, esses níveis de abordagem de projeto são apresentados na Tabela 3.1.

Capítulo 3 Durabilidade e vida útil das estruturas de concreto

Tabela 3.1. Níveis de abordagem para a concepção de estruturas de concreto duráveis, organizados e propostos por CASCUDO[17]

Níveis de abordagem	Tipo de abordagem
Nível 1	**Abordagem prescritiva:** consumo mínimo de cimento, relação a/c máxima, cobrimento mínimo, f_{ck} mínimo, tipo de cimento etc. Adequado para VUP $\leq$ 50 anos.
Nível 2	**Abordagem mista:** utiliza os indicadores de durabilidade, tais como: coeficientes de permeabilidade à água ($K_{água}$) e aos gases ($K_{gás}$), difusividade de cloretos (D_{Cl}-), resistividade elétrica ($\rho_{elétrica}$) etc. Adequado para VUP entre 50 e 100 anos.
Nível 3	**Abordagem de desempenho (determinística):** emprega modelos preditivos de vida útil (modelos de carbonatação, penetração de cloretos). Modelos mais simples (Leis de Fick) ou mais complexos. *Modelos determinísticos.* Adequado para VUP $\geq$ 100 anos.
Nível 4	**Abordagem de desempenho (probabilística):** emprega modelos preditivos de vida útil mais sofisticados. *Modelos probabilísticos ou semiprobabilísticos.* Adequado para VUP $\geq$ 100 anos.

A seguir, têm-se algumas considerações sobre as abordagens consideradas na Tabela 3.1.

▪ *Nível 1 – Abordagem prescritiva*: utiliza métodos prescritivos, que são baseados em recomendações que visam aprimorar a qualidade do concreto por meio da melhoria de parâmetros de dosagem ou por meio de procedimentos executivos adequados que propiciem facilidade executiva no transporte, lançamento e adensamento do concreto, além da adoção de parâmetros e definições de projeto, tais como: detalhamento de sistema de drenagem e utilização adequada de juntas de movimentação, entre outras iniciativas. Nesse tipo de abordagem, as prescrições surgem a partir do uso consagrado de materiais, produtos ou procedimentos, por meio do controle de parâmetros ou propriedades básicas; em outras palavras, originam-se de experiências prévias, a partir de análises empíricas. Em se tratando do caso em questão (estruturas de concreto), são definidos, no âmbito do projeto, os principais parâmetros qualificadores do concreto visando à durabilidade, a saber: a relação água/cimento (a/c) máxima e a resistência característica à compressão (f_{ck}) mínima do concreto. Também são definidos o cobrimento nominal mínimo e o consumo de cimento mínimo, entre outros. A abordagem prescritiva é aplicável a valores de VUP máximas de 50 anos para estruturas de concreto e sempre deve existir, não sendo excludente em relação a eventuais abordagens de desempenho empregadas no projeto. O teor normativo brasileiro no campo da durabilidade, liderado pela NBR 6118:2014[5] (Projeto de estruturas de concreto – Procedimento), dá ênfase à abordagem prescritiva.

▪ *Nível 2 – Abordagem mista*: neste caso, além da ordenação prescritiva (comentada no nível 1), são propostos no projeto e considerados na especificação do concreto alguns parâmetros de desempenho, os chamados ***indicadores de durabilidade***, que devem ser efetivamente controlados na produção/execução da estrutura de concreto. Esses parâmetros se originam dos mecanismos de transporte de massa no concreto ou dos mecanismos de deterioração e envelhecimento da estrutura e, portanto, a chance de êxito no controle dos fenômenos patológicos é muito maior do que em um contexto exclusivamente prescritivo. Os principais indicadores de durabilidade são parâmetros físicos mensuráveis, tais como: coeficiente de permeabilidade ao gás, coeficiente de permeabilidade à água, coeficiente de carbonatação acelerada, coeficiente de difusão de cloretos, absorção de água e índice de vazios, resistividade elétrica do concreto etc. Essa abordagem traduz um estágio intermediário entre a abordagem meramente prescritiva e uma abordagem baseada no desempenho, sendo aplicável a VUPs entre 50 e 100 anos.

- **Nível 3 – Abordagem de desempenho (determinística)**: neste nível de abordagem já se empregam, efetivamente, os modelos preditivos de vida útil (modelos determinísticos), como forma de estimar a vida útil de projeto da estrutura. Baseia-se, fundamentalmente, nos mecanismos de transporte de massa (gases e íons) através da microestrutura porosa do concreto. Assim, os principais mecanismos de transporte envolvidos no período de iniciação (permeabilidade, absorção capilar, difusão e migração) são considerados de forma a estimar a vida útil das estruturas frente à ação desses agentes agressivos. Na etapa de propagação da corrosão de armaduras, podem-se observar as taxas de corrosão por meio da perda de massa do aço, por exemplo. São diversos os modelos determinísticos propostos na literatura, desde os mais simples, de natureza empírica, até modelos mais complexos, que incorporam mecanismos físico-químicos. Os mais simples são baseados nas Leis de Fick e, em geral, valores médios são atribuídos aos parâmetros de entrada. Uma característica desses modelos determinísticos é a necessidade de parâmetros de calibração para a sua confiabilidade e validação. Normalmente são aplicados considerando requisitos de durabilidade mais elevados, com VUPs mínimas de 100 anos.
- **Nível 4 – Abordagem de desempenho (probabilística)**: neste nível, também, são empregados modelos preditivos de vida útil ao nível do projeto, desta feita modelos de natureza probabilística ou semiprobabilística. Em função da aleatoriedade dos fenômenos de degradação que ocorrem nos materiais, muitas decisões nos projetos de engenharia são tomadas sob condições de incerteza. Uma abordagem probabilística se propõe, então, a levar em conta a variabilidade dos fenômenos, representando uma variável pela lei de distribuição de seus valores possíveis (densidade de probabilidade das variáveis aleatórias). No contexto probabilístico, um dimensionamento é aceitável caso a probabilidade de ruína ou de falha (P_f), em relação a um critério de estado limite, seja inferior a um valor alvo que define o risco admissível ($P_{f\text{-}alvo}$). Se R e S representam, respectivamente, a resistência e a solicitação de um elemento da estrutura, a falha do elemento está ligada ao momento em que a solicitação ultrapassa a resistência. Trata-se de um tipo de abordagem mais rica e sofisticada, porém muito mais complexa, uma vez que implica a análise de todas as fontes de incertezas, exigindo um grande volume de dados de entrada. Apesar disso, modelos preditivos de vida útil do tipo probabilista já são uma realidade no contexto normativo internacional, como, por exemplo, no Eurocode 2, sendo aplicável a projetos em que se requer, geralmente, uma VUP mínima de 100 anos.

3.4.2. Indicadores de durabilidade

Como dito anteriormente, projetar estruturas e formular concretos a partir da definição de parâmetros efetivos de desempenho, aqui denominados *indicadores de durabilidade*, representa um passo importante na garantia de vidas úteis de projeto mais elevadas, ou seja, na perspectiva de maior durabilidade para as estruturas de concreto. Isto de fato ocorre porque, como discutido por CASCUDO[17], os indicadores de durabilidade, se adequadamente selecionados em face da classe de agressividade ambiental e dos diferentes agentes agressivos presentes (microclima ou especificidade do ambiente agressivo), certamente contribuirão de forma efetiva para o controle dos mecanismos de transporte que possibilitam a chegada de agentes agressivos ao concreto, iniciando ou desencadeando problemas patológicos na estrutura[18]. Também esses indicadores podem atuar na prevenção e controle dos mecanismos diretos de deterioração, incidentes já em etapas de propagação dos fenômenos patológicos[18,19].

Por essas razões, esse tema de estudo e pesquisa é bastante atual, e representa um avanço em relação às tradicionais abordagens prescritivas. Ele aponta para uma nova perspectiva no contexto do desempenho, com maiores índices de durabilidade.

A título de contribuição, segue, nas Tabelas 3.2 e 3.3, uma proposta simples, mas interessante, de um guia da AFGC (*Association Française de Génie Civil – Associação Francesa de Engenharia Civil*). Nesse guia, são propostos parâmetros para a situação típica de corrosão potencial induzida por carbonatação (Tabela 3.2) e de corrosão induzida por cloretos (Tabela 3.3), em que são cruzadas informações sobre o tipo e agressividade do ambiente com a vida útil exigida, a categoria/tipo de estrutura e o nível de exigência. Propõe-se, então, nessas tabelas, o alcance da durabilidade requerida por meio do controle de quatro indicadores, a saber:

- $P_{água}$ (%): porosidade obtida no ensaio de absorção de água por imersão, equivalente no Brasil ao *índice de vazios* obtido pela NBR 9778:2005 (Argamassa e concreto endurecidos: determinação da absorção de água, índice de vazios e massa específica).
- $D_{a(mig)}$ (x 10^{-12} m².s⁻¹): coeficiente de difusão de cloretos aparente, obtido do ensaio de migração de cloretos.
- $K_{gás}$ (x 10^{-18} m²): coeficiente de permeabilidade ao gás (oxigênio), para uma pressão de entrada de 0,2 MPa.
- K_{liq} (x 10^{-18} m²): coeficiente de permeabilidade à água, equivalente no Brasil ao ensaio da NBR 10786:2013 (Concreto endurecido: determinação do coeficiente de permeabilidade à água).

Tabela 3.2. Indicadores de durabilidade e valores-limite propostos em função do tipo de ambiente e da vida útil. Caso de iniciação da corrosão por carbonatação, considerando uma espessura de 30 mm (Guia AFGC *apud* BAROGUEL-BOUNY et al.[16]).

Vida útil exigida *Categoria da estrutura* Nível de exigência	Corrosão induzida por carbonatação (e = 30 mm)			
	Tipo de ambiente			
	1	2	3	4
	Seco e muito seco (UR < 65%) ou úmido continuamente	Úmido (UR > 80%)	Moderadamente úmido (65% < UR < 80%)	Ciclos frequentes de umidificação-secagem
< 30 anos Nível 1	$P_{água}$ < 16	$P_{água}$ < 16	$P_{água}$ < 15	$P_{água}$ < 16
De 30 a 50 anos *Edificação* Nível 2	$P_{água}$ < 16	$P_{água}$ < 16	$P_{água}$ < 14	$P_{água}$ < 14
De 50 a 100 anos *Edificação e demais obras civis* Nível 3	$P_{água}$ < 14	$P_{água}$ < 14	$P_{água}$ < 12 $K_{gás}$ < 100	$P_{água}$ < 12 K_{liq} < 0,1
De 100 a 120 anos *Grandes estruturas/obras de grande porte* Nível 4	$P_{água}$ < 12 $K_{gás}$ < 100	$P_{água}$ < 12 $K_{gás}$ < 100	$P_{água}$ < 9 $K_{gás}$ < 10	$P_{água}$ < 9 $K_{gás}$ < 10 K_{liq} < 0,01
> 120 anos *Estruturas excepcionais* Nível 5	$P_{água}$ < 9 $K_{gás}$ < 10	$P_{água}$ < 9 K_{liq} < 0,01	$P_{água}$ < 9 $K_{gás}$ < 10 K_{liq} < 0,01	$P_{água}$ < 9 $D_{a(mig)}$ < 1 $K_{gás}$ < 10 K_{liq} < 0,01

Nota: $K_{gás}$ é dado em 10^{-18} m²; K_{liq} é dado em 10^{-18} m², $P_{água}$ é dada em % e $D_{a(mig)}$ é dado em 10^{-12} m².s⁻¹.

Tabela 3.3. Indicadores de durabilidade e valores-limite propostos em função do tipo de ambiente e da vida útil exigida. Caso de iniciação da corrosão por cloretos, considerando uma espessura de 50 mm (Guia AFGC *apud* BAROGUEL-BOUNY *et al.*[16]).

Vida útil exigida *Categoria da estrutura* Nível de exigência	Corrosão induzida por cloretos (e = 50 mm)			
	Tipo de ambiente			
	5		6	7
	Exposição a sais marinhos ou de degelo		Imersão em água contendo cloretos	Zona de maré
	5.1. [Cl⁻] baixa[(1)]	5.2. [Cl⁻] alta[(2)]		
< 30 anos Nível 1	$P_{água} < 16$	$P_{água} < 14$	$P_{água} < 15$	$P_{água} < 14$
De 30 a 50 anos *Edificação* Nível 2	$P_{água} < 15$	$P_{água} < 11$	$P_{água} < 13$	$P_{água} < 11$
De 50 a 100 anos *Edificação e demais obras civis* Nível 3	$P_{água} < 14$	$P_{água} < 11$ $D_{a(mig)} < 2$ $K_{liq} < 0,1$	$P_{água} < 13$ $D_{a(mig)} < 7$	$P_{água} < 11$ $D_{a(mig)} < 3$ $K_{liq} < 0,1$
De 100 a 120 anos *Grandes estruturas/ obras de grande porte* Nível 4	$P_{água} < 12$ $D_{a(mig)} < 20$ $K_{liq} < 0,1$	$P_{água} < 9$ $D_{a(mig)} < 1$ $K_{gás} < 10$ $K_{liq} < 0,01$	$P_{água} < 12$ $D_{a(mig)} < 5$	$P_{água} < 10$ $D_{a(mig)} < 2$ $K_{gás} < 100$ $K_{liq} < 0,05$
> 120 anos *Estruturas excepcionais* Nível 5	$P_{água} < 9$ $D_{a(mig)} < 10$ $K_{gás} < 10$ $K_{liq} < 0,01$	$P_{água} < 9$ $D_{a(mig)} < 1$ $K_{gás} < 10$ $K_{liq} < 0,01$	$P_{água} < 9$ $D_{a(mig)} < 1$	$P_{água} < 9$ $D_{a(mig)} < 1$ $K_{gás} < 10$ $K_{liq} < 0,01$

Nota: $K_{gás}$ é dado em 10^{-18} m², K_{liq} é dado em 10^{-18} m², $P_{água}$ é dada em % e $D_{a(mig)}$ é dado em 10^{-12} m².s⁻¹.
(1) Concentração de cloretos livres na superfície inferior ou igual a 10 g/L.
(2) Concentração de cloretos livres na superfície superior ou igual a 100 g/L.

3.5. Visão sistêmica e análise de custos

Por envolver aspectos relacionados com as mais diversas áreas de atuação da engenharia, física, química e até biologia, as questões associadas à vida útil das estruturas de concreto devem envolver profissionais de diversas áreas e que possam contribuir, de forma determinante, para um adequado entendimento de seus fenômenos em todas as suas etapas: concepção, planejamento, projeto, escolha dos materiais e componentes, execução e, principalmente, no período pós-ocupação.

Conforme destacado por MEDEIROS *et al.*[20], um grande exemplo de sinergia e complexidade entre os diversos processos de degradação é o fato de que os principais agentes agressivos à armadura, os íons cloreto, não são agressivos ao concreto. No entanto, agentes agressivos ao concreto, como a chuva ácida ou as reações álcalis-sílica, podem danificar o concreto de cobrimento, facilitando a entrada desses íons.

Pode-se destacar, também, a ação do gás carbônico (CO_2), que reage com a matriz de concreto, segundo o processo conhecido como carbonatação, o qual reduz o pH da camada protetora devido à formação do carbonato de cálcio. Assim, apesar de não reagir diretamente com a armadura, a carbonatação cria um ambiente mais propício para a ocorrência do processo corrosivo.

Desse modo, processos complexos, como a degradação biológica ou a reação álcalis-agregado, devem ser bem entendidos, aumentando a vida útil das estruturas como um todo.

Para uma estrutura que necessita de elevada vida útil, uma redução na durabilidade está associada a um aumento de custos com reparos, renovação e manutenção das construções. Esses custos elevados podem ser atenuados se a preocupação com o aumento da vida útil ocorrer desde a etapa de projeto. Assim, aumentar a vida útil pode ser uma boa solução para a preservação de recursos naturais, redução de impactos e economia de energia em longo prazo.

De forma geral, as dificuldades técnicas, os custos e as patologias, quando não reparadas, crescem de forma desproporcional, em função da idade de suas causas. Assim sendo, quanto mais cedo realizada a intervenção, menores serão os danos provocados por essas patologias, menores serão as dificuldades técnicas para saná-las e, consequentemente, menores os custos dos reparos, de acordo com o preconizado pela Regra de Sitter (ou "Lei dos 5"). De acordo com essa regra, os custos de manutenção crescem em proporção geométrica (de razão 5), segundo a fase de intervenção, de acordo com a Figura 3.4.

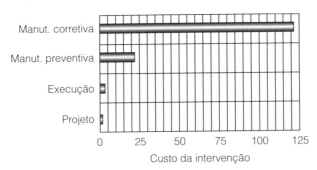

Figura 3.4. Regra de Sitter, correlacionando os custos de intervenção com a fase em que esta ocorre.

As etapas de intervenção preconizadas pela Regra de Sitter podem ser mais bem detalhadas, de acordo com as observações de SILVA[21]:

- Fase de projeto: toda medida tomada na fase de projeto, com o objetivo de aumentar a proteção e a durabilidade da estrutura.
- Fase de execução: toda medida extraprojeto, adotada durante a fase de execução propriamente dita, incluindo, nesse período, a obra recém-construída, implica cinco vezes o custo que acarretaria tomar uma medida equivalente na fase de projeto, para se obter o mesmo grau de durabilidade do bem.
- Fase de manutenção preventiva: todas as medidas tomadas com previsão e antecedência, durante o período de uso e manutenção do empreendimento, podem custar até 25 vezes o valor das equivalentes, corretamente adotadas na fase de projeto.
- Fase de manutenção corretiva: corresponde aos trabalhos de diagnóstico, prognóstico, reparo e proteção das estruturas que já apresentam manifestações patológicas, ou seja, necessidade de correção de problemas evidentes. A tais atividades podem ser associados custos 125 vezes superiores àqueles de medidas que poderiam ter sido tomadas, na fase de projeto, e que propiciariam o mesmo grau de proteção e durabilidade que se espere, da obra, após a intervenção.

Assim, a ocorrência e magnitude do processo corrosivo e a fase de intervenção estão relacionadas, de acordo com a Figura 3.5. Observa-se claramente que o uso adequado dos materiais, associados às boas práticas construtivas podem reduzir substancialmente o processo corrosivo e, por consequência, os custos associados à sua recuperação.

Para auxiliar o entendimento da durabilidade, BARBUDO e CASTRO BORGES *apud* MEDEIROS *et al.*[20] propuseram um diagrama de fluxo que leva em consideração as diversas variáveis envolvidas (Figura 3.6). De acordo com esses autores, existem níveis de desempenho mínimos aceitáveis e a estrutura vai perdendo sua capacidade inicial ao longo do tempo de utilização. Assim, pode-se dizer que existe uma relação íntima entre desempenho, qualidade, durabilidade, vida útil e sustentabilidade.

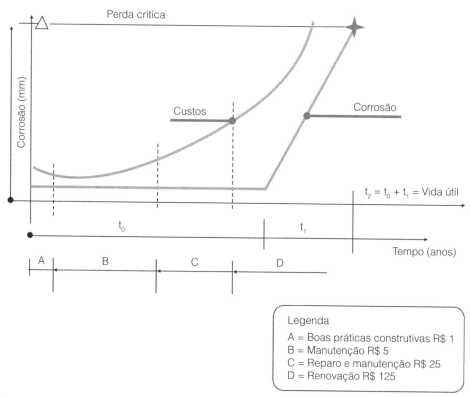

Figura 3.5. Magnitude do processo corrosivo em função da fase de intervenção.

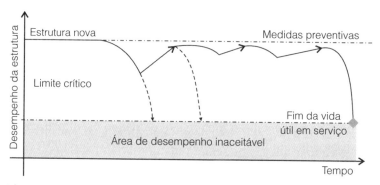

Figura 3.6. Variação do desempenho de uma estrutura de concreto armado ao longo do tempo (MEDEIROS et al.[20]).

Na prática, a degradação do concreto raramente é devida a uma única causa. Geralmente, em estágios avançados de degradação do material, mais de um fenômeno deletério está em ação.

Segundo VILASBOAS[22], na maioria dos casos, as causas físicas e químicas da deterioração estão proximamente entrelaçadas e reforçando-se mutuamente, de forma que a separação entre causa e efeito com frequência torna-se quase impossível. Portanto, a classificação dos processos de degradação do concreto deve ser entendida com o propósito de explicar sistemática e individualmente os vários fenômenos envolvidos, devendo-se tomar cuidados para não negligenciar as interações possíveis quando vários fenômenos estão presentes ao mesmo tempo.

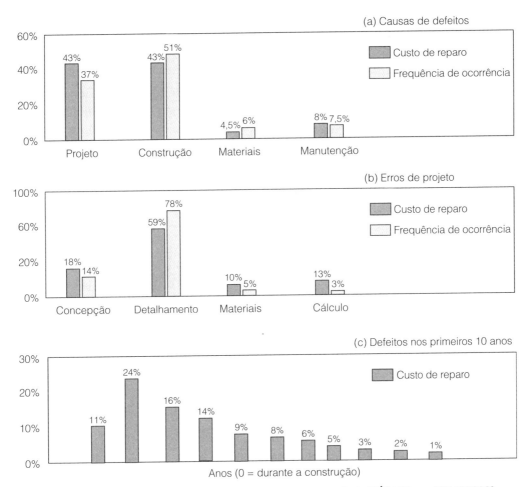

Figura 3.7. Causas de defeitos em estruturas de concreto armado. Adaptado de CLÍMACO *apud* VILASBOAS⁰.

Conforme CLÍMACO *apud* VILASBOAS[22] e de acordo com a Figura 3.7, pode-se observar que os defeitos de projeto são 14% menos frequentes que aqueles da construção, mas o custo de reparo é equivalente, e que erros de cálculo não são frequentes (3%), todavia seu custo é significativo (13%). Acrescenta-se também que 65% dos defeitos tornam-se aparentes dentro de até três anos após o término da obra e conclui-se assegurando que a durabilidade de uma estrutura não é um conceito que pode ser tratado de forma isolada, mas decorre de todos os aspectos tecnológicos, ou seja, de um entendimento real dos objetivos do projeto, características dos materiais empregados e práticas construtivas.

3.6. Durabilidade e vida útil segundo a normatização brasileira

Seguindo a tendência de uma maior preocupação com a durabilidade das estruturas, em função do custo crescente de manutenção e reparo, a ABNT (Associação Brasileira de Normas Técnicas) dedica capítulos específicos ao tema, em sua norma ABNT NBR 6118:2014 (Projeto de estruturas de concreto – Procedimento[5]).

Conforme discutido anteriormente, a NBR 6118:2014 define durabilidade como a capacidade da estrutura em resistir às influências previstas e definidas em conjunto pelo autor do projeto estrutural e o contratante, no início dos trabalhos de elaboração do projeto. Segundo essa norma, os mecanismos preponderantes de deterioração relativos ao concreto são:

a) Lixiviação por ação de águas puras, carbônicas agressivas ou ácidas, as quais dissolvem e carreiam os compostos hidratados da pasta de cimento.

b) Expansão por ação de águas e solos que contenham ou estejam contaminados com sulfatos, dando origem a reações expansivas e deletérias com a pasta de cimento hidratado.

c) Expansão por ação das reações entre os álcalis do cimento e certos agregados reativos.

d) Reações deletérias de certos agregados decorrentes de transformações de produtos à base de sulfeto de ferro presentes na sua constituição mineralógica, produzindo reações expansivas e manchas ferruginosas na superfície do concreto.

A NBR 6118:2014 também apresenta os mecanismos preponderantes de deterioração relativos à armadura, que são a despassivação por carbonatação, ou seja, por ação do gás carbônico da atmosfera e a despassivação por elevado teor de íons cloro (cloretos).

As classes de agressividade ambiental, a correspondência entre a classe de agressividade (CAA) e a qualidade do concreto (por meio do controle e limite do f_{ck} – valor mínimo para uma dada CAA, e da relação a/c – valor máximo para uma dada CAA), bem como a correspondência entre a classe de agressividade ambiental e o cobrimento nominal (valor mínimo para uma dada CAA), são pontos fundamentais da norma no contexto da durabilidade, que também faz referência a medidas especiais de proteção, as quais devem ser utilizadas quando se têm condições de exposição adversas. Um último ponto a se destacar da NBR 6118:2014[5] sobre durabilidade é o controle da fissuração, em projeto, por meio da definição da abertura de fissura característica, função da CAA. Esse aspecto é relevante, porque as fissuras representam "portas abertas" à entrada de agentes agressivos, de modo que em atmosferas agressivas a estrutura deverá ser projetada para apresentar um padrão de fissuração mais fechado do concreto e vice-versa.

Vale ressaltar, ainda, que a NBR 6118:2014 é complementada pela ABNT NBR 12655:2015 (Concreto de cimento Portland – Preparo, controle, recebimento e aceitação – Procedimento)[23] e pela NBR 15575-2:2013 (Edificações Habitacionais – Desempenho)[13], quanto às questões de durabilidade. Na NBR 12655:2015 se encontram especificações como o consumo de cimento mínimo e a relação água/cimento máxima, em função da classe de agressividade ambiental a que as estruturas estarão expostas.

Por fim, como comentado na seção 3.3, não se pode deixar de destacar os critérios mínimos de vida útil de projeto (VUP) constantes na NBR 15575:2013, desde julho de 2013. Esses valores mínimos de VUP, para os sistemas estruturais em concreto, são os seguintes: 50 anos (considerando um desempenho mínimo), 63 anos (para um desempenho intermediário) e 75 anos (para um desempenho superior). Essa norma indica, ainda, que para que sejam atingidos estes valores de VUP, deve ser feita a análise do projeto, além da realização de ensaios ou aplicação de modelos, conforme explicitado a seguir:

a) Análise do projeto, considerando a adequação dos materiais, detalhes construtivos adotados visando ao atendimento das disposições previstas nas normas específicas utilizadas no projeto.

b) Ou ensaios físico-químicos e ensaios de envelhecimento acelerado (porosidade, absorção de água, permeabilidade, dilatação térmica, choque térmico, expansão higroscópica, câmara de condensação, câmara de névoa salina, câmara CUV, câmara de SO_2, Wheater-O-Meter, e outros).

c) Ou aplicação de modelos para previsão do avanço de frentes de carbonatação, cloretos, corrosão e outros.

Capítulo 3 Durabilidade e vida útil das estruturas de concreto

Assim, observa-se que a normatização nacional sugere a utilização dos níveis 2 e 3 de abordagem, discutidos na seção 3.4, compatíveis com sua exigência de vida útil, uma tendência mundial. No entanto, ainda não apresentam metodologias, tampouco critérios claros para que sejam atingidos esses níveis de abordagem.

Certamente, houve um avanço significativo da normatização nacional nos últimos anos, em especial no campo da durabilidade do concreto. Apesar disso, os desafios são enormes e há, ainda, muito o que evoluir. Uma necessidade premente é a incorporação nas normas técnicas de um conteúdo consistente que propicie o desenvolvimento de projetos e a formulação de concretos baseados no desempenho, com estabelecimento de parâmetros quantitativos. Dessa forma, será possível, mediante efetivos modelos preditivos de vida útil, garantir vidas úteis mais elevadas e, portanto, estabelecer maior durabilidade para as estruturas de concreto[17].

Referências

1. ANDRADE, T. (2005) Tópicos sobre durabilidade do concreto. In:_____. Concreto: ensino, pesquisa e realizações. São Paulo: IBRACON, cap. 25, p. 753-792.
2. ROQUE, J.A.; MORENO JUNIOR, A.L. (2006) Considerações sobre vida útil do concreto. In: VI Simpósio EPUSP sobre estruturas de concreto. São Paulo. Anais, p. 946-958.
3. BRANDÃO, A.M.S.; PINHEIRO, L.M. (1999) Qualidade e durabilidade das estruturas de concreto armado: aspectos relativos ao projeto. In:_____. Cadernos de Engenharia de Estruturas. n. 8. São Carlos: EDUSP/EESC.
4. ANDRADE, J.J.O. (2005) Vida útil das estruturas de concreto. In:_____. Concreto: ensino, pesquisa e realizações. São Paulo: IBRACON, cap. 31, p. 923-951.
5. ASSOCIAÇÃO BRASILEIRA DE NORMAS TÉCNICAS. (2014) NBR 6118: 2014 – projetos de estruturas de concreto – procedimento. Rio de Janeiro.
6. COMITÉ EURO-INTERNATIONAL DU BÉTON – CEB. (1989) Assessment of concrete structures and design procedures for upgrading (redesign). Paris. Código FIP-CEB, Bulletin d'Information. 192 p.
7. AMERICAN CONCRETE INSTITUTE. Committee 201.2R (2001) Guide to durable concrete. ACI Manual of Concrete Pratice. Detroit. 42 p.
8. SALTA, M.M. (1999) Resistência dos concretos à penetração dos cloretos. Previsão do tempo de iniciação da corrosão nas estruturas. Lisboa: Laboratório Nacional de Engenharia Civil. 12 p.(Boletim Técnico, COM 33.).
9. HELENE, P. (1993) Contribuição ao estudo da corrosão em armaduras de concreto armado. São Paulo: USP. Tese (Livre Docência) – Escola Politécnica da Universidade de São Paulo. 272 p.
10. TUUTTI, K. (1989) Corrosion of steel in concrete. Stockholm, Swedish Cement and Concrete Research Institute, 470 p.
11. GENTIL, V. (2007) Corrosão (5ª ed). Rio de Janeiro, LTC, 354 p.
12. VAN DER TOORN, A. (1992) The maintenance of civil engineering structures. Heron, v. 39, n. 4, p. 3-34.
13. ASSOCIAÇÃO BRASILEIRA DE NORMAS TÉCNICAS. (2013) NBR 15575-1: 2013 – edificações habitacionais – desempenho (parte 1 – requisitos gerais). Rio de Janeiro.
14. CASCUDO, O. (1997) O controle da corrosão de armaduras em concreto: inspeção e técnicas eletroquímicas. São Paulo, Pini; Goiânia: Editora UFG, 238 p.
15. CASCUDO, O.; HELENE, P.R.L. (1999) Comportamento mecánico del hormigón de recubrimiento frente a los productos de corrosión de las armaduras. Hormigón y Acero, v. 1, 75-83.
16. BAROGUEL-BOUNY, V.; CAPRA, B.; LAURENS, S. (2014) A durabilidade das armaduras e do concreto de cobrimento. Tradução de Oswaldo Cascudo. In : OLLIVIER, J.P., VICHOT, A., (eds.). Durabilidade do concreto: bases científicas para a formulação de concretos duráveis de acordo com o ambiente. CASCUDO, O. CARASEK, H. (eds. , Trad.,). São Paulo: IBRACON, p. 255-326, cap. 9.
17. CASCUDO, O. (2017) Vida útil das estruturas de concreto e abordagem baseada no desempenho. Goiânia, PPG-GECON/UFG. 30 p. Notas de aula da disciplina Durabilidade das Estruturas de Concreto, no âmbito

do Programa de Pós-Graduação em Geotecnia, Estruturas e Construção Civil, da Universidade Federal de Goiás. 22 p.

18. CASCUDO, O. (2000) Influência das características do aço carbono destinado ao uso como armaduras para concreto armado no comportamento frente à corrosão. São Paulo. Tese (Doutorado) – Escola Politécnica, Universidade de São Paulo. 310 p.

19. CASCUDO, O. (2005) Inspeção e diagnóstico de estrutura de concreto com problemas de corrosão da armadura. In : ISAIA, G.C., (ed.). Concreto: ensino, pesquisa e realizações. São Paulo, Instituto Brasileiro do Concreto – IBRACON, 2 v., p. 1071-1108.

20. MEDEIROS, M.H.F.; ANDRADE, J.J.O.; HELENE, P. (2011) Durabilidade e vida útil das estruturas de concreto. In:_____. Concreto: ciência e tecnologia. São Paulo: IBRACON, cap. 22, p. 773-808.

21. SILVA, K.B.A. (2010) Das patologias em edificações na cidade de Campina Grande e da necessidade de legislação preventiva eficaz. Dissertação (Mestrado em Engenharia Civil e Ambiental) – Universidade Federal de Campina Grande, Campina Grande. 78 p.

22. VILASBOAS, J.M.L. (2004) Durabilidade das edificações de concreto armado em Salvador: uma contribuição para a implantação da NBR 6118:2003. Dissertação (Mestrado em Gerenciamento e Tecnologias Ambientais no Processo Produtivo) – Departamento de Engenharia Ambiental, Universidade Federal da Bahia, Salvador. 230 p.

23. ASSOCIAÇÃO BRASILEIRA DE NORMAS TÉCNICAS. (2015) NBR 12655:2015 – concreto de cimento Portland – preparo, controle, recebimento e aceitação – procedimento. Rio de Janeiro.

Capítulo 4

Estrutura dos poros e mecanismos de transporte no concreto

Daniel Véras Ribeiro [*]

4.1. Introdução

Nesta seção será apresentada uma breve revisão sobre o cimento Portland e o uso do concreto armado em nossa sociedade, com o intuito de passar algumas informações básicas sem, contudo, ter a intenção de se aprofundar em tais aspectos.

O cimento Portland pode ser definido como um aglomerante hidráulico produzido pela moagem do clínquer, que consiste, essencialmente, em silicatos de cálcio hidráulicos, usualmente com uma ou mais formas de sulfato de cálcio como um produto de adição. Os clínqueres são nódulos de 5 a 25 mm de diâmetro, produzidos quando uma mistura de matérias-primas de composição predeterminada é aquecida a altas temperaturas[1,2].

Inicialmente chamado cimento Portland devido à semelhança da dureza e cor do produto com a pedra da Ilha de Portland, Inglaterra, empregada nas construções daquela época, é atualmente manufaturado em todo o mundo, com uma produção que excedeu 4,3 bilhões de toneladas em 2014, de acordo com dados da European Cement Association (CEMBUREAU)[3] e do Sindicato Nacional da Indústria do Cimento (SNIC)[4]. O Brasil ocupa a sexta posição na produção mundial de cimento, ficando atrás da China (33,49%), Estados Unidos (5,62%), Índia (5,60%), Japão (5,13%) e Coreia do Sul (3,54%). Nosso país possui um parque industrial de última geração e alto grau de desenvolvimento, comparável aos principais produtores mundiais. O consumo anual de cimento *per capita*, no Brasil, está em torno de 267 kg/habitante[5].

Na Figura 4.1 observa-se que ocorreu um aumento na produção de cimento Portland no período de 2001 a 2014, principalmente nos continentes africano e asiático, superior ao verificado na América e Oceania.

De acordo com as informações fornecidas pelo Sindicato Nacional da Indústria do Cimento (SNIC)[4], o Brasil chegou a consumir cerca de 72 milhões de toneladas de cimento em 2014, no entanto, fechou o ano de 2016 com um consumo de apenas 39 milhões de toneladas, como pode ser visualizado na Figura 4.2, devido à crise econômica no país.

Sendo os silicatos de cálcio os principais constituintes do cimento Portland, as matérias-primas para a produção do cimento devem suprir cálcio e sílica em formas e proporções adequadas. Os

---

[*]   Colaboração: Silas de Andrade Pinto (UFBA), Daniel Mota (UFBA), Ivan Henrique Lima Santos (UFBA), Saulo Leão Marques (UFBA), Nilson Amorim Jr. (UFBA) e José Andrade Neto (UFBA).

52 Corrosão e Degradação em Estruturas de Concreto

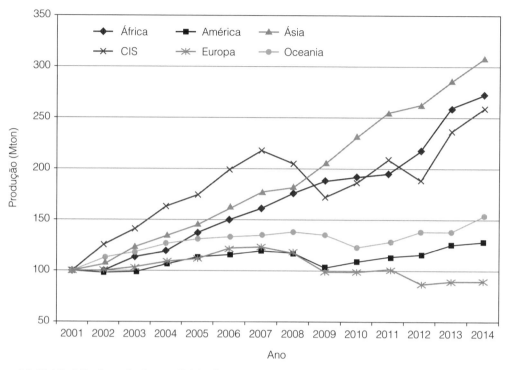

Figura 4.1. Distribuição da produção mundial de cimento, por região, em milhões de toneladas[3].

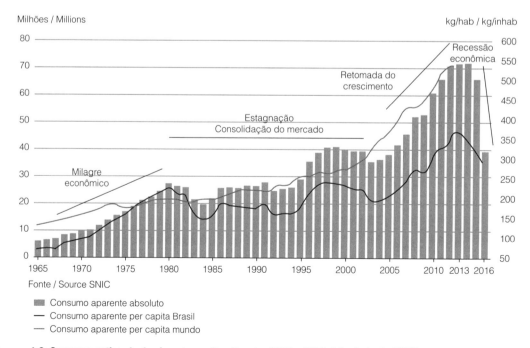

Figura 4.2. Consumo estimado de cimento, no Brasil, entre 1965 e 2016. Adaptado de SNIC[4].

materiais de carbonato de cálcio, que ocorrem naturalmente como pedra calcária e mármore, são as fontes industriais comuns de cálcio, contendo, ainda, argila e dolomita $(CaCO_3.MgCO_3)^{1,6}$.

As argilas são fontes de alumina (Al_2O_3), sílica (SiO_2) e, frequentemente, óxidos de ferro (Fe_2O_3) e álcalis. A presença de Al_2O_3, Fe_2O_3, MgO e álcalis na mistura de matérias-primas tem um efeito mineralizante na formação de silicatos de cálcio; isto é, ajuda na formação de silicatos de cálcio a temperaturas consideravelmente mais baixas do que seria possível de outro modo. Como resultado, além de silicatos de cálcio, o produto final também contém aluminatos e ferroaluminatos de cálcio.

Para facilitar a formação dos compostos desejados no clínquer de cimento Portland, é necessário que a mistura de matérias-primas esteja bem homogeneizada antes do tratamento térmico. Isso explica por que os materiais extraídos têm de ser submetidos a uma série de operações de britagem, moagem e mistura.

As matérias-primas são moídas em moinho de bolas ou de rolo até partículas geralmente menores que 75 μm, sendo a mistura, assim obtida, denominada por "farinha". Essa mistura é processada em fornos rotativos, onde a temperatura máxima alcançada gira em torno de 1.450°C, ocorrendo a formação do clínquer. Após o resfriamento, aproximadamente 5% de gipsita (ou de sulfato de cálcio) são usualmente moídos juntamente com o clínquer, com a finalidade de controlar as reações iniciais de pega e endurecimento do cimento[1,2,7].

Devido à importância do cimento na construção civil, sua hidratação tem sido intensivamente estudada. As reações químicas são complexas devido à natureza polimineral do clínquer de cimento e à presença de aditivos, além de uma cinética de reação complexa[8].

Os produtos de hidratação do cimento Portland incluem fases cristalinas e amorfas. Assim como a mineralogia define as propriedades químicas do sistema, a microestrutura define suas propriedades físicas (resistência, permeação e percolação)[9].

Costuma-se expressar os compostos individuais dos óxidos do clínquer usando-se as abreviações apresentadas na Tabela 4.1.

Os principais compostos responsáveis pela resistência mecânica do cimento Portland são C_3A (primeiras 24 horas), C_3S (até os 28 dias) e C_2S (a partir de 45 dias).

O concreto de cimento Portland é atualmente o material manufaturado mais utilizado no mundo e, a julgar pelas tendências mundiais, o futuro desse material parece ser ainda mais promissor, pois, para a maioria das aplicações, oferece propriedades adequadas a um baixo custo. É um material composto que consiste essencialmente em um meio contínuo aglomerante, dentro do qual estão

Tabela 4.1. Abreviações utilizadas para os principais óxidos do clínquer e compostos do cimento Portland[1]

Óxido	Abreviação	Composto	Abreviação
CaO	C	$3CaO.SiO_2$	C_3S
SiO_2	S	$2CaO.SiO_2$	C_2S
Al_2O_3	A	$3CaO.Al_2O_3$	C_3A
Fe_2O_3	F	$4CaO.Al_2O_3.Fe_2O_3$	C_4AF
MgO	M	$4CaO.3Al_2O_3.SO_3$	$C_4A_3\bar{S}$
SO_3	$\bar{S}$	$3CaO.2SiO_2.3H_2O$	$C_3S_2H_3$
H_2O	H	$CaSO_4.2H_2O$	CSH_2

mergulhados partículas ou fragmentos de agregados. No concreto de cimento hidráulico, o meio aglomerante é composto por uma mistura de cimento hidráulico e água.

Assim, os compostos do concreto são basicamente: cimento Portland, agregados – miúdo (areia) e graúdo (brita) – e água.

A combinação das características do aço (resistência à tração e à flexão) e do concreto (elevada resistência à compressão axial) tem tornado o concreto armado um dos principais e mais populares materiais do mundo. Soma-se a isso o fato de o concreto e o aço serem materiais de construção compatíveis, não apresentando problemas quanto à dilatação térmica.

Uma das grandes vantagens do concreto armado é que ele pode, por natureza e desde que bem executado, proteger a armadura da corrosão. Um bom cobrimento das armaduras com um concreto de alta compacidade, com composição adequada e homogênea garante, por impermeabilidade, a proteção do aço ao ataque de agentes agressivos externos. Essa proteção baseia-se no impedimento da formação de células eletroquímicas, por meio de proteção física e química, principalmente devido ao elevado pH do cimento.

A espessura do cobrimento da armadura é um fator importante de controle da movimentação dos íons agressivos: quanto maior a espessura, maior o intervalo de tempo até que concentrações consideráveis dos íons atinjam a armadura. Assim, a qualidade do concreto quanto à baixa penetrabilidade e à espessura do cobrimento atuam em conjunto[10].

Existem diferentes causas de deterioração das estruturas de concreto, como a corrosão das barras de reforço devido à carbonatação ou à entrada de agentes agressivos, tais como cloretos, ataque por sulfatos, reação álcalis-agregado (RAA), dentre outros. O impacto econômico do problema da durabilidade conduz a uma pesquisa extensiva de quatro décadas e tem iniciado os caminhos para a produção de concretos mais duráveis ou estruturas de concreto reforçadas.

4.2. Estrutura dos poros do concreto

Apesar da aparente simplicidade do concreto, há várias dificuldades em se entender os mecanismos de formação desse material, como o fato de o concreto ter uma estrutura altamente complexa, devido, principalmente, a uma distribuição heterogênea de muitos componentes sólidos, além de vazios; o fato de a estrutura do concreto não ter uma propriedade estática, além de que, ao contrário do que ocorre com outros materiais que são entregues em sua forma final, o concreto é frequentemente manufaturado em canteiros de obras[11].

A microestrutura de um concreto, devido a sua grande heterogeneidade, pode ser dividida em três zonas distintas, sendo elas, a zona da pasta (matriz), a zona do agregado e, por último, uma zona intermediária, que possui alta importância para a durabilidade do material, denominada de zona de transição. Apesar de constituição semelhante à da matriz, a zona de transição (Figura 4.3) fornece ao concreto uma região mais frágil, devido a uma película de água adsorvida pelo agregado, fazendo com que essa zona de transição possua relação água/cimento mais elevada e, consequentemente, possua porosidade maior, em comparação à matriz[1,12]. Essa película adsorvida contribui, ainda, para a cristalização do hidróxido de cálcio e da etringita, que possuem dimensões maiores, quando comparados aos outros cristais formados durante a hidratação, e orientação predominantemente direcional nesta região de transição, contribuindo para a diminuição da densidade dessa zona. Segundo OLLIVIER *et al.*[12] e YANG *et al.*[13], a extensão da zona de transição varia de 20 µm a 30 µm.

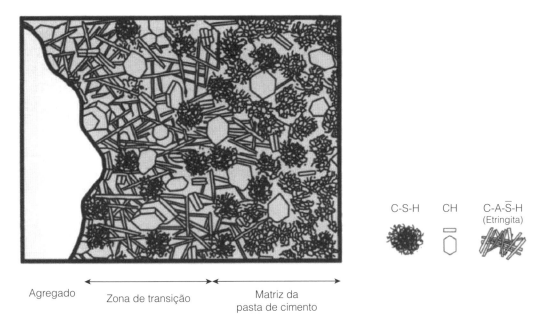

Figura 4.3. Representação esquemática das zonas existentes no concreto[1].

Essa interface possui grande influência no transporte de contaminantes, por exemplo, os íons cloro que, por meio do processo de difusão, atravessam o interior da massa de concreto, principalmente por essas zonas de maior porosidade, atingindo profundidades maiores e reduzindo a durabilidade do concreto.

Na Figura 4.4 é mostrada, esquematicamente, a microestrutura do concreto e os possíveis caminhos formados em seu interior durante o processo de hidratação da pasta de cimento. O desempenho do concreto é altamente dependente da estrutura e da distribuição do tamanho de poros, em particular, sua durabilidade e resistência à penetração de agentes agressivos, tais como os cloretos. Segundo SONG[14], esses caminhos internos podem ser classificados em:

- Caminho condutivo contínuo (CCP), que permite a passagem de corrente elétrica.
- Caminho descontínuo (DCP) onde, devido à sua descontinuidade, não há passagem de corrente no interior do concreto.
- Caminho isolante (ICP) que, conforme a quantidade de água e os produtos de hidratação no interior dos poros do concreto, pode ou não conduzir correntes.

Esses vazios e caminhos na estrutura do concreto são decorrentes do uso de água na massa em quantidade superior à necessária para a hidratação do cimento e cujo excesso, ao evaporar, deixa vazios, em virtude da diminuição dos volumes absolutos e, também, da inevitável incorporação de ar à massa do concreto.

Esses vazios ou poros formam uma rede conectada com o exterior, que é relevante no processo de transporte de gases, água e substâncias agressivas dissolvidas para o interior do concreto. A destruição do concreto e a corrosão das armaduras dependem dessa estrutura de poros, na qual os mecanismos de degradação se fundamentam.

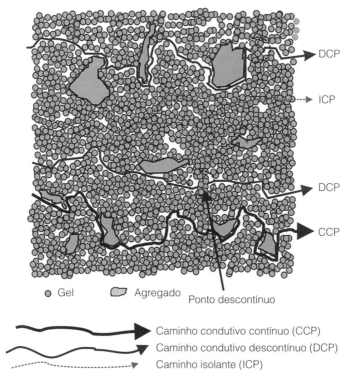

Figura 4.4. Representação esquemática da estrutura do concreto[14].

O tamanho dos poros na pasta de cimento varia dentro de algumas ordens de grandeza e, de acordo com SIEBEERT *apud* FREIRE[10], podem ser classificados em: poros de ar aprisionado (decorrentes dos processos de adensamento do concreto), poros de ar incorporado (obtidos quando do emprego de aditivos incorporadores de ar), poros capilares (oriundos da saída de água livre do concreto), e poros de gel (formados pelo silicato de cálcio hidratado, C-S-H), sendo os três primeiros tipos os de maior influência na durabilidade, conforme o esquema apresentado na Figura 4.5.

O tamanho dos poros influencia diretamente no tipo de mecanismo que irá transportar o agente externo ao interior do concreto. Essa distribuição dos tamanhos de poros, juntamente com o mecanismo de transporte preponderante, pode ser vista na Figura 4.6, na qual se pode observar a importância dos poros capilares e macroporos para a durabilidade, já que, devido ao seu tamanho e por formar caminhos intercomunicáveis, estes são os maiores responsáveis por favorecer a entrada dos agentes externos. Esses poros possibilitam o transporte através da permeabilidade, absorção capilar e difusão.

Poros com dimensões maiores que 0,1 micrometros (10^{-7} m) contribuem para o transporte de massa por difusão, migração iônica, capilaridade e permeabilidade, enquanto os poros menores influenciam apenas no processo de difusão gasosa e de difusão e migração iônicas, conforme mostra a Figura 4.6.

Os principais responsáveis pela penetração de agentes agressivos no interior do concreto são os poros capilares, que, geralmente, são interligados e, portanto, favorecem o transporte das substâncias agressivas[15]. A velocidade do transporte dessas substâncias, no interior do concreto, no entanto, é determinada pela distribuição dos diâmetros médios dos poros[16].

Ao redor das armaduras e das partículas de agregado formam-se filmes duplos de transição com espessura da ordem de micrometros. Diretamente sobre essas superfícies forma-se uma fina camada de $Ca(OH)_2$

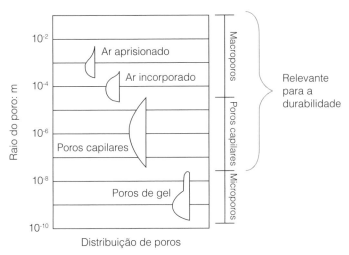

Figura 4.5. Esquema da distribuição do tamanho de poros na pasta de cimento endurecida (SIEBEERT *apud* FREIRE[10]).

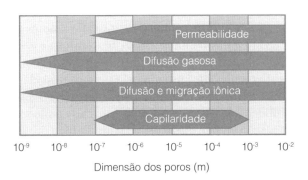

Figura 4.6. Mecanismo predominante de transporte de massa em função das dimensões de poros[17].

(hidróxido de cálcio) e, na superfície das barras da armadura, o óxido de ferro reage com o hidróxido de cálcio para formar ferrito de cálcio, o qual faz parte do filme que passiva (ou protege) o aço contra a corrosão. No interior da rede do concreto, os poros são ocupados pela fase aquosa do mesmo, contendo componentes iônicos como OH^-, Na^+, Ca^{2+}, K^+ e SO_4^{2-}, liberados pelas reações de hidratação ou de cura. Os íons OH^-, presentes nos compostos NaOH e KOH, são os principais responsáveis pela elevação da alcalinidade do concreto. A fase líquida ou aquosa do concreto apresenta pH entre 12,5 e 13,5, favorecendo a formação da camada de óxido férrico passivante, compacta e aderente à superfície da armadura.

4.3. Principais mecanismos de transporte no concreto

Grande parte dos fatores que influenciam na durabilidade do concreto está associada à capacidade de transporte de massa na sua rede de poros e/ou fissuras. Isso determinará o grau de dificuldade encontrado pelos agentes agressivos ao tentar penetrar no concreto.

Conforme discutido anteriormente, os materiais feitos à base de cimento Portland possuem uma microestrutura complexa, sendo um desafio o estudo de suas propriedades. O transporte de massa nesses materiais é completamente dependente dessa microestrutura formada pela hidratação do cimento, pois a porosidade, a distribuição dos tamanhos de poros, sua tortuosidade e interconectividade podem dificultar ou facilitar o transporte por um determinado mecanismo. Segundo ZHANG e ZHANG[18], fatores como a relação água/cimento, a morfologia da zona de transição, a utilização de adições minerais, a umidade relativa e o grau de saturação influenciam diretamente no transporte de massa. Segundo os mesmos autores, o grau de saturação é um parâmetro de elevada importância, pois será ele que tornará o ambiente dos poros propício à passagem dos contaminantes.

O movimento dos fluidos (líquidos e gases) na microestrutura do concreto ocorre devido a diferenciais de pressão, umidade e concentração e, dependendo de qual mecanismo rege o fenômeno, este poderá ser denominado permeabilidade, absorção capilar, migração iônica ou difusão. Contudo, esses fenômenos não necessariamente ocorrem de forma isolada, pois, dependem das condições na qual a estrutura se encontra.

4.3.1. Permeabilidade

A permeabilidade é definida como o fluxo de um fluido devido a um gradiente de pressão, sendo caracterizada pela facilidade com que um fluido atravessa um sólido poroso sob uma diferença de pressão.

A interconectividade dos poros é o principal fator que contribui para a permeabilidade da pasta de cimento, que decresce com a evolução de sua hidratação, devido ao refinamento dos poros. Em geral, o volume dos poros de uma pasta de cimento varia de 30 a 40% do seu volume total[1].

A inserção de agregados na pasta de cimento contribui para o aumento da permeabilidade da argamassa e do concreto, devido à presença das zonas de transição e às suas microfissuras. A permeabilidade do concreto de cobrimento para misturas preparadas com agregados densos (salvo a existência de fissuras) é fortemente determinada pela permeabilidade da pasta de cimento. Por sua vez, a permeabilidade da pasta de cimento depende da relação água/cimento e do grau de hidratação dele. A permeabilidade da pasta com um dia de idade pode ser dez mil vezes superior à permeabilidade da mesma pasta com sete dias e cerca de um milhão de vezes maior que aos 28 dias (NEVILLE *apud* HELENE[19]). A Tabela 4.2 apresenta uma associação entre a permeabilidade à água para concretos estruturais e sua qualidade.

Tabela 4.2. Critérios de avaliação da permeabilidade do concreto à água (CEB 192 *apud* SILVA[20])

Permeabilidade (m/s)	Permeabilidade do concreto	Qualidade do concreto
$< 10^{-12}$	Baixa	Boa
10^{-12} a 10^{-10}	Média	Média
$> 10^{-10}$	Alta	Pobre

A permeabilidade aos gases de boas argamassas e concretos é tão baixa que são raras as determinações precisas dessa propriedade. Sob iguais gradientes de pressão, o oxigênio deve penetrar através do concreto mais rapidamente que o CO_2 e o vapor de água, devido às suas características moleculares, mas dificilmente os gradientes de pressão são elevados. A pressão parcial dos gases agressivos no ar é muito baixa (para o CO_2 é da ordem de 10^{-3} atm), pois depende de sua concentração no ar, que também é baixa comparativamente à concentração do O_2 e do N_2.

O dióxido de carbono parece não penetrar no concreto além da zona carbonatada, sendo sua pressão de contato proporcional ao teor de CO_2 na atmosfera. A permeabilidade do CO_2 diminui com a carbonatação do concreto, que tende a preencher os poros e capilares.

Espera-se que o ingresso de cloretos por permeabilidade ocorra de forma indireta, por meio da penetração da água na qual estão dissolvidos[16]. O coeficiente de permeabilidade é obtido aplicando a lei de Darcy para um fluxo laminar, estacionário e não turbulento através de um meio poroso, de acordo com a Equação 4.1:

$$V_f = \frac{K_h.A.H}{L}$$ (4.1)

Em que V_f é a vazão de escoamento do fluido (m³/s), K_h é a permeabilidade hidráulica (m/s), A é a seção do meio poroso (m²), H é a altura da coluna d'água (m) e L é o comprimento da amostra (m).

Nos concretos, a permeabilidade aos gases diminui em ambientes úmidos, porque além da eventual formação superficial de microfissuras de retração, a umidade e a água presentes nos poros dificultam o movimento dos gases. Daí o fato consagrado de observarem-se maiores profundidades de carbonatação em ambientes secos (UR < 80%), ou submetidos a ciclos de secagem e umedecimento (RILEM *apud* HELENE[19]). A permeabilidade aos gases se dá por gradientes de concentração que, no caso de gases agressivos dispersos na atmosfera, em geral, são muito pequenos.

4.3.2. Absorção capilar

A absorção capilar é definida como o fluxo de um fluido devido a um gradiente de umidade. Uma outra definição para esse mecanismo é o transporte de líquidos devido à tensão superficial atuante nos poros capilares do concreto.

Segundo BASHEER *et al.*[21], a absorção capilar não é um fenômeno completamente dependente da microestrutura do concreto, mas, também, do seu grau de saturação. A absorção capilar pode ser descrita pela Equação 4.2, que determina que a altura de ascensão capilar (hc) é inversamente proporcional ao raio do poro (r).

$$hc = \frac{2.\sigma_s.Cos\theta}{\gamma_w.r}$$ (4.2)

Em que σ_s é a tensão superficial do fluido, θ é o ângulo de molhamento fluido/concreto e γ_w é o peso específico do fluido, no caso, a água.

A absorção capilar é considerada um bom indicativo da porosidade do concreto e, consequente-mente, da resistência perante à penetração de agentes agressivos diluídos. Os principais fatores que regem esse fenômeno são diâmetro, intercomunicação, distribuição e tamanhos dos poros, além do tipo do líquido e a saturação do concreto[20]. Dentro dessas condições, a redução do diâmetro dos poros contribui para o aumento da sucção exercida.

Como é evidenciado na Figura 4.7, após o endurecimento do material cimentício, os poros capilares formados possuem zonas de poros menores, saturadas de água, zonas com uma película de água adsorvida e zonas com vapor de água e ar aprisionado[22].

A absorção de água no concreto é um dos fatores mais difíceis de serem controlados. Em princípio, quanto menor o diâmetro dos capilares, maiores as pressões capilares e, consequentemente, maior e mais rápida a absorção. Esse fenômeno é comprovado pela equação de Young (Equação 4.3).

$$\gamma_{SL} + \gamma_{LG}\cos\theta - \gamma_{SG} = 0$$ (4.3)

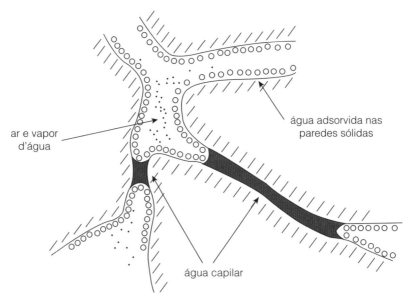

Figura 4.7. Representação esquemática da porosidade capilar do concreto. Adaptado de FUSCO[22].

Sendo γ_{SL}, γ_{LG} e γ_{SG} as tensões superficiais sólido-líquido, líquido-gás e sólido-gás, respectivamente e, θ, o ângulo de molhamento.

Segundo HELENE[19], reduções na relação água/cimento parecem contribuir para diminuir a absorção, porém, à medida que tornam o concreto mais denso e compacto, diminuem o diâmetro dos capilares e, desde que estes sejam intercomunicáveis, podem aumentar a absorção capilar (altura da coluna). No outro extremo, concretos porosos absorvem pouca água por capilaridade, mas acarretam outros problemas insuperáveis de permeabilidade e carbonatação acentuada.

A absortividade do material (S) pode ser obtida a partir de resultados experimentais (Equação 4.4), onde A é um termo constante, *i* é o volume acumulado de água absorvida por unidade de área, e *t* é o tempo.

$$i = A + S.t^{1/2} \tag{4.4}$$

Em termos práticos, a absortividade (ou coeficiente de absorção capilar) é obtida experimentalmente utilizando-se a declividade da parte reta da curva de *i* (volume acumulado de água absorvida por unidade de área) *versus* a raiz quadrada do tempo, obtida no ensaio de absorção.

Deve-se levar em consideração, também, o grau de saturação do concreto, ou seja, não há absorção de água em concretos saturados. Portanto, admitindo-se que não haja pressões externas, aparentemente não há risco de penetração de agentes agressivos em concretos saturados, e o fenômeno passa a ser de permeabilidade. Caso a penetração ocorra, esse fato pode ser explicado pelo fenômeno de difusão, desde que haja um gradiente de concentração considerável.

4.3.3. Difusão

A difusão é o processo de transporte de substâncias de um meio para outro devido a uma diferença de potencial químico, muitas vezes de concentração. A difusão é um processo espontâneo de transporte de massa por efeito de gradientes de concentração, proporcionado por dois diferentes meios em contato íntimo por meio dos quais a substância se difunde para igualar as concentrações.

Esse fenômeno ocorre tanto para substâncias presentes em meio líquido como para aquelas em meio gasoso. Os dois principais agentes agressivos que comprometem as armaduras do concreto, os íons cloro e o dióxido de carbono (CO_2), têm a sua penetração controlada por esse fenômeno. Além disso, a penetração do oxigênio, substância essencial para o progresso do processo catódico, também se dá por difusão[16].

É raro que uma diferença de pressão considerável seja exercida sobre a estrutura para que ocorra o efeito da absorção, que é tipicamente limitado a uma região superficial da espessura do cobrimento. Dessa forma, o mecanismo predominante de penetração de agentes agressivos é a difusão. Pode-se afirmar que esse mecanismo de penetração possui considerável influência no período de iniciação da corrosão[23].

Assim, são definidos dois estágios distintos do fluxo por difusão: o estágio não estacionário, no qual o fluxo é dependente do tempo e da profundidade de penetração, e o estágio estacionário, caracterizado pelo fluxo constante das substâncias em difusão. Esses estágios podem ser representados pela primeira e segunda leis de Fick, respectivamente.

Os coeficientes de difusão específicos para cada estágio podem ser obtidos por meio da Equação 4.5, no caso do coeficiente de difusão no estado estacionário (ou coeficiente de difusão efetivo, D_s) e utilizando-se as Equações 4.6 e 4.7 para o cálculo do coeficiente de difusão no estado não estacionário (D_{ns}), também chamado coeficiente de difusão aparente.

$$q_m = -D_S \frac{\partial C}{\partial x} \tag{4.5}$$

$$\frac{\partial C}{\partial t} = -D_{ns} \frac{\partial^2 C}{\partial x^2} \tag{4.6}$$

Tem como uma de suas soluções:

$$C(x,t) = C_S \left(1 - erf \frac{x}{2\sqrt{D_{ns} \cdot t}} \right) \tag{4.7}$$

Sendo que q_m representa o fluxo de massa, x é a profundidade onde se mede a quantidade de massa que penetrou, C é a concentração, $C(x,t)$ é a concentração da substância a uma distância x, em um tempo t e C_s é a concentração superficial da substância em difusão.

No caso da difusão de cloretos no concreto, o estado não estacionário da difusão representa o período em que o transporte dos íons através do concreto ocorre de forma combinada com a sua fixação às fases do cimento, enquanto o estágio estacionário refere-se ao período em que a fixação não ocorre mais e o fluxo dos íons cloreto se dá em uma taxa constante.

De uma maneira geral, a difusividade de líquidos e gases no concreto depende da concentração dessas substâncias em sua superfície, da variação da temperatura, da microestrutura do concreto e das interações dessas substâncias com os constituintes do cimento e os produtos da hidratação. Nesse sentido, são parâmetros importantes a composição química e a porosidade da pasta de cimento endurecida. O coeficiente de difusão é função de muitas variáveis, tais como porosidade, relação água/cimento, teor de cimento, composição química do cimento, umidade relativa e temperatura[24].

Conforme foi verificado por HALAMICKOVA *et al.*[25] em seus estudos com íons cloro como agente contaminante em concreto, o coeficiente de difusão de cloretos varia em função do grau de hidratação e do volume dos agregados utilizados, sendo a difusão reduzida com essa hidratação e aumentada conforme o acréscimo da comunicação entre as zonas de transição, ocasionado pela variação do volume de agregado. Diversos pesquisadores[26,27] evidenciaram a influência do grau de saturação nos valores de coeficientes de difusão a íons cloro para determinação da vida útil de estruturas, confirmando a queda desse coeficiente em função da redução do grau de saturação.

Em matrizes cimentícias, o coeficiente de difusão no estado não estacionário é o principal coeficiente ligado à vida útil mediante a entrada de íons cloro na estrutura, pois é nesse estado que o concreto ainda possui resistência à entrada destes íons, devido à reserva de aluminatos (C_3A e C_4AF) que se combinam quimicamente com o cloro, formando o sal de Friedel. Na Tabela 4.3 são apresentados alguns valores gerais utilizados tradicionalmente como parâmetros para uma avaliação abrangente da resistência à penetração do cloreto no concreto, com base na difusividade aos 28 dias[28].

Tabela 4.3. Resistência à penetração do cloreto no concreto, com base na difusividade aos 28 dias[28]

Coeficiente não estacionário de difusão de cloretos, aos 28 dias ($D_{ns28} \times 10^{-12}$ m²/s ou 10^{-8} cm²/s)	Resistência à penetração de cloretos
> 15	Baixa
10 a 15	Moderada
5 a 10	Alta
2,5 a 5	Muito alta
< 2,5	Extremamente alta

Quando ocorre a difusão do CO_2 no concreto, esse gás se dissolve na solução aquosa dos poros e reage com o hidróxido de cálcio também dissolvido na fase aquosa do concreto. Essas reações são responsáveis pela redução do pH do concreto e, consequentemente, pela corrosão das armaduras devido à carbonatação[16].

Como pode ser visto em pesquisas de VILASBOAS[29], NASCENTES[30] e PINTO[31], a dispersão da solução contaminante em meios porosos é dividida em dois fenômenos que são a dispersão por difusão e a dispersão mecânica. A dispersão mecânica é predominante nos domínios de regimes de fluxo de maiores velocidades, enquanto a dispersão por difusão é predominante do campo das baixas velocidades de percolação (inferior a 10^{-8} cm/s), como se considera ser o caso do fluxo de fluidos em concreto.

4.3.3.1. Dispersão por difusão (D_e)

A dispersão por difusão ocorre por fluxo de espécie química em solução livre, porém, quando a difusão ocorre no interior dos poros dos materiais, esta sofre uma redução devido à tortuosidade dos poros do meio, principalmente em materiais com granulometria fina, em que a tortuosidade é maior, sendo expressa pela Equação 4.8[32]. O valor máximo para a tortuosidade é igual a 1, pois, a difusão máxima acontecerá quando não houver bloqueios.

$$D_e = W \cdot D_s \tag{4.8}$$

Em que D_e é o coeficiente de difusão efetivo (cm²/s), W é o fator de tortuosidade do material (inferior a 1) e D_s é o coeficiente de difusão estacionário (cm²/s).

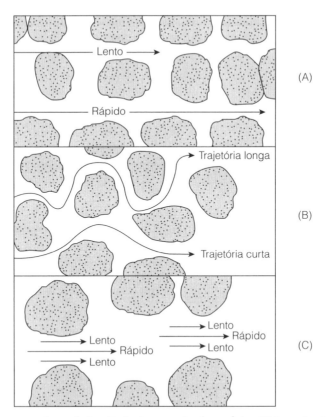

Figura 4.8. Fatores que causam dispersão longitudinal em escala microscópica. (A) tamanho dos poros; (B) tortuosidade e (C) atrito nos poros (FETTER *apud* NASCENTES[30]).

4.3.3.2. Coeficiente de dispersão mecânica (D_m)

A dispersão mecânica (D_m) é o processo de mistura do contaminante decorrente da variação da velocidade de percolação do fluido, onde a mistura ocorre nos poros interconectados, na qual as moléculas do contaminante viajam com velocidades diferentes a depender da tortuosidade, do atrito e tamanho dos poros[33], como pode ser observada na Figura 4.8 e expressa pela Equação 4.9.

$$D_m = \alpha' v_s \tag{4.9}$$

$$v_s = \frac{v}{n} \tag{4.10}$$

Em que α' é o coeficiente de dispersão mecânica (cm), v_s é a velocidade real de fluxo do solvente (cm/s, dada pela Equação 4.10), v é a velocidade de descarga ou aparente do fluido (cm/s) e D_m é a dispersão mecânica (cm²/s).

O coeficiente de dispersão mecânica possui duas parcelas, sendo elas correspondentes à dispersão longitudinal (α_l) e à transversal (α_t). De acordo com FREEZE e CHERRY[34], para velocidades de fluxo baixas, como ocorre em concretos, esses coeficientes tendem a ser muito próximos, sendo considerados iguais para modelagem do problema.

Uma maneira simplificada para estimar a dispersividade (α') de um material considera seu valor como 10% da espessura (L) da amostra avaliada, como indica a Equação 4.11.

$$\alpha' = 0,1 \cdot L \tag{4.11}$$

4.3.3.3. Coeficiente de dispersão hidrodinâmica (D_h)

Em se tratando da modelagem do transporte de solutos em solos, não é comum separar o processo de difusão molecular do processo de dispersão mecânica. Esses dois processos são, então, tratados de forma combinada para definir o parâmetro denominado coeficiente de dispersão hidrodinâmica, D_h, conforme ilustrado na Equação 4.12[31].

$$D_h = D_e + D_m \tag{4.12}$$

Contudo, em campo, no caso das estruturas de concreto, a velocidade de fluxo dos fluidos presentes nos poros intersticiais costuma ter um valor muito baixo. Assim, espera-se que haja um predomínio da difusão molecular efetiva (D_e) sobre a dispersão mecânica (D_m).

4.3.4. Migração iônica

A migração iônica é o processo de transporte que ocorre quando existe um potencial elétrico que possibilita o deslocamento dos íons presentes para que se neutralize o efeito da diferença de potencial.

Segundo NEPOMUCENO *apud* SANTOS[16], esse fenômeno pode ocorrer em estruturas suporte de veículos que utilizam corrente elétrica para a sua movimentação (dormente de metrô), em estruturas de concreto com proteção catódica por corrente impressa ou em estruturas submetidas à extração de cloretos ou à realcalinização pela aplicação de uma diferença de potencial.

ANDRADE[35] propôs uma metodologia para calcular o coeficiente de difusão, parâmetro que pode caracterizar o concreto e prever a sua resistência à difusão iônica. Essa metodologia utiliza um mecanismo de transporte frequentemente utilizado em ensaios acelerados para avaliar a resistência à penetração dos íons cloreto no concreto, conforme a norma ASTM C 1202/1997 (Standard Test Method for Electrical Indication of Concrete's Ability to Resist Chloride Ion Penetration).

Como as leis de Fick não são apropriadas para modelar o fenômeno da migração, ANDRADE[35] propôs a utilização da equação de Nernst-Planck que é utilizada no mecanismo de transporte em eletrólitos (Equação 4.13).

$$-J_i(x) = D_i \frac{\partial C_i(x)}{\partial x} + \frac{z_i F}{RT} D_i C_i \frac{\partial E(x)}{\partial(x)} + C_i V(x) \tag{4.13}$$

Em que J_i é o fluxo da espécie iônica, D_i é o coeficiente de difusão, $C_i(x)$ é a concentração da espécie iônica (i) em função da profundidade (x), z_i é a valência da espécie iônica, F é a constante de Faraday, R é a constante universal dos gases, T é a temperatura, $E(x)$ é o potencial elétrico aplicado em função da profundidade e V_i é a velocidade de convecção de i.

Conceitualmente, a Equação 4.13 pode ser escrita como:

$$\text{Fluxo} = \text{difusão pura} + \text{migração elétrica} + \text{convecção} \tag{4.14}$$

ANDRADE[35] considerou, em seus estudos, que a parcela da difusão pura é desprezível em comparação ao efeito de migração, o que é razoável para diferenças de potencial suficientemente altas (10 a 15 V). Assim, assumindo-se a situação em que não há convecção, isto é, não existem gradientes de pressão ou umidade, a Equação 4.15 resume-se a:

$$J_i(x) = -\frac{z_i F}{RT} D_i C_i \frac{\partial E(x)}{\partial(x)} \qquad (4.15)$$

Os ensaios de migração podem servir de base para o cálculo do coeficiente de difusão aparente ou não estacionário (D_{ap}), utilizando-se o conceito de *time lag* (fator de retardo) em uma solução analítica que relaciona os resultados obtidos em ensaio de difusão natural com os ensaios acelerados de migração.

O *time lag* (τ) caracteriza o período de tempo em que a difusão se mantém no regime não estacionário e, no caso do transporte dos cloretos, é definido como o tempo que esses íons levam para estabelecer um fluxo constante através do concreto em ensaios de migração ou difusão.

4.4. Ensaio de migração e difusão iônica de cloretos

Diversas pesquisas[35-37] vêm utilizando os ensaios de migração para avaliar a resistência do concreto à penetração de íons cloreto. Inicialmente, esses ensaios eram utilizados para avaliar a penetrabilidade dos íons cloreto por meio da avaliação da carga total passante, conforme a norma ASTM C1202 - 97, e o coeficiente de difusão de cloretos no estado estacionário, conforme a proposta de ANDRADE[35].

Uma grande crítica feita ao procedimento proposto pela ASTM C1202 - 97 se refere à proximidade da amostra em relação à malha que funciona como eletrodo (Figura 4.9) e à elevada tensão aplicada (60 Volts) que, juntos, fazem com que haja um aquecimento excessivo das amostras, o que influencia

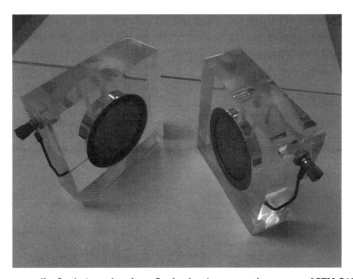

Figura 4.9. Aparato para avaliação da taxa de migração de cloretos, segundo a norma ASTM C1202 - 97.

consideravelmente nos resultados. Em função disso, os ensaios de migração têm frequentemente substituído os métodos de avaliação da carga total passante.

Mais recentemente, alguns autores têm utilizado ensaios de migração para calcular o coeficiente de difusão também no estado não estacionário[36,37]. Em função do objetivo proposto, os ensaios podem apresentar variações no procedimento a ser adotado e nos parâmetros a serem coletados, porém todos se baseiam na indução do movimento dos íons sob a ação de um campo elétrico externo.

O ensaio de migração tem como princípio a aplicação de uma diferença de potencial entre duas células: uma contendo uma solução de cloretos, célula catódica, e outra sem cloretos, célula anódica, entre as quais é colocada a amostra de concreto a ser analisada.

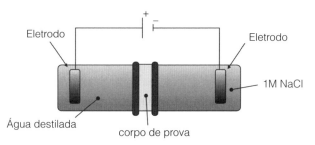

Figura 4.10. Representação esquemática do ensaio de migração de cloretos.

O potencial elétrico externo aplicado força a passagem dos íons cloreto através da amostra de concreto da primeira para a segunda célula. A Figura 4.10 mostra uma representação esquemática desse ensaio, proposta por LOPES *apud* SANTOS[16].

Nesse método, o transporte dos íons cloro através do corpo de prova é induzido pela corrente elétrica gerada devido à diferença de potencial de 12 volts, aplicada por uma fonte de corrente contínua por meio dos eletrodos contidos em cada célula.

A célula positiva, célula anódica, é preenchida com água destilada para evitar a corrosão induzida pela deposição do cloro. A solução utilizada na célula negativa, célula catódica, é composta por cloreto de sódio (NaCl) a uma concentração de 1 M.

Os corpos de prova devem ser colocados na interface das duas células, fazendo com que a troca iônica entre as células ocorra somente através da área exposta da superfície do corpo de prova, conforme ilustrado na Figura 4.11. A tensão de 12 volts é aplicada ao sistema por meio de eletrodos posicionados nas suas extremidades e que se conectam a fios de cobre provenientes de uma fonte de tensão controlada.

A norma americana ASTM C1202 - 97 preconiza a utilização do processo de saturação a vácuo das amostras antes da execução dos ensaios de migração. Esse procedimento tem sido adotado para garantir que o ingresso de cloretos na amostra se dê predominantemente por difusão[36]. No entanto, caso a saturação a vácuo não seja realizada, uma alternativa pode ser manter a amostra em água durante 24 horas antes da realização do ensaio para que haja a saturação dessa amostra. Seguindo estes procedimentos, resultados satisfatórios têm sido obtidos por SANTOS[16] e RIBEIRO *et al.*[38-40].

Capítulo 4   Estrutura dos poros e mecanismos de transporte no concreto

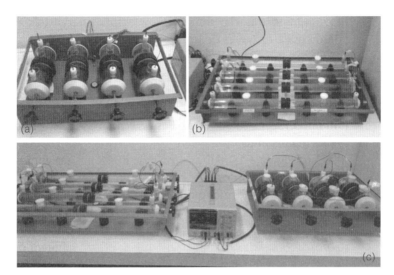

Figura 4.11. Realização do ensaio de migração de cloretos em (A) amostras de concreto e (B) argamassa.

Neste ensaio, a condutividade elétrica da solução da célula anódica, inicialmente sem cloretos, deve ser analisada diariamente durante todo o ensaio. Assim, pode-se obter a evolução da condutividade elétrica da solução utilizando um condutivímetro digital portátil tipo caneta e, em seguida, faz-se uma estimativa da concentração de cloretos empregando a correlação que deve ser obtida experimentalmente entre a concentração de cloretos (Cl⁻) e a condutividade elétrica (Figura 4.12), uma alternativa mais rápida e mais prática utilizada por alguns autores[17,38-40] para analisar de forma indireta a evolução da concentração de íons cloreto da solução da célula anódica em ensaios de migração e difusão.

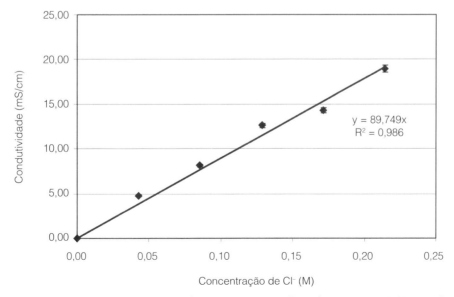

Figura 4.12. Correlação entre a condutividade elétrica e a concentração de íons cloretos, obtida experimentalmente a 24°C[38-40].

No processo de seleção das amostras, devido à heterogeneidade natural do concreto, há uma grande diversidade na relação entre os teores de brita e de pasta, o que inviabilizaria comparações efetivas entre as amostras. Por isso, propõe-se por uma adaptação da ASTM E 562 – 99 (Standard test methods for determining volume fraction by sistematic manual point count). Segundo essa norma, é possível estimar a porcentagem de uma fase de interesse (no caso, a brita) sobrepondo uma grade sobre a amostra e contando os nós da rede que estiverem sobre a fase em questão (os pontos que estiverem em um contorno devem ser contados como 0,5). A seguir, divide-se esse valor obtido pelo total de nós, estimando a porcentagem da fase[38-40].

No exemplo apresentado na Figura 4.13, temos uma rede de 38 nós, com 18 nós interceptados (12 de 1 ponto e 6 de 0,5 ponto, totalizando 15 pontos). Assim, 15/38 resultaria numa estimativa de 39,5% de brita nessa amostra. Dessa forma, estima-se, de forma bastante satisfatória, o teor de brita na seção de concreto.

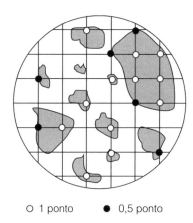

○ 1 ponto   ● 0,5 ponto

Figura 4.13. Esquema do processo de seleção de amostras para a realização do ensaio de migração de cloretos (em cinza, a "fase brita").

Durante a realização do ensaio, inicialmente, há um período em que a quantidade de cloretos que passa para a célula anódica (com água destilada) é insignificante. Esse intervalo corresponde ao chamado *time lag* e define o tempo necessário para que os íons cloreto atravessem a amostra, saturando-a, seja devido à adsorção ou à formação do sal de Friedel (cloroaluminatos de sódio). Esse valor é importante para a determinação do coeficiente de difusão no estado não estacionário. Após esse período, o fluxo de íons cloro através da amostra se torna constante, o que corresponde ao período estacionário de difusão. O *time lag* (τ) é obtido por meio da interseção entre o prolongamento da reta que caracteriza o regime estacionário e o eixo do tempo, de acordo com o esquema da Figura 4.14.

O cálculo do coeficiente de difusão no estado estacionário (ou coeficiente de difusão efetivo), a partir de ensaios de migração, é efetuado por meio da equação de Nernst-Plank modificada:

$$D_S = \frac{J_{Cl} R T l}{z F C_{Cl} \gamma \Delta \Phi} \tag{4.16}$$

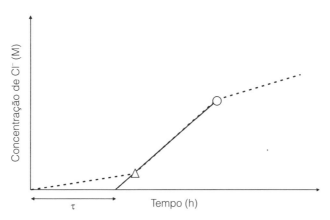

Figura 4.14. Esquema do gráfico padrão obtido no ensaio de migração de cloretos, bem como a determinação do *time lag* (τ); e início (△) e fim (○) do regime estacionário de difusão.

Sendo D_s o coeficiente de difusão no estado estacionário (cm²/s); J_{Cl} o fluxo de íons (mol/s.cm²); R a constante universal dos gases (1,9872 cal/mol.K); T a temperatura (K); l a espessura do corpo de prova (cm); z a valência dos íons (para cloretos, igual a 1); F a constante de Faraday (23.063 cal/volt. eq); C_{Cl} a concentração de íons cloretos na célula catódica (mol/cm³); γ o coeficiente de atividade da solução da célula catódica (0,657 para o Cl⁻); e ΔΦ a média da tensão que efetivamente atravessa o corpo de prova durante o estado estacionário (V).

O fluxo dos íons cloreto (J_{Cl}) pode ser calculado utilizando a inclinação da parte linear do gráfico de concentração de cloretos na célula anódica em função do tempo, obtido a partir do ensaio de migração (Figura 4.14), o que é representado pela Equação 4.17.

$$J_{Cl} = \frac{V}{A} \cdot \frac{dC}{dt} \tag{4.17}$$

Sendo A a área da seção do corpo de prova exposta (cm²); V o volume da célula catódica, com cloretos (cm³); e dC/dt a inclinação da parte linear do gráfico de concentração de cloretos *versus* tempo.

Para calcular o coeficiente de difusão no estado não estacionário a partir de ensaios de migração, faz-se necessário converter os resultados obtidos a valores equivalentes aos obtidos em ensaios de difusão natural. O tempo que os íons cloretos teriam levado para atingir, durante o ensaio de difusão natural, a mesma profundidade alcançada durante o ensaio de migração acelerada (t_{dif}), pode ser calculado pela Equação 4.18:

$$\frac{1}{t_{dif}} = \frac{6}{\tau v^2} \cdot \left[v \cdot \coth \frac{v}{2} - 2 \right], \text{ onde } v = \frac{ze\Delta\Phi}{kT} \tag{4.18}$$

Sendo t_{dif} o tempo equivalente na difusão (s); τ o *time lag* do ensaio de migração (s); k a constante de Boltzmann (1,38.10⁻²³ J/K); T a temperatura (K); e a carga do elétron (1,6.10⁻¹⁹ C); z a valência dos íons (para cloretos, igual a 1); e ΔΦ a média da tensão que efetivamente atravessa o corpo de prova durante o estado não estacionário (V).

Assim, calcula-se o coeficiente de difusão do estado não estacionário, D_{ns}, a partir da Equação 4.19:

$$D_{ns} = \frac{l^2}{3t_{dif}}$$

(4.19)

Com a combinação entre as duas equações apresentadas, chega-se à equação direta:

$$D_{ns} = \frac{2l^2}{\tau v^2} \cdot \left[v \cdot \coth \frac{v}{2} - 2 \right]$$

(4.20)

Na tentativa de ter representações mais sensíveis quanto à durabilidade do concreto diante da ação de cloretos, é possível relacionar os resultados de penetração desses agentes agressores com o tempo de vida útil desse material. Para tal, foi utilizada a segunda Lei da Difusão de Fick (Equações 4.21 e 4.22). Assim, é possível ter uma estimativa bastante confiável a respeito da durabilidade do concreto.

$$PC = 2(z)\sqrt{D_{ns} \cdot t}$$

(4.21)

$$erf(z) = 1 - \frac{C_{cl} - C_o}{C_S - C_o}$$

(4.22)

Em que D_{ns} é o coeficiente de difusão no estado não estacionário (cm²/ano); *t é o tempo de vida útil (anos)*; erf(z) é a função Gaussiana de erros; PC (penetração de cloretos) é a profundidade em que a concentração de cloretos atinge o limite para que ocorra a despassivação da armadura (cm); C_o é a concentração inicial de cloretos (neste caso, 0%); C_S é a concentração de cloretos na superfície (%); e C_{Cl} é a concentração de cloreto em função da profundidade e do tempo (%), em relação à massa de cimento.

Alguns autores [41,42] sugerem que sejam fixados alguns parâmetros: C_S igual 1,8% e C_{Cl} igual a C_{desp}, isto é, 0,4% em peso de cimento, onde C_{desp} é a concentração limite de cloreto para despassivar o aço (por peso de cimento).

De acordo com GJØRV[28], para todas as estruturas em ambientes com cloretos, a concentração desse ânion é geralmente definida como a concentração acumulada do concreto na superfície (C_S) depois de algum tempo de exposição. Esse valor é obtido a partir da análise de regressão de pelo menos seis conjuntos de dados observados sobre a penetração desse ânion, depois de um certo tempo de exposição e do ajuste da curva à segunda Lei de Fick, conforme mostra a Figura 4.15.

Ainda segundo GJØRV[28], a concentração do cloreto na superfície (C_S), que é normalmente maior do que a máxima concentração de cloreto observada na camada superficial do concreto ($C_{máx}$), é resultado, principalmente, de uma exposição ambiental local, porém, a qualidade do concreto, a forma geométrica da estrutura e altura acima da água também afetam o acúmulo de cloretos na superfície.

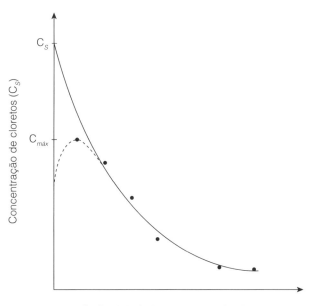

Figura 4.15. Definição da concentração de cloretos da superfície (C$_S$), com base na análise de regressão dos dados de penetração de cloretos observados[28].

Tabela 4.4. Diretrizes gerais para estimativa da concentração de cloretos no concreto (Cs) em estruturas de concreto localizadas em ambientes marinhos[28]

Agressividade ambiental	Cs (% em relação à massa de cimento)	
	Valor médio	Desvio padrão
Alta	5,5	1,3
Média	3,5	0,8
Moderada	1,5	0,5

Embora um projeto de durabilidade deva se basear em experiência local, caso as novas estruturas estejam expostas a ambientes semelhantes, a experiência disponível na literatura pode ser um bom parâmetro para uma estimativa de C$_S$, conforme dados apresentados na Tabela 4.4.

Como os dados sobre concentração de cloretos costumam aparecer em porcentagem por massa do concreto, FERREIRA *apud* GJØRV[28] propôs um ábaco de conversão, apresentado na Figura 4.16.

Conforme já discutido, pequenas concentrações de cloretos na solução de poros de concreto conseguem despassivar a armadura e dar início à corrosão. Por isso, diversos pesquisadores buscam determinar um teor crítico de cloretos que não despassive a armadura (C$_{desp}$) e, entre as relações mais estabelecidas e mais utilizadas, está a proposta por HAUSMANN[43], que indica que o valor da relação [Cl⁻]/[OH⁻] crítica deve ser igual a 0,6, o que corresponde, em média, a 0,4% de cloretos em relação à massa de cimento. O valor crítico de cloretos depende de alguns fatores, como a umidade relativa, a alcalinidade da solução de poro, as condições locais ao longo da interface

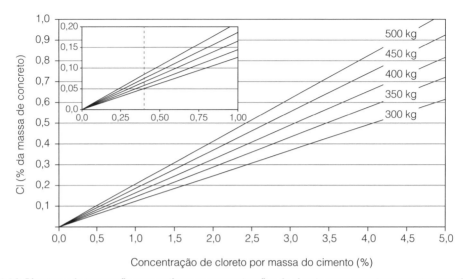

Figura 4.16. Diagrama de conversão para estimar as concentrações de cloreto em porcentagem por massa de cimento com base em porcentagem por massa do concreto com vários teores de cimento (FERREIRA apud GJØRV[28]).

Tabela 4.5. Diretrizes gerais para estimativa da concentração do concreto (Cs) em estruturas de concreto em ambientes marinhos[28]

Risco de corrosão	Teor de cloretos (%)	
	Em relação à massa do cimento	Em relação à massa do concreto*
Certo	> 2,0	> 0,36
Provável	1,0 a 2,0	0,18 a 0,36
Possível	0,4 a 1,0	0,07 a 0,18
Desprezível	< 0,4	< 0,07

*Com base em um concreto com consumo de cimento igual a 440 kg/m³.

aço-concreto e o grau de carbonatação sofrida pelo material, pois, apesar da carbonatação propiciar uma redução dos diâmetros dos poros, essa reação reduz a relação [Cl⁻]/[OH⁻] crítica devido à liberação de hidroxila[44,45].

Além disso, devido a uma relação muito complexa entre o teor crítico de cloretos e a concentração crítica do cloreto na solução dos poros, é quase impossível atribuir um valor geral ao teor crítico de cloreto. Assim, para o aço-carbono comum, alguns valores podem ser apresentados (Tabela 4.5), no entanto, se a corrosão vai se desenvolver ou não é algo que depende de diversos fatores, tais como a disponibilidade de oxigênio e a resistividade elétrica do concreto. Assim, conforme observado na Figura 4.17, o risco de ocorrência é muito baixo para umidades extremas, isto é, concreto muito seco ou submerso, devido ao controle ôhmico do processo de difusão.

Vale ressaltar que esses valores serão alterados caso a armadura utilizada seja de aço inoxidável, uma vez que, apesar de apresentar maior resistência à corrosão, essa liga é susceptível à ocorrência da corrosão por pites.

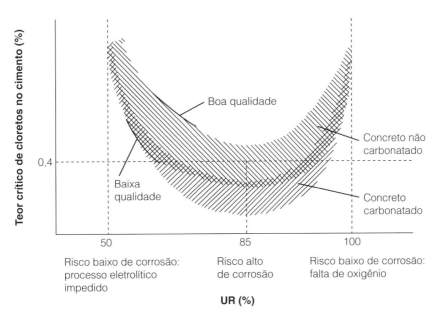

Figura 4.17. Variação do teor crítico de cloretos no concreto exposto a diversas condições ambientais (C_{desp})[1,46].

Tomando como base pesquisas recentes[38-41], costumam-se fixar os seguintes parâmetros: C_s = 1,8% e C_{cl} (C_{desp}) = 0,4%, em relação à massa de cimento, sendo C_{desp} a concentração limite de cloretos para despassivar o aço.

4.5. Fatores que influenciam no transporte de cloretos no concreto

O transporte de contaminantes pode ser afetado por interações que ocorrem entre o soluto e as partículas do meio poroso (no caso, o concreto). Essas reações podem provocar diminuição ou aumento na concentração de solutos. Segundo FREEZE e CHERRY[34], é possível agrupar as reações capazes de alterar a concentração dos contaminantes em solução nas seguintes categorias:

- Reações de Sorção-Dessorção
- Reações Ácido-Base
- Reações de Dissolução-Precipitação
- Reações de Oxidorredução
- Formação de Complexos
- Reações Biológicas

Dessa forma, diversos fatores influenciam na velocidade de transporte de cloretos na estrutura do concreto. Além da rede interconectada de poros, discutida anteriormente, fatores, como composição química e finura do cimento, efetividade da cura do concreto, teor de argamassa e presença de adições minerais, são preponderantes.

4.5.1. Influência da relação água/cimento (porosidade)

A permeabilidade das misturas de concreto preparadas com agregado denso é diretamente influenciada pela permeabilidade da pasta de cimento, que é dependente da relação água/cimento. Segundo HELENE[19], após o primeiro dia, a pasta apresenta permeabilidade milhares de vezes maior que a mesma pasta aos sete dias e milhões de vezes maior que aos 28 dias. A Figura 4.18 relaciona a relação água/cimento com o coeficiente de permeabilidade das pastas.

Apesar de ser o parâmetro de controle mais utilizado, muitas vezes não é fácil mensurar qual a influência real da relação água/cimento na durabilidade do concreto, uma vez que essa relação não é linear. Na Figura 4.19 é mostrado o comportamento dos concretos com diversas relações água/cimento, obtidos por meio do ensaio de migração e a Figura 4.20 ressalta os valores de *time lag*.

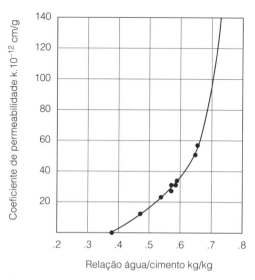

Figura 4.18. Influência da relação água/cimento na permeabilidade de pastas de cimento Portland altamente hidratadas[19].

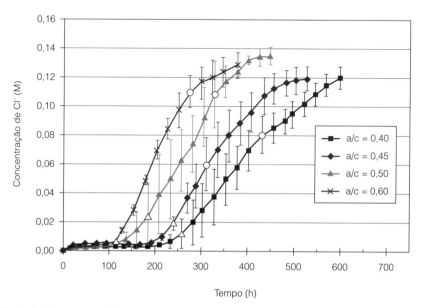

Figura 4.19. Evolução da concentração de cloretos na solução presente na célula anódica em função do tempo para concretos com diferentes relações água/cimento (△ representa o início do estado estacionário e ○ representa o final do estado estacionário)[47].

A Figura 4.20 mostra que o *time lag* diminui à medida que a relação a/c é aumentada, conforme esperado, devido à diminuição da compacidade e aumento da quantidade relativa de poros e da porosidade total, facilitando a passagem dos cloretos.

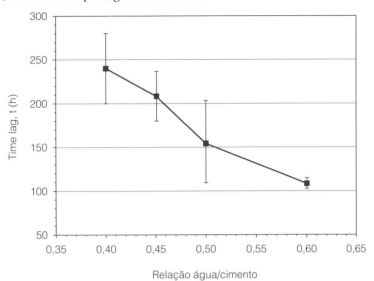

Figura 4.20. Valores de *time lag* (τ), estimados a partir de ensaios de migração de cloretos, em concretos com diferentes relações água/cimento[47].

Os valores de fluxo de íons (Figura 4.21), por sua vez, seguem uma tendência diretamente proporcional ao aumento da relação água/cimento, possivelmente devido à diminuição dos volumes dos poros e à menor interconectividade entre eles, provocando uma menor mobilidade dos íons cloro ao ingressar na estrutura. Porém, também é possível notar uma tendência de estabilização para valores elevados de porosidade, ou seja, concretos com porosidade muito elevada não sofrem alterações no fluxo de íons na mesma proporção.

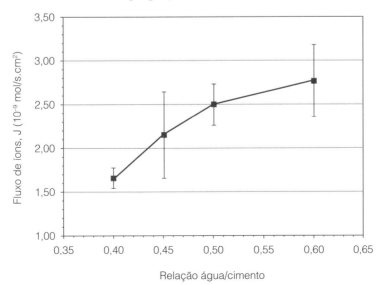

Figura 4.21. Fluxo de íons cloreto (J_{cl}), estimado a partir de ensaios de migração de cloretos, em concretos com diferentes relações água/cimento[47].

A partir desses resultados, é possível calcular os coeficientes de difusão nos estados estacionário e não estacionário (Figura 4.22). Conforme discutido anteriormente, o estado não estacionário de difusão representa um período em que o fluxo não ocorre de forma constante devido à ação conjunta da saturação da amostra de concreto e da fixação dos íons cloreto. Já o regime estacionário, caracterizado por um fluxo constante, ocorre após a saturação da amostra de concreto.

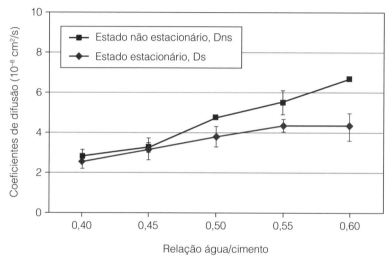

Figura 4.22. Coeficientes de difusão nos estados estacionário e não estacionário, calculados a partir de ensaios de migração de cloretos em concretos com diferentes relações água/cimento[47]**.**

Observa-se na Figura 4.22 que, apesar de ambos os coeficientes se elevarem em função do aumento da relação água/cimento, a influência de uma maior porosidade é mais significativa para o coeficiente de difusão no estado não estacionário, mais importante em se tratando de durabilidade do concreto.

Definindo a vida útil como o tempo necessário para que o cloreto alcance a armadura em uma quantidade suficientemente nociva para iniciar o processo de corrosão, foram formulados ábacos de variação da vida útil do concreto em função da espessura de cobrimento disponível. A Figura 4.23 apresenta esses resultados, com destaque para um cobrimento de concreto igual a 4 cm (valor mínimo exigido pelas normas, para ambientes agressivos, com presença de cloretos) que, para uma melhor visualização, são reapresentados na Figura 4.24.

Observa-se uma redução na estimativa da vida útil das amostras de concreto à medida que a relação a/c é aumentada; no entanto, essa relação não é linear, evidenciando que, à medida que se aumenta a relação a/c até valores mais elevados, a influência desse parâmetro é diminuída, tendendo a um valor de equilíbrio. Isso ocorre, pois, a partir de um determinado valor de porosidade (entre 18 e 20%), o caminho para migração dos cloretos encontra-se tão facilitado, que incrementos na porosidade não influenciam significativamente esse parâmetro.

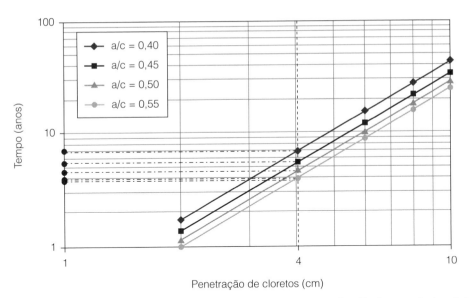

Figura 4.23. Variação da vida útil com diferentes relações água/cimento, em função da camada de cobrimento de concreto, com destaque para um cobrimento de 40 mm[47].

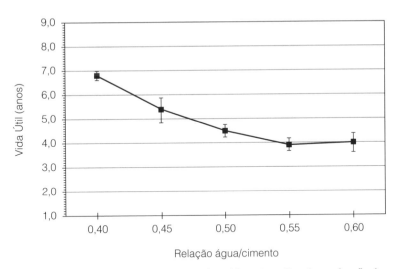

Figura 4.24. Relação entre o tempo de vida útil e a relação água/cimento, estimado em função do ensaio de migração de cloretos para uma estrutura de concreto armado com cobrimento igual a 40 mm[47].

4.5.2. Influência da composição química e da finura do cimento

O principal constituinte do cimento Portland é o clínquer, material sinterizado, resultante da calcinação a aproximadamente 1.450°C de uma mistura de calcário e argila e eventuais corretivos químicos de natureza silicosa, aluminosa ou ferrosa[1,48]. A mais simples formulação do cimento Portland consiste na moagem do clínquer previamente obtido com uma ou mais formas de sulfato de cálcio, em pequenas proporções (3 a 5% do volume), com o objetivo de regular o tempo de pega ou endurecimento inicial[49].

Tabela 4.6. Diversos tipos de cimento nacionais e suas respectivas normas

Denominação	Sigla	Norma
Portland comum	CP I	NBR 5732
Portland comum com adição	CP I-S	
Portland composto com escória	CP II-E	NBR 11578
Portland composto com pozolana	CP II-Z	
Portland composto com filler	CP II-F	
Portland de alto forno	CP III	NBR 5735
Portland pozolânico	CP IV	NBR 5736
Portland de alta resistência Inicial	CP V-ARI	NBR 5733
Portland resistente a sulfatos	CP I RS	NBR 5737
	CP I-S RS	
	CP II-E RS	
	CP II-Z RS	
	CP II-F RS	
	CP III RS	
	CP IV RS	
	CP V-ARI RS	

O cimento é composto, principalmente, por silicatos e aluminatos de cálcio (C_3S, C_2S, C_3A e C_4AF) que, em diferentes proporções, dão origem aos diversos tipos de cimento, com características específicas. A Tabela 4.6 apresenta os principais tipos de cimentos Portland brasileiros e as normas que os regulamentam.

Os diversos tipos de cimento Portland compostos são obtidos adicionando-se às matérias-primas: escórias de alto forno (E), pozolanas (Z) e filler calcário (F). A escória é um subproduto da obtenção do ferro gusa e possui características ligantes semelhantes ao clínquer. Provém da queima do minério de ferro, que contém material argiloso, na presença de calcário, utilizado como fundente. Com um rápido resfriamento, a sílica endurece, formando uma estrutura amorfa, o que lhe confere reatividade com a cal liberada durante a hidratação do cimento. Essas reações são lentas e a escória deve ser finamente moída para sua ativação física[1]. A influência da adição de escória nas propriedades do cimento são:

- Melhora a resistência ao ataque por água do mar e por sulfatos (maior é a resistência quanto maior for o teor de escória).
- Melhora a trabalhabilidade do material para uma mesma consistência.
- Reduz o calor de hidratação.
- Previne contra a expansão devida a reação álcalis-agregado.
- Diminui a resistência mecânica do cimento nas primeiras idades.

As pozolanas são produtos que possuem a capacidade de reagir com o hidróxido de cálcio, presente no cimento, formando compostos hidratados, estáveis e resistentes. Esse material é resultado do resfriamento brusco de lavas ou cinzas vulcânicas, fazendo com que a sílica presente não tenha tempo de cristalizar-se, permanecendo amorfa e, assim, reativa na presença do hidróxido de cálcio do cimento. Ao contrário da escória, a pozolana não reage com a água na forma em que é obtida, e a reação apenas ocorre na presença da cal[1]. Como influência das pozolanas nas propriedades do cimento, podemos citar:

- Maior resistência ao ataque por sulfatos.
- Menor tendência à segregação para uma mesma consistência.

- Menor calor de hidratação.
- Menor resistência mecânica inicial a pequenas idades, porém, maior resistência em idades avançadas.
- Menor tendência à lixiviação da cal por águas puras e ácidas.
- Prevenção contra a expansão devida à reação álcalis-agregado.
- Maior retração por secagem.

O filler calcário provém da moagem de rochas que, como o calcário, possuem carbonato de cálcio. A adição desse material torna o concreto e a argamassa mais trabalháveis, devido ao fato de os grãos moídos do filler, por possuírem tamanhos adequados, "lubrificarem" a mistura, além de aumentarem os pontos de nucleação da reação de hidratação, aumentando a resistência mecânica.

No caso do transporte de íons cloro no concreto, a velocidade de difusão depende diretamente da finura e do tipo de cimento utilizado, devido à concentração de aluminato tricálcico (C_3A) e de ferro-aluminato tetracálcico (C_4AF), que podem, ainda, ser adsorvidos na superfície do C-S-H[50].

Os cloretos, para serem nocivos à armadura, devem estar dissolvidos na solução presente nos poros do concreto. No entanto, os cloretos podem se combinar quimicamente com os compostos hidratados do cimento, principalmente com o aluminato tricálcico (C_3A), formando o sal de Friedel, conforme Equação 4.23[51], ou podem ser adsorvidos aos silicatos de cálcio (menos efetivo). Assim, a migração de cloretos livres, que causam preocupação à estrutura, depende muito da composição química do cimento.

$$2NaCl(aq) + 3CaO \cdot Al_2O_3 \cdot 6H_2O(s) + Ca(OH)_2(s) \\ + 4H_2O \rightarrow 3CaO \cdot Al_2O_3 \cdot CaCl_2 . 10H_2O(s) + 2NaOH(aq) \tag{4.23}$$

KROPP[52] correlacionou os teores de cloretos fixos e totais em concretos produzidos com diferentes tipos de cimento (Figura 4.25). Observa-se que todos os concretos apresentaram um aumento de íons

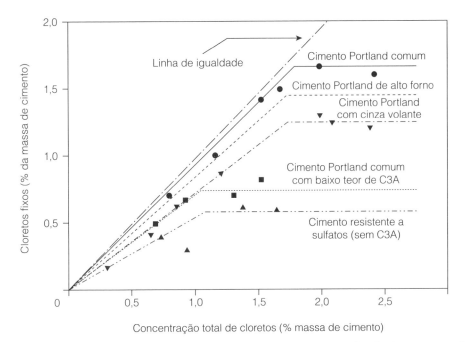

Figura 4.25. Concentração de cloretos fixados à microestrutura do concreto em função da concentração total de cloretos presentes[52].

fixados à medida que o teor de íons totais aumentava, até atingir um limite, onde, então, a fixação dos íons estagna, isto é, ocorre uma saturação dos compostos hidratados. Observou-se, também, que concretos contendo cimentos com menores quantidades de C_3A, fixam uma menor quantidade de cloretos e saturam mais rapidamente.

Pesquisas recentes[53,54] avaliaram a influência da composição química e da finura de alguns cimentos brasileiros na difusividade de íons cloretos no concreto. As principais características físicas e químicas desses cimentos são apresentadas nas Tabelas 4.7 e 4.8, respectivamente.

Tabela 4.7. Características físicas de cimentos brasileiros avaliados[53,54]

Propriedades	Tipo de cimento					
	CP II-F-32	CP II-E-32	CP II-Z-32	CP II-Z-32 RS	CP IV-32	CP V-ARI RS
Área específica BET (cm²/g)	10305	8734	7936	9892	10402	11924
Área específica Blaine (cm²/g)	4612	4331	3297	3821	5743	5466
Diâmetro médio equivalente (μm)	26,0	38,1	23,5	50,0	49,0	17,0
Massa específica (g/cm³)	3,15	3,08	2,99	3,16	3,14	3,16

Tabela 4.8. Composições químicas de cimentos brasileiros avaliados, na forma de óxidos, obtidas por FRX[53,54]

Tipo de cimento	Teor (%)									
	CaO	CO_2	SiO_2	SO_3	MgO	Al_2O_3	K_2O	TiO_2	P_2O_5	MnO
CP II-F 32	51,3	19,8	16,5	4,9	2,5	3,3	1,1	0,3	0,1	0,0
CP II-E 32	47,7	24,6	16,8	3,9	1,8	3,8	0,8	0,2	0,1	0,1
CP II-Z 32	44,3	20,4	22,7	4,0	1,7	4,8	1,2	0,3	0,1	0,0
CP II-Z 32 RS	45,9	26,0	16,8	3,6	2,7	2,4	0,9	0,3	0,1	0,0
CP IV 32	41,0	0,00	41,9	3,9	2,2	9,1	1,2	0,5	0,1	0,0
CP V-ARI RS	52,4	20,6	16,0	3,7	3,2	2,8	0,8	0,2	0,1	0,0

Na Figura 4.26 é mostrado o comportamento dos concretos com diferentes tipos de cimento, obtidos por meio do ensaio de migração e a Figura 4.27 ressalta os valores de *time lag*.

Observa-se que a capacidade de o concreto retardar a passagem dos íons cloro depende fortemente da composição química e da finura do cimento utilizado. Os concretos produzidos com os cimentos CP IV-32 e CP V-ARI RS obtiveram os maiores valores de *time lag*, pelos seguintes motivos: o primeiro devido ao elevado teor de Al_2O_3 presente e à sua elevada finura, sendo o mais eficiente e, o segundo, devido à elevada finura do CP V-ARI RS, proporcionando um concreto menos poroso, conforme verificado por diversos de autores[36,41,53-55].

Não se observa grande diferença quanto ao retardo da migração de cloretos, entre os concretos contendo os cimentos compostos comuns (CP II-F 32, CP II-Z 32 e CP II-E 32), que apresentaram resultados de *time lag* semelhantes, o que se deve ao fato desses cimentos apresentarem composições químicas e finuras semelhantes. O concreto contendo cimento CP II-Z 32 RS apresentou o pior desempenho, devido ao seu baixo teor de aluminatos e ao fato de não ser tão fino.

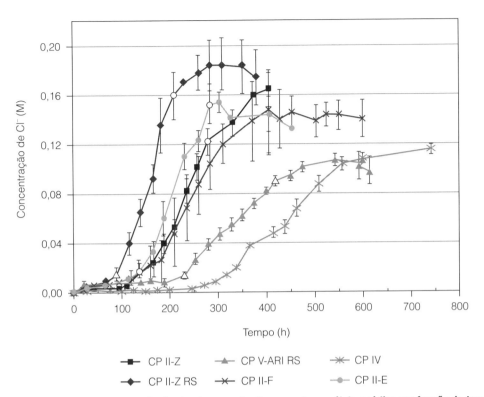

Figura 4.26. Evolução da concentração de cloretos na solução presente na célula anódica em função do tempo para concretos contendo diferentes tipos de cimento (△ representa o início do estado estacionário e ○ representa o final do estado estacionário)[53,54].

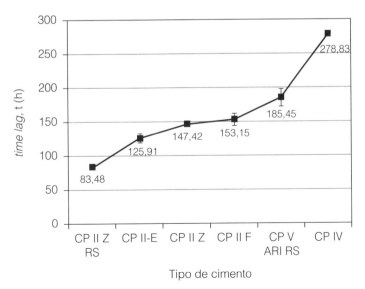

Figura 4.27. Valores de *time lag* (τ), estimados a partir de ensaios de migração de cloretos, em concretos com diferentes tipos de cimento[53,54].

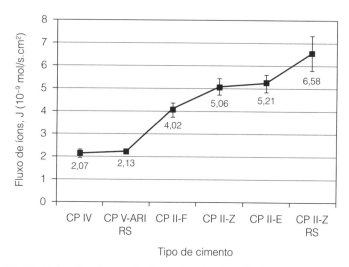

Figura 4.28. Fluxo de cloretos (J_{Cl}), estimado a partir de ensaios de migração de cloretos, em concretos com diferentes tipos de cimento[53,54].

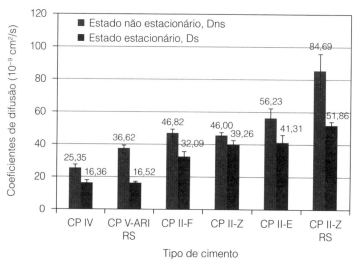

Figura 4.29. Coeficientes de difusão nos estados estacionário e não estacionário, calculados a partir de ensaios de migração de cloretos em concretos com diferentes tipos de cimento[53,54].

Conforme esperado, os resultados de fluxo de íons cloreto (J_{Cl}, Figura 4.28) e os coeficientes de difusão (Figura 4.29) para os concretos contendo os diversos tipos de cimento mostraram comportamento inverso ao *time lag*.

A partir desses resultados é possível se estimar a vida útil da estrutura, conforme ábacos apresentados na Figura 4.30, com destaque para um cobrimento de concreto igual a 4 cm (valor mínimo exigido pelas normas, para ambientes agressivos, com presença de cloretos) que, para uma melhor visualização, são apresentados na Figura 4.31.

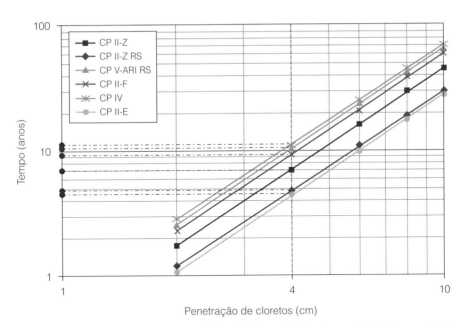

Figura 4.30. Variação da vida útil do concreto com diferentes tipos de cimento, em função da camada de cobrimento de concreto, com destaque para um cobrimento de 40 mm[53,54].

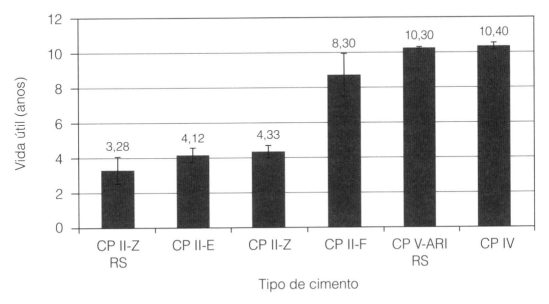

Figura 4.31. Relação entre o tempo de vida útil e o tipo de cimento utilizado, estimada em função do ensaio de migração de cloretos para uma estrutura de concreto armado com cobrimento igual a 40 mm[53,54].

É possível correlacionar o teor de aluminatos do cimento com os resultados de estimativa de vida útil, conforme Figura 4.32. O concreto contendo cimento CP V-ARI RS foi excluído dessa análise, uma vez que sua elevada resistência à corrosão se dá por questões físicas.

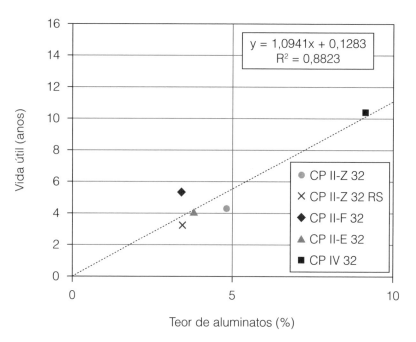

Figura 4.32. Correlação entre o teor de Al$_2$O$_3$ e a vida útil, estimada em função do ensaio de migração de cloretos, para uma estrutura de concreto armado com cobrimento igual a 40 mm[53,54].

4.5.3. Influência do teor de argamassa no concreto

Muitas vezes, ao avaliar a durabilidade de uma estrutura de concreto, os projetistas e pesquisadores não se dão conta que o concreto presente na camada de cobrimento tem características consideravelmente diferentes daquelas do concreto no interior de vigas e pilares, uma vez que, devido ao adensamento e à ação da gravidade, além da facilidade de acabamento superficial, o concreto de cobrimento apresenta um teor de argamassa superior.

Uma vez que as zonas de transição são o caminho prioritário para a migração dos cloretos, a redução no teor de agregado graúdo exercerá influência na difusividade do concreto.

Na Figura 4.33 é mostrado o comportamento dos concretos com diversos teores de argamassa, obtidos por meio do ensaio de migração de cloretos e a Figura 4.34 ressalta os valores de *time lag*. Percebe-se que houve um aumento significativo (cerca de 30%) do *time lag* ao retirar o agregado graúdo, o que tem como consequência um teor mais elevado de cimento para um mesmo volume do material, isto é, mais aluminatos em sua composição. Ainda assim, com o aumento do teor de argamassa, a presença de zonas de transição agregado graúdo/argamassa é cada vez menor, até não existir (100% argamassa), dificultando a passagem dos íons cloro. Essas zonas possuem grande importância nos estudos de durabilidade, pois é através delas que ocorre a penetração preferencial dos íons cloro[38-40,56].

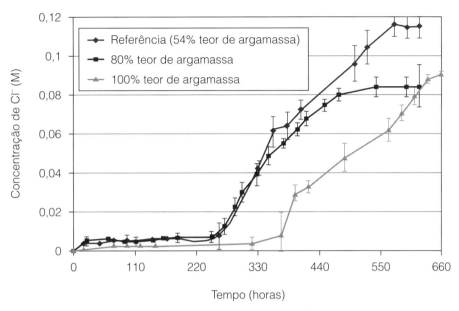

Figura 4.33. Evolução da concentração de cloretos na solução presente na célula anódica, em função do tempo, para ensaios de migração de cloretos em concretos contendo diversos teores de argamassa[31].

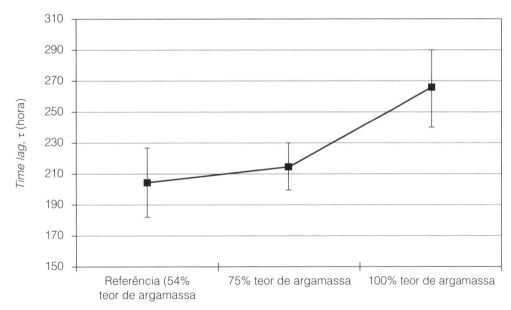

Figura 4.34. Valores de *time lag* (τ), estimados a partir de ensaios de migração de cloretos em concretos contendo diversos teores de argamassa[31].

A partir desses resultados, é possível calcular os coeficientes de difusão nos estados estacionário e não estacionário (Figura 4.35). Observa-se que a influência do teor de argamassa no coeficiente estacionário de difusão (D_s) é pouco significativa. No entanto, a influência do teor de argamassa na difusividade (regime não estacionário) é bastante considerável, com uma redução da taxa de difusão à medida que se reduz o teor de agregado graúdo e, consequentemente, se aumenta a quantidade de cimento, conforme esperado. Os ábacos de vida útil para esses concretos são apresentados na Figura 4.36.

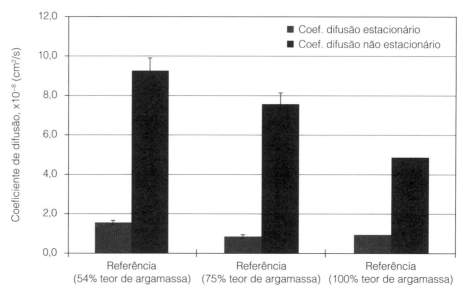

Figura 4.35. Coeficientes de difusão nos estados estacionário e não estacionário, calculados a partir de ensaios de migração de cloretos em concretos contendo diversos teores de argamassa[31].

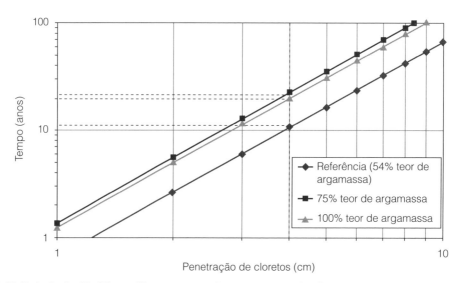

Figura 4.36. Variação da vida útil com diferentes teores de argamassa, em função da camada de cobrimento de concreto, com destaque para um cobrimento de 40 mm[31].

4.5.4. Influência da presença de adições minerais

As adições minerais pozolânicas são costumeiramente utilizadas nos concretos, a fim de aumentar a resistência e a durabilidade. Dentre as principais adições utilizadas estão a sílica ativa e o metacaulim. Outras adições, como cinzas volantes, cinzas da casca de arroz e do bagaço de cana-de-açúcar, além de resíduos industriais, tais como escórias, outras cinzas ou lama vermelha (resíduo da produção de bauxita), também são utilizadas em menor escala. Os mecanismos de reação e o efeito dessas adições na durabilidade do concreto variam, consideravelmente, em função de diferenças nas suas composições química e mineralógica.

4.5.4.1. Sílica ativa

A sílica ativa é um subproduto da fabricação de silício metálico ou de ligas de ferrossilício a partir de quartzo de elevada pureza e carvão, em alto forno, e possui um teor de SiO_2 que normalmente varia de 85 a 90%[57]. O teor de SiO_2 não cristalino depende diretamente da quantidade utilizada de silício na fabricação do silício metálico ou de ligas de ferrossilício; teores de 75% de silício geram 85 a 90% de sílica amorfa e teores de 50% geram uma quantidade menor dessa sílica não cristalina. Esse subproduto é um dióxido de sílica amorfo (SiO_2), gerado como um gás dentro dos fornos elétricos durante a redução do quartzo puro. O SiO, que se desprende na forma de gás, se oxida e condensa em um material composto de partículas esféricas extremamente pequenas, com aspecto vítreo, apresentando alta reatividade[57,58]. No Brasil, segundo a NBR 13956:2012 (Sílica ativa para uso com cimento Portland), o teor de SiO_2 presente na sílica ativa deve ser, no mínimo, igual a 85%.

A sílica ativa é um material altamente pozolânico devido à sua extrema finura e ao elevado teor de sílica amorfa. Essa pozolana reage com o hidróxido de cálcio ($Ca(OH)_2$) produzido durante a hidratação do cimento Portland, tendo como resultado o acréscimo de resistência devido à formação de silicatos de cálcio hidratado, conforme a Equação 4.24[58].

$$3Ca(OH)_2 + 2SiO_2 \rightarrow 3CaO \cdot SiO_2 \cdot 3H_2O \qquad (4.24)$$

A sílica ativa é capaz de consumir quase completamente a portlandita produzida na hidratação do cimento Portland comum. Contudo, é interessante ressaltar que o C-S-H, formado na reação pozolânica, tende a apresentar menor densidade que o C-S-H formado na hidratação do cimento[1].

Quanto à ação física, a sua adição pode ocasionar um aumento da massa específica da mistura, pelo efeito de preenchimento dos vazios (efeito microfiller) e, também, pela densificação da zona de transição entre a pasta de cimento e o agregado, modificando, assim, a microestrutura do material[58].

Diversos autores se dedicaram em analisar a influência do uso de sílica ativa quanto à corrosão das estruturas de concreto e todos os autores relataram uma expressiva redução na penetração de íons cloro em concretos contendo sílica ativa para substituições de até 15% da massa de cimento, vindo a reduzir o coeficiente de difusão, em média, até 91%[58,59]. No entanto, observa-se que o fenômeno é meramente físico, devido à redução da interconectividade dos poros, como consequência da reação pozolânica.

A Figura 4.37 mostra a evolução da concentração de cloretos na câmara anódica durante os ensaios de migração com as amostras de referência e contendo 5, 10 e 15% de sílica ativa como adição ao cimento e a Figura 4.38 ressalta os valores de *time lag*. A concentração de íons cloro (Cl^-) aumenta com o tempo, devido à tensão elétrica aplicada, forçando esses íons a migrarem em direção ao polo positivo do sistema.

Como pode ser visto, é notável a influência positiva da adição de sílica ativa no concreto. Analisando a variação da quantidade de íons cloro na célula anódica em função do tempo, percebe-se que o *time lag* aumenta em função de um maior teor de adição de sílica ativa. De acordo com RIBEIRO *et al.*[38-40], isto ocorre devido ao refinamento dos poros, ocasionado pela adição de materiais suplementares, tais como a sílica ativa.

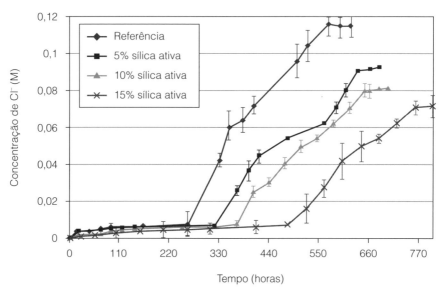

Figura 4.37. Evolução da concentração de cloretos na solução presente na célula anódica, em função do tempo, para ensaios de migração de cloretos em concretos contendo diversos teores de sílica ativa como adição[31].

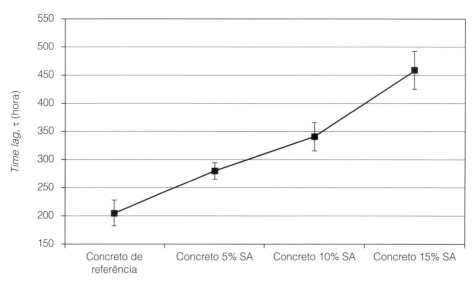

Figura 4.38. Valores de *time lag* (τ), estimados a partir de ensaios de migração de cloretos em concretos contendo diversos teores de sílica ativa como adição[31].

A partir desses resultados, é possível calcular os coeficientes de difusão nos estados estacionário e não estacionário (Figura 4.39). Observa-se que o efeito de refino de poros e a redução de sua interconectividade diminui bruscamente a difusividade (regime não estacionário) do concreto. Os ábacos de vida útil para esses concretos são apresentados na Figura 4.40.

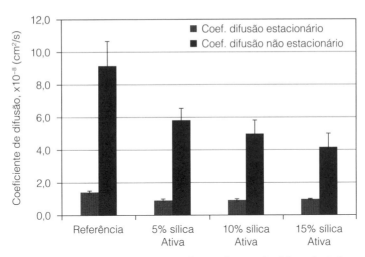

Figura 4.39. Coeficientes de difusão nos estados estacionário e não estacionário, calculados a partir de ensaios de migração de cloretos em concretos contendo teores de sílica ativa como adição[31].

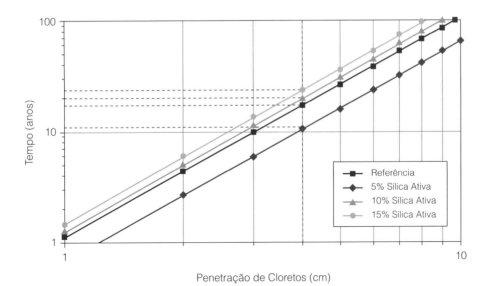

Figura 4.40. Variação da vida útil com diferentes teores de adição de sílica ativa, em função da camada de cobrimento de concreto, com destaque para um cobrimento de 40 mm[31].

4.5.4.2. Metacaulim

Normalmente obtido por meio da calcinação de argilas cauliníticas ou caulins de alta pureza, o metacaulim é um material aluminossiliçoso, com proporções semelhantes de SiO_2 e Al_2O_3.

Quando a *caulinita*, um argilomineral constituído por silicatos hidratados de alumínio $(Al_4Si_4O_{10}(OH)_{10})$, é submetida a tratamentos térmicos entre 600°C e 900°C, ocorre o processo de desidroxilação, que destrói sua estrutura cristalina pela remoção das hidroxilas. Esse processo transforma a caulinita num composto de elevado grau de amorfização e quimicamente instável, conhecido por metacaulinita $(Al_2Si_2O_7)$[60].

A reação pozolânica do metacaulim ocorre pela interação da metacaulinita com o hidróxido de cálcio presente na pasta cimentícia, formando silicatos (C-S-H) e aluminatos de cálcio hidratados (C_2ASH_8, C_4AH_{13} e C_3AH_6)[61,62]. Além disso, suas partículas extremamente finas, com alta superfície específica e dimensão máxima na ordem um micrômetro atuam como microfiller, o que contribui para o aumento de sua reatividade química.

Além do efeito microfiller e pozolânico, a presença de aluminatos em altas concentrações (40 a 45% de Al_2O_3) faz com que o metacaulim seja capaz de incrementar, de forma significativa, a capacidade do concreto de resistir à penetração de íons cloro.

A interação entre os aluminatos e os cloretos conduz à formação do sal de Friedel (cloroaluminato), de acordo com a Equação 4.25, reduzindo a quantidade desses íons que estarão livres para interagir em processos corrosivos[61]. No entanto, a reação de formação de cloroaluminatos a partir dos aluminatos presentes em adições pozolânicas ($Al_2O_3^{r-}$) é diferente daquela que ocorre com os aluminatos provenientes das fases cimentícias (C_3A e C_4AF), apresentada na Equação 4.23. De acordo com TALERO et al.[65], a taxa de formação do sal de Friedel a partir de radicais $Al_2O_3^{r-}$ (Equação 4.25), presentes em adições como o metacaulim, é superior à observada a partir do C_3A.

$$Al_2O_3^{r-} + 2NaCl(aq) + 4Ca(OH)_2 + 7H_2O \rightarrow 3CaO \cdot Al_2O_3 \cdot CaCl_2 \cdot 10H_2O + 2NaOH(aq) \quad (4.25)$$

CARASEK et al.[63] constataram que o metacaulim foi eficaz na redução da permeabilidade a íons cloreto, quando adicionado a diferentes formulações de concreto. Em outra pesquisa nessa mesma linha, foi observada uma redução de até 60% na penetração de cloretos em concretos contendo até 12% de metacaulim, em substituição à massa de cimento[64].

A Figura 4.41 mostra a evolução da concentração de cloretos na câmara anódica durante os ensaios de migração com as amostras de referência e contendo 5, 10 e 15% de metacaulim como adição ao cimento e a Figura 4.42 ressalta os valores de *time lag*. A concentração de íons cloro (Cl⁻) aumenta com o tempo, devido à tensão elétrica aplicada, forçando esses íons a migrarem em direção ao polo positivo do sistema.

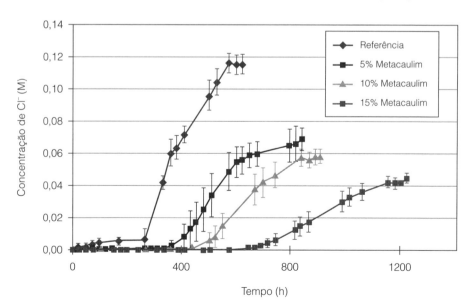

Figura 4.41. Evolução da concentração de cloretos na solução presente na célula anódica, em função do tempo, para ensaios de migração de cloretos em concretos contendo diversos teores de metacaulim como adição.

Capítulo 4 Estrutura dos poros e mecanismos de transporte no concreto

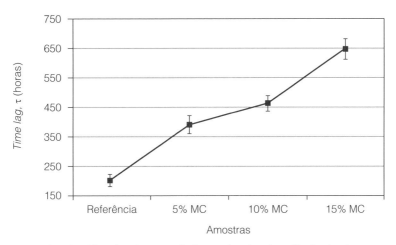

Figura 4.42. Valores de *time lag* (τ) estimados a partir de ensaios de migração de cloretos em concretos contendo diversos teores de metacaulim como adição[31].

A partir destes resultados, assim como ocorreu para as demais, é possível calcular os coeficientes de difusão nos estados estacionário e não estacionário (Figura 4.43). Observa-se que a que o efeito de refino de poros e redução de sua interconectividade reduz bruscamente a difusividade (regime não estacionário) do concreto. Os ábacos de vida útil para estes concretos são apresentados na Figura 4.44.

Conforme esperado, o metacaulim se mostrou mais efetivo no aumento da durabilidade do concreto quando utilizado em maiores quantidades, em comparação à sílica ativa, uma vez que alia o fenômeno físico, de refinamento e redução da interconectividade entre os poros, ao efeito químico, com aumento da formação do sal de Friedel, devido à maior disponibilidade de aluminatos. Os resultados comparativos, obtidos a partir das Figuras 4.40 e 4.43 são apresentados na Tabela 4.9.

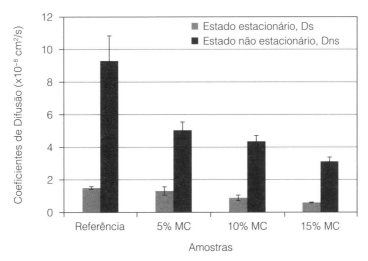

Figura 4.43. Coeficientes de difusão nos estados estacionário e não estacionário, calculados a partir de ensaios de migração de cloretos em concretos contendo teores de metacaulim como adição.

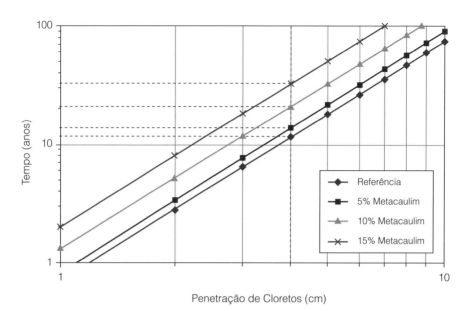

Figura 4.44. Variação da vida útil com diferentes teores de adição de metacaulim, em função da camada de cobrimento de concreto, com destaque para um cobrimento de 40 mm.

Tabela 4.9. Comparação entre os resultados obtidos para a vida útil dos concretos contendo adição de sílica ativa (SA) e metacaulim (MC)

Teor de adição	Tipo de adição	
	Sílica ativa	**Metacaulim**
Referência (0%)	11,64 anos	
5%	16,01 anos	13,51 anos
10%	20,12 anos	20,62 anos
15%	23,25 anos	31,62 anos

Se esses resultados forem analisados com base nos coeficientes de difusão no estado não estacionário, conforme apresentado na seção 4.3.3 (Tabela 4.3), é possível chegar a conclusões semelhantes, como pode ser visualizado na Tabela 4.10.

Após a apresentação de todos esses cenários e variáveis, fica claro que os métodos tradicionais prescritivos não são suficientes para atingirmos estruturas com elevada vida útil. A engenharia moderna deve se apropriar dos conceitos de difusão a fim de alcançar tais objetivos.

Tabela 4.10. Análise de acordo com os limites estabelecidos por NILSSON et al. apud GJØRV[28], quanto à resistência à penetração de cloretos dos concretos

Teor de adição	Difusividade média do cloreto, Dns (10^{-8} cm²/s)		Resistência à penetração do cloreto
	Sílica ativa	**Metacaulim**	
Referência (0%)	9,22		Alta
5%	5,88	4,97	Alta/muito alta
10%	5,31	4,30	Alta/muito alta
15%	4,13	3,07	Muito alta

Referências

1. MEHTA, P.K.; MONTEIRO, P.J.M. (2014) Concreto: estrutura, propriedades e materiais. São Paulo, IBRACON, 250 p.
2. BAUER, L.A.F. (1994) Materiais de construção 1 (5ª ed). Rio de Janeiro, LTC, 436 p.
3. CEMBUREAU. (2016) Cembureau.eu Disponível em: <http://www.cembureau.eu/activity-reports.>. Acesso em: 24 abr. 2016.
4. SNIC – Sindicato Nacional da Indústria do Cimento. (2016) Números. Disponível em: <http://www.snic.org.br/numeros_dinamico.asp>. Acesso em: 28 abr. 2017.
5. ROBERTO, F.A.C. (2001) Cimento: balanço mineral brasileiro 2001. Brasília.
6. NEVILLE, A.M. (1982) Propriedades do concreto. Traduzido por Salvador E. Giammusso. São Paulo, PINI, 496 p.
7. LEA, F.M. (1971) The chemistry of cement and concrete. New York, Chemical Publishing Company.
8. TAYLOR, H.F.W. (1990) Cement chemistry. London, Academic Press.
9. GLASSER, F.P. (1997) Fundamental aspects of cement solidification and stabilization. Journal of Hazardous Materials, v. 52, n. 2–3, p. 151-170.
10. FREIRE, K.R.R. (2005) Avaliação do desempenho de inibidores de corrosão em armaduras de concreto. Dissertação (Mestrado em estruturas) – Universidade Federal do Paraná, Paraná. 192 p.
11. COIMBRA, M.A.; LIBARDI, W.; MORELLI, M.R. (2006) Estudo da influência de cimentos na fluência em concretos para a construção civil. Cerâmica, n. 52, p. 98-104.
12. OLLIVIER, J.P.; MASO, J.C.; BOURDETTE, B. (1995) Interfacial transition zone in concrete. Advanced Cement Based Materials, v. 2, 30-38.
13. YANG, C.C.; CHO, S.W.; WANG, L.C. (2006) The relationship between pore structure and chloride diffusivity from ponding test in cement-based materials. Materials Chemistry and Physics, v. 100, 203-210.
14. SONG, G. (2000) Equivalent circuit model for SAC electrochemical impedance spectroscopy of concrete. Cement and Concrete Research, v. 30, n. 11, p. 1723-1730.
15. MARTYS, N.S.; FERRARIS, C.F. (1997) Capillary transport in mortars and concrete. Cement and Concrete Research, v. 27, n. 5, p. 747-760.
16. SANTOS, L. (2006) Avaliação da resistividade elétrica do concreto como parâmetro para a previsão da iniciação da corrosão induzida por cloretos em estruturas de concreto. Dissertação (Mestrado em estruturas) – Departamento de Estruturas, Universidade de Brasília, Brasília. 162 p.
17. AÏTCIN, P.C. (2003) The durability characteristics of high performance concrete: a review. Cement and Concrete Composites, v. 25, n. 4–5, p. 409-420.
18. ZHANG, Y.; ZHANG, M. (2014) Transport properties in unsaturated cement-based materials – A review. Construction and Building Materials, v. 72, 367-379.
19. HELENE, P.R.L. (1999) Corrosão em armaduras para concreto armado (4. ed). São Paulo, PINI, 48 p.
20. SILVA, D.R. (2006) Estudo de inibidores de corrosão em concreto armado, visando a melhoria na sua durabilidade. Tese (Doutorado) – Universidade Federal do Rio Grande do Norte, Natal.
21. BASHEER, L.; KROPP, J.; CLELAND, D.J. (2001) Assessment of the durability of concrete from its permeation properties: a review. Construction and Building Materials, v. 15, 93-103.
22. FUSCO, P.B. (2008) Tecnologia do concreto estrutural. São Paulo, PINI, 180 p.
23. STANISH, K.D.; HOOTON, R.D.; THOMAS, M.D.A. (2000) Testing the chloride penetration resistance of concrete: a literature review. University of Toronto. 32 p. Disponível em: <http://www.tfhrc.gov/hnr20/pubs/chlconcrete.pdf>. Acesso em: 13 mar. 2010.
24. HELENE, P.R.L. (1993) Contribuição ao estudo da corrosão em armaduras de concreto armado. Tese (Livre docência em estruturas) – Escola Politécnica, Universidade de São Paulo, São Paulo.
25. HALAMICKOVA, P. et al. (1995) Water permeability and chloride ion diffusion in Portland cement mortars: relationship to sand content and critical pore diameter. Cement and Concrete Research, New York, v. 25, n 4, p. 709-802.

26. GUIMARÃES, A.T.C.; HELENE, P.R.L. (2001) Grau de saturação do concreto: um importante fator na difusão de cloretos. Teoria e Prática na Engenharia Civil, n. 2, p. 55-64.
27. GUIMARÃES, A.T.C.; RODRIGUES, F.T. (2010) Influência do grau de saturação na difusão de cloretos no concreto: visão geral de sua importância na estimativa de vida útil. Teoria e Prática na Engenharia Civil, n. 15, p. 11-18.
28. GJØRV, O.E. (2015) Projeto de durabilidade de estruturas de concreto em ambientes de severa agressividade. São Paulo, Oficina de Textos, 238 p.
29. VILASBOAS, J.M.L. (2013) Estudo dos mecanismos de transporte de cloretos no concreto, suas inter-relações e influencia na durabilidade de edificações na cidade do Salvador-BA. Tese (Doutorado) – Universidade Federal da Bahia, Salvador.
30. NASCENTES, R. (2006) Estudo da mobilidade de metais pesados em um solo residual compactado. Tese (Doutorado) – Universidade Federal de Viçosa, Viçosa.
31. PINTO, S.A. (2016) Correlações entre ensaios de penetração de cloretos e análise da influência do uso da sílica ativa na durabilidade do concreto armado. Dissertação (Mestrado) – Universidade Federal da Bahia, Salvador.
32. COSTA, J.P.V.; et al. (2006) Fluxo difusivo de fósforo em função de doses e da umidade do solo. Revista Brasileira de Engenharia Agrícola e Ambiental, v. 10, n. 4, p. 828-835.
33. SHACKELFORD, C.D. (1993) Contaminant transport. Geotechnical practice for waste disposal. Londres, Chapman & Hall, p. 33-65.
34. FREEZE, R.A.; CHERRY, J.A. (1979) Groundwater. New Jersey, Prentice-Hall, 604 p.
35. ANDRADE, C. (1993) Calculation of diffusion coefficients in concrete from ionic migration measurements. Cement and Concrete Research, v. 23, n. 3, p. 724-742.
36. CASTELLOTE, M.; ANDRADE, C.; ALONSO, C. (2001) Measurement of the steady and non-steady-state chloride diffusion coefficients in a migration test by means of monitoring the conductivity in the anolyte chamber. Comparison with natural diffusion tests. Cement and Concrete Research, v. 31, n. 10, p. 1411-1420.
37. TONG, L.; GJØRV, O.E. (2001) Chloride diffusivity based on migration testing. Cement and Concrete Research, v. 31, n. 7, p. 973-982.
38. RIBEIRO, D.V.; LABRINCHA, J.A.; MORELLI, M.R. (2011) Chloride diffusivity in red mud-ordinary portland cement concrete determined by migration tests. Materials Research, v. 14, n. 2, p. 227-234.
39. RIBEIRO, D.V.; LABRINCHA, J.A.; MORELLI, M.R. (2012) Analysis of chloride diffusivity in red mud-ordinary Portland cement concrete. Revista IBRACON de Estruturas e Materiais, v. 5, n. 2, p. 137-152.
40. RIBEIRO, D.V.; LABRINCHA, J.A.; MORELLI, M.R. (2012) Effect of the addition of red mud on the corrosion parameters of reinforced concrete. Cement and Concrete Research, v. 42, 124-133.
41. MEDEIROS, M.H.F.; HELENE, P. (2009) Surface treatment of reinforced concrete in marine environment: Influence on chloride diffusion coefficient and capillary water absorption. Construction and Building Materials, v. 23, n. 3, p. 1476-1484.
42. NILSSON, L. et al. (2000) Chloride ingress data from field exposure in a Swedish road environment. In: Second International Rilem Workshop on Testing and Modelling the Chloride Ingress into Concrete, 2000, Paris. Anais… Paris. 12 p.
43. HAUSMANN, D.A. (1967) Steel corrosion in concrete: how does it occur? Materials Protection, 19-23.
44. KOUSA, H.; et al. (2014) Effect of coupled deterioration by freeze–thaw, carbonation and chlorides on concrete service life. Cement and Concrete Composites, v. 47, 32-40.
45. RAMEZANIANPOUR, A.A.; GHAHARI, S.A.; ESMAEILI, M. (2014) Effect of combined carbonation and chloride ion ingress by an accelerated test method on microscopic and mechanical properties of concrete. Construction and Building Materials, v. 58, 138-146.
46. CEB–Comité Euro-International du Beton. (1992) Durable Concrete Structures – Design Guide – Bulletin D'Information 183. London, Thomas Telford.
47. RIBEIRO, D.V.; SANTOS, I.H.; SOUZA C.A.C. (2014) Porosity influence on life time of concrete structures analysed by chloride migration testing. In: RILEM International workshop on performance-based specification

and control of concrete durability, Zagreb, Croácia. Proceedings of the RILEM International workshop on performance-based specification and control of concrete durability. Bagneux, France: RILEM,;1; 2014. v. 1. 471-480.

49. KIHARA, Y.; CENTURIONE, S.L. (2005) O cimento Portland. In: ISAIA, G.C. Concreto: ensino, pesquisa e realizações. São Paulo: Ibracon, v. 1, cap. 10, p. 295-321.

50. ANGST, U.; et al. (2009) Critical chloride content in reinforced concrete – A review. Cement and Concrete Research, v. 39, 1122-1338.

51. BAPAT, J.D. (2012) Mineral admixtures in cement and concrete. New York, CRC Press, 310 p.

52. KROPP, J. (1995) Chlorides in concrete. In : KROPP, J., HILSDORF, K., (eds.). Performance criteria for concrete durability, RILEM REPORT 12.

53. MARQUES, S.L.; RIBEIRO, D.V. (2014) Influência do tipo de cimento na migração de cloretos em concretos. Politécnica (Instituto Politécnico da Bahia), v. 21, 21-35.

54. MARQUES, S.L.; RIBEIRO, D.V. (2014) Influência do tipo de cimento na migração de cloretos em concretos. In: 1(Encontro Luso-Brasileiro de Degradação em Estruturas de Concreto Armado, 2014, Salvador. Anais do 1(Encontro Luso-Brasileiro de Degradação em Estruturas de Concreto Armado. Salvador: Image, v. 1. p. 29-43.

55. YILDIRIM, H.; ILICA, T.; SENGUL, O. (2011) Effect of cement type on the resistance of concrete against chloride penetration. Construction and Building Materials, v. 25, 1282-1288.

56. SHI, X.; et al. (2012) Durability of steel reinforced concrete in chloride environments: An overview. Construction and Building Materials, v. 30, 125-138.

57. RASHAD, M.M.; et al. (2001) Transformation of silica fume into chemical mechanical polishing (CMP) nano-slurries for advanced semiconductor manufacturing. Powder Technology, v. 205, 149-154.

58. SIDDIQUE, R. (2011) Utilization of silica fume in concrete: review of hardened properties. Resources, Conservation and Recycling, v. 55, 923-932.

59. VIEIRA, F.M.P. (2003) Contribuição ao estudo da corrosão de armadura em concretos com adição de sílica ativa. Dissertação (Mestrado) – Universidade Federal do Rio Grande do Sul, Porto Alegre.

60. BARATA, M.S. (1998) Concreto de alto desempenho no estado do Pará: estudo de viabilidade técnica e econômica de produção de concreto de alto desempenho com os materiais disponíveis em Belém através do emprego de adições de sílica ativa e metacaulim. Porto Alegre. Dissertação (Mestrado), Universidade Federal do Rio Grande do Sul. 188 p.

61. FIGUEIREDO, C.P.; et al. (2014) O papel do metacaulim na proteção dos concretos contra a ação deletéria dos cloretos. Revista IBRACON de Estruturas e Materiais, v. 7, n. 4, p. 685-708.

62. SIDDIQUE, R.; KLAUS, J. (2009) Influence of metakaolin on the properties of mortar and concrete: A review. Applied Clay Science, v. 43, n. 3–4, p. 392-400.

63. CARASEK, H.; et al. (2011) L'essai AASHTO T277 et la protection des bétons contre la corrosion des armatures. European Journal of Environmental and Civil Engineering – EJECE, v. 15, 49-75.

64. GRUBER, K.A.; et al. (2001) Increasing concrete durability with high-reactivity metakaolin. Cement and Concrete Composites, v. 23, 479-484.

65. TALERO, R.; TRUSILEWICZ, L.; DELGADO, A.; PEDRAJAS, C.; LANNEGRAND, R.; RAHHAL, V.; MEJÍA, R.; DELVASTO, S.; RAMIREZ, F.A. (2011) Comparative and semi-quantitative XRD analysis of Friedel's salt originating from pozzolan and Portland cement. Construction and Building Materials, v. 25, n. 5, p. 2370-2380.

Capítulo 5

Ação do meio ambiente sobre as estruturas de concreto: efeitos e considerações para projeto

Fernando do Couto Rosa Almeida
Almir Sales

5.1. Introdução

A vida útil de uma estrutura de concreto está diretamente ligada à sua durabilidade, conforme discutido no Capítulo 3. Por sua vez, a durabilidade consiste na capacidade dos elementos estruturais em resistir às agressões do meio ambiente em que estão inseridos. Dessa forma, é essencial que sejam conhecidos as influências e os efeitos que os diferentes tipos de ambientes provocam sobre as estruturas de concreto.

As condições ambientais devem, portanto, ser consideradas desde a concepção do projeto estrutural. O nível de agressividade do ambiente irá determinar alguns parâmetros de projetos, tais como: tipo de concreto, classe de resistência, cobrimento de armaduras, entre outros.

Para maior abrangência do conteúdo, este capítulo é dividido em duas partes: na primira parte são discutidos os efeitos da ação dos diferentes ambientes que estruturas de concreto podem estar sujeitas; na segunda, são apresentados alguns parâmetros de durabilidade e considerações para projetos a partir de normalizações técnicas brasileiras e internacionais.

5.2. Efeitos das ações do meio ambiente nas estruturas de concreto armado

As ações ambientais sobre um elemento estrutural dependem, de forma complexa, dos diversos fatores que podem se interagir, ligados tanto ao macroclima como às condições microclimáticas locais que a própria estrutura de concreto pode criar. A agressividade ambiental pode ser determinada pelas condições climáticas, que definem as condições externas e internas de umidade e temperatura, além da presença ou não de substâncias agressivas (por exemplo, cloretos e sulfatos contidos na água do mar).

Em linhas gerais, BERTOLINI[1] classifica em quatro tipos as condições microclimáticas locais que a estrutura de concreto pode criar ou ser exposta. São elas:

- *Condições de concreto seco*: neste caso o ambiente não é agressivo, pois tanto a corrosão das armaduras como os fenômenos de degradação do concreto requerem a presença de umidade para poder manifestar efeitos significativos.
- *Condições de total e permanente saturação do concreto*: nesta situação, o ambiente não é agressivo quanto à corrosão das armaduras, já que o oxigênio não pode chegar à sua superfície. Entretanto, o concreto poderia ser submetido à ação do gelo-degelo ou das substâncias que atacam a matriz do cimento (por exemplo, os sulfatos).
- *Condições de umidade intermediária do concreto*: os elementos estruturais podem ser submetidos tanto à corrosão das armaduras quanto à degradação direta do concreto. Em geral, os efeitos da degradação aumentam quando a temperatura sobe e quando cresce a umidade do concreto (apenas no que se refere à corrosão, sendo que esses efeitos voltam a diminuir à medida que o concreto se aproxima da saturação, graças à difusão reduzida do O_2 e CO_2 através dos poros saturados de água).
- *Condições em que o concreto sofre ciclos de molhagem e secagem*: estas condições são, geralmente, as mais críticas para a corrosão das armaduras, pois permitem, mesmo que em momentos diferentes, a penetração tanto de água (e dos sais eventualmente dissolvidos) como das substâncias em estado gasoso (como o O_2 e CO_2).

Além disso, HELENE[2] apresenta outra classificação quanto à agressividade ambiental considerando interações do macroclima, ligadas aos tipos de atmosfera em que se localiza a estrutura de concreto. Essas atmosferas podem ser: rural, urbana, marinha, industrial e viciada, como descritas a seguir:

- *Atmosfera rural*: consideram-se as regiões ao ar livre, distantes das fontes poluidoras de ar, e se caracterizam por baixo teor de poluentes (atmosfera pura). Apresenta-se fraca à ação agressiva das armaduras, sendo que o processo de redução da proteção química proporcionada pelo cobrimento do concreto é lento, devido à sua alta alcalinidade. Os teores de SO_2, H_2S, NO_x ($NO + NO_2$) e NH_3 (gases); SO_4^{2-}, Cl^-, NO_3^- e NH_4^+ (sólidos) são desprezíveis, bem como o teor de CO_2 presente no ar é menor do que em outras regiões (ao menos que haja uma fonte natural localizada como, por exemplo, esterco e estrume que liberam NH_3 e SO_2 na sua fermentação, ou rios e lagos poluídos que liberam H_2S).
- *Atmosfera urbana*: consideram-se regiões ao ar livre, dentro de centro populacionais maiores. As atmosferas de cidades contêm, normalmente, impurezas em forma de óxidos de enxofre (SO_2), fuligem ácida e outros agentes agressivos, tais como CO_2, NO_x, H_2S, SO_4^{2-} etc. Além disso, a umidade do ar é um dos fatores mais importantes que afetam a velocidade de corrosão atmosférica. A umidade relativa de 75% (podendo variar entre 65 e 85%, a 25°C) é considerada crítica, acima da qual o metal começa a corroer-se de maneira apreciável, dependendo ainda da presença de contaminantes.
- *Atmosfera marinha*: consideram-se regiões ao ar livre, sobre o mar e perto da costa. Esta atmosfera pode conter, em maiores proporções, cloretos (Cl^-) e sulfatos (SO_4^{2-}), que são extremamente agressivos para uma estrutura de concreto. Esses agentes contribuem para a aceleração do processo da corrosão das armaduras, mesmo quando em pequenas proporções. Os teores de gases agressivos, por sua vez, dependem das indústrias locais, da concentração urbana e de eventuais fontes isoladas.
- *Atmosfera industrial*: consideram-se regiões ao ar livre em locais industriais contaminadas por gases e cinzas, sendo os mais frequentes e agressivos H_2S, SO_2 e NO_x. Atmosferas industriais

Capítulo 5 Ação do meio ambiente sobre as estruturas de concreto

podem acelerar 60 a 80 vezes mais o processo corrosivo, em comparação a situações equivalentes em atmosfera rural. A umidade relativa do ar também deve ser considerada em conjunto na ação danosa dessas atmosferas.

■ *Atmosfera viciada*: consideram-se regiões em locais fechados com baixa taxa de renovação de ar. Nesses locais pode haver uma intensificação da concentração e até geração de gases agressivos às armaduras de concreto. Exemplos comuns de agentes agressores encontrados neste tipo de atmosfera são ácido sulfúrico (gerado em coletores e interceptores de esgoto), sulfatos (SO_4^{2-}) e gás sulfídrico (H_2S).

Em geral, as ações do meio ambiente sobre as estruturas de concreto armado podem ser devidas a agentes químicos, físicos e biológicos. O processo de deterioração do concreto desencadeado pela ação dos agentes químicos, normalmente, envolve interações químicas entre os agentes agressivos do ambiente, presentes nas diferentes atmosferas e os constituintes da pasta de cimento. Os agentes físicos podem levar à fissuração do concreto pela cristalização dos sais nos poros, ao carregamento estrutural e à exposição a temperaturas extremas (congelamento e fogo), ou mesmo levar ao desgaste superficial ou à perda de massa devido a abrasão e erosão[3]. Os agentes biológicos são responsáveis pela biodeterioração das estruturas de concreto, os quais podem ser microrganismos, como bactérias e fungos, ou macrorganismos, como cupins, roedores etc.[4,5].

Na prática, os diversos processos químicos, físicos, mecânicos e biológicos contribuem, simultaneamente, na deterioração dos elementos estruturais e podem até somatizar seus efeitos sobre o concreto e as armaduras. Neste capítulo, será dada ênfase à discussão dos efeitos causados pelos agentes químicos e físicos do meio ambiente sobre as estruturas de concreto.

5.2.1. Efeitos relacionados com as causas químicas

Geralmente, os processos de deterioração do concreto provocados por reações químicas podem ou não envolver interações químicas entre os agentes agressivos do ambiente e os constituintes da pasta de cimento.

Em uma pasta de cimento Portland hidratada, a fase sólida é composta por hidratos de cálcio insolúveis (como o silicato de cálcio hidratado, C-S-H; o hidróxido de cálcio, CH; e etringita, C-A-$\bar{S}$-H) e se encontra em equilíbrio estável com a solução dos poros de alto pH (entre 12,5 e 13,5). Dessa forma, qualquer ambiente que possa levar à redução da alcalinidade da solução dos poros é considerado agressivo, pois levará à desestabilização dos produtos de hidratação dos materiais cimentícios[3].

Além disso, deve-se verificar que os ataques químicos no concreto também se manifestam por meio de efeitos físicos nocivos, como aumento da porosidade e permeabilidade, diminuição da resistência, fissuração e lascamento.

Nesta seção, serão apresentados os efeitos da degradação química das estruturas de concreto, podendo ser devido às ações da água do mar, dos sais à base de cloreto, do dióxido de carbono (CO_2), dos ácidos e dos sulfatos, além das reações álcalis-agregado e hidrólise dos componentes da pasta de cimento.

5.2.1.1. Ação da água do mar

A ação da água do mar demanda uma atenção especial devido à complexidade de efeitos que ela pode causar nas estruturas de concreto. Além de ser nociva para a durabilidade das armaduras, por aumentar a possibilidade de corrosão, também pode agir de forma direta sobre o concreto, causando, simultaneamente, processos químicos e físicos, tais como: ataque químico por parte dos sais dissolvidos, como cloretos (Seção 4.2.2) e sulfatos (Seção 4.2.5), dilatação causada pela cristalização dos sais nos poros (Seção 4.3.3), erosão superficial, provocada pelas ondas ou maré (Seção 4.3.4), entre outros[1].

Além disso, vale lembrar que mares e oceanos ocupam quase 80% da superfície terrestre, com um grande número de cidades localizadas nos litorais e, portanto, predispondo um grande número de estruturas de concreto à exposição à água do mar direta ou indiretamente (por exemplo, ventos que podem levar a névoa salina por alguns quilômetros da costa para a interior). Em especial, no Brasil, são 7.367 km de litoral, com 26,6% da população brasileira morando em municípios da zona costeira[6]. Pilares, estacas, tabuleiros, quebra-mares e muros de contenção de concreto são usualmente encontrados nas construções de estruturas costeiras, como portos e docas, e plataformas marítimas de petróleo. Somado a isso, como alternativa ao congestionamento e à poluição urbana, estruturas marítimas, como as plataformas flutuantes, vêm sendo consideradas para a localização de novos aeroportos, usinas elétricas e depósitos de lixo[3].

Em geral, a maior parte das águas do mar apresenta composição química razoavelmente uniforme, com concentração em torno de 3,5% de sais solúveis em sua massa. A atmosfera marinha contém cloretos de sódio e de magnésio ($NaCl$ e $MgCl_2$, respectivamente), tanto na forma de cristais, como em forma de gotículas de água salgada. Além disso, essa atmosfera pode conter sulfatos que também são agressivos aos produtos de hidratação do cimento[2]. Os teores médios desses íons encontrados no Oceano Atlântico podem ser verificados na Tabela 5.1.

O pH da água do mar pode variar entre 7,5 e 8,4; o valor médio de equilíbrio com o CO_2 atmosférico é de 8,2. Entretanto, dependendo da região e sob certas condições, atmosferas marítimas com aglomerações urbanas, industriais e eventuais fontes isoladas, como baías e estuários protegidos, podem apresentar altas concentrações de CO_2 dissolvido e outros gases nocivos, tornando a água do mar ainda mais agressiva ao concreto (com valores de pH abaixo de 7,5)[2,3].

Quando essa perda de alcalinidade atinge a região em contato com a armadura, o filme passivador que protege o aço pode se romper, deixando-o vulnerável à propagação da corrosão. O próprio processo corrosivo, por sua vez, contribui para a degradação do concreto, pois são formados produtos de corrosão que geram tensões de tração internas ao concreto, podendo levar a fissuração e desagregação de parte da estrutura de concreto. Os produtos de corrosão (ferrugem) derivados de oxidação do aço podem ser acompanhados de um aumento de volume da ordem de 600% em relação ao metal original[3].

A velocidade de corrosão em atmosfera marinha pode ser da ordem de 30 a 40 vezes maior à que ocorre em atmosfera rural (pura), dependendo, dentre outros fatores, da proximidade que a estrutura de concreto se encontra da água do mar. HELENE[2] aponta o fato de que alguns processos construtivos podem ser adequados para obras localizadas no interior (quando uma eventual corrosão somente será notada após oito anos de uso), enquanto, em regiões litorâneas, esses processos não

Tabela 5.1. Concentrações dos principais íons presentes na água do mar[2,3]

Íons	Teores médios
Sulfato (SO_4^{2-})	2.800 mg/L
Cloreto (Cl^-)	20.000 mg/L
Magnésio (Mg^{2+})	1.400 mg/L
Sódio (Na^+)	11.000 mg/L

se mostram convenientes, apresentando sinais acentuados de corrosão em dois ou três meses, ou até mesmo antes de as obras estarem concluídas.

A área mais crítica da estrutura de concreto exposta à ação da água do mar é aquela compreendida entre os níveis acima da maré baixa e abaixo da maré alta, pois nela são verificados tanto ataque químico como físico, simultaneamente. O ataque físico nessa região se dá pela evaporação da água, provocando a cristalização nos poros dos sais dissolvidos na água do mar. Junto à ação expansiva devido à cristalização pode-se acrescentar o movimento das ondas que favorece o desgaste por erosão do concreto danificado[1].

MEHTA e MONTEIRO[3] apresentaram um perfil esquemático de uma estrutura de concreto exposta às ações da água do mar, mostrando os possíveis efeitos destas sobre a estrutura de concreto (Figura 5.1).

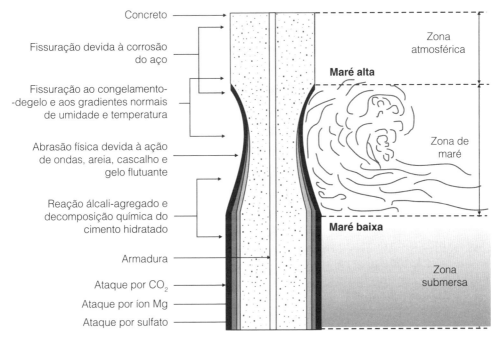

Figura 5.1. Representação esquemática de uma estrutura de concreto exposto à água do mar. Adaptado de MEHTA E MONTEIRO[3].

A seção que se mantém acima do nível da maré alta será mais susceptível à ação de congelamento e corrosão da armadura. A seção na zona de maré estará vulnerável à fissuração e ao lascamento, não apenas por congelamento e corrosão das armaduras, mas, também, pelos ciclos de molhagem e secagem. Ataques químicos devidos à reação álcalis-agregado e à interação entre a água do mar e a pasta de cimento também atuam nessa zona. O concreto fragilizado pela microfissuração e pelos ataques químicos se desintegrará pela ação erosiva e pelo impacto da areia, cascalho e gelo. A área abaixo da linha de maré, zona que está completamente submersa, somente estará sujeita ao ataque químico da água do mar, uma vez que não há oxigênio suficiente para a corrosão na armadura e a temperatura não atingirá o ponto de congelamento[3].

O conjunto desses processos físicos e químicos pode levar a uma fissuração excessiva da estrutura de concreto, acelerando o processo de corrosão (além da presença dos agentes catalisadores, como Cl^- e CO_2), já que a quantidade de oxigênio na superfície da armadura pode ser aumentada. Uma vez estabelecidas as condições de corrosão, um ciclo de fissuração associado à corrosão progressivamente crescente (fissuração-corrosão-fissuração adicional) se inicia e acaba por provocar consideráveis danos estruturais[3].

5.2.1.2. Ação dos sais à base de cloreto

Além da água do mar e da atmosfera marinha (compreendida entre as regiões ao ar livre, sobre o mar e perto da costa), os sais à base de cloreto podem ser encontrados em diversas formas. Os íons cloreto podem estar presentes em agregados extraídos de locais que no passado foram marinhos, água contaminada, salmouras industriais, onde se utilizam sais de degelo (empregados nos invernos rigorosos de países frios, normalmente à base de NaCl ou $CaCl_2$), aditivos aceleradores de pega e endurecimento que contenham $CaCl_2$, regiões contaminadas por poluentes industriais ou limpeza de pisos e fachadas com ácido muriático (HCl comercial)[1,7,8].

A presença do íon cloreto em estrutura de concreto é uma das principais causas da corrosão das armaduras, pois esse íon age tanto na fase de iniciação, com o rompimento pontual do filme passivador, como na aceleração da propagação do processo corrosivo[2,7].

Mesmo em condições de pH extremamente elevado, os íons cloreto são capazes de despassivar a armadura. No concreto, o cloreto pode se apresentar em três formas: quimicamente, ligado ao aluminato tricálcico (C_3A), formando cloroaluminato de cálcio ($C_3A.CaCl_2.10H_2O$); adsorvido fisicamente na superfície dos poros; e sob a forma de íons livres na solução contida nos poros. Por maior que seja a capacidade de um dado concreto de ligar-se quimicamente ou adsorver fisicamente íons cloreto, sempre haverá um estado de equilíbrio entre as três formas apresentadas, de maneira que sempre existirá algum teor de Cl^- livre na fase líquida do concreto. Esses cloretos livres são os que, efetivamente, potencializam o processo corrosivo[7]. A atuação dos íons cloro será aprofundada no Capítulo 6.

Dessa forma, a sensibilidade dos concretos à ação dos sais à base de cloreto está ligada, sobretudo, à presença do hidróxido de cálcio e dos aluminatos de cálcio hidratados. Em consequência, os tipos de cimentos mais apropriados para as estruturas de concreto susceptíveis à ação desses íons são os que contêm escória de alto forno e pozolanas, já que há menos hidróxido de cálcio nos produtos de hidratação desses cimentos[1].

Além disso, porosidade e permeabilidade também apresentam uma parcela relevante na facilidade de penetração dos cloretos. Alguns estudos demonstraram que a diminuição na distribuição do volume dos poros na matriz cimentícia, devido à incorporação de agregados mais finos ou adições minerais, pode proporcionar redução significativa da penetração desses íons. Isso ocorre, pois a diminuição dos diâmetros dos poros tende a dificultar a difusão (concretos com menores coeficientes de difusão aparente) e, consequentemente, promover um incremento da resistência ao ataque dos sais à base de cloreto[9-13].

A quebra da película passivadora pode ser explicada por diversas teorias apresentadas por diferentes autores, como a teoria do filme de óxido, a teoria da adsorção, a teoria do complexo transitório, porém, não existe nenhuma efetivamente consolidada[8,14]. O teor de cloretos prejudicial à armadura de concreto armado também não é consensualmente estabelecido. Para dosagens, o teor limite de cloreto para ruptura do filme passivador pode variar entre 0,6 e 0,9 kg de Cl^- por metro cúbico de concreto[3].

Em uma dessas propostas, MEHTA e MONTEIRO[3] afirmaram que, quando a relação molar Cl^-/OH^- é mais alta do que 0,6, o aço perde a proteção contra a corrosão. Isso porque, provavelmente, o filme do óxido de ferro se torna permeável ou instável sob essas condições, dado que o balanço entre a alcalinidade (verificada pela atividade do íon OH^-) e a acidez (verificada pela atividade do on Cl⁻) é responsável pela manutenção da capa passivadora do aço. Além disso, em altos teores de cloretos, o concreto tende a reter mais umidade, aumentando o risco de corrosão pela diminuição de sua resistividade elétrica.

No entanto, o problema da corrosão é bastante complexo, envolvendo uma série de outros fatores que fazem com que, para teores iguais de cloretos, ora ocorra corrosão e ora não ocorra, o que será discutido com mais detalhes no Capítulo 6. Entretanto, as diferentes concentrações iônicas podem favorecer a corrosão, devido às ações de secagem e molhagem alternada, temperatura, aeração diferencial etc. Dessa forma, pequenos teores concentrados podem ser mais perigosos do que altos teores distribuídos de modo homogêneo e uniforme[2].

Os cloretos agem de forma localizada, rompendo pontualmente o filme de passividade. Essa corrosão é, portanto, do tipo puntiforme ou por pite, como verificado na Figura 5.2.

Além do Cl⁻, podem-se destacar outros agentes que aceleram o processo corrosivo, tais como: S^{2-}, CO_2, NO_3^-, H_2S, NH_4^+, SO_2, SO_3, fuligem, dentre outros[2,8,15].

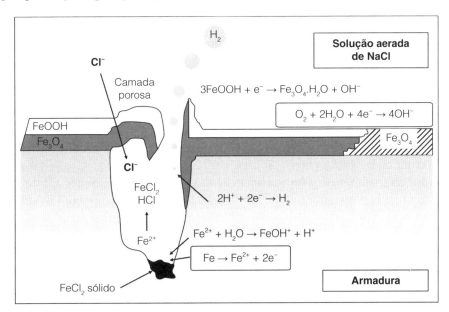

Figura 5.2. Representação esquemática da corrosão por pite devido aos íons cloreto (iniciação e propagação). Adaptado de BROOMFIELD[15].

5.2.1.3. Ação do dióxido de carbono (CO_2)

Nas primeiras idades, as superfícies expostas das estruturas de concreto apresentam alta alcalinidade, mas que pode ser reduzida com o tempo. Essa alcalinidade é obtida, principalmente, pelos compostos alcalinos hidratados e hidróxido de cálcio [$Ca(OH)_2$] liberados das reações de hidratação do cimento. A redução dessa alcalinidade ocorre essencialmente pelo CO_2 presente na atmosfera, além de outros gases ácidos que serão discutidos na Seção 5.2.4[16].

A reação que define a redução da alcalinidade pela ação do CO_2, em presença de umidade, pode ser representada na Equação 5.1.

$$Ca(OH)_2 + CO_2 + H_2O \longrightarrow CaCO_3 + 2H_2O \tag{5.1}$$

O CO_2 penetra nos poros do concreto, dilui-se na umidade presente na estrutura e forma o composto chamado ácido carbônico (H_2CO_3). Esse ácido reage com alguns componentes da pasta de cimento hidratada e resulta em água e carbonato de cálcio ($CaCO_3$). O composto que reage com o H_2CO_3 é o hidróxido de cálcio [$Ca(OH)_2$ ou CH]. O carbonato de cálcio não deteriora o concreto, porém, durante a sua formação, consome os álcalis da pasta (CH e C-S-H) e reduz o pH.

A ação do dióxido de carbono (CO_2) é um fenômeno importante na verificação da durabilidade do concreto, especialmente em cidades industrializadas, onde o teor de CO_2 geralmente está acima dos valores de ambientes sem poluição atmosférica, facilitando a redução da alcalinidade deste material[17]

Em geral, esse teor pode depender das condições locais como vegetação, concentração de veículos, poluição do ar devido à combustão em grandes cidades, entre outros fatores, sendo que a concentração média de CO_2 pode variar de 0,03 a 1%[18]. SAETTA e VITALIANI[19] apontaram que as concentrações usuais do CO_2 no ar podem ser de 0,015% para campo aberto, 0,036% para centros urbanos e 0,045% para centros industriais. HELENE[14] apresenta valores ainda mais rigorosos, destacando que os teores podem variar de 0,03 a 0,06% em atmosferas rurais, 0,10 a 1,20% em locais de tráfego pesado e, em ambientes viciados, como garagens, a concentração pode chegar a 1,8%. Além disso, de acordo com NEVILLE[20], deve-se atentar para concentrações típicas de outros ambientes, por exemplo em laboratório não ventilado, cujo teor de CO_2 pode superar 0,1%.

Quando a região de concreto em contato com a armadura sofrer redução da sua alcalinidade original, poderá ocorrer a despassivação do aço, deixando-o vulnerável à propagação da corrosão. Esse processo corrosivo pode ser classificado como generalizado, manifestando-se, usualmente, de maneira uniforme sobre uma área considerável da armadura.

Esse fenômeno de redução da alcalinidade pela ação do CO_2 é conhecido como carbonatação e será discutido com mais detalhes no Capítulo 6.

O CO_2 pode contribuir tanto na fase de iniciação da corrosão, sendo um dos agentes responsáveis pela ruptura da camada passivadora, como também na fase de desenvolvimento da corrosão. Assim como o cloreto, nesta fase, o CO_2 pode atuar como catalisador da corrosão, não sendo consumido ou fixado no processo[2].

5.2.1.4. Ataque ácido

Assim como o dióxido de carbono (CO_2) que, em presença de umidade, causa redução da alcalinidade do concreto, outras soluções ácidas também provocam efeitos similares ao concreto e às armaduras.

Além do mais, essas soluções ácidas contendo ânions, em contato com os constituintes da pasta do cimento Portland, formam sais solúveis de cálcio que podem ser removidos pelo processo de lixiviação, levando ao aumento de porosidade e da permeabilidade do concreto.

Geralmente, essas soluções ácidas podem ser encontradas em águas contaminadas com dejetos industriais, ou até mesmo na própria atmosfera industrial que contém os gases nocivos ao concreto, em presença de umidade.

Dentre as soluções ácidas encontradas em ambiente industrial podem-se destacar: ácidos clorídrico, sulfúrico ou nítrico, que podem estar presentes em efluentes da indústria química; ácidos acético, fórmico ou lático, que podem ser encontrados em produtos alimentícios; soluções de cloreto de amônia e sulfato de amônia, que podem ser comumente encontradas na indústria de fertilizantes e na agricultura; ácido carbônico (H_2CO_3), que está presente em refrigerantes e águas naturais com alta concentração de CO_2, e na atmosfera industrial proveniente da queima dos combustíveis (renováveis ou não) durante os processos industriais (Seção 5.2.3)[3].

Os teores de SO_2 (que pode oxidar-se e gerar o H_2SO_4) em centros urbanos, como a Grande São Paulo, podem variar entre 0,1 e 1,0 ppm e são originados pela queima de combustíveis contendo enxofre (óleo combustível). Os teores de H_2S (gás sulfídrico) são originados da ação bacteriológica de rios e represas e podem atingir teores de 0,01 ppm até cerca de 1,0 ppm. Além disso, as partículas em suspensão nos centros urbanos podem estar presentes a teores de 50 a 500 $\mu g/m^3$ e, quando sedimentadas, podem atingir teores de até 10 g/m^2.mês. Em regiões industriais típicas esses valores podem chegar a 1.000 $\mu g/m^3$ (partículas suspensas) e cerca de 100 g/m^2 mensalmente (partículas sedimentáveis). Essas partículas, sendo ácidas (fuligem), contribuem não só para a corrosão direta, como também para a maior retenção de água na superfície dos elementos de concreto. Nesse caso, a chuva pode apresentar pH inferior a 4 pelo fato de carregar material em suspensão[2].

A velocidade do ataque da matriz de cimento depende da solubilidade dos sais solúveis que se formam posteriormente à dissolução dos componentes da pasta de cimento. Dessa forma, a velocidade desse tipo de ataque está ligada à natureza dos íons presentes na solução ácida, ataque este que ocorre por meio das reações de troca catiônica[1].

Além disso, existem também aqueles ânions que, quando presentes em água agressiva, podem reagir com a pasta de cimento e formar sais de cálcio insolúveis. Nesse caso, o produto de reação somente poderá ser removido do concreto por processos de erosão (pelo contato com água e fluidos superficiais ou infiltrações) ou abrasão (por exemplo, pelo tráfego de veículos). Esses ácidos podem ser do tipo: oxálico, tartárico, tânico, húmico, hidrofluórico ou fosfórico[3].

Outra forma de ataque ácido ocorre quando o concreto está em contato com águas residuais (por exemplo, no caso das redes de esgoto ou das estruturas de instalações para tratamento de água). Quando se criam condições anaeróbicas no líquido, a presença de bactérias sulfato-redutoras pode reduzir os sulfatos (SO_4^{2-}), existentes nas águas, a sulfeto de hidrogênio (H_2S). Este, por sua vez, é liberado sob forma gasosa no interior da estrutura e, à medida que atinge zonas aeradas, pode oxidar-se a ácido sulfúrico (H_2SO_4) devido às bactérias aeróbicas que vivem na superfície do concreto, acima do nível da água. O ácido sulfúrico, geralmente produzido na região superior interna das galerias de esgoto, pode atacar severamente o concreto, levando à formação de gesso e causando a perda de massa e consequente redução da espessura do elemento de concreto da ordem de milímetros por ano. Os efeitos provocados por esse tipo de ataque serão discutidos com mais detalhes no Capítulo 7.

5.2.1.5. Ataque por sulfatos

Os íons sulfatos, presentes em águas e solos contaminados, podem penetrar no concreto e reagir com componentes da matriz de cimento, gerando produtos expansivos. Esses produtos provocam tensões de tração internas ao concreto, acarretando fechamento das juntas de expansão, deformações, deslocamentos em diferentes partes da estrutura, fissuração e desagregação do concreto.

Os sulfatos podem ser encontrados em concentrações potencialmente deletérias ao concreto em solos e águas tanto industriais como naturais. Nos solos, o sulfato se apresenta sob a forma de gipsita (ou gesso, $CaSO_4.2H_2O$), normalmente em teores da ordem de 0,01 a 0,05% de SO_4, sendo essa quantidade considerada inofensiva ao concreto. Nas águas subterrâneas, as maiores concentrações de sulfato se devem à presença de sulfatos de magnésio, sódio e potássio, uma vez que a solubilidade da gipsita na água em temperatura normal é limitada (cerca de 1.400 mg/L SO_4). Sulfato de amônia também pode ser encontrado em águas e terras agrícolas. Efluentes de fornos, que utilizam combustíveis com alto teor de enxofre, e da indústria química podem conter ácido sulfúrico. Além disso, a decomposição da matéria orgânica em pântanos, lagos rasos, poços de mineração e tubulação de esgoto podem levar à formação de gás sulfídrico (H_2S), que se transforma em ácido sulfúrico pela ação das bactérias. A água usada em torres de resfriamento em concreto também pode conter alta concentração de sulfato devido à evaporação[3].

Em geral, a severidade do ataque depende do teor de sulfatos no solo e na água em contato com o concreto e das características desse concreto. A agressividade do ambiente aumenta à medida que cresce o teor de sulfatos, além do que, quando dissolvido em água, esses íons são mais agressivos.

Em relação às características do concreto, este deve apresentar baixa permeabilidade, a qual pode ser conseguida pela diminuição da relação água/cimento ou pelo emprego de cimentos pozolânicos. A reação pozolânica consome o hidróxido de cálcio produzido pela hidratação do clínquer, reduzindo as consequências do ataque, e leva a um refinamento da microestrutura da pasta de compostos de cimento, reduzindo a velocidade de penetração dos sulfatos. Além disso, é possível empregar cimentos resistentes a sulfatos, com baixo teor de C_3A (aluminato tricálcio) e C_4AF (ferro aluminato tetracálcio), ou com adição de sílica ativa, cinza volante e escória de altos fornos. Os cimentos considerados resistentes a sulfatos podem apresentar teor de C_3A do clínquer e teor de adições carbonáticas de, no máximo, 8 e 5% em massa, respectivamente[1,21].

Em geral, os efeitos do ataque por sulfatos sobre a estrutura de concreto pode ser expansão e fissuração, conforme representado na Figura 5.3.

Quando o concreto fissura, a sua permeabilidade aumenta, facilitando a penetração de água agressiva e, consequentemente, acelerando o processo de deterioração do elemento estrutural. Somado a isso, o ataque por sulfatos pode se manifestar na diminuição progressiva de resistência e perda de massa devido à perda da coesão dos produtos de hidratação do cimento.

Uma reação mais deletéria da formação de etringita é a produção de taumasita ($CaCO_3.CaSO_4$. $CaSiO_3.15H_2O$). A reação ocorre com os silicatos de cálcio (que constituem o gel C-S-H) e requer, além da presença de sulfatos, a presença de cal (presente em agregados calcários) e de dióxido de carbono (CO_2). Entretanto, para ocorrer com velocidade considerável, a formação da taumasita requer condições de elevada umidade e de baixa temperatura (abaixo de 15 °C, sendo os efeitos mais marcantes ocorridos a temperaturas inferiores a 5 °C). Dessa forma, o risco dessa reação está limitado a situações e condições particulares[1], conforme será discutido no Capítulo 7.

5.2.1.6. Reação álcalis-agregado (RAA)

A reação álcalis-agregado, diferentemente dos outros tipos de ataques, não é um processo de deterioração que ocorre pela ação direta de agentes agressivos do ambiente. Esse processo ocorre, na verdade, entre os álcalis (Na_2O e K_2O) e íons hidroxila presentes na pasta de cimento e certos minerais reativos no agregado (algumas formas de sílica amorfa e de natureza dolomítica), gerando produtos expansivos que degradam o concreto. Entretanto, para o desenvolvimento da reação álcalis-agregado é necessário um ambiente propício de umidade, além de características específicas de agregados e cimentos.

As manifestações de reação álcalis-agregado são percebidas em estruturas localizadas em ambientes úmidos, tais como barragens, pilares de pontes e quebra-mares. Isso porque o gel sílico-alcalino, formado pela reação em torno do agregado, entra em contato com a água e expande-se pela absorção, por osmose, de uma grande quantidade de água. Dessa forma, a pressão hidráulica desenvolvida pode ser suficiente para provocar a expansão e fissuração das partículas do agregado afetado, além da matriz da pasta de cimento em torno do agregado[3].

Assim, a existência de umidade na estrutura é fundamental para o desenvolvimento da expansão pela reação álcalis-agregado. Mesmo com um concreto que contenha agregados reativos e álcalis com

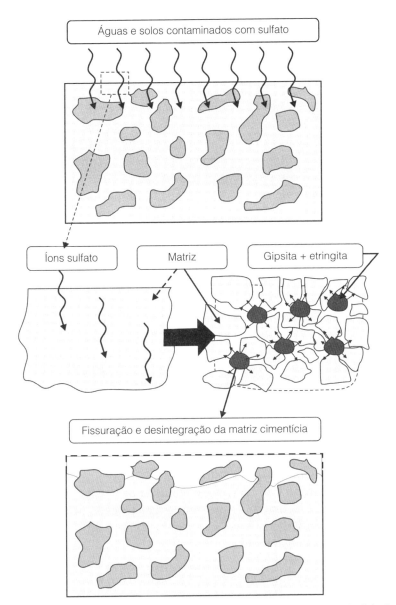

Figura 5.3. Representação esquemática dos efeitos do ataque por sulfatos sobre o concreto. Adaptado de EMMONS[22].

mobilidade, essa reação expansiva não ocorre, significativamente, sem a presença de água, devendo a estrutura estar sob exposição contínua à umidade relativa de, no mínimo, 80%[23].

Ademais, considerando condições ambientais úmidas, o risco de reação álcalis-agregado se agrava para as estruturas que contêm elevados teores de cimento obtidos na dosagem ou em aplicações localizadas de cimento. Esse acréscimo localizado de cimento pode ocorrer, por exemplo, em pavimentações industriais como acabamento do tipo "cimento queimado" (processo conhecido pela pulverização do cimento sobre a superfície seguido pelo seu alisamento)[1].

O efeito provocado por esse tipo de reação química, em presença de água, é a expansão e a fissuração do concreto, levando à perda de resistência mecânica e de módulo de deformação. A disponibilidade contínua de água para o concreto ocasiona aumento e extensão da microfissuração, podendo atingir a superfície do concreto. Em geral, as fissuras apresentam-se distribuídas irregularmente, denominando o termo fissuras mapeadas[3]. Mais detalhes a respeito da RAA serão discutidos no Capítulo 7.

5.2.1.7. Hidrólise dos componentes da pasta de cimento

As chamadas "água pura", proveniente da condensação da neblina ou do vapor de água, e "água mole", derivada da chuva ou da neve e do gelo derretidos, contêm pouco ou nenhum íon de cálcio e magnésio. Quando essas águas entram em contato com a pasta de cimento Portland, elas tendem a hidrolisar ou dissolver os compostos à base de cálcio. O hidróxido de cálcio é um dos constituintes da pasta de cimento Portland com maior susceptibilidade à hidrólise devido à sua solubilidade relativamente alta na água pura (1.230 mg/L)[3].

Esse processo da hidrólise dos componentes do cimento é interrompido quando a solução de contato atinge o equilíbrio químico. Contudo, em situações de água corrente ou de infiltração sobre pressão, pode ocorrer uma diluição da solução de contato, oferecendo condições para que o processo de hidrólise continue. Em tese, o processo de hidrólise continua até que a maior parte do hidróxido de cálcio tenha sido lixiviada.

Dessa forma, os constituintes cimentícios da pasta de cimento endurecida ficam susceptíveis à decomposição química, podendo formar geles de sílica e aluminatos com pouca ou nenhuma resistência mecânica.

Além disso, na presença de fissuras ou mesmo pela absorção de água do material, a água é filtrada através do concreto e, quando aflora, deixa na superfície depósitos calcários. O produto lixiviado pela hidrólise do hidróxido de cálcio, em contato com o CO_2 presente no ar, pode formar uma crosta esbranquiçada de carbonato de cálcio na superfície do concreto. Esse fenômeno é conhecido como eflorescência e pode ser indesejável por razões estéticas[1,3].

5.2.2. Efeitos relacionados com as causas físicas

Basicamente, em uma estrutura de concreto, o efeito da degradação devido à ação física pode ser o desgaste superficial ou a fissuração. O primeiro é caracterizado pela perda de massa do concreto pela ação da abrasão, erosão ou cavitação. A fissuração pode ser devida a gradientes normais de temperatura e umidade, carregamento estrutural, cristalização de sais nos poros e exposição a temperaturas extremas (gelo e fogo).

O efeito mais destacado da temperatura está relacionado com a possibilidade de condensação de água nas superfícies expostas, além do fato que o aumento da temperatura pode atuar como catalisador ou acelerador de todo o processo químico de degradação estrutural. O efeito térmico sobre as estruturas de concreto também pode ser mecânico, devido à variação volumétrica que a temperatura impõe à estrutura. Essa propriedade é expressa pelo coeficiente de dilatação térmica do concreto, sendo definido, para efeito de análise estrutural, igual a $10^{-5}\,°C^{-1}$. Os efeitos de uma variação volumétrica em estruturas sem a presença de juntas de dilatação podem ser a fissuração, o lascamento e a deformação excessiva. A temperatura, porém, se torna ainda mais preocupante no processo de degradação de uma estrutura quando esta atinge situações extremas, submetendo o concreto às ações do congelamento e do fogo[2,22,24].

Nesta seção, serão apresentados os efeitos da exposição de uma estrutura a temperaturas extremas de congelamento e fogo, além da cristalização de sais nos poros e desgaste superficial pela ação da abrasão e erosão.

5.2.2.1. Ação do gelo-degelo

A temperatura é um dos agentes físicos que pode colaborar para a deterioração de uma estrutura de concreto, sendo que a ação do gelo-degelo é uma das preocupações quanto à durabilidade dos elementos de concreto em regiões de climas frios. Os danos causados pela ação do gelo-degelo (ciclos de congelamento e degelo) são predominantes em estruturas do tipo pavimentos de concreto, muros de arrimo, tabuleiros de pontes e dormentes.

Em baixas temperaturas, a água contida nos poros do concreto congela e aumenta seu volume em cerca de 9%, gerando tensões de tração na matriz da pasta de cimento capazes de provocar fissuras ou lascamento do concreto, até atingir sua completa desagregação[1,3].

Várias são as teorias para explicar o mecanismo de degradação por gelo-degelo, sendo que BERTOLINI[1] atribui esse efeito às pressões hidráulica (devida a um aumento no volume específico da água no congelamento em grandes capilares) e osmótica (devida a diferenças de concentração de sais na solução dos poros) formadas no interior do concreto.

As condições ambientais apresentam grande relevância nos efeitos provocados pela ação do congelamento. Em particular, ela depende do número de ciclos de gelo-degelo, da velocidade de congelamento e da temperatura mínima atingida. A presença de sais de degelo, como os cloretos de cálcio e de sódio, pode agravar a degradação da estrutura, quando em contato com o concreto. Esses sais, devido à sua higroscopicidade, tendem a reter mais água e elevar o teor de umidade no concreto, aumentando os efeitos do congelamento[1].

O congelamento da água também depende da microestrutura do concreto endurecido e do grau de saturação dos poros, sendo que esse efeito ocorre gradualmente. Nas partes mais internas do elemento de concreto o resfriamento é retardado devido à baixa condutibilidade térmica do material. Além disso, a temperatura de congelamento diminui à medida que a água contida nos poros mais próximos da superfície congela, aumentando gradualmente a concentração dos íons dissolvidos na solução ainda líquida. Em geral, concretos com grau de saturação superior a 80 a 90% tendem a suportar poucos ciclos de gelo-degelo antes da ocorrência de danos. O diâmetro dos poros também influencia na temperatura de congelamento, sendo que o congelamento se inicia nos poros capilares, de maiores dimensões, e se estende aos poros menores (somente se a temperatura abaixar ainda mais).

Vale salientar que a ação do gelo manifesta-se, principalmente, nos poros capilares, uma vez que os vazios de dimensões maiores, introduzidos intencionalmente com uso de aditivos para aeração, não ficam saturados de água e, consequentemente, pelo menos no início, não sofrem com a ação direta do congelamento[1]. Essa temática será abordada com mais detalhes no Capítulo 8.

5.2.2.2. Ação do fogo

A ação do fogo nas estruturas de concreto pode manifestar-se tanto diretamente sobre o concreto, como sobre as armaduras de aço. Entretanto, o concreto apresenta diversas vantagens quando comparado a outros tipos de materiais estruturais, pois ele pouco reage ao fogo nas temperaturas em que ocorre a maior parte dos sinistros, apresenta uma baixa condutividade térmica e não emite gases tóxicos quando exposto a altas temperaturas. Além disso, quando submetido a temperaturas da ordem de 700 a 800°C, o concreto é capaz de conservar resistência mecânica suficiente por períodos relativamente longos (comparado ao aço), permitindo a redução do risco de colapso estrutural durante as operações de resgate[3].

Devido à baixa reação do concreto ao fogo e à baixa condutividade térmica, os efeitos do incêndio manifestam-se nas partes externas da estrutura em contato com o fogo e se propagam, lentamente, para o interior. Durante a exposição a altas temperaturas, o concreto pode fissurar-se por causa das tensões induzidas pela diferente deformação dos componentes da pasta de cimento e pela presença de transformações expansivas.

Além da composição do concreto, outros fatores controlam a resposta desse material às ações do fogo. A permeabilidade do concreto, a dimensão e forma do elemento estrutural e a taxa de aumento da temperatura também são importantes nessa consideração, pois governam o desenvolvimento de pressões internas geradas pelos produtos de decomposição[3].

Durante o aquecimento acima de 300°C, a pasta de cimento sofre uma contração eminente devido ao distanciamento da água presente das camadas do gel, enquanto os agregados se expandem. Dessa forma, surgem tensões internas ao concreto levando à formação de fissuras. Em temperaturas mais elevadas, alguns constituintes do concreto se comportam com diferentes variações de volume. As mais comuns são a decomposição da portlandita ($Ca(OH)_2$, entre 450 e 550°C), a expansão dos agregados silicosos contendo quartzo (a 575°C) ou a decomposição dos agregados calcários (a temperaturas superiores a 800-900°C). Essas diferentes transformações que danificam o concreto podem depender de vários fatores, conforme apresentado por BERTOLINI[1]:

- As condições de umidade iniciais interferem nesta transformação, pois, quando o concreto está úmido, os efeitos do incêndio podem ser mais severos. A evaporação da água contida nos poros mais profundos produz um vapor que, caso atinja a superfície, poderá desenvolver uma pressão interna que leva à fissuração. No caso de porosidade muito baixa (como concretos de alta resistência), o acúmulo de vapor pode desenvolver pressões tão elevadas a ponto de provocar um perigoso comportamento explosivo, caracterizado pelo rápido descolamento de fragmentos superficiais (*spalling*). Todavia, esse efeito pode ser minimizado com a adição de fibras.

- Os danos sofridos pelo concreto aumentam à medida que o incêndio atinge sua máxima temperatura e com a duração da sua exposição a essa temperatura. Durante um incêndio, o concreto muda de cor: assume uma coloração rosa quando atinge temperaturas entre 300 e 600°C; coloração cinza até 900°C; e marrom a temperaturas superiores. A mudança de cor é permanente, de modo que se pode fazer, a posteriori, uma estimativa da temperatura máxima atingida pelo concreto e especificar as regiões que sofreram maiores efeitos do incêndio.

- A composição e as características dos agregados interferem na perda de resistência do concreto, como, por exemplo, se o concreto é composto por agregados calcários ou silicosos.

- Os esforços aplicados ao concreto durante os ciclos térmicos provocam diferentes efeitos. Se o concreto está carregado com esforços de compressão, a expansão do concreto é atenuada, bem como os efeitos devidos às altas temperaturas.

Além disso, a fissuração do concreto pode ocorrer depois da situação de incêndio. O óxido de cálcio, produzido pela alta temperatura da degradação da pasta de cimento ou dos agregados, pode hidratar-se a hidróxido de cálcio em contato com a água, cujo cristal tem maior volume. Essa reação é expansiva (com aumento de 99% em volume e 54% em superfície) e pode levar a uma posterior fissuração do concreto, contribuindo para a perda de resistência mecânica[1,25].

A resistência à compressão do concreto decresce com o aumento da temperatura. A NBR 15200[26] estabelece fatores de redução da resistência do concreto, em função da temperatura, para determinação da resistência mecânica residual (após a ocorrência de incêndio). Por exemplo, a uma temperatura de exposição de 500°C, um concreto preparado com agregado graúdo silicoso apresenta uma resistência à compressão residual de 60% da resistência à compressão característica original (situação normal) e, com agregado graúdo calcário, 75%.

Todavia, as modificações microestruturais do concreto submetido a altas temperaturas não se limitam a influenciar as características mecânicas. Mesmo a temperaturas relativamente baixas, pode-se observar um aumento da porosidade e da permeabilidade da pasta de compostos de cimento. Desse modo, um ligeiro aumento na temperatura pode levar a uma maior sensibilidade da estrutura a agentes agressivos, facilitando a degradação química.

No caso do concreto armado, a ação do fogo também pode comprometer a resistência à tração das armaduras. Ao contrário das estruturas de aço, que ficam em contato direto com o fogo, as armaduras estão protegidas pela espessura do cobrimento do concreto, que as isola do fogo e controla o aumento de sua temperatura. O aumento da espessura do cobrimento possibilita, dentro de certos limites, retardar o momento em que as armaduras são afetadas pelo fogo, desde que o concreto esteja compacto, uniforme e sem fissuras.

Em geral, a resistência residual do aço é considerada crítica quando as armaduras atingem temperaturas superiores a 500°C. Por causa da elevada condutibilidade do aço, é suficiente que o fogo atinja um único ponto da armadura para que uma extensa região da estrutura seja aquecida. Com isso, a resistência das armaduras fica comprometida, mesmo em partes da estrutura em que a espessura do cobrimento é elevada[1]. Essa temática também será abordada com maiores detalhes no Capítulo 8.

5.2.2.3. Cristalização de sais nos poros

Além da ação devido à temperatura, outro tipo de desgaste físico é a cristalização de sais nos poros do concreto decorrente da formação de tensões internas. Essa cristalização se dá sob certas condições ambientais em que se verifica o umedecimento da estrutura com solução salina, seguido pela evaporação da água e depósito dos sais nos poros. Esse efeito pode causar fissuração, descamamento e lascamento da estrutura devido às elevadas pressões produzidas pela cristalização de sais a partir de soluções supersaturadas.

Além de cristalização de sais nos poros, esse efeito também é conhecido por descamamento por sal, desagregação por sal e ataque por hidratação de sal. Salienta-se que esse ataque é puramente físico a partir da penetração de uma solução de sais hidratáveis, como o sulfato de sódio e carbonato de sódio.

O efeito da cristalização de sais pode se manifestar, por exemplo, em estruturas sujeitas à ação da maré e em muros de arrimo ou lajes de concreto permeável em que um lado está em contato com uma solução de sais e o outro lado está sujeito à perda de umidade por evaporação. Os danos típicos causados por esse efeito podem ser verificados em monumentos históricos de pedra ou rocha[3].

MEHTA e MONTEIRO[3] discutiram a respeito da influência que certas condições microclimáticas têm sobre os danos deste efeito. A extensão do dano depende do local de cristalização do sal, determinado por um equilíbrio dinâmico entre a taxa de evaporação da água (a partir da superfície exposta do material) e a taxa de fornecimento do sal para esse local. O efeito da cristalização se torna preocupante quando a taxa de migração da solução salina por meio dos poros interconectados é mais lenta do que a velocidade de reposição.

5.2.2.4. Abrasão e erosão

A degradação físico-mecânica do concreto pode ocorrer devido aos efeitos da abrasão e da erosão, os quais desgastam superficialmente o concreto, com perdas progressivas de massa. Segundo MEHTA e MONTEIRO[3], o termo abrasão se refere ao atrito seco, como, por exemplo, o desgaste em pisos e pavimentos industriais por tráfego de veículos. O termo erosão é usado para descrever desgaste por ação abrasiva de fluidos contendo partículas sólidas em suspensão, que pode ocorrer em estruturas hidráulicas, como revestimentos de canais, vertedores e tubulação de concreto para transporte de água e esgoto.

A taxa de erosão superficial depende da porosidade ou da resistência do concreto, além de quantidade, tamanho, forma, densidade, dureza e velocidade das partículas em movimento. Essas partículas em suspensão podem ser areia, cascalho, gelo flutuante etc., e podem desgastar o concreto através de colisão, escorregamento ou rolamento. De maneira geral, a pasta de cimento endurecida não possui alta resistência ao atrito. O desgaste do concreto pode ser facilitado se a pasta de cimento possuir alta porosidade ou baixa resistência, e apresentar um agregado que não possui resistência ao desgaste[3].

Em particular, o desgaste superficial em estruturas hidráulicas também pode ocorrer por cavitação. Esse efeito é relacionado com a perda de massa do concreto pela formação de bolhas de vapor, que provoca mudança de direção em águas correntes que fluem rapidamente e leva ao colapso da estrutura. O fluxo não linear, dado por desalinhamentos da superfície e alterações abruptas da declividade, de água limpa a velocidades que excedam 12 m/s (ou 7 m/s em condutos fechados) pode causar sérios danos ao concreto. Esses danos são localizados, como a formação de sulcos, por exemplo. A diferença do desgaste entre a cavitação e a erosão é que, na primeira, a superfície do concreto se apresenta irregular e corroída e, na segunda, o desgaste é uniforme pela erosão dos sólidos em suspensão[3,22].

5.3. Considerações para projetos de estruturas de concreto

Nos projetos de estruturas de concreto armado, a agressividade ambiental deve ser criteriosamente considerada a fim de garantir segurança, estabilidade e aptidão em serviço durante o período correspondente à vida útil da estrutura. Diferentes normalizações técnicas ao redor do mundo apresentam recomendações quanto à classificação ambiental e parâmetros de projeto. A seguir, serão analisadas e comparadas as normas técnicas brasileiras (NBR 6118[24], NBR 12655[27]), europeias (BS EN 206[28], BS EN 1992-1[29]) e americana (ACI 318[30]).

5.3.1. Normalização brasileira

A NBR 6118[24] recomenda uma classificação para avaliação das condições de exposição da estrutura e de suas partes, conforme verificado na Tabela 5.2.

Tabela 5.2. Classes de agressividade ambiental conforme NBR 6118[24]

Classe de agressividade ambiental	Agressividade	Classificação geral do tipo de ambiente para efeito de projeto	Risco de deterioração da estrutura
I	Fraca	Rural	Insignificante
		Submerso	
II	Moderada	Urbano[a,b]	Pequeno
III	Forte	Marinho[a]	Grande
		Industrial[a,b]	
IV	Muito forte	Industrial[a,c]	Elevado
		Respingos de maré	

[a]Pode-se admitir um microclima com uma classe de agressividade mais branda (um nível acima) para ambientes internos secos, tais como salas, dormitórios, banheiros, cozinhas, áreas de serviço de apartamentos residenciais e conjuntos comerciais ou ambientes com concreto revestido com argamassa e pintura.
[b]Pode-se admitir uma classe de agressividade mais branda (um nível acima) em: obras em regiões de clima seco, com umidade relativa do ar menor ou igual a 65%, partes da estrutura protegidas de chuva em ambientes predominantemente secos ou regiões onde chove raramente.
[c]Ambientes quimicamente agressivos, tais como tanques industriais, galvanoplastia, branqueamento em indústrias de celulose e papel, armazéns de fertilizantes, indústrias químicas.

Tabela 5.3. Correspondência entre a classe de agressividade ambiental e a qualidade do concreto conforme NBR 12655[27]

Concreto	Tipo	Classe de agressividade			
		I	II	III	IV
Relação água/cimento em massa	Concreto armado	≤ 0,65	≤ 0,60	≤ 0,55	≤ 0,45
	Concreto protendido	≤ 0,60	≤ 0,55	≤ 0,50	≤ 0,45
Classe de concreto (NBR 8953[31])	Concreto armado	≥ C20	≥ C25	≥ C30	≥ C40
	Concreto protendido	≥ C25	≥ C30	≥ C35	≥ C40
Consumo de cimento Portland por metro cúbico de concreto (kg/m³)	Concreto armado e Concreto protendido	≥ 260	≥ 280	≥ 320	≥ 360

Tabela 5.4. Requisitos para o concreto, em condições especiais de exposição conforme NBR 12655[27]

Condições de exposição	Máxima relação água/cimento, em massa, para concreto com agregado normal	Mínimo valor de f_{ck} (para concreto com agregado normal ou leve) MPa
Condições em que é necessário um concreto de baixa permeabilidade à água, por exemplo, em caixas d'água	0,50	35
Exposição a processos de congelamento e descongelamento em condições de umidade ou a agentes químicos de degelo	0,45	40
Exposição a cloretos provenientes de agentes químicos de degelo, sais, água salgada, água do mar, ou respingos ou borrifação desses agentes	0,45	40

A durabilidade das estruturas é dependente das características do concreto e da espessura e qualidade do cobrimento da armadura. Os parâmetros mínimos de qualidade do concreto a serem atendidos devem ser estabelecidos em ensaios comprobatórios de desempenho da durabilidade da estrutura, frente ao tipo e nível de agressividade ambiental previstos em projeto. Na ausência desses ensaios e considerando a existência de uma forte correspondência entre a relação água/cimento, a resistência à compressão do concreto e a sua durabilidade, a NBR 12655[27] recomenda a adoção dos requisitos mínimos apresentados na Tabela 5.3.

A NBR 12655[27] também apresenta requisitos mínimos de durabilidade para condições especiais de exposição. A Tabela 5.4 expressa os valores para máxima relação água/cimento e a mínima resistência característica.

Quando a estrutura é exposta a solos ou soluções contendo sulfatos, o concreto deve ser preparado com cimento resistente a sulfatos (NBR 5737[32]) e atender às especificações apresentadas na Tabela 5.5, que se referem à relação água/cimento e à resistência característica à compressão do concreto (f_{ck}).

A presença de cloretos também é outro preocupante quanto à durabilidade de estruturas de concreto. A NBR 12655[27] estabelece os limites máximos da concetração de íons cloreto no concreto endurecido, conforme apresentado na Tabela 5.6.

Vale lembrar que, se um concreto armado for exposto a cloretos provenientes de agentes químicos de degelo, sal, água salgada, água do mar ou mesmo respingos ou borrifação desses três agentes, os requisitos da Tabela 5.4 para concreto em condições especiais devem ser respeitados. Além disso, a

Corrosão e Degradação em Estruturas de Concreto

Tabela 5.5. Requisitos para concreto exposto a soluções que contêm sulfatos conforme NBR 12655[27]

Condições de exposição em função da agressividade	Sulfato solúvel em água (SO$_4$) presente no solo (% em massa)	Sulfato solúvel (SO$_4$) presente na água (ppm)	Máxima relação água/cimento, em massa, para concreto com agregado normal[a]	Mínimo f_{ck} (para concreto com agregado normal ou leve) (MPa)
Fraca	0,00 a 0,10	0 a 150	Ver Tabela 5.3	Ver Tabela 5.3
Moderada[b]	0,10 a 0,20	150 a 1.500	0,50	35
Severa[c]	Acima de 0,20	Acima de 1.500	0,45	40

[a]Baixa relação água/cimento ou elevada resistência pode ser necessária para a obtenção de baixa permeabilidade do concreto ou proteção contra a corrosão da armadura ou proteção a processos de congelamento e degelo.
[b]A água do mar é considerada para efeito do ataque de sulfatos como condição de agressividade moderada, embora o seu conteúdo de SO$_4$ seja acima de 1.500 ppm, devido ao fato de que a etringita é solubilizada na presença de cloretos.
[c]Para condições severas de agressividade devem ser obrigatoriamente usados cimentos resistentes a sulfatos.

Tabela 5.6. Teor máximo de íons cloreto para proteção das armaduras do concreto de acordo com NBR 12655[27]

Classe de agressividade (Tabela 5.1)	Condições de serviço da estrutura	Teor máximo de íons cloreto (Cl⁻) no concreto (% sobre a massa de cimento)
Todas	Concreto protendido	0,05
III e IV	Concreto armado exposto a cloretos nas condições de serviço da estrutura	0,15
II	Concreto armado não exposto a cloretos nas condições de serviço da estrutura	0,30
I	Concreto armado em brandas condições de exposição (seco ou protegido da umidade nas condições de serviço da estrutura)	0,40

norma ainda especifica que não é permitido o uso de aditivos contendo cloretos em sua composição, seja em estruturas de concreto armado ou protendido.

Para estruturas de concreto sujeitas a outros agentes agressivos, geralmente em elementos enterrados ou em contato com o solo, a NBR 12655[27] recomenda seguir os valores apresentados na Tabela 5.7. Trata-se de uma compilação de propriedades a partir de procedimentos e normas internacionais, como medidas preventivas para evitar a deterioração precoce das estruturas.

Além das especificações de composição e propriedades do concreto, também se faz necessária a verificação do cobrimento mínimo das armaduras nos projetos de estruturas, considerando a classe de agressividade ambiental na qual ela será inserida.

Para garantir o cobrimento mínimo da armadura, o projeto e a execução devem considerar o cobrimento nominal (c_{nom}), que é o cobrimento mínimo acrescido da tolerância de execução (Δc). De acordo com a NBR 6118[24], nas obras correntes o valor de Δc deve ser maior ou igual a 10 milímetros. No caso de haver um adequado controle de qualidade e rígidos limites de tolerância da variação das medidas durante a execução, pode ser adotado o valor Δc igual a 5 milímetros, desde que a exigência de controle rigoroso esteja explicitada no projeto. Desse modo, as dimensões mínimas dos cobrimentos das armaduras devem respeitar os valores nominais indicados na Tabela 5.8 para Δc

Tabela 5.7. Características recomendadas para concreto exposto a soluções aquosas agressivas apresentadas na NBR 12655[27]

Condições de exposição em função da agressividade	Fraca	Moderada	Severa
pH	7 a 6	6 a 5,5	< 5,5
CO_2 agressivo mg/L	< 30	30 a 45	> 45
Íon magnésio mg/L	< 100	100 a 200	> 200
Íon amônia mg/L	< 100	100 a 150	> 150
Resíduo sólido mg/L	> 150	150 a 50	< 50
Máxima relação água/cimento	Ver Tabela 5.3	0,50	0,45
Resistência mínima, f_{ck}, MPa	Ver Tabela 5.3	35	40

Tabela 5.8. Correspondência entre a classe de agressividade ambiental e o cobrimento nominal para $\Delta c = 10$ mm, conforme NBR 6118[24]

Tipo de estrutura	Componente ou elemento	Classe de agressividade			
		I	II	III	IV[c]
		Cobrimento nominal (c_{nom}) em mm			
Concreto armado	Laje[b]	20	25	35	45
	Viga/pilar	25	30	40	50
	Elementos estruturais em contato com o solo[d]	30	30	40	50
Concreto protendido[a]	Laje	25	30	40	50
	Viga/pilar	30	35	45	55

[a]Cobrimento nominal da armadura passiva que envolve a bainha ou os fios, cabos e cordoalhas, sempre superior ao especificado para o elemento de concreto armado, devido aos riscos de corrosão fragilizante sob tensão.
[b]Para a face superior de lajes e vigas, que serão revestidas com argamassa de contrapiso, com revestimentos finais secos tipo carpete e madeira, com argamassa de revestimento e acabamento tais como pisos de elevado desempenho, pisos cerâmicos, pisos asfálticos e outros tantos, as exigências desta tabela podem ser substituídas um $\Delta c = 5$ mm, respeitado um cobrimento nominal ≥ 15 mm.
[c]Nas faces inferiores de lajes e vigas de reservatórios, estações de tratamento de água e esgoto, condutos de esgoto, canaletas de efluentes e outras obras em ambientes química e intensamente agressivos, a armadura deve ter cobrimento nominal ≥ 45 mm (classe de agressividade IV).
[d]No trecho dos pilares em contato com o solo juntamente aos elementos de fundação, a armadura deve ter cobrimento nominal ≥ 45 mm.

igual a 10 milímetros (obras correntes). Para concretos de classe de resistência superior ao mínimo exigido, esses valores de cobrimento mínimo podem ser reduzidos em até 5 mm.

5.3.2. Normalização europeia

A norma britânica/europeia (BS EN 206[28]) apresenta uma classificação de exposição da estrutura a partir das ações ambientais (e não pelo tipo de ambiente, como é feito pela normalização brasileira, Tabela 5.2). Além disso, a norma europeia apresenta uma proposta mais detalhada e discriminada das classes de exposição da estrutura. Nessa classificação, as características ambientais são todas concentradas em um único quadro (Tabela 5.9), com exceção da especificação a ataques químicos (Tabela 5.10). A descrição do ambiente é acompanhada de exemplos informativos que ajudam a identificar a classe de exposição da estrutura de concreto.

Tabela 5.9. Classes de exposição da estrutura conforme BS EN 206[28]

Classe	Descrição do ambiente	Exemplos para ocorrência das classes de exposição
1. Nenhum risco de corrosão ou ataque		
X0	Concreto sem armadura ou elementos metálicos embutidos: todas as exposições, exceto de gelo/degelo, abrasão ou ataque químico. Concretos com armadura ou elementos metálicos embutidos: muito seco	Concreto no interior de edifícios com umidade do ar muito baixa
2. Corrosão induzida por carbonatação		
Onde o concreto contendo armadura ou elementos metálicos embutidos está exposto ao ar e à umidade.		
XC1	Seco ou permanentemente úmido	Interior de edifícios com baixa umidade do ar; concreto constantemente imerso em água
XC2	Úmido, raramente seco	Partes que retêm água; fundações
XC3	Umidade moderada	Interior de edifícios com umidade do ar moderada ou elevada; exteriores protegidos da chuva
XC4	Alternadamente úmido e seco	Superfícies em contato com água que não se encaixem no subgrupo de exposição XC2
3. Corrosão causada por cloretos (excluindo água do mar)		
Onde o concreto contendo armadura ou outros elementos metálicos embutidos está sujeito ao contato com água contendo cloretos, incluindo sais de degelo, desde que não sejam fontes de água do mar.		
XD1	Umidade moderada	Superfícies de concreto expostas diretamente a borrifos que contenham cloretos
XD2	Molhado, raramente seco	Piscinas, concreto exposto a águas industriais que contenham cloretos
XD3	Alternadamente molhado e seco	Partes de pontes, pavimentação, lajes de garagens ou estacionamentos
4. Corrosão causada por cloretos provenientes da água do mar		
Onde o concreto contendo armadura ou elementos metálicos embutidos está sujeito ao contato com cloretos provenientes da água do mar ou do ar que transporta sais provenientes do mar.		
XS1	Exposição à maresia, mas não em contato direto com a água marinha	Estruturas no litoral ou próximas do litoral
XS2	Permanentemente submerso	Partes de estruturas marinhas
XS3	Partes expostas à maré ou às ondas	Partes de estruturas marinhas
5. Ciclos de gelo-degelo (com ou sem agentes de degelo)		
Onde o concreto é exposto a um significativo ataque de ciclos de gelo-degelo enquanto está úmido.		
XF1	Moderada saturação de água, sem agentes de degelo	Concreto com superfície vertical exposta a chuva e gelo
XF2	Moderada saturação de água, com agentes de degelo	Concreto de obras viárias com superfície vertical exposta a gelo e borrifos contendo cloretos
XF3	Elevada saturação de água, sem agentes de degelo	Concreto com superfície horizontal exposta a chuva e gelo
XF4	Elevada saturação de água com agentes de degelo ou água do mar	Lajes de pontes expostas a agentes de degelo e a gelo
6. Ataque químico		
Onde o concreto é exposto a ataque químico de solos naturais e água subterrâneas.		
XA1	Ambiente químico ligeiramente agressivo	Ver Tabela 5.10
XA2	Ambiente químico moderadamente agressivo	Ver Tabela 5.10
XA3	Ambiente químico fortemente agressivo	Ver Tabela 5.10

Tabela 5.10. Valores limites das classes de exposição para ataque químico proveniente de solos naturais e de águas subterrâneas conforme BS EN 206[28]

Característica química	XA1	XA2	XA3
Águas subterrâneas			
SO_4^{2-} mg/L	≥ 200 e ≤ 600	> 600 e ≤ 3.000	> 3.000 e ≤ 6.000
pH	≤ 6,5 e ≥ 5,5	< 5,5 e ≥ 4,5	< 4,5 e ≥ 4,0
CO_2 agressivo mg/L	≥ 15 e ≤ 40	> 40 e ≤ 100	> 100 até a saturação
NH_4^+ mg/L	≥ 15 e ≤ 30	> 30 e ≤ 60	> 60 e ≤ 100
Mg^{2+} mg/L	≥ 300 e ≤ 1.000	> 1.000 e ≤ 3.000	> 3.000 até a saturação
Solos naturais			
SO_4^{2-} total mg/kg[a]	≥ 2.000 e ≤ 3.000[b]	> 3.000[b] e ≤ 12.000	> 12.000 e ≤ 24.000
Acidez mL/kg	> 200 (Baumann Gully)	Não encontrado na prática	

[a]Solos argilosos com permeabilidade abaixo de 10^5 m/s podem ser colocados em uma classe inferior.
[b]O limite de 3.000 mg/kg deve ser reduzido para 2.000 mg/kg onde exista um risco de acumulação de íons sulfato no concreto devido a ciclos de secagem e molhagem ou à absorção capilar.

Cabe salientar que o concreto pode estar sujeito a mais que uma das ações descritas na Tabela 5.9. Nesse caso, as condições ambientais devem ser expressas como uma combinação de classes de exposição. Também, para um dado componente estrutural, diferentes superfícies do concreto podem estar sujeitas a diferentes ações ambientais.

No caso de estruturas de concreto expostas a ataques químicos provenientes de solos naturais ou água subterrânea, estas devem ser classificadas conforme limites apresentados na Tabela 5.10. Esses valores são balizados para temperaturas do solo ou da água entre 5°C e 25°C e velocidades da água suficientemente lentas para que possam ser consideradas próximas das condições estáticas. A classe é determinada pelo valor mais baixo de qualquer caracterrística química. Quando dois ou mais critérios de agressividade indicarem a mesma classe, o ambiente deve ser classificado na classe imediatamente superior (ao menos que um estudo especial prove que isso não seja necessário).

A norma BS EN 206[28] também especifica o teor máximo de cloretos de um concreto (Tabela 5.11). Cloreto de cálcio e adições à base de cloretos não devem ser adicionados ao concreto armado, concreto protendido ou com qualquer outro metal embebido. Em comparação à norma brasileira, a BS EN 206[28] apresenta limites menos rigorosos, com teores máximos permitidos mais elevados.

Tabela 5.11. Teor máximo de cloretos do concreto de acordo com BS EN 206[28]

Uso do concreto	Máximo teor de Cl^- no concreto por massa de cimento (%)
Não contém armadura de aço ou outro metal embebido, com exceção de dispositivos de elevação resistentes à corrosão	1,00
Com armadura de aço ou outro metal embebido	0,20
	0,40[a]
Com aço protendido (em contato direto com o concreto)	0,10
	0,20[a]

[a]Diferentes teores de cloreto podem ser permitidas para concretos contendo CEM III (cimento Portland com altos teores de escória de alto forno).

Por sua vez, a composição e as propriedades do concreto em geral podem ser consideradas como requisitos de durabilidade, no que se refere à adequada proteção da corrosão da armadura e do ataque ao concreto. Isso pode resultar até mesmo em resistência à compressão maior do que a requerida para o projeto estrutural. Dessa forma, a norma europeia (com base nos requisitos britânicos – BS EN 206[28] – Anexo F) apresenta os valores limites da composição e das propriedades do concreto em relação às classes de exposições ambientais, conforme mostrado na Tabela 5.12.

Tabela 5.12. Valores limites recomendados para a composição e propriedades do concreto, conforme BS EN 206[28]

Classe de exposição	Classe de resistência mínima	Mínimo f_{ck}, cilindro[a] MPa	Mínimo f_{ck}, cubo[b] MPa	Máxima relação água/cimento[c]	Mínimo consumo[c] de cimento kg/m³
Nenhum risco de corrosão ou ataque					
X0	C12/15	12	15	-	-
ATAQUE À ARMADURA – CORROSÃO					
Corrosão induzida por carbonatação					
XC1	C20/25	20	25	0,65	260
XC2	C25/30	25	30	0,60	280
XC3	C30/37	30	37	0,55	
XC4				0,50	300
Corrosão causada por cloretos (excluindo água do mar)					
XD1	C30/37	30	37	0,55	300
XD2					
XD3	C35/45	35	45	0,45	320
Corrosão causada por cloretos provenientes da água do mar					
XS1	C30/37	30	37	0,50	300
XS2	C35/45	35	45	0,45	320
XS3					340
ATAQUE AO CONCRETO					
Ataque de gelo-degelo (com ou sem agentes de degelo)					
XF1[d]	C30/37	30	37	0,55	300
XF2[d,e]	C25/30	25	30		
XF3[d,e]	C30/37	30	37	0,50	320
XF4[d,e]				0,45	340
Ataque químico					
XA1	C30/37	30	37	0,55	300
XA2[f]				0,50	320
XA3[f]	C35/45	35	45	0,45	360

[a]Resistência característica mínima para corpos de prova cilíndricos de concreto.
[b]Resistência característica mínima para corpos de prova cúbicos de concreto.
[c]Valores podem ser modificados a partir de teores limites de adições.
[d]Uso de agregados com suficiente resistência ao ataque de gelo/degelo.
[e]Teor de ar mínimo do concreto endurecido = 4%.
[f]Uso de cimento resistente a sulfatos.

Capítulo 5   Ação do meio ambiente sobre as estruturas de concreto   **119**

Tabela 5.13. Critérios para modificações da classe estrutural recomendada, de acordo com BS EN 1992-1[29]

Classe de exposição	Vida útil de projeto de 100 anos	Classe de resistência	Elemento com geometria de laje	Especial controle de qualidade do concreto
X0	Aumentar 2 classes	≥ C30/37 reduzir 1 classe	Reduzir 1 classe	Reduzir 1 classe
XC1	Aumentar 2 classes	≥ C30/37 reduzir 1 classe	Reduzir 1 classe	Reduzir 1 classe
XC2/XC3	Aumentar 2 classes	≥ C35/45 reduzir 1 classe	Reduzir 1 classe	Reduzir 1 classe
XC4	Aumentar 2 classes	≥ C40/50 reduzir 1 classe	Reduzir 1 classe	Reduzir 1 classe
XD1	Aumentar 2 classes	≥ C40/50 reduzir 1 classe	Reduzir 1 classe	Reduzir 1 classe
XD2/XS1	Aumentar 2 classes	≥ C40/50 reduzir 1 classe	Reduzir 1 classe	Reduzir 1 classe
XD3/XS2/XS3	Aumentar 2 classes	≥ C45/55 reduzir 1 classe	Reduzir 1 classe	Reduzir 1 classe

Tabela 5.14. Valores de cobrimento mínimo, relativos à durabilidade de estruturas de concreto, de acordo com BS EN 1992-1[29]

Classe de exposição	Classe estrutural (S4 para vida útil de 50 anos)											
	Concreto armado						Concreto protendido					
	S1	S2	S3	S4	S5	S6	S1	S2	S3	S4	S5	S6
X0	10	10	10	10	15	20	10	10	10	10	15	20
XC1	10	10	10	15	20	25	15	15	20	25	30	35
XC2/XC3	10	15	20	25	30	35	20	25	30	35	40	45
XC4	15	20	25	30	35	40	25	30	35	40	45	50
XD1/XS1	20	25	30	35	40	45	30	35	40	45	50	55
XD2/XS2	25	30	35	40	45	50	35	40	45	50	55	60
XD3/XS3	30	35	40	45	50	55	40	45	50	55	60	65

O cobrimento mínimo para estruturas de concreto armado e protendido leva em consideração não só as classes de exposição como também as classes estruturais. A classificação estrutural recomendada para um concreto com vida útil de projeto de 50 anos é a classe S4. Porém, essa classe pode ser aumentada ou diminuída de acordo com a vida útil de projeto desejada, classe de resistência, geometria ou qualidade do concreto. As modificações para a classe estrutrural da BS EN 1992-1[29] são apresentadas na Tabela 5.13. Entretanto, tais valores podem variar de acordo com cada país (especificado nos Anexos Nacionais da norma europeia). A S1 é a mínima classe estrutural.

Os valores recomendados para cobrimento mínimo são apresentados na Tabela 5.14. A norma europeia apresenta uma maior gama de valores permitidos para cobrimento quando comparada com a brasileira, podendo variar de 10 a 65 mm.

5.3.3. Normalização norte-americana

A norma americana (ACI 318[30]) define o tipo e a severidade de exposição ambiental a que uma estrutura de concreto é submetida em categorias e classes. O código aborda quatro categorias de exposição (F, S, W e C) que afetam os requisitos de durabilidade. A severidade de exposição de cada categoria é definida pelas classes; uma classe "0" é atribuída se a gravidade

Tabela 5.15. Categorias e classes de exposição ambiental, conforme ACI 318[30]

Categoria	Classe	Condição	
(F) Gelo e degelo	F0	Concreto não exposto a ciclos de gelo e degelo	
	F1	Concreto exposto a ciclos de gelo e degelo com exposição limitada à agua	
	F2	Concreto exposto a ciclos de gelo e degelo com exposição frequente à agua	
	F3	Concreto exposto a ciclos de gelo e degelo com exposição frequente à agua e exposição aos agentes químicos de degelo	
(S) Sulfato	S0	Sulfato solúvel em água (SO_4^{2-}) no solo, % em massa	Sulfato dissolvido (SO_4^{2-}) na água, ppm
		$SO_4^{2-} < 0,10$	$SO_4^{2-} < 150$
	S1	$0,10 \leq SO_4^{2-} < 0,20$	$150 \leq SO_4^{2-} < 1.500$ ou água do mar
	S2	$0,20 \leq SO_4^{2-} \leq 2,00$	$1.500 \leq SO_4^{2-} \leq 10.000$
	S3	$SO_4^{2-} > 2,00$	$SO_4^{2-} > 10.000$
(W) Em contato com água	W0	Concreto seco em serviço; concreto em contato com água, mas sem necessidade de baixa permeabilidade	
	W1	Concreto em contato com água e com necessidade de baixa permeabilidade	
(C) Proteção de corrosão de armadura	C0	Concreto seco ou protegido de umidade	
	C1	Concreto exposto à umidade, mas sem exposição aos cloretos	
	C2	Concreto exposto à umidade e com exposição aos cloretos (agentes de degelo, sal, água salobra, água do mar ou spray de cloretos)	

da exposição tiver um efeito insignificante ou a categoria de exposição não se aplicar ao elemento. As categorias e classes de exposição são apresentadas na Tabela 5.15. A normalização não inclui nenhuma prescrição quanto às exposições especialmente severas, tais como ácidos e altas temperaturas.

O teor máximo de cloretos no concreto é definido pelo tipo de estrutura (armada ou protendida) e a classe de exposição que considera a proteção de corrosão da armadura (categoria "C"). Os valores limites estão recomendados na Tabela 5.16.

A norma americana especifica a máxima relação água/cimento para se atingir uma baixa permeabilidade requerida para a durabilidade. Entretanto, por causa da dificuldade de se verificar com precisão a relação água/cimento do concreto, em especial quando dosado em obra, o valor de resistência característica mínima deve também ser considerado como requisito mínimo de durabilidade. Os requisitos para as misturas de concreto com base nas classes de exposição são apresentados na Tabela 5.17. Ao contrário das normalizações brasileira e europeia, nenhuma recomendação é feita pela ACI 318[30] para consumo mínimo de cimento no concreto.

Tabela 5.16. Teor máximo de cloretos do concreto (% por massa de cimento), de acordo com ACI 318[30]

Classe	Concreto armado	Concreto protendido
C0	1,00	0,06
C1	0,30	0,06
C2	0,15	0,06

Tabela 5.17. Valores limites recomendados para a composição e resistência do concreto, conforme ACI 318[30]

Classe	Máxima relação água/cimento[a]	Mínimo f_c', MPa
F0	-	17
F1	0,55	24
F2	0,45	31
F3	0,40	35
S0	-	17
S1[b]	0,50	28
S2[b]	0,45	31
S3[b]	0,45	31
W0	-	17
W1	0,50	28
C0	-	17
C1	-	17
C2	0,40	35

[a]Valores recomendados para agregado normal.
[b]Uso de cimento resistente aos sulfatos e teores limites de adições permitidos.

ACI 318[30] também recomenda diferentes valores de cobrimento da armadura a partir do tipo do elemento estrutural (armado ou protendido) e da condição de moldagem (*in loco* ou pré-fabricado). Ao menos que seja exijida no projeto uma cobertura de concreto maior para proteção contra incêndio, a cobertura de concreto mínimo especificada deve estar de acordo com as Tabelas 5.18 (para estruturas moldadas in loco) e 5.19 (para estruturas pré-fabricadas).

Tabela 5.18. Valores de cobrimento mínimo para estruturas moldadas in loco de acordo com ACI 318[30]

Tipo de exposição	Concreto armado			Concreto protendido		
	Elemento estrutural	Tipo de armadura	Cobrimento mínimo, mm	Elemento estrutural	Tipo de armadura	Cobrimento mínimo, mm
Moldado contra o solo e em contato permanente com o solo	Todos	Todos	75	Todos	Todos	75
Exposto ao tempo ou em contato com o solo	Todos	> #19[a] < #57[a]	50	Lajes e paredes	Todos	25
		< #16[a]	40	Todos outros	Todos	40
Não exposto ao tempo e sem contato com solo	Lajes e paredes	#43[a] e #57[a]	40	Lajes e paredes	Todos	20
		< #36[a]	20	Vigas e pilares	Armadura principal	40
	Vigas e pilares	Todos	40		Estribos e amarrações	25

[a]Diâmetro nominal das barras de aço: #19 = 19,05 mm; #16 = 15,8 mm; #36 = 35,81 mm; #43 = 43,0 mm; #57 = 57,33.

Tabela 5.19. Valores de cobrimento mínimo para estruturas pré-fabricadas de acordo com ACI 318-14[30]

Tipo de exposição	Concreto armado e concreto protendido			
	Elemento estrutural	Tipo de armadura		Cobrimento mínimo (mm)
Exposto ao tempo ou em contato com o solo	Paredes	#43[a] e #57[a] e cabos/cordoalhas > 40 mm de diâmetro		40
		< #36[a]		20
	Todos outros	#43[a] e #57[a] e cabos/cordoalhas > 40 mm de diâmetro		50
		> #19 e < #57 e cabos/cordoalhas > 16 mm e < 40 mm de diâmetro		40
		< #16[a] e cabos/cordoalhas < 16 mm de diâmetro		30
Não exposto ao tempo e sem contato com solo	Lajes e paredes	#43[a] e #57[a] e cabos/cordoalhas > 40 mm de diâmetro		30
		cabos/cordoalhas < 40 mm de diâmetro		20
		< #36[a]		16
	Vigas e pilares	Armadura principal		16
		Estribos e amarrações		10

[a]Diâmetro nominal das barras de aço: #19 = 19,05 mm; #16 = 15,8 mm; #36 = 35,81 mm; #43 = 43,0 mm; #57 = 57,33.

5.3.4. Comparativo das normas apresentadas

Em termos gerais, a durabilidade do concreto está diretamente relacionada com a resistência que o concreto tem à penetração dos agentes agressivos presentes no ambiente. Assim, cada normalização apresenta classes de agressividades ambientais e requisitos de projeto que orientam quanto à durabilidade mínima requerida para uma estrutura de concreto. Valores comparativos dos principais parâmetros de durabilidade recomendados pelas diferentes normalizações (brasileira, europeia e americana) estão apresentados na Tabela 5.20.

Tabela 5.20. Valores comparativos entre as normalizações brasileira e internacionais para os diferentes requisitos de durabilidade e cobrimentos mínimos

Parâmetros	Norma brasileira	Norma europeia	Norma americana
Classes de agressividade ambiental			
Quantidade de classes	4	18	13
Requisitos de durabilidade do concreto			
Mínima resistência do concreto	20 a 40 MPa	12 a 35 MPa[a]	17 a 35 MPa
Máxima relação água/cimento	0,45 a 0,65	0,45 a livre	0,40 a livre
Mínimo consumo de cimento	260 a 360 kg/m³	livre a 360 kg/m³	livre
Teor máximo de cloreto (Cl⁻) no concreto por massa de cimento	0,05 a 0,40%	0,10 a 1,00%	0,06 a 1,00%
Cobrimentos mínimos			
Concreto armado	15 a 50 mm	10 a 55 mm	10 a 75 mm
Concreto protendido	25 a 55 mm	10 a 65 mm	10 a 75 mm

[a]Resistência característica mínima para corpos de prova cilíndricos.

Capítulo 5 Ação do meio ambiente sobre as estruturas de concreto **123**

Quando a normalização brasileira é comparada a outras internacionais, verifica-se que os valores mais rigorosos de requisitos de durabilidade refletem sobre os valores menores de cobrimentos mínimos do concreto.

As normas internacionais apresentam uma abrangência maior de considerações sobre os tipos de exposição ambiental da estrutura: a NBR define somente quatro classificações, contra treze da americana e dezoito da europeia. Essa maior variedade de classes permite ao projetista uma maior flexibilidade quanto aos requisitos de durabilidade e cobrimentos da estrutura de concreto.

Além disso, as considerações a respeito do controle de qualidade da produção e propriedades do concreto são claramentes definidas nas normas internacionais. Especificações do tipo de moldagem (in loco ou fábrica de pré-fabricados), controle especial de qualidade ou classes mais elevadas de resistência permitem valores menores de cobrimentos.

Dessa forma, critérios com base no desempenho da estrutura de concreto permitem balizar de forma mais abrangente os requisitos de projeto. Nesse contexto, a norma brasileira se mostra mais prescritiva nos parâmetros de durabilidade quando comparadas a outras normas internacionais.

5.4. Considerações finais

O conhecimento dos efeitos da ação do meio ambiente e da temperatura sobre as estruturas de concreto é imprescindível para a adequada avaliação do desempenho e previsão da vida útil estabelecida no projeto. Além disso, a especificação dos cimentos, agregados e demais constituintes do concreto, bem como o cuidado nas etapas de produção e até o planejamento da manutenção deve ser balizado nesse conhecimento, pois a durabilidade de uma estrutura de concreto estará inexoravelmente vinculada às condições do meio ambiente na qual ela foi inserida.

Referências

1. BERTOLINI, L. (2010) Materiais de construção: patologia, reabilitação e prevenção. BECK, L.M.M.D. (tradução). São Paulo: Oficina de Textos. 414 p.

2. HELENE, P.R.L. (1999) Corrosão em armaduras para concreto armado (4. ed). São Paulo, PINI: Instituto de Pesquisas Tecnológicas, 48 p.

3. MEHTA, P.K.; MONTEIRO, P.J.M. (2008) Concreto: estrutura, propriedades e materiais (3ª ed). São Paulo, PINI, 674 p.

4. SHIRAKAWA, M.A. et al. (1997) Biodeterioração do concreto de estruturas subterrâneas. In: Seminário Internacional de Durabilidade de Materiais, Componentes e Estruturas, 3, São Paulo. Anais.. São Paulo: PCC-USP.

5. SOUZA, V.C.M.; RIPPER, T. (1998) Patologia, recuperação e reforço de estruturas de concreto. São Paulo, PINI, 256 p.

6. IBGE – INSTITUTO BRASILEIRO DE GEOGRAFIA E ESTATÍSTICA. (2011) Atlas geográfico das zonas costeiras e oceânicas. Disponível em: <http://www.ibge.gov.br>. Acesso em: 29 mar. 2013.

7. CASCUDO, O.M. (1999) O Controle da corrosão de armaduras em concreto: inspeção e técnicas eletroquímicas. São Paulo, PINI, 240 p.

8. SILVA, F.G. (2006) Estudo de concretos de alto desempenho frente à ação de cloretos. Tese (Doutorado) – Interunidades Ciência e Engenharia dos Materiais, Universidade de São Paulo, São Carlos. 236 p.

9. ALMEIDA, F.C.R. (2013) Avaliação do potencial de corrosão de armaduras em concretos com substituição parcial do agregado miúdo pela areia de cinza do bagaço da cana-de-açúcar – ACBC. São Carlos. Dissertação (Mestrado) – Programa de Pós-graduação em Estruturas e Construção Civil, Universidade Federal de São Carlos. 206 p.

10. HIGASHIYAMA, H.; et al. (2012) Compressive strength and resistance to chloride penetration of mortars using ceramic waste as fine aggregate. Construction and Building Materials, n. 26, p. 96-101.

11. OIKONOMOU, N.; MAVRIDOU, S. (2009) Improvement of chloride ion penetration resistance in cement mortars modified with rubber from worn automobile tires. Cement and Concrete Composites, n. 31, p. 403-407.

12. CHINDAPRASIRT, P.; RUKZON, S.; SIRIVIVATNANON, V. (2008) Resistance to chloride penetration of blended Portland cement mortar containing palm oil fuel ash, rice husk and flyash. Construction and Building Materials, n. 22, p. 932-938.

13. YAZICI, H. (2008) The effect of silica fume and high-volume Class C fly ash on mechanical properties, chloride penetration and freeze-thaw resistance of self-compacting concrete. Construction and Building Materials, n. 22, p. 456-462.

14. HELENE, P.R.L. (1993) Contribuição ao estudo da corrosão em armaduras de concreto armado. São Paulo, Tese (Livre Docência) – Escola Politécnica, Universidade de São Paulo, 232 p.

15. BROOMFIELD, J.P. (2007) Corrosion of steel in concrete: understanding, investigation and repair (2nd ed). Abingdon Oxon, Taylor & Francis.

16. CAZMIERCZAK, C.S.; HELENE, P.R.L. (1993) Estimativa e determinação da profundidade de carbonatação em estruturas de concreto. In: Seminário Qualidade e Durabilidade das Estruturas de Concreto, Anais... Porto Alegre.

17. CHANG, J.J.; et al. (2003) Mechanical properties of carbonated concrete, Journal of the Chinese Institute of Engineers. Taiwan, v. 26, n. 4, p. 513-522.

18. POSSAN, E. (2010) Modelagem da carbonatação e previsão de vida útil de estruturas de concreto em ambiente urbano. Tese (Doutorado) – Escola de Engenharia, Universidade Federal do Rio Grande do Sul, Porto Alegre. 266 p.

19. SAETTA, A.V.; VITALIANI, R.V. (2004) Experimental investigation and numerical modeling of carbonation process in reinforced concrete structures. Part I: Theoretical formulation. Cement and Concrete Research, v. 34, 571-579.

20. NEVILLE, A.M. (1997) Propriedades do concreto. 2ª ed. Salvador E. Giammusso (tradutor). São Paulo: PINI. 828 p.

21. ABCP – ASSOCIAÇÃO BRASILEIRA DE CIMENTO PORTLAND. (2012) Guia básico de utilização do cimento Portland. 8ª ed. Arnaldo F. Battagin e Hugo da C. R. Filho (revisores). São Paulo: ABCP. 40 p.

22. EMMONS, P.H. (1993) Concrete repair and maintenance illustrated: problem analysis, repair strategy, techniques. Brandon W. Emmons (ilust.). Kingston: RSMeans. 296 p.

23. HELENE, P.R.L. (1995) Vida Útil das Estruturas. Téchne, n. 17, p. 28-31, jul./ago.

24. ABNT – ASSOCIAÇÃO BRASILEIRA DE NORMAS TÉCNICAS. (2014) NBR 6118 +E1: Projeto de estruturas de concreto – Procedimento. Rio de Janeiro.

25. CINCOTTO, M.A. (1997) Estudo da composição química da cal hidratada produzida no estado de São Paulo. Dissertação (Mestrado) – Escola Politécnica, Universidade de São Paulo, São Paulo. 46 p.

26. ABNT – ASSOCIAÇÃO BRASILEIRA DE NORMAS TÉCNICAS. (2012) NBR 15200: Projeto de estruturas de concreto em situação de incêndio. Rio de Janeiro.

27. ABNT – ASSOCIAÇÃO BRASILEIRA DE NORMAS TÉCNICAS. (2015) NBR 12655 +E1: Concreto de cimento Portland – Preparo, controle, recebimento e aceitação – Procedimento. Rio de Janeiro.

28. BSI – British Standards Institution. (2016) BS EN 206:2013 + A1: Concrete. Specification, performance, production and conformity. Brussels.

29. BSI – BRITISH STANDARDS INSTITUTION. (2014) BS EN 1992-1-1:2004 + A1: Eurocode 2 Design of concrete structures. General rules and rules for buildings. Brussels.

30. ACI – AMERICAN CONCRETE INSTITUTE. (2014) ACI 318M-14: Building Code Requirements for Structural Concrete. Farmington Hills.

31. ABNT – ASSOCIAÇÃO BRASILEIRA DE NORMAS TÉCNICAS. (2015) NBR 8953: Concreto para fins estruturais – Classificação pela massa específica, por grupos de resistência e consistência. Rio de Janeiro.

32. ABNT – ASSOCIAÇÃO BRASILEIRA DE NORMAS TÉCNICAS. (1992) NBR 5737: Cimentos Portland resistentes a sulfatos. Rio de Janeiro.

Capítulo 6

Corrosão em estruturas de concreto armado como consequência da carbonatação e da ação dos cloretos

Daniel Véras Ribeiro[*]

6.1. Introdução

De uma forma muito difundida e aceita universalmente, a corrosão é definida como a deterioração de um material por ação química ou eletroquímica do meio ambiente, associada ou não a esforços mecânicos, conforme apresentado no Capítulo 2.

O concreto que envolve a armadura de aço, quando executado sem os devidos cuidados, pode não funcionar como uma barreira perfeita, permitindo que os vergalhões de aço sofram ataque de íons agressivos ou de substâncias ácidas existentes na atmosfera. Os principais agentes responsáveis pela corrosão são: o dióxido de carbono (CO_2) e os cloretos (Cl^-).

O gás carbônico, ou dióxido de carbono, juntamente com o monóxido de carbono são normalmente originados da queima de combustíveis, como os hidrocarbonetos (gasolina, óleo) e carvão. Em temperaturas normalmente encontradas em atmosferas ambientais, eles não costumam ser corrosivos para os materiais metálicos, embora o gás carbônico forme, com água, o ácido carbônico (H_2CO_3), que é um ácido fraco. Assim, gás carbônico (ou dióxido de enxofre, SO_2, ou gás sulfídrico, H_2S) e umidade, quando em ação conjunta, dão origem à carbonatação do concreto, responsável pela deterioração desse material[1].

A carbonatação do concreto é facilitada quando a qualidade do concreto não é a adequada. Pequenas espessuras de recobrimento, elevada relação água/cimento, reduzidas quantidades de cimento e ciclos de umedecimento e secagem são condições que favorecem a velocidade de carbonatação. Pelo contrário, elevadas reservas de hidróxido de cálcio, boa compactação e adequado processo de cura retardam o processo.

O problema da corrosão metálica é bastante significativo: De acordo com a National Association of Corrosion Engineers (NACE International)[2], o custo global da corrosão é estimado em US$ 2,5 trilhões, o que equivale a 3,4% do PIB mundial (2015), podendo chegar a 5% da receita de uma nação industrializada[3]. Ao usar as práticas de controle de corrosão disponíveis, estima-se que economias entre 15 e 35% do custo da corrosão possam ser realizadas, ou seja, entre US$ 375 e US$ 875 bilhões, anualmente, em uma base global. Esses custos normalmente não incluem segurança individual ou consequências ambientais.

---

[*] Colaboração: Bruna Silva Santos (UFBA), Guilherme Augusto de Oliveira e Silva (UFBA) e Daniel Andrade Mota (UFBA).

A corrosão e seus efeitos têm um impacto profundo na infraestrutura e edifícios de países em todo o mundo, que começam a apresentar mau desempenho e condições inseguras associadas a instalações e seu uso. Esse impacto se manifesta nas atividades de manutenção, reparo e esforços de recuperação e substituição de estruturas. A medida principal que reflete esse impacto é o custo. Um estudo recente[4] estima que o custo anual da corrosão na construção civil e no setor industrial, apenas nos Estados Unidos é de US$ 276 bilhões e os custos indiretos ultrapassaram os US$ 552 bilhões[1].

Há duas formas de ocorrência da corrosão segundo sua natureza: a oxidação (ou corrosão "seca") e a corrosão eletroquímica (ou corrosão aquosa). Ambas podem acometer as barras de aço do concreto armado, sendo a corrosão eletroquímica mais comum e foco da maior parte dos estudos.

6.2. Carbonatação

O concreto, quando exposto aos gases como o gás carbônico (CO_2), o dióxido de enxofre (SO_2) e o gás sulfídrico (H_2S), pode ter reduzido o pH da solução existente nos seus poros. A alta alcalinidade da solução intersticial devido, principalmente, à presença do hidróxido de cálcio, $Ca(OH)_2$, oriundo das reações de hidratação do cimento, também poderá ser reduzida. Tal perda de alcalinidade, em processo de neutralização, por ação, principalmente, do CO_2 (gás carbônico), que transforma os compostos do cimento em carbonatos, é um mecanismo chamado carbonatação.

O pH de precipitação do $CaCO_3$ é cerca de 9,4 (à temperatura ambiente), o que altera as condições de estabilidade química da capa ou película passivadora do aço.

De acordo com os estudos de SORETZ *apud* HELENE[5], as profundidades de carbonatação aumentam, inicialmente, com grande rapidez, prosseguindo mais lentamente e tendendo assintoticamente a uma profundidade máxima, de acordo com a Figura 6.1.

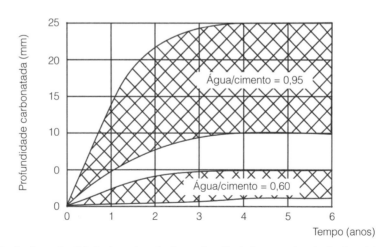

Figura 6.1. Variação da profundidade de carbonatação em função do tempo e da relação água/cimento[5].

Essa tendência à estabilização pode ser explicada pela hidratação crescente do cimento, que aumenta gradativamente a compacidade do concreto desde que haja água suficiente. Alia-se a isso a ação dos produtos da transformação, que também obstruem os poros superficiais, dificultando o acesso de CO_2, presente no ar, ao interior do concreto.

Capítulo 6   Corrosão em estruturas de concreto armado   **127**

A consequência da carbonatação é a redução da alcalinidade do concreto, devido à lixiviação dos compostos cimentícios, que reagem com os componentes ácidos da atmosfera, principalmente o dióxido de carbono (CO_2), resultando na formação de carbonatos e H_2O[6].

6.2.1. As reações de carbonatação

Pelo fato de o concreto ser um material poroso, o CO_2 presente no ar penetra com certa facilidade através dos poros, até o seu interior. Com isso, acontece a reação do CO_2 com o hidróxido de cálcio [$Ca(OH)_2$], provocando a carbonatação. Um modelo simples, proposto por MONTEMOR *et al.*[7], considera a carbonatação um fenômeno caracterizado por quatro etapas:

■ 1ª etapa: o $CO_2(g)$ difunde para o interior do concreto, de acordo com a Equação 6.1.

$$CO_{2(g)} \rightarrow CO_{2(aq)} + H_2O \leftrightarrow HCO_3^- + H^+ \rightarrow CO_3^{2-} + 2H^+ \tag{6.1}$$

■ 2ª etapa: na solução dos poros do cimento, são disponibilizados os íons OH^- e Ca^{2+}, principalmente oriundos da dissolução do hidróxido de cálcio, conforme se vê na Equação 6.2 e, a seguir, o CO_3^{2-} reage com o Ca^{2+}, formando o carbonato de cálcio, segundo a Equação 6.3[8].

$$Ca(OH)_2 \rightarrow Ca^{2+} + 2OH^- \tag{6.2}$$

$$Ca^{2+} + CO_3^{2-} \rightarrow CaCO_3 \tag{6.3}$$

■ 3ª etapa: reação com silicatos e aluminatos.

$$2SiO_2 \cdot 3CaO \cdot 3H_2O + 3CO_2 \rightarrow 2SiO_2 + 3CaCO_3 + 3H_2O \tag{6.4}$$

Ou

$$4CaO \cdot Al_2O_3 \cdot 13H_2O + 4CO_2 \rightarrow 2Al(OH)_3 + 4CaCO_3 + 10H_2O \tag{6.5}$$

■ 4ª etapa: o passo final do processo de carbonatação sempre produz carbonato de cálcio e água. Porém, o carbonato de cálcio tem uma solubilidade muito baixa e precipita dentro dos poros, reduzindo a porosidade e formando uma barreira ao progresso da frente de carbonatação.

Assim, de forma resumida, tem-se a equação típica da carbonatação:

$$Ca(OH)_2 + CO_{2(aq)} \rightarrow CaCO_3 + H_2O \tag{6.6}$$

A reação entre a portlandita ($Ca(OH)_2$, CH) e o CO_2 é considerada a reação principal da carbonatação do concreto, conforme Equação 6.6. PETER *et al.*[9] investigaram a influência dos compostos da pasta de cimento no consumo de CO_2, no contexto do processo de carbonatação do concreto. Em seus estudos foram analisados os compostos CH, C-S-H, C_2S e C_3S e, de acordo com os resultados apresentados, a quantidade de CO_2 consumida pelo CH foi cerca de *três vezes maior* que a consumida pelo C-S-H, *vinte vezes maior* que a do C_2S e *cinquenta vezes maior* que a do C_3S.

Segundo os autores, esse fato deve-se à grande quantidade de $Ca(OH)_2$ presente na pasta de cimento hidratada (quando se compara ao C_2S e ao C_3S, por exemplo) e, também, à sua maior solubilidade se comparado com os outros produtos presentes na pasta de cimento, como o C-S-H, por exemplo.

A ação do CO_2 também pode ocorrer sobre o silicato de cálcio hidratado (C-S-H) e sobre as fases aluminato (como no C4AH$_x$), conforme as Equações 6.7 e 6.8, respectivamente[8].

$$3CaO \cdot 2Si_2O \cdot 3H_2O + 3CO_2 \rightarrow 3CaCO_3 + 2SiO_2 + 3H_2O \tag{6.7}$$

$$4CaO \cdot Al_2O \cdot 13H_2O + 4CO_2 \rightarrow 4CaCO_3 + 2Al(OH)_3 + 10H_2O \tag{6.8}$$

Na carbonatação dos aluminatos, estes são convertidos rapidamente em (C_4ACH_x) e, logo após, se transformam em $CaCO_3$ e gel de alumina. Considerando o monossulfato (AFm) e a etringita (AFt), essas fases geram, na carbonatação, o $CaCO_3$, gel de alumina e sulfato de cálcio. Já na carbonatação do C-S-H, ocorre primeiramente a sua descalcificação, diminuindo a relação Ca/Si e, posteriormente, há a formação do gel de sílica que, por sua vez, possui uma estrutura altamente porosa[10].

É importante salientar que a ação do CO_2 sobre os constituintes do cimento hidratado, mesmo em baixa concentração, é complexa, pois não se limita ao hidróxido de cálcio, mas, ataca e degrada diversos produtos da hidratação do cimento, sendo que, de acordo com HOUST e WITTMANN[11], os hidróxidos de sódio e potássio presentes na solução dos poros reagem com o ácido carbônico para formar carbonatos de sódio (Na_2CO_3) e potássio (K_2CO_3), de acordo com as Equações 6.9 e 6.10.

$$2NaOH + CO_{2(aq)} \rightarrow Na_2CO_3 + H_2O \tag{6.9}$$

$$2KOH + CO_{2(aq)} \rightarrow K_2CO_3 + H_2O \tag{6.10}$$

No entanto, esses compostos são solúveis e se dissociam facilmente, liberando o íon carbonato (CO_3^{2-}) para, em seguida, reagirem com o Ca^{2+}, formando carbonato de cálcio ($CaCO_3$) e disponibilizando, novamente, os hidróxidos de sódio e potássio, conforme as Equações 6.11 e 6.12[11].

$$Na_2CO_3 + Ca(OH)_2 \rightarrow CaCO_3 + 2NaOH \tag{6.11}$$

$$K_2CO_3 + Ca(OH)_2 \rightarrow CaCO_3 + 2KaOH \tag{6.12}$$

A carbonatação do concreto segue de acordo com as reações apresentadas, levando a uma diminuição de pH para valores abaixo de 9. Sob essas condições e de acordo com o diagrama de Pourbaix, apresentado no Capítulo 2, a barra de aço fica ativa. Assim que isso acontece, o processo de corrosão é iniciado e a química da interface aço/concreto sofre mudanças drásticas que afetam as propriedades do concreto armado, como a adesão interfacial. Porém, na presença de água e excesso de CO_2, outra reação pode ocorrer, conduzindo à formação de bicarbonato de cálcio que, devido a seu comportamento ácido, reduz o pH a valores quase neutros, de acordo com a Equação 6.13. Nessas condições, a corrosão de aço pode ser catastrófica[7].

$$CaCO_3 + H_2O + 2CO_2 \rightarrow Ca(HCO_3)_2 \tag{6.13}$$

A representação do processo de carbonatação, devido à penetração do CO_2 no concreto, pode ser observada na Figura 6.2.

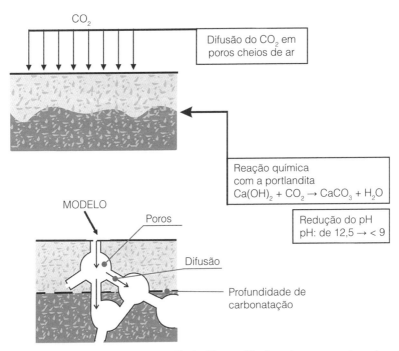

Figura 6.2. Representação esquemática da penetração de CO_2 por difusão e do processo de carbonatação. Adaptado de FREIRE[6].

Na Figura 6.3 pode ser visualizado o efeito da carbonatação excessiva nas amostras de concreto, onde podemos ver uma rede de poros extremamente grosseira e um aspecto degradado da matriz (Figura 6.3A) e uma região de interface da zona carbonatada com a não carbonatada (Figura 6.3B). Observa-se uma nítida diferença na microestrutura, com uma região não carbonatada mais íntegra e densa, ao contrário da região carbonatada, extremamente porosa, e com formação de geles em seus poros.

Apesar de a carbonatação não ser responsável diretamente pelo processo corrosivo, contribui decisivamente para a degradação do concreto em muitas estruturas. A presença de eflorescências de carbonato de cálcio à superfície do concreto é um sinal evidente desse processo de degradação.

Em todos os casos apresentados, quando a frente com pH baixo atinge a superfície da armadura, a película passivadora é rompida, podendo, assim, ocorrer o processo de corrosão, conforme ilustra a Figura 6.4, sendo que esta pode ser uma corrosão acelerada[12]. Essa corrosão ocorre de forma generalizada e homogênea, como se a armadura estivesse exposta à atmosfera sem nenhuma proteção. No entanto, no interior do concreto existe umidade, deixando, assim, a armadura em contato com essa umidade muito mais tempo do que se estivesse livremente exposta ao ar, visto que a absorção pelo concreto é muito rápida e sua secagem muito lenta[6].

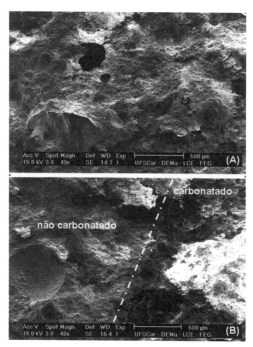

Figura 6.3. Micrografias (A) da amostra carbonatada de concreto e (B) da região interfacial entre a zona carbonatada e a não carbonatada de concreto.

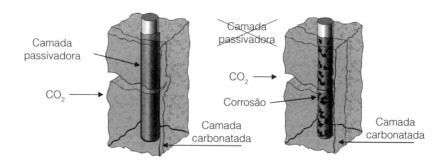

Figura 6.4. Representação do avanço da frente de carbonatação e da destruição da camada passivadora. Adaptado de TULA *apud* CARMONA[13].

6.2.2. Velocidade de carbonatação

A velocidade com que a frente de carbonatação avança depende da estrutura da rede de poros do material, bem como das suas condições de umidade relativa, tempo, relação água/cimento, tipo de cimento, permeabilidade do concreto, cura etc.[5,14,15]. Esses condicionantes estão resumidos na Tabela 6.1 e serão discutidos nas próximas seções.

Uma dúvida que permanece sem esclarecimentos se refere à capacidade das matrizes cimentíceas assimilarem CO_2. BERTOS *et al.*[17] utilizaram a equação de Steinour para mensurar a capacidade teórica máxima de assimilação do CO_2, em função da composição química do material, expressa pela Equação 6.14.

Tabela 6.1. Principais fatores que condicionam a velocidade de penetração da frente de carbonatação[14,16]

Fatores	Fatores condicionantes	Características influenciadas
Condições de exposição	Concentração de CO_2	Mecanismo físico-químico Velocidade de carbonatação
	Umidade relativa do ar	Grau de saturação dos poros Velocidade de carbonatação
	Temperatura	Velocidade de carbonatação
Características do concreto	Composição química do cimento – Características do clínquer – Teor de adições	Porosidade da pasta carbonatada Reserva alcalina
	Traço	Porosidade
	Qualidade de execução – Defeitos – Cuidados com a cura	Porosidade Grau de hidratação

$$CO_2(\%) = 0,785(CaO - 0,7SO_3) + 1,09Na_2O + 0,93K_2O \tag{6.14}$$

Nas idades iniciais (até os 28 dias, geralmente) o fenômeno de carbonatação não é tão evidente, havendo uma pequena ocorrência. No entanto, com um maior tempo de exposição ao ambiente saturado por CO_2, as diferenças vão ficando cada vez mais claras até o ponto de as peças de concreto estarem quase que completamente carbonatadas.

Uma forma simples de descrever a velocidade de carbonatação é assumir que essa grandeza é inversamente proporcional à espessura de concreto a ser percorrida. No fundo, um fenômeno de difusão que pode ser definido pelas Leis de Fick, segundo a Equação 6.15.

$$dx/dt = D/x \tag{6.15}$$

em que x representa a profundidade de carbonatação, t o tempo e D o coeficiente de difusão. Integrando a expressão anterior obtém-se:

$$t = K \cdot x^2 + K_o \tag{6.16}$$

ou

$$x = A\sqrt{t} + A_1 \tag{6.17}$$

Sendo K, K_o, A e A_1 constantes. Em países nórdicos, como Noruega e Dinamarca, a constante de integração K_o reflete as condições superficiais da estrutura de concreto, como a existência de fissuras, desagregação ou até a presença de gelo em seus poros. O valor de K_o pode variar de 0 até 10 mm[18].

Entretanto, à medida que o concreto vai carbonatando, a morfologia porosa vai sendo alterada, assim como as próprias características físicas do concreto, nomeadamente a resistência à compressão, alterando-se, também, os coeficientes de difusão e desviando-se do perfil parabólico da Equação 6.16.

Em face desse comportamento, utiliza-se uma expressão mais simples para descrever o processo de carbonatação (Equação 6.18):

$$x = A \cdot t^n, \text{em que } 0 < n < 1 \tag{6.18}$$

Sendo que x representa a profundidade de carbonatação, A o coeficiente de difusão e t, o tempo (em anos).

Na grande maioria dos estudos feitos até hoje se assumiu o valor de 0,5 para n, de forma a tornar possível calcular o valor de A e estimar a velocidade de carbonatação nas diversas estruturas. Em um estudo recente em que se avaliou um elevado número de estruturas de concreto armado[19], foram determinados os coeficientes de difusão, considerando n igual a 0,5. Os resultados obtidos são apresentados na Tabela 6.2 [20].

Tabela 6.2. Coeficientes de difusão do CO_2 no concreto, estimados em vários tipos de estruturas de concreto

Número, tipo de estrutura e idade	Variação dos coeficientes de difusão (ano^{0,5}/mm)	Média dos coeficientes de difusão (ano^{0,5}/mm)
11 prédios com idades entre 8 e 24 anos	1,2 a 6,7	3
7 parques de automóveis com idades entre 14 e 41 anos	2,2 a 7,6	4,3
1 molhe marítimo com 10 anos	1,8	-
1 ponte com 90 anos	1,9	-

6.2.3. Fatores que influenciam na carbonatação
6.2.3.1. Relação água/cimento

Tendo a relação água/cimento um papel preponderante na permeabilidade aos gases, é natural que tenha grande influência na velocidade de carbonatação. Pode-se observar que a profundidade de carbonatação de concretos com relações água/cimento iguais a 0,80, 0,60 e 0,45, em média, está na relação 4:2:1. Alguns pesquisadores obtiveram resultados experimentais semelhantes, conforme mostra a Figura 6.5.

A porosidade capilar apresenta influência na carbonatação, pois o fluxo de água e de CO_2 ocorre entre os poros capilares interconectados. Essa interconexão está diretamente ligada à relação água/cimento e ao grau de hidratação do cimento.

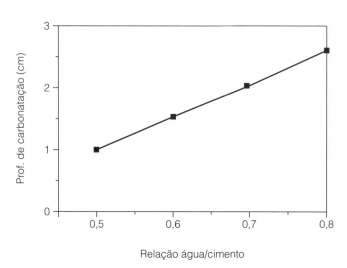

Figura 6.5. Influência da relação água/cimento na profundidade de carbonatação em concretos com 350 kg de cimento por m³, após três anos[21].

6.2.3.2. Consumo e tipo de cimento

O avanço da carbonatação é inversamente proporcional à reserva alcalina disponível na matriz da pasta de cimento hidratada que, por sua vez, é função da composição química do cimento. Cimentos com adições pozolânicas têm uma menor resistência à carbonatação se comparados aos cimentos Portland puros devido à diminuição da reserva alcalina provocada pela reação pozolânica.

6.2.3.3. Presença de adições minerais

A origem do material, a composição química, composição mineralógica, e as características da partícula determinam o efeito da adição mineral no comportamento do concreto que a contenha. As adições minerais de natureza pozolânica empregadas no concreto possuem dois mecanismos básicos com efeito na pasta de cimento e na microestrutura interna do concreto: o efeito filler (ação física) e o efeito pozolânico (ação química).

Dentre os benefícios obtidos com o uso dessas adições está a melhoria da resistência à fissuração térmica, aumento da resistência final, refinamento dos poros, melhoria das características da zona de transição. No entanto, devido às reações pozolânicas, concretos com adições minerais apresentam menores reservas alcalinas. Esse problema, porém, pode ser minimizado com uma cura úmida adequada, de forma a reduzir a porosidade e a permeabilidade superficial do concreto, impedindo o acesso do CO_2.

Por um lado, a incorporação dessas adições, em substituição parcial ao cimento, melhora a microestrutura do concreto, proporcionando o refinamento de poros e interrupções da rede porosa interconectada[22], diminuindo, assim, a permeabilidade do concreto, além de reduzir o efeito parede na zona de transição entre a pasta e o agregado[23], promovendo o aumento da compacidade nessas regiões de interface pasta-agregado, além de promover uma maior resistência ao ataque de sulfatos e à expansão álcali-agregado[22]. Assim, esse efeito físico da presença das edições conduz a uma redução da difusividade do CO_2 na matriz cimentícia, retardando, dessa forma, o avanço da frente de carbonatação, o que se dá por um mecanismo essencialmente físico de bloqueio dos capilares[23].

Contudo, devido à ativação das reações pozolânicas, ocorre uma redução da quantidade de $Ca(OH)_2$ precipitado na pasta de cimento, ocasionando uma diminuição da reserva alcalina, o que, consequentemente, contribui para a redução da capacidade de proteção da pasta de cimento, fazendo com que sejam necessárias menores quantidades de CO_2 para carbonatar o concreto.

De modo geral, as adições minerais possuem esses dois mecanismos básicos de ação (físico e químico), porém, para o efeito da carbonatação, é necessário conhecer qual deles predomina, de acordo com o tipo de adição.

De acordo com estudos de PAPADAKIS[24], KULAKOWSKI[25] e POSSAN[26], o emprego de sílica ativa em substituição ao cimento diminui o teor de $Ca(OH)_2$ e, consequentemente, aumenta a profundidade da frente de carbonatação, em ensaios acelerados.

De acordo com HOPPE[27], os concretos com a incorporação de cinza de casca de arroz apresentam coeficientes de carbonatação superiores aos concretos sem adições para as mesmas idades e relações água/aglomerante. Resultados semelhantes foram obtidos por JIANG et al.[28] e KHAN e LYNSDALE[29], que, ao utilizarem cinzas volantes, observaram um aumento linear da carbonatação em função do teor de adição.

DUAN et al.[30] verificaram que a carbonatação foi reduzida ao se substituir parcialmente o cimento por metacaulim, devido a uma significativa diminuição da porosidade do sistema. Resultados semelhantes foram obtidos por RIBEIRO e SANTOS et al.[31], que adicionaram o metacaulim ao cimento.

FERREIRA[32] avaliou o efeito de diversas adições minerais na carbonatação do concreto após 10 anos de exposição natural (Figura 6.6). O autor observou que o concreto com escória de alto forno apresentou o pior desempenho em relação ao avanço da carbonatação natural, apresentando um coeficiente de carbonatação natural médio igual a 8,12 mm/ano^{0,5}. Os concretos com adição de cinza de casca de arroz e de sílica ativa apresentaram desempenhos intermediários, com coeficientes de carbonatação iguais a 5,29 mm/ano^{0,5} e 5,58 mm/ano^{0,5}, respectivamente. Nessa análise global dos coeficientes de carbonatação natural, o concreto de referência (sem adições) e o concreto contendo metacaulim apresentaram os melhores desempenhos, com coeficientes iguais a 4,47 mm/ano^{0,5} e 5,02 mm/ano^{0,5}, respectivamente, demonstrando que a reserva alcalina ainda é o efeito preponderante em termos de combate à carbonatação, mas o refinamento da microestrutura proporcionado pelas adições (efeito físico) se aproxima desse aspecto químico, como se tem, por exemplo, nos concretos com metacaulim.

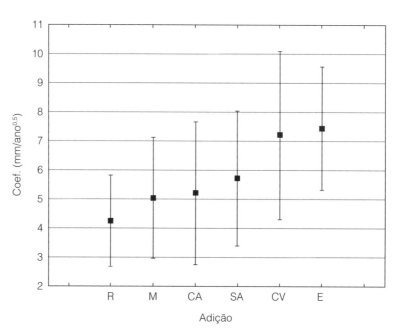

Figura 6.6. Estimativa de média dos coeficientes de carbonatação natural, para cada tipo adição mineral empregada na produção dos concretos[32]. CA = cinzas e casca de arroz; CV = cinza volante; E = escória; M = metacaulim; R = referência; SA = sílica ativa.

6.2.3.4. Condições de cura

Quanto maior o tempo de cura e mais eficiente for o método de cura empregado, maior será a hidratação do cimento, menor será a porosidade e permeabilidade e, consequentemente, menor será a taxa de carbonatação. Assim, a cura é de grande importância para o avanço da carbonatação ao longo do tempo, conforme se observa na Figura 6.7.

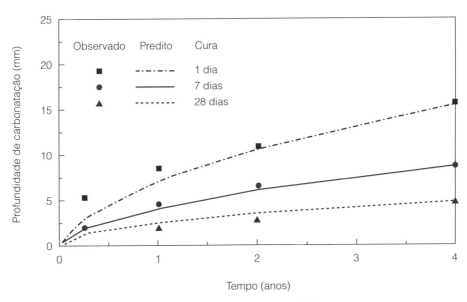

Figura 6.7. Influência do tempo de cura na profundidade de carbonatação[33].

6.2.3.5. Presença de fissuras

A presença de fissuras permite que o gás carbônico penetre mais rapidamente para o interior do concreto, aumentando a taxa de carbonatação. A Figura 6.8 esquematiza o processo de carbonatação na região fissurada[14].

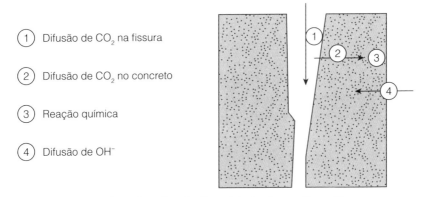

Figura 6.8. Representação esquemática da carbonatação no interior de uma fissura[14].

6.2.3.6. Concentração de CO_2

A velocidade de carbonatação está diretamente ligada à concentração de gás carbônico na atmosfera na qual o concreto está inserido por ser, junto com o hidróxido de cálcio, fundamentais na ocorrência desse processo. Quanto maior a concentração de CO_2, maior será a velocidade de carbonatação, principalmente em concretos com alta relação água/aglomerante[16,23]. Conforme verificado por VISSER[33] (Figura 6.9), independentemente da relação água/cimento utilizada, há um aumento na profundidade de carbonatação em função do aumento do teor de CO_2 no ambiente. No entanto, observa-se que o efeito da concentração de CO_2 no aumento da carbonatação é mais pronunciado em concretos com uma maior relação água/cimento, isto é, mais porosos.

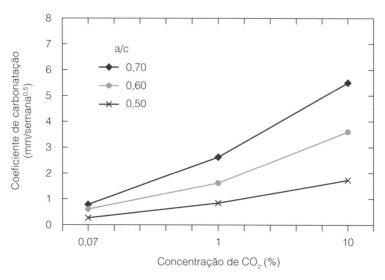

Figura 6.9. Influência do teor de CO_2 no coeficiente de carbonatação de concretos com diferentes relações água/cimento[33].

6.2.3.7. Umidade relativa do ar e grau saturação dos poros

A umidade relativa do ar está associada ao grau de saturação dos poros que, por sua vez, condiciona a taxa de difusão do CO_2 através dos poros do concreto. A difusão do gás carbônico em meio líquido ocorre com menor velocidade que em meio gasoso. Assim, para concretos em que os poros estão completamente saturados com água, a penetração de CO_2 é praticamente inexistente, devido à baixa velocidade de difusão do dióxido de carbono na água, que é cerca de 10 mil vezes menor que a difusão do CO_2 no ar.

Por outro lado, para um concreto seco, o CO_2 difunde facilmente até as regiões mais internas, porém, a reação de carbonatação não ocorre na ausência de água. Portanto, a situação mais favorável para a ocorrência da carbonatação com um avanço rápido é aquela em que os poros estão parcialmente preenchidos com água devido à ocorrência simultânea da difusão do CO_2 para o interior dos poros e a existência de água necessária para a reação, com a formação de um filme de umidade nas paredes capilares e livre acesso à entrada de CO_2[6,34], conforme visto na Figura 6.10.

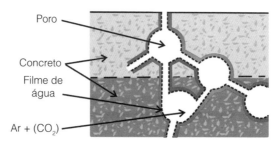

Figura 6.10. Representação esquemática da carbonatação parcial do concreto em estrutura porosa não saturada. Adaptado de FREIRE[6].

A carbonatação pode ser cerca de 10 vezes mais intensa em ambientes climatizados do que em ambientes úmidos, devido à diminuição da permeabilidade do CO_2 no concreto por efeito da presença de água[6]. O teor de umidade crítico para a ocorrência da carbonatação está compreendido na faixa entre 50 e 65% da umidade relativa, conforme mostra a Figura 6.11.

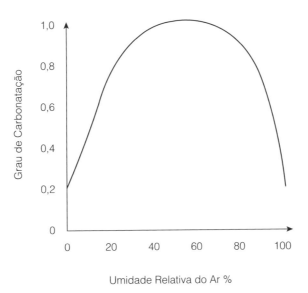

Figura 6.11. Influência da umidade relativa no grau da carbonatação, supondo que a umidade do concreto está em equilíbrio com a umidade ambiental[35].

6.2.3.8. Temperatura

Em ambientes com temperaturas entre 20 e 40°C, o principal controlador do processo de carbonatação é a difusão, logo, a influência de temperaturas dentro dessa faixa não é significativa para a carbonatação[9].

Em temperaturas muito altas, a velocidade de carbonatação aumenta, a menos que o efeito de secagem exceda o efeito da temperatura, além disso, após a umidade interna do concreto e do meio entrarem em equilíbrio, a umidade e a temperatura influenciarão diretamente na existência de vapor ou na saturação dos poros capilares, influenciando na velocidade de carbonatação[33].

6.2.4. Influência da carbonatação nas propriedades mecânicas do concreto e na liberação de cloretos

Os resultados visualmente obtidos da carbonatação podem ser confirmados ao serem analisados os resultados de resistência à flexão a que foram submetidos os corpos de prova antes da aspersão da fenolftaleína.

Um fenômeno comumente observado, mas ainda não entendido de forma satisfatória é o ganho de resistência em amostras submetidas à carbonatação. Diversos autores[17-39] relacionaram esse fenômeno com a redução na porosidade durante o processo de carbonatação, com a transformação do $Ca(OH)_2$ em $CaCO_3$. No entanto, quando essa carbonatação é muito acentuada, há a formação de uma rede de poros mais grosseiros, devido à decomposição do gel C-S-H na pasta de cimento[38,40].

Outros pesquisadores[41] acreditam que a água liberada na reação ajuda na hidratação do cimento ainda não hidratado. Devido a isso, o concreto tem um ganho de dureza e menor permeabilidade, em sua região superficial, pois, a carbonatação inicia na superfície do concreto e se projeta para seu interior. Isso mostra que a carbonatação do cimento hidratado pode ter efeitos benéficos e não apenas deletérios. Um exemplo disso é que a exposição a níveis elevados de CO_2 durante a fase de endurecimento das argamassas de cimento misturado com a escória de alto-forno conduz a uma matriz mais forte e menos permeável devido ao aumento da taxa de hidratação do silicato tricálcico.

Outro efeito da carbonatação é a liberação de cloretos que estão ligados na matriz do concreto (Figura 6.12). A redução do pH promove a quebra de ligações entre o C_3A e os cloretos, deixando-os disponíveis para acelerar o processo corrosivo[20].

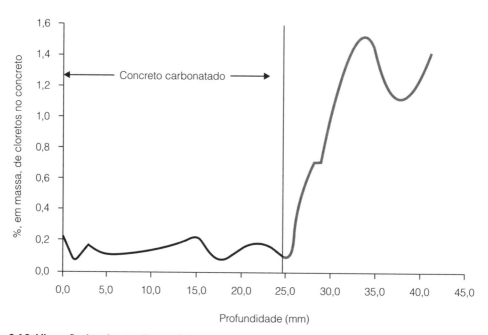

Figura 6.12. Liberação dos cloretos ligados à frente de carbonatação[20].

6.2.5. Determinação da profundidade de carbonatação

A determinação da profundidade de carbonatação é um ensaio simples de fazer. Tendo à disposição um testemunho ou corpo de prova, borrifa-se uma solução aquoalcoólica contendo fenolftaleína, como será abordado com mais detalhes no Capítulo 10. Existem vários documentos orientadores para a determinação da profundidade de carbonatação, por exemplo, a ISO 1920:12[42], BRE Digest 405 ou DRAFT EN 14630[36].

6.3. Corrosão nas armaduras

De certo modo, a corrosão dos metais pode ser vista como o inverso da metalurgia extrativa. A maioria dos metais existe na natureza no estado combinado, por exemplo, como óxidos, sulfuretos, carbonatos ou silicatos. Nesses estados combinados, as energias dos metais são menores. No estado metálico, as energias dos metais são maiores e, por isso, há uma tendência espontânea destes a reagirem quimicamente e formarem compostos mais estáveis. Por exemplo, os óxidos de ferro encontram-se vulgarmente na natureza e, com o auxílio de energia térmica, podem ser reduzidos a ferro metálico, o qual está numa energia superior. Há, por isso, a tendência para que o ferro metálico, caso não tenha proteção, regresse espontaneamente a óxido de ferro por meio da corrosão (formação de ferrugem) para que, desse modo, possa ficar num estado de menor energia[43], conforme mostra a Figura 6.13.

Figura 6.13. Processo básico de corrosão.

A maioria dos ataques de corrosão em materiais diz respeito ao ataque químico de metais que ocorre habitualmente por ação eletroquímica, uma vez que os metais possuem elétrons livres capazes de criar pilhas eletroquímicas nas interfaces, gerando uma diferença de potencial, como pode ser visto na Figura 6.14.

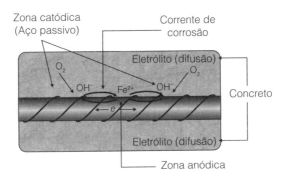

Figura 6.14. Representação gráfica da pilha eletroquímica formada na corrosão da armadura no concreto.

Há duas formas de ocorrência da corrosão segundo sua natureza: a oxidação (ou corrosão "seca") e a corrosão eletroquímica (ou corrosão aquosa). Ambas podem acometer as barras de aço do concreto armado, sendo a corrosão eletroquímica mais comum e foco da maior parte dos estudos.

A oxidação consiste basicamente em ataques por reações do tipo gás-metal, a partir da qual forma-se uma fina película de óxidos na superfície metálica. Esse processo ocorre de forma muito lenta à temperatura ambiente e não afeta significativamente o metal, exceto na presença de gases extremamente nocivos[34].

Comumente definida como a principal causa de degradação das armaduras de aço-carbono do concreto armado, a corrosão eletroquímica se caracteriza por ser um processo que ocorre em meio aquoso. A ocorrência desse fenômeno é possibilitada pela formação de uma película de eletrólito na superfície do metal que, no caso do concreto armado, é propiciado pela presença de água na sua rede de poros, fissuras e outros meios de acesso.

As armaduras podem sofrer as seguintes formas de corrosão eletroquímica:

- *Corrosão uniforme*: corrosão em toda a extensão da armadura quando esta fica exposta ao meio corrosivo.
- *Corrosão puntiforme ou por pite*: os desgastes são localizados sob a forma de pequenas cavidades, também chamadas alvéolos, sendo extremamente perigosa e podendo atacar, inclusive, os aços inoxidáveis.
- *Corrosão intragranular*: é processada entre os grãos dos cristais do metal e quando os vergalhões sofrem, principalmente, tensões de tração, podem fissurar ou fraturar perdendo sua estabilidade.
- *Corrosão transgranular*: que se realiza no interior do grãos do metal, podendo levar à fratura da estrutura, quando houver esforços mecânicos.

São extremamente graves essas formas de corrosão quando existe ação conjunta de solicitação mecânica e meio corrosivo (bastante provável), pois ocasionam a corrosão sob tensão fraturante, possivelmente a mais grave. A Figura 6.15 mostra uma representação esquemática de cada tipo de corrosão e os principais fenômenos causadores de cada um deles.

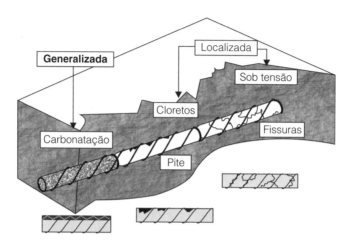

Figura 6.15. Tipos de corrosão no concreto armado e fatores que os provocam. Adaptado de CASCUDO[34].

Além da corrosão, temos, também, a ocorrência de uma falha decorrente do processo corrosivo, conhecida como fragilização pelo hidrogênio, originada pela ação do hidrogênio atômico, que difunde na superfície dos vergalhões da armadura, propiciando a sua fragilização e, em consequência, a fratura, sendo, no entanto, bastante rara em estruturas.

Na armadura do concreto é comum a utilização dos aços de baixo teor de carbono (menos de 0,4%), quando os vergalhões são usados em concreto armado. Em vez de se depositarem no próprio metal, os produtos da corrosão são depositados em poros capilares e fissuras existentes na circunvizinhança da armadura.

A corrosão tem como consequência uma diminuição da seção de armadura e fissuração do concreto em direção paralela a esta. Eventualmente, podem surgir manchas avermelhadas produzidas pelos óxidos de ferro. As fissuras ocorrem porque os produtos da corrosão ocupam espaço maior que o aço original[44].

A microrregião (onde se encontra o componente estrutural) e a própria natureza do componente (laje, viga ou pilares e paredes) devem ser levadas em consideração. Lajes em ambientes úmidos podem sofrer muito mais o fenômeno de condensação do que elementos verticais. Da mesma forma, pilares semienterrados poderão corroer-se mais rapidamente que pilares em ambientes interiores e secos[5].

6.3.1. Processos de corrosão no concreto armado

Conforme discutido anteriormente, são dois os processos principais de corrosão que podem sofrer as armaduras de aço para concreto armado: a oxidação e a corrosão eletroquímica. No entanto, pelo fato de a oxidação não ser o fenômeno principal na corrosão de estruturas convencionais, não será abordada com profundidade.

Capítulo 6 Corrosão em estruturas de concreto armado

O processo da corrosão da armadura é uma manifestação específica da corrosão eletroquímica em meio aquoso, se bem que o eletrólito confinado a uma rede de poros existentes no concreto possui resistividade elétrica bem mais elevada do que a verificada nos eletrólitos típicos ou comuns. Daí o processo da corrosão do aço, no concreto, só se desenvolver em presença de água ou ambiente com umidade relativa elevada (UR superior a 60%). Não há corrosão em concretos secos (ausência de eletrólito) e tampouco em concretos totalmente saturados, devido ao fato de não haver suficiente acesso ao oxigênio[45].

A corrosão das armaduras ocorre preponderantemente em meio aquoso. Há a formação de uma película de eletrólito sobre a superfície da barra de aço, que é originada pela presença de umidade no concreto, salvo situações especiais e muito raras, tais como dentro de estufas ou sob a ação de elevadas temperaturas (superiores a $80\,°C$) e em ambientes de baixa umidade relativa (UR inferior a 60%)[5]. É um tipo de ataque que as armaduras podem sofrer ainda no canteiro de obras, no armazenamento, e sobre o qual o engenheiro deve se preocupar.

A corrosão conduz à formação de óxidos e hidróxidos de ferro, produtos de corrosão avermelhados, pulverulentos e porosos, denominados ferrugem e, segundo HELENE[5], só ocorrem se coexistirem as seguintes condições:

- *Deve existir um eletrólito*: a água, presente no concreto em grandes quantidades, funciona perfeitamente como um eletrólito. Além desta, certos produtos de hidratação do cimento, por exemplo, a portlandita (ou hidróxido de cálcio, $Ca(OH)_2$), também formam nos poros e capilares uma solução saturada que constitui um bom eletrólito. O eletrólito é o meio que permite a dissolução e a movimentação dos íons ao longo das regiões anódicas e catódicas na interface entre a superfície do aço e a matriz porosa de concreto, papel que é desempenhado no concreto pela solução salina contida nos seus poros. Para se ter uma ideia da quantidade de água presente no concreto, estima-se que a uma temperatura de $25\,°C$ e uma umidade relativa de 65%, o teor de umidade de equilíbrio seja cerca de 4%, isto é, 95 litros de água por metro cúbico de concreto.

- *Deve existir uma diferença de potencial*: em solução, parte dos átomos do ferro tende a se transformar em cátions ferro (Fe^{2+}), com carga positiva, deixando a armadura com carga negativa e criando o que se conhece como potencial de equilíbrio ou reversível. Esse fato, por si só, não gera força eletromotriz, mas, em presença de reagentes capazes de sofrer redução, ou seja, capazes de combinar com o elétron liberado na reação de formação do íon ferroso, pode formar-se uma pilha ou célula de corrosão eletroquímica. Podem ser causas de diferenças de potencial entre pontos da barra: diferença de umidade, aeração, concentração salina, tensão no concreto e no aço.

- *Deve existir oxigênio*: é necessário que haja a presença do oxigênio para a formação da ferrugem (óxido/hidróxido de ferro), além do eletrólito, representado pela umidade e o hidróxido de cálcio. A velocidade de corrosão, no início, é rápida, tendendo a diminuir com a formação da camada de óxido, pois esta irá funcionar como uma barreira de difusão do oxigênio, como pode ser observado na Figura 6.16.

- *Podem existir agentes agressivos*: a corrosão pode ser acelerada por agentes agressivos contidos ou absorvidos pelo concreto. Entre eles podem-se citar os íons sulfeto, cloreto, nitritos, o dióxido de carbono (CO_2), o gás sulfídrico (H_2S), o cátion amônio, os óxidos de enxofre, fuligem, dentre outros. Os agentes agressivos não permitem a formação ou quebram a película já existente de passivação do aço, acelerando a corrosão e atuando como catalisadores.

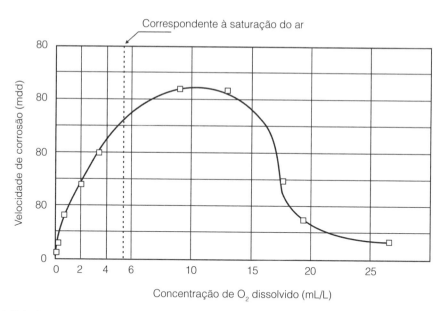

Figura 6.16. Velocidade de corrosão em relação à concentração de oxigênio dissolvido[1] (mdd = mg/dm².dia).

Assim, a corrosão da armadura pode ser resumida da seguinte forma:
Nas zonas anódicas, o ferro perde elétrons, ocasionando a dissolução do metal (oxidação).

$$2Fe \rightarrow 2Fe^{2+} + 4e^- \tag{6.19}$$

De forma simultânea, ocorre, nas zonas catódicas, em meios neutros e aerados, o consumo dos elétrons liberados no anodo, que resulta na redução dos íons de hidrogênio e do eletrólito (H_2O), formando os íons hidroxila OH^-, conforme Equação 6.20.

$$2H_2O + O_2 + 4e^- \rightarrow 4OH^- \tag{6.20}$$

Os produtos das reações que ocorrem nas regiões anódicas tendem a se deslocar por difusão, através da solução do eletrólito, para a região catódica. Sob o mesmo princípio, os produtos gerados nas regiões catódicas tendem a migrar para as regiões anódicas. A interação química entre esses diversos produtos está descrita nas Equações 6.21, 6.22 e 6.23.

$$2Fe + 2H_2O + O_2 \rightarrow 2Fe^{2+} + 4OH^- \tag{6.21}$$

$$2Fe^{2+} + 4OH^- \rightarrow 2Fe(OH)_2 \text{ ou } 2FeO \cdot H_2O \tag{6.22}$$

$$2Fe(OH)_2 + H_2O + 1/2\,O_2 \rightarrow 2Fe(OH)_3 \text{ ou } Fe_2O_3 \cdot H_2O \tag{6.23}$$

Sendo o $FeO.H_2O$ (óxido ferroso hidratado), o $Fe(OH)_3$ (hidróxido férrico) e o $Fe_2O_3.H_2O$ (óxido férrico hidratado, goetita) compostos expansíveis e o $Fe(OH)_2$ (hidróxido ferroso) fracamente solúvel. Todos esses compostos são conhecidos popularmente como ferrugem. A Figura 6.17 ilustra como se dá o processo corrosivo na superfície metálica.

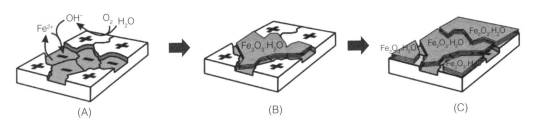

(A)　　　　　　　　　(B)　　　　　　　　　(C)

Figura 6.17. Processo corrosivo na superfície metálica. Adaptado de PANNONI[46].

Na Figura 6.17A, observa-se que cátodos e ânodos são distribuídos aleatoriamente por toda a superfície metálica e conectados eletricamente pelo substrato de aço. Íons ferrosos e hidroxilas são formados por meio de reações eletroquímicas e se difundem superficialmente. Quando se encontram, precipitam produtos que originarão a ferrugem.

Conforme as áreas anódicas corroem, um novo material, de diferente composição (a ferrugem) vai sendo exposto, conforme mostra a Figura 6.17B. Esse novo material causa alterações dos potenciais elétricos entre as áreas anódicas e catódicas, ocasionando sua mudança local. O que era ânodo passa a ser cátodo, e vice-versa. Com a evolução da corrosão, toda a superfície acaba se corroendo de modo uniforme (Figura 6.17C)[46].

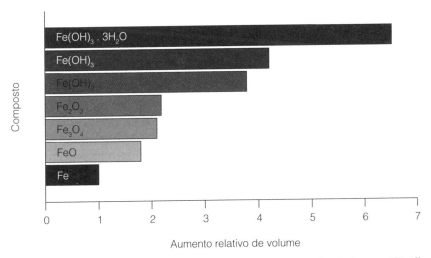

Figura 6.18. Variação de volume dos compostos resultantes do processo corrosivo do ferro metálico[20].

Nas regiões em que o recobrimento do concreto não é adequado, a corrosão torna-se progressiva com a consequente formação de óxi-hidróxidos de ferro, que passam a ocupar volumes três a sete vezes superiores ao volume original do aço (liga ferrosa) da armadura, conforme Figura 6.18, podendo causar pressões de expansão superiores a 15 MPa.

Essas tensões provocam, inicialmente, a fissuração do concreto na direção paralela à armadura corroída, a penetração de agentes agressivos, como CO_2 (carbonatação) e cloretos, podendo causar o lascamento do concreto[5], de acordo com a Figura 6.19.

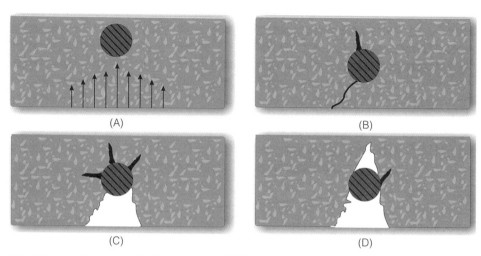

Figura 6.19. Deterioração da corrosão das armaduras. (A) Penetração de agentes agressivos; (B) fissuração devido às forças de expansão dos produtos de corrosão; (C) lascamento do concreto e corrosão acentuada; e (D) redução significativa da seção da armadura. Adaptado de HELENE[5].

6.3.2. Passivação da armadura no concreto

A passivação refere-se à perda de reatividade química de certos metais e ligas sob condições particulares. De acordo com FONTANA *apud* FREIRE[6], duas considerações importantes podem ser destacadas a respeito da passivação:

- No estado passivo, a velocidade de corrosão do metal é muito baixa. Frequentemente, a redução na velocidade de corrosão que acompanha a transição de estado ativo para passivo está na ordem de 10^4 a 10^6 vezes.
- O estado passivo é relativamente instável e sujeito a danos no filme, como trincas e riscos. Portanto, do ponto de vista da engenharia, a passivação oferece uma possibilidade única para redução da corrosão, mas também deve ser usada com precaução devido à possibilidade de uma transição do estado passivo-ativo. O filme superficial, formado de acordo com o fenômeno da passivação, tem espessura estimada de 300 nm é consideravelmente hidratado e delicado, estando sujeito a variações quando removido da superfície do metal ou do meio corrosivo exposto.

Em ambiente altamente alcalino, como o do concreto, é formada uma capa ou película protetora de caráter passivo. A alcalinidade do concreto deriva das reações de hidratação dos silicatos de cálcio (C_3S e C_2S), que liberam certa porcentagem de $Ca(OH)_2$, podendo atingir cerca de 25% da massa total de compostos hidratados presentes na pasta[5].

O hidróxido de cálcio, $Ca(OH)_2$, presente na matriz de cimento, tem um pH da ordem de 12,6 (à temperatura ambiente) que proporciona uma passivação do aço, de acordo com o diagrama de Pourbaix (discutido no Capítulo 2), na região de equilíbrio do Fe_2O_3 ou Fe_3O_4, de acordo com a Equação 6.24.

$$3Fe + 4H_2O \rightarrow Fe_3O_4 + 8H^+ + 8e^- \tag{6.24}$$

Com relação à corrosão das armaduras, a função do cobrimento de concreto é, portanto, proteger essa capa ou película protetora contra danos mecânicos[45] e, ao mesmo tempo, manter sua estabilidade, visto que o hidróxido de cálcio presente no concreto reage com o gás carbônico da atmosfera, reduzindo para 9 o seu pH e tornando possível a corrosão da armadura[44].

Assim sendo, a proteção do aço no concreto pode ser assegurada por:
- Elevação do seu potencial de corrosão em qualquer meio de pH superior a 2, de modo a estar na região de passivação (inibidores anódicos). Essa situação é meramente teórica, visto que dificilmente o concreto será submetido a pH tão baixo.
- Abaixamento de seu potencial de corrosão, com o fim de passar ao domínio da imunidade (proteção catódica).
- Manter o meio com pH acima de 10,5 e abaixo de 13, que é o meio natural proporcionado pelo concreto, desde que seja homogêneo e compacto.

Para uma melhor visualização das condições de corrosão, imunidade e passivação, SANTOS[47] apresenta um diagrama simplificado (Figura 6.20).

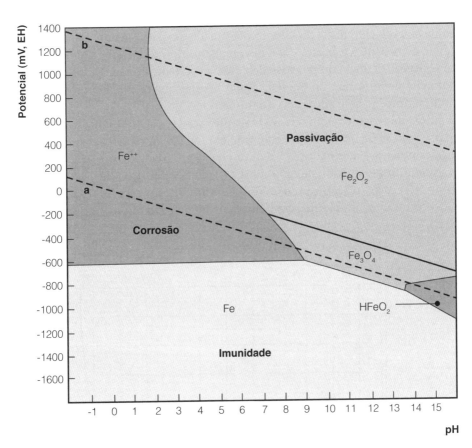

Figura 6.20. Diagrama de Pourbaix simplificado para o sistema ferro-H_2O a temperatura de 25°C. Adaptado de SANTOS[47].

Efeitos como temperatura e pH tendem a aumentar a densidade de corrente anódica crítica e usualmente apresentam um pequeno efeito no potencial de passivação e na velocidade de dissolução passiva. Um efeito similar é noticiado quando se adicionam cloretos no caso de ferro e ligas de ferro. Como consequência desses fatores tem-se a despassivação do metal[6].

Essas alterações, principalmente do pH do interior de uma estrutura de concreto armado, por causa de agentes agressivos, ocasionam instabilidade do filme passivante, promovendo o fenômeno de despassivação. Assim, os principais agentes despassivantes da armadura do concreto armado são o dióxido de carbono (CO_2), os íons sulfatos e cloretos, além das reações álcalis-agregado[6].

Alguns estudos têm tratado da despassivação de cloretos pelo uso de inibidores inorgânicos ou orgânicos, que protegem a superfície do aço[48].

6.3.3. Iniciação da corrosão

Para que a corrosão da armadura do concreto se inicie é necessário que agentes agressivos capazes de destruir a camada passivadora do aço atravessem o cobrimento de concreto e alcancem a armadura em concentrações suficientes para provocar a sua despassivação.

A perda da passividade natural da armadura do concreto pode ser ocasionada pela presença de cloretos em quantidades suficientes para destruir de forma localizada a camada passivadora ou pela redução do pH do concreto devido ao efeito da carbonatação. Segundo estudos de GONZÁLEZ et al.[49], no caso da ação de cloretos, a dissolução da camada de óxidos é pontual e ocorre quando há disponibilidade de oxigênio e existem fissuras ou algum tipo de heterogeneidade geométrica na interface aço-concreto. O início do processo de despassivação ocasionado pelos íons cloreto ocorre, em geral, por meio de uma aeração diferencial nas fissuras que resulta em uma acidificação local gradual até que a camada passivadora seja destruída.

A despassivação da armadura também pode ser provocada pela carbonatação do concreto. Nesse caso, a despassivação se dá de forma generalizada em função da redução da alcalinidade do concreto nas regiões próximas à armadura. A redução da alcalinidade ocorre devido à penetração de substâncias ácidas, como o dióxido de carbono (CO_2), o gás sulfídrico (H_2S) e o dióxido de enxofre (SO_2), no concreto e à sua reação com os hidróxidos alcalinos presentes na solução dos poros[47]. Dessa forma, a corrosão da armadura será tanto mais intensa quanto menor o valor de pH, como mostra a Figura 6.21.

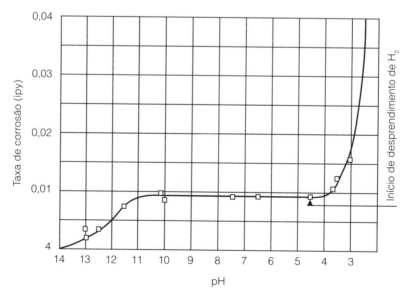

Figura 6.21. O efeito do pH na velocidade de corrosão do ferro, em água aerada e em temperatura ambiente. Adaptado de GENTIL[1]. ipy = polegadas/ano, equivalente a 2,54 cm/ano.

O processo de iniciação da corrosão envolve, além da despassivação da armadura, o mecanismo de transporte dos íons cloreto e do CO_2 através da rede de poros do concreto e as suas interações com as fases sólidas do cimento[47]. Nesse sentido, são importantes as características da estrutura dos poros e a capacidade de fixação dessas substâncias, aspectos abordados anteriormente no Capítulo 4.

Outro fator importante de influência na iniciação da corrosão é a fissuração do concreto. As fissuras no concreto constituem um caminho rápido de penetração dos agentes agressivos até a armadura e facilitam o acesso do oxigênio e da umidade, fatores necessários à iniciação da corrosão.

6.3.4. Propagação da corrosão

Após a despassivação da armadura, o desenvolvimento do processo de corrosão depende de diversas condições termodinâmicas, que determinam a intensidade e a velocidade da corrosão. Assim, o teor de umidade do concreto é o principal parâmetro de controle deste processo[50].

O fator determinante do conteúdo de umidade do concreto é a temperatura, pois, nesse caso, controla a evaporação e a condensação da água no seu interior, que atua como um eletrólito durante o processo eletroquímico[47]. Além disso, a temperatura também assume um importante papel no desenvolvimento da corrosão das armaduras, pois pode estimular a mobilidade iônica e favorecer o transporte dos íons através da microestrutura do concreto.

As velocidades de corrosão máximas ocorrem em concretos com elevados conteúdos de umidade (porém não saturados), nos quais o oxigênio pode chegar livremente até a armadura e a resistividade é suficientemente baixa para permitir elevadas velocidades de reação (TUUTTI[51]).

6.3.5. Ação dos cloretos

É comum, na maioria das vezes por desconhecimento técnico, a incorporação de elementos agressivos durante o preparo do concreto. Dentre os agentes agressivos, o cloreto (íon Cl^-) é o mais comum, podendo ser adicionado involuntariamente a partir de aditivos aceleradores de pega, agregados e água contaminados ou tratamentos de limpeza. Além disso, muitas vezes o cloreto de sódio é utilizado como sal fundente em estruturas congeladas.

Ao penetrar no concreto, parte dos cloretos liga-se quimicamente aos compostos que contêm aluminatos (C_3A e C_4AF), formando o sal de Friedel ($3CaO.Al_2O_3.CaCl_2.10H_2O$), parte é adsorvida pelo gel amorfo de silicato de cálcio hidratado (C-S-H), e uma outra parte encontra-se livre para interagir em processos corrosivos[52].

O processo de ingresso e progressão dos cloretos no concreto pode ser explicado por ação de um mecanismo duplo, primeiro de sucção e depois de difusão. A difusão dos íons cloreto através do concreto pode ser descrita pelas Leis de Fick, conforme observado no Capítulo 4.

Os ânions Cl^- podem destruir a película passivadora proporcionada pelo meio alcalino e acelerar permanentemente a corrosão, sem consumir-se, conforme as Equações 6.25 e 6.26. Assim, pequenas quantidades de cloretos podem, portanto, ser responsáveis por grandes processos corrosivos.

$$Fe^{3+} + 3Cl^- \rightarrow FeCl_3 + H_2O \tag{6.25}$$

$$FeCl_3 + 3OH^- \rightarrow 3Cl^- + Fe(OH)_3 \tag{6.26}$$

O efeito do cloreto de sódio na corrosão deve-se ao fato deste sal ser um eletrólito forte, ocasionando, portanto, aumento da condutividade, que é fundamental no mecanismo eletroquímico de corrosão. No caso de ferro em água saturada de ar, em temperatura ambiente, pode-se observar uma taxa máxima de corrosão para a concentração de 3% de NaCl (Figura 6.22). De acordo com OLLIVIER et al. apud FIGUEIREDO et al.[53], a presença de íons em solução (Na+, K+, Ca^{2+}, OH-) afeta a mobilidade iônica desta, por meio de mecanismos de atração e repulsão elétrica, o que justifica a queda na taxa relativa de corrosão observada para concentrações de NaCl superiores a 3%.

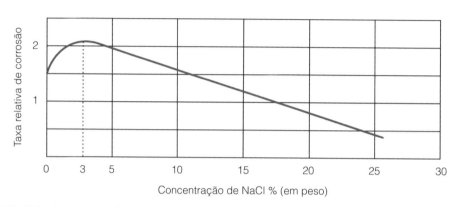

Figura 6.22. Efeito da concentração de cloreto de sódio na taxa de corrosão[1].

O American Concrete Institute (ACI)[54] apresenta recomendações para limites de cloretos em novas construções, conforme mostrado na Tabela 6.3. Essa concentração inicial pode ser advinda de contaminação de agregados e da água, por exemplo.

Tabela 6.3. Limites da percentagem de cloretos relativamente à massa de cimento, para novas construções, determinados por diferentes técnicas de quantificação de íons cloreto no concreto[54]

Risco de corrosão	ASTM C1152	ASTM C1218 (cloretos livres)	ACI 222.1-96 (cloretos livres)
Concreto armado pré-esforçado	0,08	0,06	0,06
Concreto armado molhado	0,10	0,08	0,08
Concreto armado seco	0,20	0,15	0,15

A quantidade de íons cloreto necessária para despassivar uma armadura está relacionada com a concentração de íons hidroxila presentes nos poros[55]. HAUSMANN[55] usou um simples cálculo de Monte Carlo (números aleatórios) para mostrar que, se os íons cloreto e os íons hidroxílicos estiverem próximos à camada passiva, os cloretos começam a rompê-la quando a concentração de cloretos excede 0,6% da concentração de hidroxilas. O pesquisador comparou seus cálculos teóricos com testes laboratoriais, utilizando soluções de hidróxido de cálcio (Figura 6.23).

Uma concentração [Cl-]/[OH-] igual a 0,6%, se aproxima de uma concentração de 0,4% de cloretos em relação à massa de cimento, caso os cloretos já estejam presentes no momento da moldagem (por exemplo, agregado e água contaminados) e 0,2% se tiverem penetrado no concreto em serviço[55]. Se considerarmos um concreto com consumo de cimento igual a 375 kg/m³ e densidade de 2.500 kg/m³, esse valor crítico corresponde a 0,034% relativamente à massa de concreto.

A Figura 6.24 e a Tabela 6.4 correlacionam os teores de cloretos, obtidos com base na norma BS 1881-124:88[56], com o risco de corrosão, mostrando as quantidades admissíveis em relação à massa de

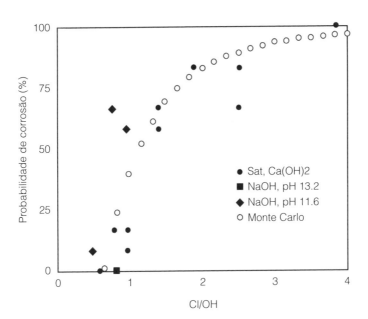

Figura 6.23. Probabilidade de corrosão de aço induzida pela ação dos cloretos, determinada experimentalmente em soluções de pH elevado e por meio de cálculo de Monte Carlo[55].

cimento em estudos desenvolvidos pelo Building Science Centre (BRE)[57]. Complementarmente, são apresentadas as correlações entre esses valores e a concentração de cloretos quanto à massa de concreto com essas características (consumo de cimento igual a 375 kg/m^3 e densidade de 2.500 kg/m^3).

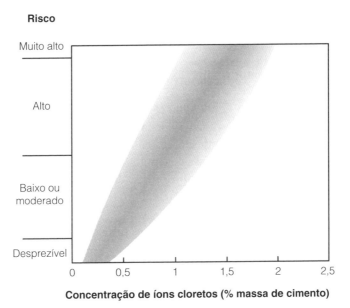

Figura 6.24. Risco estimado de corrosão da armadura devido à ação de cloretos e na ausência de carbonatação. Adaptado de BRE *apud* HAUSMANN[55].

Tabela 6.4. Relação entre o risco de corrosão e a percentagem de cloretos, em relação à massa de cimento e à massa de concreto

Risco de corrosão	Teor de cloretos relativamente a massa de cimento (%)[57]	Teor de cloretos relativamente a massa de concreto (%)*
Desprezível	< 0,2	< 0,03
Baixo	0,2 a 0,4	0,03 a 0,06
Médio	0,4 a 1,0	0,06 a 0,14
Alto	> 1,0	> 0,14

*Para um concreto com consumo de cimento igual a 375 kg/m³ e densidade de 2.500 kg/m³.

Nos Estados Unidos há um limite comumente aceito de 1,3 kg de cloretos por m³ de concreto (1 kg/jarda³)[55], em serviço, que é equivalente a 0,35% em relação à massa de cimento ou 0,052% em relação à massa de concreto, se considerarmos um concreto com consumo de cimento igual a 375 kg/m³ e densidade de 2.500 kg/m³. A Agência de Rodovias do Reino Unido (UK Highways Agency) considera um limite de 0,3% de cloretos, obtido de acordo com a norma BS 1881-124:88, em relação à massa de cimento (cerca de 0,045% em relação à massa de concreto). Embora esses números se baseiem em experimentos laboratoriais, valores mais próximos da realidade podem ser obtidos em função de observações práticas das estruturas.

Segundo levantamento de CLEAR e TAYLOR[58], a norma britânica para obras marítimas, BS EN 6439-1-4 (Maritime works. Part 1-4 – General. Code of practice for materials), inclui a recomendação de que o teor de cloretos seja calculado pelo procedimento previsto na norma BS 8500-2 (Concrete. Complementary British Standard to BS EN 206-1. Part 2 – Specification for constituent materials and concrete). Esse procedimento baseia-se na soma das contribuições de teor de cloreto de cada um de seus constituintes, utilizando os métodos padrão apropriados: i) a BS EN 196-2 (Method of testing cement. Part 2 – Chemical analysis of cement) para o cimento; ii) a BS EN 1744-1 (Tests for chemical properties of aggregates. Part 1 – Chemical analysis) para agregados e; iii) a BS EN 480-10 (Admixtures for concrete, mortar and grout. Test methods. Part 10 – Determination of water soluble chloride content) para as misturas.

A determinação do teor de cloretos é parte do procedimento de controle de qualidade no concreto conforme as normas europeias e britânicas BS EN 206-1 (Concrete. Part 1 – Specification, performance, production and conformity) e BS 8500 (Concrete. Complementary British Standard to BS EN 206-1. Part 2 – Specification for constituent materials and concrete), respectivamente. Nessa base, a recomendação BS 6349-1-4 é que o nível de cloreto não deve exceder os limites particulares, onde o limite é de 0,20% de íons de cloro, por massa de cimento, para concreto armado. A determinação do teor de cloreto em concreto por soma da contribuição de cada constituinte faz parte do padrão britânico para concreto desde 1990 (Testing concrete. Part 124 – Methods of analysis of hardened concrete).

Conforme discutido no Capítulo 4, o uso de adições minerais ativas aumenta a resistência do concreto à ação dos cloretos, principalmente para aquelas que contêm aluminatos, tais como metacaulim ou escórias de aciaria, devido à formação do sal de Friedel. No entanto, segundo GJØRV[59], um volume reduzido de cal livre reduz a alcalinidade da solução do poro, o que também pode reduzir o nível crítico de concentração de cloretos para romper a passividade da armadura. Para concretos muito densos, porém, tal redução do nível crítico de concentração do cloreto não representa necessariamente um problema prático de durabilidade.

Da mesma forma, concretos com elevada resistividade ou secos não terão água suficiente nos poros para transportar os íons cloreto até a armadura. Por isso, mesmo em presença de concentrações muito elevadas de cloretos dentro do concreto, o processo corrosivo tenderá a não ocorrer caso o concreto esteja seco.

A principal forma de determinar o teor de cloretos no concreto é por ataque ácido (BS 1881-12[56]). Outras técnicas estão disponíveis, nomeadamente as utilizadas em campo como as tiras e os eletrodos sensíveis a cloretos[60]. Em termos comparativos, os eletrodos são claramente melhores que as tiras, mas os resultados deverão ser sempre confirmados em laboratório, por questões de controle e de confiabilidade.

Todos esses métodos medem o teor de cloretos totais no concreto, o que significa que os cloretos ligados ao C_3A ou adsorvidos aos inertes (agregados) são também contabilizados, apesar de não contribuírem para o processo corrosivo. Técnicas como a extração da água dos poros ou *soxhlet extraction* (AASHTO T260) permitem medir apenas a concentração de cloretos livres, mas são muito menos precisas e reprodutíveis[60]. Apesar de essas técnicas permitirem a determinação da concentração de cloretos livres, o valor crítico, do ponto de vista prático, traduz sempre a concentração total de cloretos.

A coleta de amostras para a determinação da percentagem de cloretos é também muito importante, porque deve ser representativa de toda a estrutura ou, pelo menos, da zona estudada. As amostras podem ser obtidas por extração de testemunhos ou recolhimento do pó de concreto (aproximadamente 25 g), que se obtém pela realização de furos a profundidades crescentes. Muitas vezes, os primeiros milímetros (0 a 10 mm) da amostra recolhida têm de ser desprezados por conterem excesso de sais, no caso em que estes se depositam à superfície do concreto e se concentram por evaporação da água. Outras vezes é exatamente ao contrário, quando a água do meio ou da chuva promove a lavagem da superfície de concreto.

Não se pode deixar de considerar a possível ação do cloreto de magnésio ($MgCl_2$) existente na água do mar, na ação corrosiva da atmosfera marinha. Sua presença na névoa salina, juntamente com o cloreto de sódio, cria condições favoráveis à corrosão, pois como é um sal deliquescente, absorve umidade atmosférica, tornando a superfície metálica sempre umedecida e, consequentemente, sujeita à corrosão, visto se ter a presença de eletrólitos fortes ($NaCl$ e $MgCl_2$) e água[1].

A influência dos íons cloro pode ser visualizada, também, pela alteração no diagrama de Pourbaix para o sistema ferro-água com cloretos (Figura 6.25). Esse diagrama evidencia o decréscimo da região de passividade provocado pela ação dos cloretos em comparação ao diagrama do sistema ferro-água, apresentado no Capítulo 2. Além disso, esse diagrama apresenta uma maior região de corrosão composta por uma região de corrosão por pites.

O cloreto se apresenta em três formas no concreto: quimicamente ligado ao aluminato tricálcico (C_3A), formando cloro-aluminato de cálcio ou sal de Friedel ($C_3A.CaCl_2.10H_2O$); adsorvido na superfície dos poros; e sob a forma de íons livres. Por maior que seja a capacidade de um dado concreto de ligar-se quimicamente ou adsorver fisicamente íons cloreto, haverá sempre um estado de equilíbrio entre as três formas de ocorrência desses íons, de modo que sempre existirá um certo teor de Cl^- livre na fase líquida do concreto[34]. Esses cloretos livres são os que efetivamente causam preocupação. A Figura 6.26 ilustra as três possibilidades de ocorrência de Cl^- na estrutura do concreto.

De acordo com o American Concrete Institute (ACI)[56], existem três teorias modernas que explicam os efeitos dos íons cloreto na corrosão do aço: adsorção, filme óxido e complexo transitório.

■ *Teoria da adsorção*: os íons são adsorvidos na superfície metálica em competição com o oxigênio dissolvido ou com os íons hidroxila. O cloreto promove a hidratação dos íons metálicos, facilitando a sua dissolução.

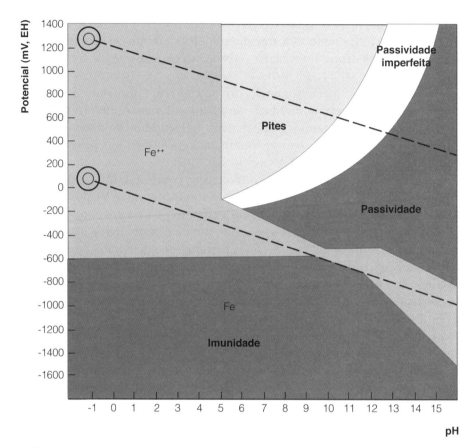

Figura 6.25. Diagrama de Pourbaix simplificado para o sistema ferro-água com cloretos (355 ppm).

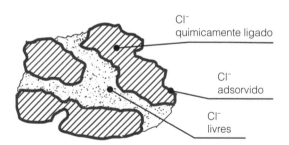

Figura 6.26. Formas de ocorrência de cloretos na estrutura do concreto[34]

- *Teoria do filme óxido*: os íons cloretos penetram no filme de óxido passivante sobre o aço, através de poros ou defeitos, ou através de dispersão coloidal, mais facilmente do que penetram outros íons como, por exemplo, o sulfato (SO_4^{2-}). Assim, os íons cloro diminuem a tensão superficial interfacial, resultando na formação de rupturas e falhas e debilitando o filme passivo.
- *Teoria de complexo transitório*: os íons Cl- competem com os íons hidroxila (OH-) para a produção de íons ferrosos. Forma-se, então, um complexo solúvel de cloreto de ferro. Este pode difundir-se a partir de áreas anódicas, destruindo a camada protetora de $Fe(OH)_2$ e permitindo a continuação do processo corrosivo. A certa distância do eletrodo, o complexo é rompido,

precipita o hidróxido de ferro, e o íon cloreto fica livre para transportar mais íons ferrosos da área anódica. Uma vez que a corrosão não é estancada, mais íons de ferro continuam a migrar dentro do concreto a partir do ponto de corrosão e reagem, também, com o oxigênio, para formar óxidos que ocupam um volume quatro vezes maior, causando tensões internas e fissuras no concreto.

Há uma rápida aceleração do processo corrosivo quando a umidade atinge um valor crítico, a partir do qual o material começa a corroer de forma mais acentuada. Se, além da umidade, existirem, também, substâncias poluentes, a velocidade de corrosão é acelerada.

A Figura 6.27 mostra a influência da deposição de partículas de cloreto de sódio nas superfícies de ferro em diferentes valores de umidade relativa[1]. As curvas evidenciam que a corrosão, mesmo sem a presença de cloreto de sódio, só se torna acentuada com a elevação do valor de umidade relativa.

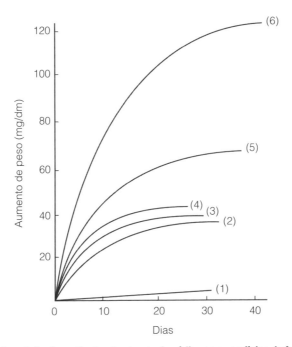

Figura 6.27. Influência da deposição de partículas de cloreto de sódio nas superfícies de ferro[1]. (1) UR 58%; (2) UR 70%; (3) UR 80%; (4) UR 89%; (5) UR 94%; (6) UR 97%.

Mesmo que o concreto não esteja contaminado por cloretos, eles podem atingir a armadura de aço, oriundos do exterior, através da rede de poros, caso a estrutura esteja em atmosfera marinha ou em outro ambiente que contenha cloretos. A quantidade de cloretos é incrementada temporalmente, chegando, até mesmo, a atacar toda a superfície da armadura, podendo provocar velocidades de corrosão intensas e perigosas.

Partículas de elevada finura (filler) podem fechar ou interromper a conectividade entre alguns dos poros, diminuindo, assim, a sucção capilar do concreto e, então, impedindo o transporte de substâncias[61]. Isso acontece mesmo em amostras que apresentaram maior porosidade total, o que significa que, dentro de certos limites, esse parâmetro não é tão relevante.

O tipo de cimento, a percentagem de cinzas ricas em sílica eventualmente presentes, a porosidade, a relação água/cimento e até a idade do concreto são, entre outros, fatores que condicionam a velocidade de progressão dos cloretos através do concreto. Em cimentos em que, por exemplo, as quantidades de aluminato tricálcico (C_3A) são elevadas, a resistência à penetração de cloretos é claramente maior quando comparada com outros cimentos com menor concentração de C_3A[62,63].

De acordo com estudos recentes[47,63-66], a presença de materiais cimentícios suplementares também reduzem significativamente a mobilidade dos íons cloreto, refletindo o efeito do aumento da tortuosidade e da melhor distribuição dos diâmetros dos poros, provocados pelas reações pozolânicas, que dificultam a movimentação iônica.

A utilização de materiais que contêm fases mineralógicas, como aluminossilicatos de sódio, conhecidos como *sodalites*, compostos tipo zeólitos com uma capacidade de troca de íons extremamente elevada, torna esses materiais excelentes absorventes de metais[67] e influencia em suas propriedades superficiais[48], como a facilidade de formação de compostos pela reação com os íons cloreto. Além disso, vale ressaltar a importância da presença de aluminatos, que têm um relevante papel na fixação de íons cloretos, fazendo com que estes não estejam livres e disponíveis para iniciar o processo de corrosão, conforme discutido no Capítulo 4.

6.3.6. Ação de outros sais

Além dos íons cloreto, abordados na seção anterior, existe, ainda, a possibilidade de outros sais, além do NaCl e do $MgCl_2$, alterarem a condutividade do concreto e reagirem quimicamente com os seus componentes ou despassivarem a armadura, tornando-os determinantes do ponto de vista da ocorrência da corrosão.

6.3.6.1. Sais de amônia

Outra situação que vem ocorrendo com certa frequência na parte inferior de pilares e de paredes de concreto é a corrosão devido à redução do pH associada à urina. O cloreto de amônio (NH_4Cl), existente na urina, reage com o hidróxido de cálcio [$Ca(OH)_2$], fazendo com que este seja consumido, diminuindo o valor do pH e possibilitando, assim, a corrosão da armadura e consequente desagregação do concreto.

Os sais de amônia (NH_4^+) reagem com o concreto libertando amoníaco. A amônia reage com o hidróxido de cálcio, dissolvendo-o e formando amoníaco gasoso, que se liberta através dos poros do concreto para o exterior. A dissolução do hidróxido de cálcio origina a diminuição do pH do concreto e, consequentemente, a despassivação da armadura[68], de acordo com a reação resumida apresentada na Equação 6.27.

$$Ca(OH)_2 + 2NH_4Cl \rightarrow 2NH_3 + CaCl_2 + 2H_2O \quad (6.27)$$

A Tabela 6.5 indica a relação entre a concentração de íons amônio e o grau de ataque ao concreto, de acordo com a norma DIN-4030[69].

Tabela 6.5. Relação entre a concentração de amônia e o grau de ataque ao concreto

Grau de ataque do concreto	Concentração de NH_4^+ (mg/L)
Fraco	15 a 30
Forte	30 a 60
Muito forte	> 60

6.3.6.2. Sais de magnésio

Mecanismo de atuação semelhante ao dos sais de amônia ocorre com os sais de magnésio, que formam hidróxido de magnésio ao reagir com o hidróxido de cálcio presente no concreto[69], de acordo com a Equação 6.28.

$$Mg^{2+} + Ca(OH)_2 \rightarrow Mg(OH)_2 + Ca^{2+} \tag{6.28}$$

A Tabela 6.6 indica a relação entre a concentração de íons magnésio e o grau de ataque ao concreto, retirada da norma alemã DIN-4030[69].

Tabela 6.6. Relação entre a concentração de Mg^{2+} e o grau de ataque ao concreto

Grau de ataque do concreto	Concentração de Mg^{2+} (mg/L)
Fraco	200 a 300
Forte	300 a 1.500
Muito forte	> 1.500

6.3.6.3. Sais de ferro e alumínio

Outros sais como o cloreto de ferro trivalente ou o cloreto de alumínio, facilmente hidrolisáveis, produzem soluções ácidas muito agressivas, formando ácido clorídrico, conforme Equações 6.29 e 6.30 quando dissolvidos na água presente nos poros do concreto[68].

$$FeCl_3 + 3H_2O \rightarrow Fe(OH)_3 + 3HCl \tag{6.29}$$

$$AlCl_3 + 3H_2O \rightarrow Al(OH)_3 + 3HCl \tag{6.30}$$

Referências

1. GENTIL, V. (2007) Corrosão (5ª ed). Rio de Janeiro, LTC, 356 p.
2. NACE INTERNATIONAL – National Association of Corrosion Engineers. Economic impact. Disponível em: <http://impact.nace.org/economic-impact.aspx>. Acesso em: 01 jun. 2017.
3. JUNIOR CALLISTER, W. (2002) Ciência e engenharia dos materiais: uma introdução. Rio de Janeiro, LTC, 592 p.
4. THOMPSON, N.G.; YUNOVICH M.; DUNMIRE D.J. <S:TP:DATE>(2005)<E:TP:DATE> Corrosion costs and maintenance strategies – a civil/industrial and government partnership. corrdefense v. 1, n. 1. October. Disponível em: <http://corrdefense.nace.org/CorrDefense_October_2005/pdf/other_news1.pdf>. Acesso em: 01 jun. 2017.
5. HELENE, P.R.L. (1999) Corrosão em armaduras para concreto armado (4ª ed). São Paulo, PINI, 48 p.
6. FREIRE, K.R.R. (2005) Avaliação do desempenho de inibidores de corrosão em armaduras de concreto. Dissertação (Mestrado em estruturas) – Universidade Federal do Paraná, Paraná. 192 p.
7. MONTEMOR, M.F.; SIMÕES, A.M.P.; FERREIRA, M.G.S. (2002) Corrosion behaviour of rebars in fly ash mortar exposed to carbon dioxide and chlorides. Cement and Concrete Composites, v. 24, n. 1, p. 45-53.
8. TAYLOR, H.F.W. (1997) Cement chemistry. 2nd ed. London:.[s.n.].
9. PETER, M.A.; et al. (2008) Competition of several carbonation reactions in concrete: a parametric study. Cement and Concrete Reasearch, v. 38, n. 12, p. 1385-1393.

10. CASCUDO, O.; CARASEK, H. (2011) Ação da carbonatação no concreto. In: ISAIA, G.E. Concreto: ciência e tecnologia. São Paulo: Instituto Brasileiro do Concreto, v. 2. 1984 p.

11. HOUST, Y.F.; WITTMANN, F.H. (2002) Depth profiles of carbonates formed during natural carbonation. Cement and Concrete Research, v. 32, 1923-1930.

12. PAPADAKIS, V.G.; FARDIS, M.N.; VAYENAS, C.G. (1992) Effect of composition, environmental factors and cement line mortar coating on concrete carbonation. Materials and Structures, 293-304.

13. CARMONA, T.G. (2005) Modelos de previsão da despassivação das armaduras em estruturas de concreto sujeitas à carbonatação. Dissertação (Mestrado) – Escola Politécnica da Universidade de São Paulo. São Paulo. 94 p.

14. FIGUEIREDO, E. (2005) Efeitos da carbonatação e de cloretos no concreto. In: ISAIA, G. Concreto: ensino, pesquisa e realizações. São Paulo: IBRACON, v. 2, p. 829-855.

15. PAULETTI, C. (2004) Análise comparativa de procedimentos para ensaios acelerados de carbonatação. Dissertação (Mestrado em Engenharia) – Escola de Engenharia, Programa de Pós-graduação em Engenharia Civil, UFRGS, Porto Alegre.

16. MORANDEAU, A.; et al. (2014) Investigation of the carbonation mechanism of CH and C-S-H in terms of kinetics, microstructure changes and moisture properties. Cement and Concrete Research, v. 56, 153-170.

17. BERTOS, M.F.; et al. (2004) A review of accelerated carbonation technology in the treatment of cement-based materials and sequestration of CO_2. Journal of Hazardous Materials, v. 112, n. 3, p. 193-205.

18. KROPP, J.; HILSDORF, H.J. (1995) Performance criteria for concrete durability. Rilen Report, n. 12.

19. BROOMFIELD J. (2001) Evaluation of life performance and modelling corrosion of steel in concrete, consultants, and risk review Ltd. Report D29, 128-136.

20. BROOMFIELD, J. (2007) Corrosion of steel in concrete understanding, investigation and repair (2nd ed). London, Taylor & Francis, p. 18-19.

21. ISAIA, G. (2005) O concreto: da era clássica à contemporânea. In: ISAIA, G. Concreto: ensino, pesquisa e realizações. v. 1. São Paulo: IBRACON, p. 1-43.

22. MEHTA, P.K.; MONTEIRO, P.J.M. (2014) Concreto: microestrutura, propriedades e materiais (2ª ed). São Paulo, IBRACON, 782 p.

23. WILD, S.; KHATIB, J.; JONES, A. (1996) Relative strength, pozzolanic activity and cement hydration on superplasticised metakaolin concrete. Cement and Concrete Research, v. 26, n. 10, p. 1537-1544.

24. PAPADAKIS, V.G. (2000) Effect of supplementary cementing materials on concrete resistance against carbonation and chloride ingress. Cement and Concrete Research, v. 30, 291-299.

25. KULAKOWSKI, M.P. (2002) Contribuição ao estudo da carbonatação em concretos e argamassas compostos com adição de sílica ativa. 2002. Tese (Doutorado em Engenharia) – Universidade Federal do Rio Grande do Sul, Porto Alegre. 200 p.

26. POSSAN, E. (2010) Modelagem da carbonatação e previsão de vida útil de estruturas de concreto em ambiente urbano. 2010. Tese (Doutorado em Engenharia) – Universidade Federal do Rio Grande do Sul, Porto Alegre. 266 p.

27. HOPPE, A.E. (2008) Carbonatação em concreto com cinza de casca de arroz sem moagem. Dissertação (Mestrado em Engenharia) – Universidade Federal de Santa Maria, Santa Maria. 148 p.

28. JIANG, L.; LIN, B.; CAI, Y. (2000) A model for predicting carbonation of high-volume fly ash concrete. Cement and Concrete Research, v. 30, 668-702.

29. KHAN, M.I.; LYNSDALE, C.J. (2002) Strength, permeability and carbonation of high performance concrete. Cement and Concrete Research, v. 32, 123-131.

30. DUAN, P.; et al. (2012) Influence of metakaolion pore structure-related properties and thermodynamic stability of hydrate phases of concrete in seawater environment. Construction and Building Materials, v. 36, 947-953.

31. SANTOS, B.S.; ALBUQUERQUE, D.D.M.; RIBEIRO, D.V. (2016) Efeito do metacaulim na carbonatação em concretos de cimento Portland. In: 2° Encontro Luso-Brasileiro de Degradação em Estruturas de Betão. Lisboa, Portugal. Anais do 2° Encontro Luso-Brasileiro de Degradação em Estruturas de Betão. Lisboa, Portugal: LNEC, v. 2. p. 29.1-29.12.

Capítulo 6 Corrosão em estruturas de concreto armado

32. FERREIRA, M.B. (2013) Estudo da carbonatação natural de concretos com diferentes adições minerais após 10 anos de exposição. Dissertação (Mestrado em Engenharia) – Escola de Engenharia Civil, Programa de Pós-graduação em Geotecnia, Estruturas e Construção Civil, UFG, Goiânia, Goiás. 196 p.

33. VISSER, J. (2014) Influence of the carbon dioxide concentration on the resistance to carbonation of concrete. Construction and Building Materials, v. 67, 8-13.

34. CASCUDO, O. (1997) O controle da corrosão de armaduras em concreto (2ª ed). Goiânia, PINI, UFG, 238 p.

35. FIGUEIREDO, E.J.P.; MEIRA, G.R. (2013) Corrosión de armadura de estructuras de hormigón. ALCONPAT Internacional (Boletim Técnico). Mérida (México), 28.

36. GEOFFREY T. (1995) Carbonation of concrete and its effects on durability. BRE DIGEST 405, Building Research Establishment, Garston, UK., p. 11-12/87.

37. GONEN, T.; YAZICIOGLU, S. (2007) The influence of compaction pores on sorptivity and carbonation of concrete. Construction and Building Materials, v. 21, n. 5, p. 1040-1045.

38. SONG, H.W.; KWON, S.J. (2007) Permeability characteristics of carbonated concrete considering capillary pore structure. Cement and Concrete Research, v. 37, n. 6, p. 909-915.

39. ROY, S.K.; POH, K.B.; NORTHWOOD, D.O. (1999) Durability of concrete accelerated carbonation and weathering studies. Building and Environment, v. 34, n. 5, p. 597-606.

40. MALVIYA, R.; CHAUDHARY, R. (2006) Factors affecting hazardous waste solidification/stabilization: a review. Journal of Hazardous Materials, v. 137, n. 1, p. 267-276.

41. LANGE, L.C.; HILLS, C.D.; POOLE, A.B. (1996) The effect of accelerated carbonation on the properties of cement-solidified waste forms. Waste management, 757-763.

42. INTERNATIONAL ORGANIZATION FOR STANDARDIZATION. (2013) ISO 1920-12: Testing of concrete – Part 12 Determination of the carbonation resistance of concrete – Accelerated carbonation method. Suíça.

43. BERTOLINI, L. et al. (2003) Corrosion of steel in concrete, prevention, diagnosis, repair. Wiley-Vch Verlag GmbH & Co. KGaA, p. 64-65.

44. JOHN, W.M. Corrosão de armaduras de concreto. São Paulo: IPT. Disponível em: <http://www.imape.com.br/artwanderley.htm>. Acesso em: 13 maio 2006.

45. ECIVILNET. E-civil: Corrosão de armaduras. Disponível em: <http//www.ecivilnet.com/artigos/corrosao_de_armaduras.htm>. Acesso em: 13 maio 2006.

46. PANNONI, F.D. (2004) Princípios da proteção de estruturas metálicas em situações de corrosão e incêndio. In : Coletânea do uso do, aço., 4ª, ed., v. 2. Minas Gerais: Gerdau Açominas.

47. SANTOS, L. (2006) Avaliação da resistividade elétrica do concreto como parâmetro para a previsão da iniciação da corrosão induzida por cloretos em estruturas de concreto. Dissertação (Mestrado em estruturas) – Departamento de Estruturas, Universidade de Brasília, Brasília. 162 p.

48. LOPEZ, E.; SOTO, B.; ARIAS, M. (1998) Adsorbent properties of red mud and its use for wastewater treatment. Water Research, v. 32, n. 4, p. 1314-1322.

49. GONZÁLEZ, J.A.; et al. (1996) Some questions on the corrosion of steel in concrete – Part I: when, how and how much steel corrodes. Materials and Structures, v. 29, 40-46, jan-feb.

50. FIGUEIREDO, E.J.P.; HELENE, P.; ANDRADE, C. (1993) Fatores determinantes da iniciação e propagação da corrosão da armadura do concreto. Boletim Técnico, n. 121. São Paulo: Escola Politécnica da USP.

51. TUUTTI, K. (1982) Corrosion of steel in concrete. Stockholm, Swedish Cement and Concrete. Research Institute. 472 p.

52. PRUNCKNER, F.; GJØRV, O.E. (2004) Effect of $CaCl_2$ and NaCl additions on concrete corrosivity. Cement and Concrete Research, v. 34, 1209-1217.

53. FIGUEIREDO, C.P.; et al. (2014) O papel do metacaulim na proteção dos concretos contra a ação deletéria dos cloretos. Revista IBRACON de Estruturas e Materiais, v. 7, n. 4, p. 685-708.

54. AMERICAN CONCRETE INSTITUTE. (2002) Protection of metals in concrete against corrosion. Reported by ACI committee 222 ACI. 222 R- 01 American Concrete Institute, Farmington Hills Michigan.

55. HAUSMANN, D.A. (1967) Steel corrosion in concrete: how does it occur? Materials Protection, v. 6, 16-28.

56. BRITISH STANDARDS 1881-124. (1988) Testing concrete. Methods of analysis of hardened concrete.

57. BRE Digest 444. (2000) Corrosion of steel in concrete: part 2 – investigation and assessment building research establishment. Garston, London, UK, Publ CRC Ltd.

58. CLEAR, C.; TAYLOR, M. (2014) Chloride content of hardened concrete – a flaw in the maritime code BS 6349-1-4. Concrete, 40-41, abr. Disponível em: <http://www.brmca.org.uk/documents/Concrete_Apr_14 _Chloride_Con tent_of _hardened_concrete.pdf>. Acesso em: 13 maio 2017.

59. GJØRV, O.E. (2015) Projeto de Durabilidade de estruturas de concreto em ambientes de severa agressividade. São Paulo, Oficina de Textos, 238 p.

60. HERALD, S.E.; et al. (1992) Condition Evaluation of Concrete Bridges relative to Reinforcement Corrosion. Method of field determination of total chloride content. National Research Council Washington, v. 6.

61. SONG, G. (2000) Equivalent circuit model for SAC electrochemical impedance spectroscopy of concrete. Cement and Concrete Research, v. 30, n. 11, p. 1723-1730.

62. YADAV, V.S.; et al. (2010) Sequestration of carbon dioxide (CO_2) using red mud. Journal of Hazardous Materials, v. 176, n. 1–3, p. 1044-1050.

63. PAGE, C.L.; et al. (1986) The influence of differents cements on chloride induced corrosion of reinforcing steel. Cement and Concrete Research, v. 16, 79-86.

64. AÏTCIN, P.C. (2003) The durability characteristics of high performance concrete: a review. Cement and Concrete Composites, v. 25, n. 4–5, p. 409-420.

65. RIBEIRO, D.V.; LABRINCHA, J.A.; MORELLI, M.R. (2011) Chloride diffusivity in red mud-ordinary portland cement concrete determined by migration tests. Materials Research, v. 14, n. 2, p. 227-234.

66. RIBEIRO, D.V.; LABRINCHA, J.A.; MORELLI, M.R. (2012) Analysis of chloride diffusivity in red mud-ordinary portland cement concrete. Revista IBRACON de Estruturas e Materiais, v. 5, n. 2, p. 137-152.

67. CHVEDOV, D.; OSTAP, S.; LE, T. (2001) Surface properties of red mud particles from potentiometric titration. Colloids Surface A, v. 182, n. 1, p. 131-141.

68. LEA, F.M. (1970) The Chemistry of Cement and Concrete (3rd ed). Edward Arnold Glasgow.

69. DIN – Deutsches Institut fur Normung – 4030. (1991) Assessment of water, soil and gases for their aggressiveness to concrete: collection and examination of water and soil samples, jun.

Capítulo 7

Deterioração das estruturas de concreto

*Daniel Véras Ribeiro**

7.1. Introdução

A deterioração causada pela interação físico-química entre o material e o seu meio operacional representa alterações prejudiciais sofridas pelo material, que podem ser desgaste, variações químicas ou modificações estruturais, tornando-o inadequado para o uso.

De acordo com GENTIL[1], a deterioração observada no concreto pode estar associada a fatores mecânicos, físicos, biológicos ou químicos, entre os quais são citados:

- Mecânicos: vibração e erosão
- Físicos: variações de temperatura
- Biológicos: bactérias
- Químicos: produtos químicos, como ácidos e sais

Entre os fatores mecânicos, as vibrações podem ocasionar fissuras no concreto, possibilitando o contato da armadura com o meio corrosivo. Líquidos em movimento, principalmente contendo partículas em suspensão, podem ocasionar erosão no concreto, com o seu consequente desgaste. Se esses líquidos contiverem substâncias químicas agressivas ao concreto, tem-se a ação combinada, isto é, erosão-corrosão, mais prejudicial e rápida do que as ações isoladas. A erosão é mais acentuada quando o fluido em movimento contém partículas em suspensão na forma de sólidos, que funcionam como abrasivos, ou mesmo na forma de vapor, como no caso de cavitação.

Conforme apresentado no Capítulo 5, os fatores físicos, como variações de temperatura, podem ocasionar choques térmicos com reflexos na integridade das estruturas. Variações de temperatura entre os diferentes componentes do concreto (pasta de cimento, agregados e armadura), com características térmicas diferentes, podem ocasionar microfissuras na massa do concreto que possibilitam a penetração de agentes agressivos[1]. A atmosfera local, que além da temperatura engloba umidade, presença de ventos, contaminantes e suas respectivas variações cíclicas, também é um fator físico de grande importância para a corrosão. A Tabela 7.1 apresenta a corrosão relativa em função das diversas atmosferas a que as estruturas de concreto armado estão submetidas.

---

*   Colaboração: Guilherme Augusto de Oliveira e Silva (UFBA), Rafaela Oliveira Rey (UFBA), Débhora Soto França (UFBA) e Tiago Assunção Santos (UFBA).

Tabela 7.1. Corrosão relativa para as diversas atmosferas a que o concreto armado pode estar submetido[2]

Atmosfera	Corrosão relativa
Rural seca	1 a 9
Marinha	38
Industrial (marinha)	50
Industrial	65
Industrial, fortemente poluída	100

Fatores biológicos, como microrganismos, podem criar meios corrosivos para a massa do concreto e a armadura, como aqueles criados pelas bactérias oxidantes de enxofre ou de sulfetos, que aceleram a oxidação dessas substâncias para ácido sulfúrico.

Os fatores químicos estão relacionados com a presença de substâncias químicas nos diferentes ambientes, normalmente água, solo e atmosfera. Entre as substâncias químicas mais agressivas devem ser citados ácidos, como o sulfúrico e o clorídrico, que resultam na formação de cloretos de cálcio e gel de sílica[1]. Os fatores químicos podem agir na pasta de cimento, no agregado e na armadura de aço-carbono. O mecanismo de deterioração química deve-se à ação de substâncias químicas sobre os componentes não metálicos do concreto, tais como as reações álcalis-agregado (RAA) ou o ataque por sulfatos.

As Figuras 7.1 e 7.2 apresentam um resumo feito por MEHTA e MONTEIRO[2], contendo as principais causas de deterioração do concreto.

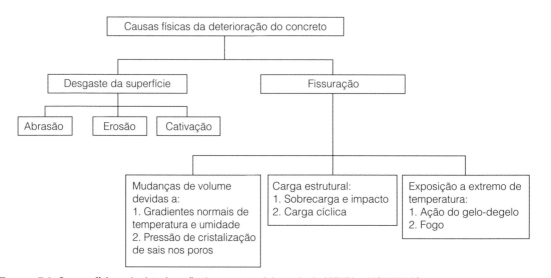

Figura 7.1. Causas físicas da deterioração do concreto. Adaptado de MEHTA e MONTEIRO[2].

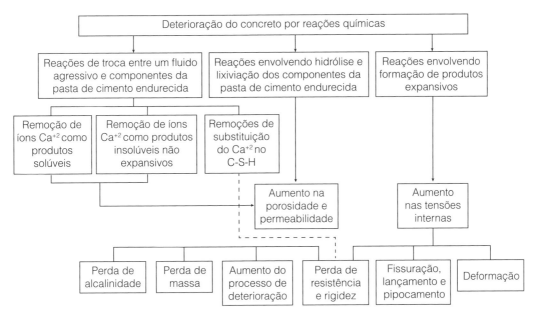

Figura 7.2. Causas químicas da deterioração do concreto. Adaptado de MEHTA e MONTEIRO[2].

7.2. Reações álcalis-agregado (RAA)

A degradação do concreto por ações químicas é um fenômeno extremamente complexo, envolvendo muitos parâmetros, nem sempre fáceis de serem isolados e que atuam em diferentes graus.

As reações álcalis-agregado (RAA) são reações químicas que se desenvolvem entre constituintes reativos dos agregados e íons alcalinos e hidroxilos presentes na solução intersticial da pasta de cimento, podendo ter um efeito altamente prejudicial para o concreto[2,3]. Como produto da reação, forma-se um gel expansivo, que passa a ocupar os poros do concreto. Esse gel, na presença de água, exerce pressões hidráulicas, produzindo expansões elevadas e aumentando as tensões internas com consequente fissuração, frequentemente acompanhadas do aparecimento de eflorescências e exsudações na superfície do concreto.

No Brasil, a reação álcalis-agregado era considerada como um problema que afetava apenas grandes obras de infraestrutura, como barragens e pontes, sem muita importância para as obras civis, como edifícios residenciais e comerciais. Porém, vários casos foram verificados nas últimas décadas no país, o que mudou a forma de pensar da comunidade técnica[4]. Em 2005, por exemplo, constatou-se a ocorrência de RAA em blocos de fundações em edifícios urbanos, em Recife/PE, numa escala que preocupou técnicos de todo o mundo. Baixa profundidade do lençol freático (umidade), presença de fases reativas nos agregados e disponibilidade de álcalis foram os fatores que contribuíram para a ocorrência da reação[5].

Diante disso, tem-se que a manifestação da reação está diretamente ligada à seleção dos materiais (cimento, agregados miúdo e graúdo, água e aditivos) que podem comprometer a estrutura. O panorama de execução de obras no nosso país preocupa, pois a escolha dos materiais é deixada sob responsabilidade dos empresários e construtores que a fazem com base em estudos de jazidas,

162 Corrosão e Degradação em Estruturas de Concreto

muitas vezes sem um detalhamento adequado, estabelecendo uma grande vulnerabilidade ao empreendimento[5,6].

Apesar de dificilmente ser referida como causa primária do colapso, a fissuração gerada pela RAA pode favorecer outros processos de deterioração no concreto armado, como a carbonatação e a corrosão das armaduras.

7.2.1. Tipos de reações álcalis-agregado (RAA)

Atualmente é considerada a existência de três tipos deletérios da reação, em função da composição mineralógica dos agregados e dos mecanismos envolvidos. São eles: reação álcalis-sílica (RAS), reação álcalis-silicato e reação álcalis-carbonato.

7.2.1.1. Reação álcalis-sílica (RAS)

A reação álcalis-sílica (RAS) é o tipo de reação álcalis-agregado mais comum e que tem recebido maior atenção. A RAS corresponde essencialmente a uma reação química entre certas formas de sílica reativa, possuindo estrutura mais ou menos desordenada e, por isso, instável num meio de elevado pH, e íons alcalinos (Na^+ e K^+) e hidroxilos (OH^-) presentes na solução intersticial da pasta de cimento, produzindo um gel de silicato alcalino[3].

A velocidade de reação dependerá da concentração dos hidróxidos alcalinos na solução intersticial e do tamanho das partículas do agregado (partículas mais finas resultam em expansão após um ou dois meses, e as maiores somente após muitos anos). Os íons cálcio (Ca^{2+}), cuja fonte principal é a portlandita (hidróxido de cálcio) formada pelas reações de hidratação do cimento, penetram rapidamente no gel, dando origem a geles de silicatos de cálcio, sódio e potássio. Esses geles são capazes de absorver moléculas de água e expandir, gerando forças expansivas[3,7].

A sílica é um material que se dissolve em condições extremamente básicas ou alcalinas. Sob condições ambientes, grãos finos amorfos de sílica dissolvem mais facilmente em solventes de alto pH do que o quartzo cristalino. Por sua vez, a concentração de álcalis contribui para a basicidade da solução dos poros, constituída principalmente por hidróxidos alcalinos dissolvidos[8]. Constituem exemplos de sílica reativa: opala, calcedônia, cristobalita e tridimita, certos tipos de vidros naturais (vulcânicos) e artificiais.

O primeiro estágio da RAS é a reação entre os íons hidroxila (OH^-), presentes na solução dos poros, e a sílica reativa do agregado. Inicialmente, os álcalis contribuem para o aumento da concentração de íons hidroxila na solução e, em seguida, na formação do gel expansivo[8]. A presença de álcalis influencia na reatividade do agregado e na extensão da reação, uma vez que quanto mais álcalis disponíveis, maior a concentração de OH^- na solução dos poros e, consequentemente, mais sílica será dissolvida[9].

Os íons hidroxila, ao reagirem com o agregado contendo fases reativas, atacam as ligações de siloxano (Si – O – Si), rompendo sua estrutura. Uma das quatro ligações que o silício faz com o oxigênio será ocupada pelo íon OH^-, conforme a Equação 7.1[5,8].

$$Si_2O + H_2O \rightarrow 2Si(OH) \tag{7.1}$$

Em seguida, grupos de silanol (Si – OH) são rompidos pelos íons OH^- em íons SiO^-, sobre a superfície do agregado, conforme a Equação 7.2.

$$Si(OH) + OH^- \rightarrow SiO^- + H_2O \tag{7.2}$$

As cargas negativas sobre os átomos de oxigênio terminais são equilibradas por cátions alcalinos (Na^+ e K^+) ao mesmo tempo que se difundem para dentro da estrutura. A ruptura das ligações de siloxano enfraquece a estrutura, disponibilizando reservas suficientes de hidróxido alcalino, garantindo que o processo continue produzindo uma solução de silicato alcalino[8].

A RAS tem como produto final um gel concentrado nos poros do concreto ou na superfície das partículas do agregado. A sua composição química é variável e indefinida, pois depende da concentração dos reagentes, da composição da solução dos poros e da fase reativa presente no agregado[5].

O hidróxido de cálcio livre, $Ca(OH)_2$, desempenha um papel importante na pasta do cimento, porque o próprio gel de silicato de metal alcalino não é capaz de produzir grande pressão de expansão, no entanto, a presença de cálcio cria condições que promovem a síntese de um gel semelhante ao silicato de cálcio hidratado (C-S-H), que atua como uma membrana semipermeável, permitindo a entrada de água e íons Na^+ e OH^- e restringindo a remoção dos produtos da reação (géis de silicatos alcalinos), mantendo-os na zona de transição. Assim, há um acréscimo de pressão na zona de transição (entre a pasta de cimento e o agregado)[10], pois o gel é expansivo e sofre um consequente aumento de volume quando na presença de água e, como ele é confinado pela pasta de cimento hidratada, ocorre uma pressão interna que pode resultar em fissuração e sua desagregação[6,10]. Essa pressão pode atingir 20 MPa, gerando tensões de tração no concreto entre 3 e 5 MPa, resultando em microfissuras e uma progressiva degradação do concreto[10]. A intensidade da força expansiva vai variar com a composição e a quantidade de gel formado[11].

A RAS é o tipo de reação álcalis-agregado que mais se desenvolve e, por isso, tem sido objeto de mais intenso trabalho de investigação em todo o mundo.

7.2.1.2. Reação álcalis-silicato

A reação álcalis-silicato é um fenômeno mais complexo e tem sido pouco explorado. Supõe-se que o mecanismo de expansão seja semelhante à RAS, sendo, contudo, mais lenta[7]. Frequentemente, esses dois tipos de reação são englobados num mesmo termo genérico de reações álcalis-sílica (RAS).

A reação álcalis-silicato pode ser considerada um tipo específico de RAS que envolve os álcalis e alguns tipos de silicatos presentes nos feldspatos, folhelhos argilosos, certas rochas sedimentares, metamórficas e magmáticas[5]. Essa reação ocorre de maneira semelhante à RAS, porém, com menor velocidade, uma vez que os minerais reativos estão mais disseminados na matriz.

7.2.1.3. Reação álcalis-carbonato (RAC)

Tipo de reação álcalis-agregado em que participam os álcalis e os agregados rochosos carbonáticos. A principal hipótese para o mecanismo de RAC e a resultante expansão do concreto é a desdolomitização, ou seja, uma decomposição do carbonato duplo de cálcio e magnésio (dolomita) por ação da solução intersticial alcalina, a qual origina um enfraquecimento da ligação pasta de cimento inerte, além da cristalização de brucita (hidróxido de magnésio, $Mg(OH)_2$), o que leva a um pequeno aumento de volume[5,6,9], atribuído à absorção de íons hidróxilos pelos minerais de argila[7], sem a formação de geles expansivos.

Testes laboratoriais[9] mostraram que RAC ocorre se o teor de álcalis no cimento está acima de 0,40%. Além disso, foi relatada que a reação desdolomitização é a única alteração química significativa conhecida que ocorre quando essas rochas são colocadas num ambiente alcalino.

A principal reação química na rocha é a decomposição da dolomita $[CaMg(CO_3)_2]$ em calcita $(CaCO_3)$ e brucita $[Mg(OH)_2]$, conforme representado pela reação (7.3), em que M representa um elemento alcalino, tal como potássio, sódio ou lítio.

$$CaMg(CO_3)_2 + 2MOH \rightarrow Mg(OH)_2 + CaCO_3 + M_2CO_3 \qquad (7.3)$$

7.2.2. Fatores condicionantes à ocorrência de RAA

Para que ocorra a reação álcalis-agregado são necessárias três condições: i) presença de fases reativas no agregado; ii) umidade suficiente; e iii) concentração de hidróxidos alcalinos na solução dos poros do concreto suficiente para reagir com as fases reativas dos agregados[5].

A RAA só será perigosa quando se verificarem todas essas condições[2,3,7] e, se algum dos fatores não existir, não haverá degradação do concreto. Além destes, outros fatores contribuem para que a reação ocorra de forma mais intensa[12,13]:

- Temperatura, sendo maior a expansão quanto maior a temperatura.
- Granulometria, sendo maior a força de expansão à medida que diminui a superfície específica (aumenta a reatividade) do material.

7.2.2.1. Presença de fases reativas no agregado

Para ocorrer a RAA, o agregado deve conter formas de sílica capazes de reagir quimicamente com os íons hidroxila e os álcalis presentes na solução dos poros, tais como vidro vulcânico, sílica amorfa, sílica microcristalina, tridimita, cristobalita (em faixas específicas de temperatura), calcedônia, opala, quartzo e feldspato deformados[13].

Para uma determinada quantidade de álcalis disponível e condições ambientais específicas, há um teor de sílica reativa que conduz a uma expansão máxima. Esse "teor favorável à ocorrência da reação" varia com a forma de sílica com a qual se está trabalhando. Para uma forma de sílica muito reativa, o teor crítico é atingido com pequenas quantidades do agregado, já para as formas pouco reativas o teor crítico pode representar a totalidade do agregado[11].

A reatividade dos componentes siliciosos com os hidróxidos alcalinos depende da granulometria e do grau de amorfização. Quanto menor o tamanho dos cristais, maior será a superfície de contato e, consequentemente, maior será a reatividade da fase e quanto mais desorganizada e instável for a estrutura do agregado, mais reativo ele será.

As principais fases reativas são constituídas, em grande parte, por SiO_2, que confere caráter ácido às rochas. Essas fases, ao entrarem em contato com a solução alcalina dos poros, iniciam uma reação ácido-base cujo produto é um gel sílico-alcalino, que expande ao absorver água, gerando pressões internas e fissuras no concreto, como foi explicado anteriormente[5].

7.2.2.2. Elevado teor de umidade

Por ter a capacidade de dissolver muitas espécies químicas, sendo rica em íons e gases, a água é o agente principal de deterioração física e química do concreto[2]. Ela desempenha duas funções na reação álcalis-agregado: faz o transporte do íon hidroxila e dos cátions alcalinos e é absorvida, em grande parte, pelo gel produzido pela reação[5].

Sendo assim, a expansão e a deterioração do concreto, provocadas pela RAA, só podem ocorrer quando o concreto estiver úmido. Os valores críticos de umidade relativa para o desenvolvimento da reação estão entre 80 e 85%[5,6,11]. Para umidades relativas internas do concreto inferiores a 75%, a fissuração devido à RAA poderá ser evitada. Esses valores variam de acordo com a umidade relativa do ambiente no qual a estrutura está inserida.

A expansão varia diretamente com a umidade relativa do concreto. Quando a umidade relativa é inferior a 70%, a expansão é relativamente baixa, enquanto acima de 80%, aumenta exponencialmente. É importante notar que, uma vez que a reação tenha ocorrido, qualquer aumento de umidade poderá conduzir à expansão[11]. Porém, mesmo com a presença do gel, se não houver suficiente umidade disponível, a expansão pode ser baixa e as fissurações podem não ocorrer.

A maneira de evitar a RAA é manter o concreto seco. Na prática, essa ação pode ser inviável, pois só será possível em estruturas que não tenham contato direto com a água (no interior das edificações). Dessa forma, as estruturas que mantêm contato direto com a água ou são submetidas a ciclos de molhagem e secagem estão mais susceptíveis a sofrerem degradação por RAA.

7.2.2.3. Elevada concentração de hidróxidos alcalinos

Os elementos metálicos do grupo 1A da tabela periódica são denominados metais alcalinos ou álcalis. São eles: lítio (Li), sódio (Na), potássio (K), rubídio (Rb), césio (Cs) e frâncio (Fr). Dentre esses, somente o sódio e o potássio estão presentes na composição do clínquer Portland em quantidades significativas, sendo o potássio mais comum que o sódio[2].

Uma elevada concentração de íons Na^+ e OH^- é foco de preocupação quanto à utilização de diversos materiais na produção de concretos e argamassas. Os álcalis presentes no cimento Portland são expressos na forma de óxido de potássio (K_2O) e óxido de sódio (Na_2O) e, segundo diversos autores, uma concentração de Na_2O superior a 0,6% ou entre 3 e 5 kg/m^3 é suficiente para uma RAA acentuada[2,14]. A quantidade de álcalis disponíveis no cimento Portland comumente é expressa em equivalente alcalino em Na_2O (Na_2O_{eq}), conforme Equação 7.4, por apresentar melhor correlação com a expansão devido às reações álcalis-agregado[2,13]

$$Na_2O_{eq} = \%Na_2O + 0,658.\%K_2O \tag{7.4}$$

As matérias-primas utilizadas na manufatura do cimento Portland são, geralmente, as responsáveis pela presença de álcalis no cimento, cujas concentrações variam na faixa de 0,2 a 1,5% de Na_2O equivalente (Na_2O_{eq}). Como consequência da hidratação do cimento tem-se uma solução intersticial no concreto contendo, essencialmente, hidróxido de sódio, cálcio e potássio. Normalmente, dependendo da quantidade de álcalis, o pH da solução nos poros varia de 12,5 a 13,5. Esse pH representa um líquido fortemente alcalino no qual algumas rochas ácidas (agregados compostos de sílica e minerais siliciosos) não permanecem estáveis[4]. Ou seja, a presença de álcalis influencia na reatividade do agregado e na extensão da reação, uma vez que quanto mais álcalis disponíveis, maior a concentração de OH^- na solução dos poros e, por conseguinte, mais sílica será dissolvida[9]. Na prática, acredita-se que conteúdos alcalinos no cimento iguais ou menores a 0,6% são suficientes para impedir danos devidos à reação álcalis-agregado, independentemente do tipo de agregado reativo[2].

Os sulfatos alcalinos possuem alta solubilidade em água, o que permite que estejam disponíveis na solução quase imediatamente, enquanto os álcalis insolúveis incorporados à estrutura dos cristais dependem da taxa de hidratação das fases do clínquer Portland para serem disponibilizados. A liberação total dos álcalis varia de um cimento para o outro, de acordo com a sua distribuição entre as fases do clínquer Portland. Porém, como a RAA ocorre lentamente, é provável que todos os álcalis do cimento, independentemente da fonte, estejam disponíveis ao longo do tempo[5].

7.2.3. Medidas preventivas

Os estudos da RAA evidenciam que as consequências e a evolução da reação são influenciadas pelas proporções de diversos íons na água dos poros e pela disponibilidade de álcalis e sílica. A reação álcalis-agregado só será perigosa quando coexistirem as três condições vistas anteriormente. Sendo assim, é possível determinar algumas medidas preventivas para essa reação.

7.2.3.1. Antes da construção

a) Escolha do agregado: para prevenir a RAA, pode-se adotar a prática de fazer as análises e os ensaios dos agregados e do conjunto agregado-aglomerante. A medida mais eficiente está na escolha de agregados não reativos. Caso não haja agregados não reativos disponíveis na região, deve-se mensurar a reatividade, a fim de se determinar formas de mitigá-la.

b) Uso de adições minerais ativas: caso haja potencialidade de ocorrência da reação, é possível utilizar adições que tenham a função de "neutralizar" a reação no concreto, tais como: materiais pozolânicos, como sílica ativa, metacaulim ou escória de alto forno, em proporções previamente estudadas. Outra alternativa é a utilização de cimento pozolânico ou cimento de escória de alto forno (CP III), contendo materiais pozolânicos ou escória em quantidades adequadas.

As pozolanas são benéficas na mistura porque reduzem a permeabilidade do concreto e, portanto, reduzem a mobilidade dos agentes agressivos provenientes do concreto ou do ambiente. Além disso, o silicato de cálcio hidratado (C-S-H), formado pela atividade pozolânica, incorpora certa quantidade de álcalis, reduzindo o valor do pH e, por ser uma substância de maior volume, ocasiona o fechamento dos poros do concreto, reduzindo a permeabilidade do mesmo[6].

c) Uso de adições químicas: a utilização de adições químicas como os sais de lítio pode levar a resultados satisfatórios. De acordo com estudos de QINGHAN et al.[15] e LUMLEY[16], o lítio participa da formação do gel mais ativamente que os íons metálicos de sódio e potássio, sendo seu produto não expansivo, visto que o lítio reduz o esqueleto da parte sólida do gel, dificultando a absorção da água. Porém, os sais de lítio, assim como o hidróxido de lítio, carregam consigo íons hidroxila, e, ao participar dos produtos de hidratação, liberam esses íons hidroxila para os poros do concreto, aumentando o pH do meio[17].

Ao mesmo tempo, o lítio entra na composição do C-S-H, deixando mais íons metálicos alcalinos em solução, elevando o potencial reativo do sistema. Assim sendo, quando a quantidade de lítio for pequena, além de haver mais álcalis nos poros do concreto, não sobrarão íons de lítio para participar da formação do gel de sílica.

O nitrato de lítio não aumenta a concentração de íons hidroxila, isto é, o pH, por não se dissolver na água de amassamento. Assim, a quantidade adicionada pode ser menor, respeitando a parte que será absorvida durante a hidratação do concreto[18]. Outros autores observaram que, a partir de um dado limite, a adição de nitrato de lítio não mais alterava sua eficiência[19], e que sua presença foi eficiente no combate à RAS, porém, causou aumento ou até iniciou a reação álcalis-carbonato[20].

d) Limitação do teor de álcalis no concreto: a expansão deletéria e fissurações devido à RAA podem ser reduzidas ou prevenidas com o uso de cimentos com baixos teores de álcalis ou limitando o teor total de álcalis no concreto a um valor específico[5,11].

Esse limite de segurança pode variar a depender do grau de reatividade do agregado, do teor de álcalis no cimento, do consumo de cimento no concreto (kg/m³), das condições de exposição da estrutura, do projeto da estrutura e da própria análise de risco de ocorrência da reação.

Capítulo 7 Deterioração das estruturas de concreto   167

7.2.3.2. Após a construção

Caso a estrutura esteja sofrendo os efeitos da RAA, existem algumas medidas que podem ser tomadas para reduzir as influências deletérias da reação.

Nos últimos anos vêm sendo desenvolvidas técnicas de reparação, baseadas no preenchimento das fissuras por injeção de resinas ou argamassas de cimento e revestimento da superfície do concreto com materiais impermeáveis ou repelentes de água, com base em resinas (epoxídicas, poliuretano, polibutadieno, silanos) ou cimento com polímeros[11].

Sabendo que a expansão deletéria ocorre quando o gel formado pela reação absorve água e se expande, pode-se tentar retardar o processo de degradação limitando o acesso da estrutura à umidade. Quando o concreto pode ser mantido com uma umidade relativa interna inferior a 75%, não será necessário tomar outras precauções contra a RAA. Como na maioria dos casos isso não é possível, recomenda-se atentar aos cuidados que devem ser tomados antes da construção, conforme discutido na sessão anterior. Outra possibilidade de mitigar os problemas provenientes da RAA em uma estrutura existente é "cintar" a peça com uma estrutura metálica externa que ofereça resistência às reações expansivas.

7.2.4. Mecanismo de minimização da RAA por meio da utilização de adições ativas

Existem algumas teorias propostas para explicar a utilização de adições ativas para reduzir a expansão provocada pela RAA, porém, é importante salientar que ainda não há consenso no meio técnico sobre essas teorias. São elas: i) diluição dos álcalis; ii) maior retenção dos álcalis na estrutura do silicato de cálcio hidratado (C-S-H); iii) redução da permeabilidade; e iv) redução do pH[5].

7.2.4.1. Diluição dos álcalis

Sabendo que o clínquer Portland é a principal fonte de álcalis do cimento, e que a concentração de álcalis é um dos fatores necessários para a ocorrência da RAA, diminuir a sua concentração na mistura é uma das medidas de inibição da reação. Assim, substituindo parte do cimento pela adição mineral, espera-se que haja redução da quantidade de álcalis disponível, uma vez que a adição ativa apresenta menor concentração de álcalis na sua composição, em comparação à concentração observada no cimento[5,8].

7.2.4.2. Retenção dos álcalis no C-S-H

O silicato de cálcio hidratado formado pela reação entre o cimento hidratado e a adição ativa retém os álcalis na sua estrutura, deixando-os indisponíveis para reagirem com os agregados e evitando, assim, a expansão. A portlandita, $Ca(OH)_2$, presente no cimento, quando na presença de uma quantidade adequada de material pozolânico, converte-se em C-S-H. Isso favorece a incorporação dos álcalis na sua estrutura, prevenindo, então, a participação na reação com as partículas de sílica[5].

7.2.4.3. Redução da permeabilidade

Utilizando as adições ativas é possível tornar o concreto menos permeável, com o refinamento do tamanho dos poros. Com a redução da permeabilidade, reduzem-se, também, o ingresso de umidade e a difusão dos álcalis para reagirem com os minerais[5,21,22].

7.2.4.4. Redução do pH

Outra teoria apresentada é a inibição da RAA por meio da redução do pH da solução intersticial do cimento[5,21]. O hidróxido de cálcio, $Ca(OH)_2$, presente no cimento reage com o dióxido de silício, SiO_2, presente no material pozolânico, formando o silicato de cálcio hidratado (C-S-H). Com a formação dessa estrutura, há a diminuição da quantidade de cálcio (caráter básico) nos poros do concreto e, com isso, há a redução do pH. Dessa forma, a eficácia da pozolana está em diminuir a basicidade dos produtos hidratados do cimento Portland, que é uma das condições para que a RAA ocorra.

7.2.5. Mecanismo de minimização da RAA por meio da utilização de pó ultrafino de agregados reativos

Uma nova forma de mitigação da RAA está sendo estudada nos últimos anos. Trata-se da utilização de pó de agregados reativos (PAR) em substituição parcial ao cimento ou à fração fina dos agregados miúdos. Esses agregados, tanto podem ser de origem natural, quanto derivados de resíduos, como é o caso de pó de vidro.

O uso de agregado pulverizado como material cimentício foi sugerido pelo engenheiro russo Alberto D. Osipov, durante o desenvolvimento do traço para aplicação de concreto compactado com rolo (CCR) a ser utilizado na construção da barragem de Capanda, em Angola (ALMEIDA *apud* CASTRO *et al.*[23]). Osipov recomendou a sua utilização como agente inibidor da reação álcalis-agregado, prescrevendo que a areia artificial deveria ter, pelo menos, 7% de material passante na peneira n° 200 e 10% passando na peneira n° 100.

CASTRO *et al.*[23], estudando a influência de agregados pulverizados na redução da reação álcalis-agregado, observaram que uma substituição de 15 a 20% de areia artificial de basalto pelo próprio agregado pulverizado, mantendo-se constante o consumo de cimento, provocou uma redução significativa da expansão, com o aumento dos teores, embora os valores tenham permanecido acima do critério de 0,11% aos 12 dias, fixado pela ASTM C1260.

SALLES *et al.*[24] utilizaram finos de britagem de basalto na redução da expansão devida à RAA, substituindo cimento Portland em teores de 10 a 30%, registram, entre outras observações, que a finura do pó de britagem é determinante para a eficiência na prevenção da reação álcalis-agregado (RAA).

Alguns pesquisadores[25] sugerem que a eficiência do pó em combater a reação álcalis-sílica é proporcional à reatividade do agregado de origem. Isto indica que a atividade do agregado, seja ela benéfica ou deletéria, seria função de sua capacidade de liberar sílica.

Pensando dessa forma, pode-se admitir que os PAR atuam mitigando a expansão por meio do mesmo mecanismo de uma pozolana tradicional. Ou seja, quando o pó reativo é disperso em uma pasta cimentícia, ocorre a liberação de sílica, resultando em uma redução da relação Ca/Si no C-S-H formado, o que potencializa a sua capacidade de reter álcalis em sua estrutura. A redução de álcalis livres na solução do poro diminui o pH e, consequentemente, o ataque aos agregados reativos[26].

Esses autores identificaram os principais fatores que influenciam na eficiência do PAR: i) o teor de sílica; ii) o teor de PAR; e iii) a superfície específica.

- *Teor de sílica*: as maiores reduções da expansão foram obtidas com PAR que apresentam maior teor de sílica e, como exemplo, cita-se o quartzito (94,1% de SiO_2). Por outro lado, os PAR menos eficientes foram obtidos a partir de duas variedades de calcários silicosos que possuem baixo teor de sílica (20% de SiO_2). Outra constatação importante é que, quanto mais reativo o agregado, maior o teor necessário para mitigar a reação. Como foram utilizados teores de PAR fixos (10 e 20%), não foi possível observar precisamente essa relação.

- *Teor de PAR*: o efeito benéfico do PAR é observado quando se faz a utilização de uma quantidade adequada de pó. Teores insuficientes têm um efeito variável, ora aumentando a expansão, ora inibindo. Sugere-se que esse fato tem relação com a lentidão da reação pozolânica, quando comparada com a rápida liberação de álcalis e consequente aumento do pH na solução dos poros do concreto. Dessa forma, é provável que maiores teores de PAR sejam necessários quando o agregado for mais ativo ou quando o pó for menos eficiente, por apresentar menor teor de sílica ou elevado teor de álcalis.
- *Superfície específica do PAR*: foi observado que, quanto maior a superfície específica, maior a redução na expansão, devido ao aumento da reatividade. Da mesma forma, um RAP utilizado com uma superfície específica inadequada, pode não reduzir suficientemente a expansão ou até mesmo aumentá-la.

Pesquisas recentes[27] mostraram a efetividade da utilização do resíduo proveniente do corte de mármore e granito (RCMG), com área superficial BET igual a 3,54 m^2/g, em mitigar a RAA, quando substituiu parcialmente o agregado miúdo em teores de 10, 15 e 20% (Figura 7.3).

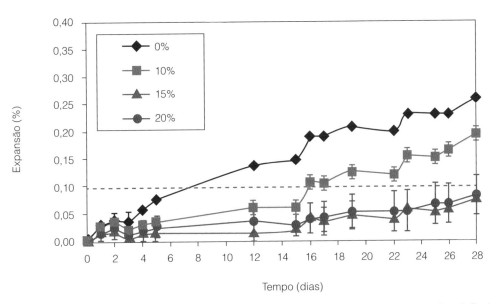

Figura 7.3. Expansão das barras, devido à reação álcalis-agregado (RAA), em argamassas contendo adição de 10, 15 e 20% de RCMG em substituição ao cimento.

7.3. Ataque por sulfatos

De acordo com AL-DULAIJAN *et al.*[28], a segunda maior causa de degradação de estruturas de concreto é a ação dos íons sulfato, ficando atrás, apenas, dos cloretos, que se apresentam como a principal causa de deterioração das estruturas de concreto armado.

Os sulfatos são extremamente agressivos quando em contato com o concreto armado. O ataque por sulfatos assume características de natureza mais mecânica do que eletroquímica, já que envolve a formação de cristais de sulfoaluminatos de cálcio e de sulfatos de cálcio, com elevada capacidade expansiva. A formação dessas substâncias no interior do concreto gera elevadas pressões internas, que podem causar fissuração e desagregação dele[29].

Embora o estudo acerca do mecanismo de degradação por ataque de sulfatos tenha iniciado há muito tempo, ele ainda não é totalmente compreendido, devido à complexidade das reações envolvidas, onde ações físicas e químicas de deterioração acontecem simultaneamente[30]. Segundo o American Concrete Institute (ACI)[63], o ataque por sulfato pode ser caracterizado pela formação da etringita tardia [$Ca_6Al_3(SO_4)_3(OH)_{12}.26.H_2O$], que, ao contrário da etringita primária, formada durante a hidratação inicial do cimento, ocorre quando o concreto já está endurecido. As características físico-químicas do cimento utilizado, como uma alta reatividade do aluminato tricálcico, seu conteúdo não reagido no concreto endurecido e um ambiente altamente úmido, colaboram para a formação da etringita tardia, caso haja, também, a presença de íons de sulfato dissolvidos (que ingressam no concreto em função da permeabilidade e microestrutura da rede de poros)[64].

É comum encontrar concentrações de sulfato deletérias ao concreto em ambientes naturais e industriais. Os ambientes naturais em que podem ser encontrados os sulfatos são: águas subterrâneas (sulfatos de magnésio, sódio e potássio) e solos e águas agrícolas (sulfato de amônia). Nos ambientes industriais, os sulfatos podem ser encontrados em efluentes de fornos que utilizam combustíveis com altos teores de enxofre e em efluentes industriais que contêm ácido sulfúrico[2].

Nos solos, o sulfato se apresenta sob a forma de gipsita ou sulfato de cálcio di-hidratado ($CaSO_4.2H_2O$), sendo encontrado em concentrações que são deletérias às estruturas de concretos, argamassas e outros produtos à base de cimento Portland. Nas águas subterrâneas, o sulfato pode ser encontrado sob a forma de sulfato de sódio (Na_2SO_4), sulfato de magnésio ($MgSO_4$) e sulfato potássio (K_2SO_4). Em agregados, também se podem encontrar altos teores de sulfatos sob a forma de pirita ou sulfeto de ferro (FeS). VEIGA[31] apresenta sete formas de sulfatos comumente encontrados e a Tabela 7.2 apresenta as características dos principais tipos de sais.

- *Sulfato de magnésio ($MgSO_4$)*: bastante agressivo ao concreto devido ao ataque às fases que contêm alumina na pasta de cimento Portland hidratada. Comumente encontrado em águas subterrâneas, marinhas e em alguns efluentes industriais.
- *Sulfato de amônio ($(NH_4)_2SO_4$)*: fertilizante muito utilizado na agricultura.
- *Sulfato de ferro ($2FeSO_4$)*: pode ser encontrado em águas subterrâneas e de infiltração devido à formação de sulfato de ferro pela oxidação, ao ar, de minerais sulfurosos de ferro.
- *Sulfato de sódio (Na_2SO_4)*: muito utilizado na indústria de celulose, produção de vidros, detergentes e corantes para tecido. É também subproduto de vários processos industriais e matéria-prima para produção de outros compostos.
- *Sulfato de potássio (K_2SO_4)*: muito utilizado como fertilizante e adubo químico.
- *Sulfato de alumínio ($Al_2(SO_4)_3$)*: muito utilizado como coagulante em sistemas de tratamento de água.
- *Sulfato de cobre ($CuSO_4$)*: utilizado como algicida (para eliminação de algas) no tratamento de água.

O ataque por sulfatos ocorre em diferentes formas e pode ser classificado em quatro categorias:

- Forma clássica de ataque por sulfatos, associada à formação de etringita ou de gipsita: A etringita, pode ser formada no concreto a partir da reação do aluminato tricálcico, com uma fonte externa de sulfato de cálcio ou sódio. Já a gipsita, $CaSO_4 \cdot 2H_2O$, dependendo do cátion associado à solução de sulfato (Na^+ ou Mg^{2+}), pode ser formada a partir do hidróxido de cálcio ou do silicato de cálcio hidratado[64].
- Efeito físico, associado à cristalização dos sais de sulfato: O ataque por ação física causa a expansão da estrutura de concreto oriunda da cristalização de sais. Esta cristalização não está relacionada a reações químicas entre sulfatos e compostos da pasta de cimento hidratada. Os sulfatos, em presença de água, penetram nos materiais de base cimentícia por capilaridade, permeabilidade ou difusão. A concentração de sais se eleva devido à evaporação da água, podendo ocasionar cristalização. Os sais sulfato gerados no processo de cristalização ocupam volume superior ao ocupado quando estavam dissolvidos no meio líquido, causando expansão[33].
- Ataque interno, associado à formação de etringita tardia: Caso ocorra uma desproporção entre os teores de C_3A e de gipsita, tendendo ao excesso do primeiro, ocorrerá a formação de monosulfato

Tabela 7.2. Características dos principais tipos de sais de sulfatos[32]

Tipo	Cátion	Cor	Solubilidade	Origem	Agressividade
K_2SO_4	Potássio	Branca	Baixa	Água do mar ou subterrânea	Elevada
NH_4SO_4	Amônia	Branca	Alta	Fábricas de explosivos, coque, indústria química	Elevada
Na_2SO_4	Sódio	Branca	Alta	Indústria química, leito e água do mar	Elevada
$CaSO_4$	Cálcio	Branca	Baixa	Águas subterrâneas, escória	Elevada
$MgSO_4$	Magnésio	Branca	Alta	Água do mar e subterrânea	Elevada
$CuSO_4$	Cobre	Branca	Alta	Conservação de madeira, galvanotecnia	Elevada
$FeSO_4$	Ferro	Verde	Alta	Desinfetante, tinturaria	Elevada
$Fe_2(SO_4)$	Ferro	Branca	Alta	Tratamento de água	Elevada
$ZnSO_4$	Zinco	Branca	Baixa	Tinturaria, indústrias químicas	Média
$KAlSO_4$	Potássio	Branca	Baixa	Indústria química	Média
$PbSO_4$	Chumbo	Branca	Muito baixa	Indústria química	Reduzida
$CoSO_4$	Cobalto	Vermelha	Baixa	-	Reduzida
$NiSO_4$	Níquel	Verde	Baixa	Indústria química	Reduzida

e também de aluminato de cálcio hidratado, que podem reagir com o hidróxido de cálcio e os íons de sulfato. Estas reações produzem a etringita tardia (trissulfoaluminato hidratado tardio), que pode ser formada mesmo muitos anos depois da estrutura estar em serviço e, durante sua formação, promove expansões, que geram microfissuras e consequente redução na resistência mecânica.

- Formação de taumasita: o ataque simultâneo de sulfatos e carbonatos, associado à baixa temperatura, resulta na formação de taumasita. Os cimentos Portland resistentes aos sulfatos têm teores menores de aluminatos, mas, infelizmente, esta característica não previne, necessariamente, a formação de taumasita ($CaSiO_3.CaCO_3.CaSO_4.15H_2O$), uma vez que o ataque ocorre preponderantemente no silicato de cálcio hidratado (C-S-H), ao invés das fases aluminato[30,34].

De acordo com ALMEIDA e SALES[35], a reação da formação da taumasita ocorre com os silicatos de cálcio (que constituem o gel C-S-H) e requer, além da presença de sulfatos, a presença de cálcio (presente de agregados calcários) e dióxido de carbono (CO_2). De acordo com estes autores, esta reação pode levar à degradação do concreto mesmo sem os efeitos expansivos.

Os sulfatos podem interagir com o hidróxido de cálcio (portlandita), o aluminato tricálcico e também o silicato de cálcio hidratado. As reações dos diversos tipos de sulfato com a pasta de cimento hidratada são divididas entre as formadoras de etringita e as formadoras de gipsita.

De acordo com SOUZA[36], o processo completo de deterioração do ataque por sulfatos envolve três etapas:

- *1ª etapa*: difusão dos íons agressivos para o interior da matriz cimentícia, que é função da porosidade e da permeabilidade.
- *2ª etapa*: reações químicas entre o íon sulfato e certos constituintes hidratados do cimento (portlandita, monossulfoaluminato e outros aluminatos hidratados), formando espécies químicas que resultam em expansão (etringita e gipsita). As reações que descrevem o processo químico de formação desses cristais são:
  i) as soluções de sulfato reagem com o hidróxido de cálcio livre, formando sulfato de cálcio hidratado (Equação 7.5).

$$Ca(OH)_2 + SO_4^{2-} + H_2O \rightarrow CaSO_4.2H_2O + 2OH^- \tag{7.5}$$

  ii) o sulfato de cálcio hidratado reage com o aluminato tricálcico hidratado, formando o sulfoaluminato de cálcio hidratado (Equação 7.6). Os cimentos do tipo RS (resistentes a sulfatos) costumam ter baixo teor de aluminatos, evitando que ocorra esta reação.

$$3CaSO_4.2H_2O + 3CaO.Al_2O_3.6H_2O + 19H_2O \rightarrow 3CaO.Al_2O_3.3CaSO_4.31H_2O \tag{7.6}$$

- *3ª etapa*: fissuração da matriz, algumas vezes associada à reação química de descalcificação do C-S-H, resultando em perda de resistência e desintegração da matriz.

A Tabela 7.3 apresenta os valores dos volumes moleculares das substâncias referidas anteriormente.

Além do efeito desagregador do concreto, os sulfatos provocam a diminuição do pH, despassivando a armadura. As percentagens ou concentrações de sulfatos necessárias para degradar o concreto são apresentadas na Tabela 7.4.[29]

Não existe muita informação disponível sobre o teor crítico de sulfatos dentro do concreto. Para argamassas não contaminadas e produzidas com cimento Portland normal, é possível medir, dentro dos poros, concentrações de íons sulfato que variam entre 0,3 e 31 mM por litro[37].

Capítulo 7 Deterioração das estruturas de concreto

Tabela 7.3. Volume molecular dos produtos formados durante o ataque por sulfatos

Composto	Volume molecular (cm³)
Ca(OH)$_2$	33,2
CaSO$_4$.2H$_2$O	74,2
3CaO.Al$_2$O$_3$.6H$_2$O	150,0
3CaO. Al$_2$O$_3$.3CaSO$_4$. 31H$_2$O	715,0

Tabela 7.4. Relação entre o grau de ataque corrosivo e a quantidade de íons sulfato

Grau de ataque dos sulfatos ao concreto	Percentagem em íons sulfato dissolvidos em água ou misturados no solo em massa	Concentração de íons sulfato na água (ppm)
Desprezível	0,0 a 0,1	0 a 150
Médio	0,1 a 0,2	150 a 1.000
Elevado	0,2 a 0,5	1.000 a 2.000
Muito elevado	> 0,5	> 2.000

Diversos casos de degradação do concreto por ação de sulfatos são registrados em ambiente industrial (Figuras 7.4A e 7.4B), barragens (Figuras 7.4C e 7.4D), fundações de edifícios (Figura 7.4E) e dutos de concreto em contato com solo (Figura 7.4F).

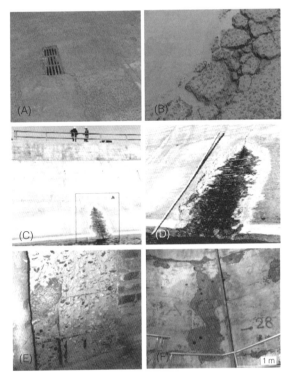

Figura 7.4. (A) Piso de concreto atacado pelo escoamento de soluções de ácidos e sulfatos através de águas pluviais[31]; (B) deterioração generalizada do piso atacado[31]; (C) e (D) ataque por sulfato no concreto na Barragem de Fort Peck em 1971[2]; (E) degradação severa no concreto de fundação[38]; e (F) túnel e duto de ventilação – detalhe do revestimento de concreto, com sua superfície externa com contato com a rocha/água subterrânea[39].

7.3.1. Fontes de sulfatos
7.3.1.1. Águas
Há dois mecanismos de ação de águas sulfatadas sobre o concreto: ação mecânica de microfissuração e reação química. A ação mecânica de microfissuração é resultante da cristalização de sais devido à evaporação de água, principalmente quando as estruturas são sujeitas a ciclos de molhagem e secagem, tal como marés e, como resultado, há a destruição progressiva do concreto. O outro mecanismo de ação são as reações químicas que ocorrem entre os elementos da água sulfatada e os componentes do concreto, resultando em produtos expansivos que causam a fissuração.

7.3.1.2. Solo
É possível reconhecer os solos agressivos pela coloração e, uma vez que os solos normalmente apresentam coloração variando do castanho ao castanho-amarelo e, por isso, são considerados suspeitos os solos de coloração cinza a negra, especialmente quando apresentarem manchas de ferrugem vermelho-castanho. As camadas de cor cinza clara a branca sob os solos vegetais castanho-escuros a negros indicam um caráter ácido do solo.

7.3.1.3. Agregados
MEHTA e MONTEIRO[2] apontam diversos elementos presentes nos agregados que atacam o concreto, destacando os sulfetos de ferro e a gipsita.

Os sulfetos de ferro são frequentemente encontrados em agregados naturais, por exemplo, pirita (FeS_2), marcasita (FeS_2) e pirrotita (FeS). A marcassita, que ocorre principalmente em rochas sedimentares, oxida-se rapidamente para formar ácido sulfúrico e hidróxidos de ferro. A formação de ácido é indesejável, especialmente do ponto de vista de corrosão potencial do aço em concretos armados e protendidos. A marcassita e certas formas de pirita e pirrotita são suspeitas de serem responsáveis por reações expansivas no concreto, causando fissuras e pipocamentos.

A gipsita (sulfato de cálcio di-hidratado) e a anidrita (sulfato de cálcio anidro) são os minerais sulfatados mais abundantes, que podem estar presentes como impurezas em rochas carbonáticas e folhelhos, podendo ser encontrados recobrindo areia e pedregulhos e ambas, quando presentes no agregado, aumentam as chances de ataque por sulfatos ao concreto[2].

HASPARYK *et al.*[40] detalham as variedades de sulfeto de ferro que podem estar presentes em rochas e agregados:

- *Pirita (FeS₂, estrutura cúbica)*: de cor amarelo-dourado (aspecto de latão polido), é insolúvel em ácido clorídrico e solúvel em ácido nítrico concentrado. Possui dureza entre 6 e 6,5. A alteração da pirita inicia-se geralmente pela oxidação para sulfato para hidróxido de ferro hidratado.
- *Pirrotita (Fe₁₋ₓS, estrutura monoclínica)*: possui cor escura, com tendência ao negro, sendo solúvel em ácido clorídrico e liberando odor sulfídrico. Oxida-se facilmente em contato com o ar atmosférico, pulverizando-se e ficando muito sensível à reação com os aluminatos do cimento. Esse material distingue-se dos demais por ser magnético, pouco estável ante os agentes atmosféricos e pegajoso ao tato, sendo categoricamente inaceitável o seu emprego como agregado. É o tipo de sulfeto considerado mais deletério para o concreto.
- *Marcasita (FeS₂, estrutura ortorrômbica)*: de cor amarelo-esverdeada (aspecto de estanho polido ou de latão claro polido), é insolúvel em ácido clorídrico e solúvel em ácido nítrico concentrado. Possui dureza similar à pirita (6 a 6,5), porém oxida-se com muito mais facilidade, dando origem a manchas ferruginosas.
- *Calcopirita (CuFeS₂, estrutura tetragonal)*: de cor amarela-latão, frequentemente altera-se de modo superficial. A calcopirita é semelhante aos minerais citados anteriormente, distinguindo-se pela

cor amarelo mais intenso em luz refletida e pela menor dureza (3,5 a 4), sendo riscada por um canivete. A calcopirita oxida-se por exposição ao ar e à água ou por aquecimento, dando origem a sulfatos de ferro e cobre.

7.3.1.4. Esgoto

De acordo com MOCKAITIS[41], a forma mais estável e difundida dos compostos de enxofre é o íon sulfato e este pode ser encontrado nos mais diversos tipos de águas residuárias, desde o esgoto sanitário, na concentração de 20 a 50 mg/L até em descartes industriais, em concentrações que podem variar de 12 a 35 g/L. Dentre as emissões industriais, destacam-se as indústrias de papel, de processamento de alimentos, de explosivos e atividades que fazem combustão de combustíveis fósseis.

Certas bactérias, ao entrarem em contato com dejetos humanos, possuem a capacidade de produzir ácido sulfúrico, que também pode ser encontrado em águas subterrâneas e em águas contaminadas por resíduos industriais. Diferentemente dos outros tipos de ataque por sulfato, a corrosão química por ácido sulfúrico é uma combinação de ataque por sulfatos com a corrosão ácida. A corrosão causada pela reação química entre o ácido sulfúrico e o hidróxido de cálcio resulta na produção de gipsita. Devido à condição de baixo pH imposta pelo ambiente ácido, as fases de aluminato de cálcio, o AFm e o AFt, perdem sua estabilidade e se convertem em gipsita e sulfato de alumínio. Além disso, etringita pode ser formada no interior do concreto, onde o pH ainda se encontra básico.

O ácido sulfúrico, H_2SO_4, pode reagir com o hidróxido de cálcio, produzindo gipsita (Equação 7.7).

$$Ca(OH)_2 + H_2SO_4 \rightarrow CaSO_4 \ 2H_2O \ (gipsita) \tag{7.7}$$

Paralelamente, pode reagir também com o silicato de cálcio hidratado, C-S-H, também gerando gipsita:

$$xCaO \ 2SiO_2 (aq) + x.H_2SO_4 \rightarrow x.CaSO_4 \ 2H_2O \ (gipsita) + SiO_2 (aq) \tag{7.8}$$

7.3.2. Reações dos principais tipos de sulfatos no concreto

7.3.2.1. Sulfato de sódio

Segundo HEKAL et al.[42], o ataque por sulfato de sódio no concreto causa duas reações principais: (1) reação do sulfato de sódio e do hidróxido de cálcio, que formam a gipsita; (2) reação da gipsita formada com os aluminatos de cálcio hidratados, formando etringita.

Nesse processo de deterioração de matrizes cimentícias, o sulfato de sódio reage com o hidróxido de cálcio em presença de água, formando a gipsita (Equação 7.9).

$$Ca(OH)_2 + Na_2SO_4 + 2H_2O \rightarrow CaSO_4.2H_2O + NaOH \tag{7.9}$$

Parte da gipsita formada reage quimicamente com aluminatos de cálcio hidratado, monossulfoaluminatos de cálcio hidratado ou aluminatos remanescentes do cimento anidro, formando etringita[30,43]. Para TAYLOR[43], próximo à superfície da matriz cimentícia há uma redução da relação Ca/Si, devido ao consumo do hidróxido de cálcio. Esse fenômeno é responsável por formar microcristais misturados e veios de C-S-H (silicato de cálcio hidratado) e gipsita. As fissuras são frequentemente associadas com os veios de precipitação de gipsita formadas, e existe a maior formação de gipsita expansiva.

De acordo com SANTHANAM et al.[30], o mecanismo de ataque por sulfato de sódio é caracterizado por dois estágios, conforme mostrado na Figura 7.5.

- *Primeiro estágio*: a taxa de expansão é bastante baixa e linear, sendo chamado período de indução.
- *Segundo estágio*: a taxa de expansão aumenta repentinamente, permanecendo constante até o colapso da estrutura de concreto.

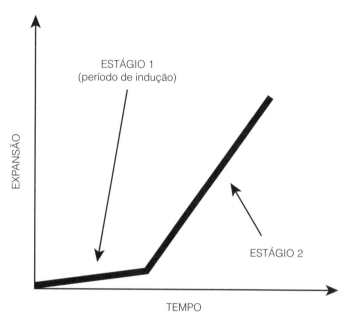

Figura 7.5. Estágios do mecanismo do ataque do concreto por sulfato de sódio[44].

No primeiro estágio, os produtos expansivos formados pelo ataque por sulfato de sódio preenchem os vazios da pasta de cimento hidratada, não conferindo tensões internas nas matrizes cimentícias. No entanto, no segundo estágio, é verificado o aumento súbito da expansão devido à elevação da quantidade de gipsita e etringita formadas. O aumento progressivo no segundo estágio provoca um aumento da força expansiva e uma redução da seção resistente[44].

SANTHANAM et al.[44] propuseram cinco passos de como ocorre o ataque por sulfatos de sódio em materiais de base cimentícia:

i) A solução de sulfato de sódio reage por difusão na superfície do material.
ii) Nas primeiras regiões em que houve a difusão do sulfato de sódio, formam-se etringita e gipsita (nesse momento, esses compostos expansivos são formados nos vazios da pasta de cimento, não gerando tensões internas).
iii) Os compostos expansivos preenchem os vazios da pasta, esgotando a capacidade de acomodação da estrutura da pasta de cimento, então, começam a ser geradas tensões internas no material, que são suportadas pela região inalterada da pasta de cimento.
iv) A região inalterada quimicamente não suporta mais as tensões de tração geradas pelos compostos expansivos, iniciando um processo de fissuração.
v) A solução de sulfatos continua a difundir-se para o interior do material com mais intensidade pela área fissurada, reagindo com os compostos hidratados da pasta de cimento. Essa região fissurada tende a expandir e dar sequência ao modelo de ataque. Esses passos do modelo de ataque por sulfatos em matrizes cimentícias são ilustrados na Figura 7.6.

Apesar de ser menos comum, o ataque por sulfatos também pode ocorrer devido à ação do sulfato de cálcio, $CaSO4$, que ataca o aluminato tricálcico, C3A, formando a etringita (Equação 7.10).

$$3CaO \cdot Al_2O_3 \cdot 12H_2O + 3CaSO_4 \text{ (aq)} \rightarrow 3CaO \cdot Al_2O_3 \cdot 3CaSO_4 \cdot 32H_2O \tag{7.10}$$

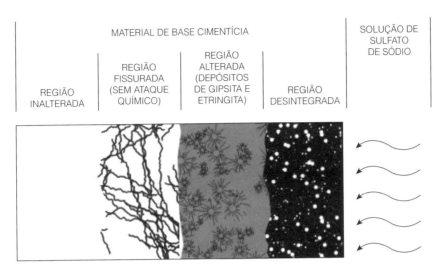

Figura 7.6. Modelo de ataque da matriz cimentícia por sulfato de sódio[35].

7.3.2.2. Sulfato de magnésio

Quando submetidos ao contato com ambientes agressivos com alta concentração de $MgSO_4$, os materiais cimentícios reagem quimicamente e os ânions do SO_4^{2-} e Mg^{2+} combinam-se rapidamente com a portlandita, formando uma camada superficial composta de brucita e gipsita. O principal efeito deletério desse agente agressivo é a decomposição do C-S-H (silicato de cálcio hidratado) para o M-S-H (silicato de magnésio hidratado), sendo este um produto de baixa resistência mecânica. De acordo com HEKAL et al.[42], a reação do sulfato de magnésio com o hidróxido de cálcio forma a gipsita e a brucita ($Mg(OH)_2$), como pode ser verificado na Equação 7.11.

$$Ca(OH)_2 + MgSO_4 + 22H_2O \rightarrow CaSO_4 + 2H_2O + Mg(OH)_2 \qquad (7.11)$$

Parte da gipsita formada reage com aluminatos de cálcio hidratado, sulfoaluminatos de cálcio hidrata ou trissulfoaluminato, formando etringita. Além disso, a brucita e os silicatos hidratados, oriundos da descalcificação do C-S-H, formam o M-S-H. Outro efeito danoso para a resistência mecânica de matrizes cimentícias, é a decomposição do C-S-H.

O modelo de ataque por sulfato de magnésio, como pode ser visto na Figura 7.7, acontece a uma taxa continuamente crescente. Nessa reação, uma camada superficial de brucita cria uma barreira à passagem da solução externa para interior do material cimentício. Sob essa camada de brucita, formam-se gipsita e etringita em reação expansiva[44].

SANTHANAM et al.[45] propõem seis etapas da degradação das matrizes cimentícias por meio do ataque de sulfato de magnésio (Figura 7.8):

i) O sulfato de magnésio difunde-se para o interior da matriz.
ii) Uma camada de brucita forma-se rapidamente na superfície da matriz, a partir da reação sulfato de magnésio com o hidróxido de cálcio da pasta de cimento hidratada, além da formação de gipsita junto à camada de brucita.
iii) A formação da brucita consome em excesso o hidróxido de cálcio, reduzindo a reserva alcalina e o pH da matriz e, para manter o equilíbrio, o C-S-H libera hidróxido de cálcio, aumentando novamente o pH e contribuindo para a descalcificação da estrutura.
iv) É formada a camada de brucita e o sulfato de magnésio penetra na matriz por difusão, porém esta é dificultada pela camada de brucita, que é um gel impermeável.

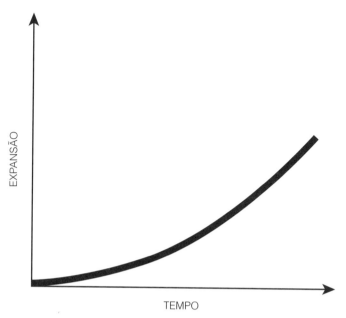

Figura 7.7. Taxa de expansão das matrizes cimentícias devido ao ataque por sulfato de magnésio[44].

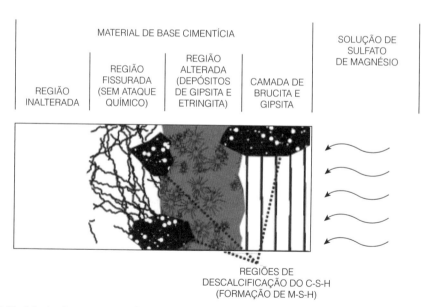

Figura 7.8. Modelo de ataque em material de base cimentícia por sulfato de magnésio[36].

v) São formadas a gipsita e a etringita nas regiões próximas à superfície, causando expansão e tensões internas, o que gera fissuração nessa região.
vi) Em algumas regiões, o sulfato de magnésio, devido à ação do cátion Mg^{2+}, degrada diretamente o C-S-H, resultando em perda de resistência e desintegração da pasta.

Na Figura 7.9 é possível observar as fissuras causadas pela formação da etringita.

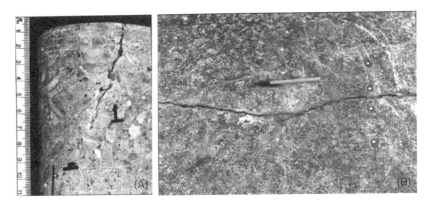

Figura 7.9. Microfissuras (A) no corpo de prova e (B) na superfície de uma viga, devido à formação da etringita.

7.3.2.3. Dissulfeto de ferro (pirita)

Os agregados utilizados em concretos podem ser procedentes de diversas regiões contendo diferentes características mineralógicas. Os sulfetos formam uma importante classe de minerais que incluem a maioria dos minérios metálicos, como: galena, esfarelita, calcopirita, estanita, pirrotita, covelita, estilbita, pirita, molibdenita e bornita[46].

De acordo com KLEIN e DUTROW[47], a pirita ou o dissulfeto de ferro é o sulfeto de ferro mais comum na natureza e pode ser formada em altas e baixas temperaturas. No entanto, a pirita pode ocasionar um processo de deterioração do concreto devido ao seu processo de oxidação. O processo de oxidação desse mineral libera o íon SO_4^{2-} e forma os óxidos Fe^{2+} e Fe^{3+}. Esses óxidos formados apresentam volume superior aos compostos de origem, provocando uma tensão interna inicial no concreto que é seguida pela expansão devida à formação da gipsita e da etringita. De acordo com CHINCHÓN-PAYÁ et al.[48], após a oxidação do mineral, o ataque ao concreto ocorre devido à reação

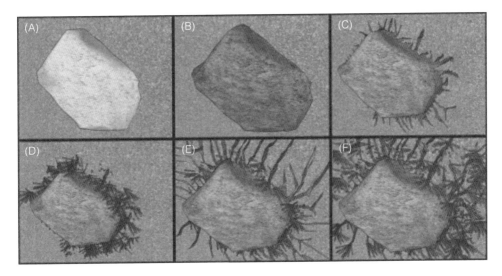

Figura 7.10. Mecanismo de degradação do concreto contendo sulfeto reativo: (A) concreto com sulfeto; (B) oxidação do sulfeto; (C) propagação de fissuras; (D) reação do sulfato com compostos do cimento; (E) propagação de fissuras devido à formação dos compostos; e (F) formação dos compostos sobre as novas fissuras formadas[49].

dos íons sulfato (SO_4^{2-}), oriundos das reações de oxidação do mineral e disponibilizados nos poros do concreto, com o hidróxido de cálcio livre e com os aluminatos da pasta de cimento hidratado.

De acordo com a Figura 7.10, pode-se observar o mecanismo de degradação em razão do ataque interno por sulfeto, em estruturas de concreto. O sulfeto presente no concreto tende a oxidar, liberando íons Fe^{2+} e Fe^{3+}, além de sulfatos. Esse processo é caracterizado por um pequeno aumento de volume devido à formação de óxidos e hidróxidos de ferro. O sulfeto presente na solução nos poros reage com os compostos do cimento hidratado, formando etringita e gipsita. As formações desses compostos apresentam um considerável aumento de volume e provocam fissuração no concreto. É possível que os novos compostos expansivos se propaguem nos espaços criados nessas novas fissuras, até que o concreto seja totalmente degradado[49].

Em seus estudos, PEREIRA[49] visualizou macroscopicamente os efeitos da oxidação do sulfeto de ferro, no concreto, aos 120 e 360 dias (Figura 7.11) e microscopicamente visualizou a formação da gipsita e as fissuras causadas pelo processo de deterioração proveniente da oxidação do sulfeto de ferro (Figura 7.12).

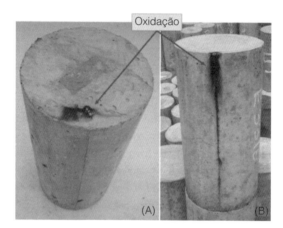

Figura 7.11. Produtos da oxidação da pirita em superfície de corpos de prova de concreto: (A) aos 120 dias e (B) aos 360 dias[49].

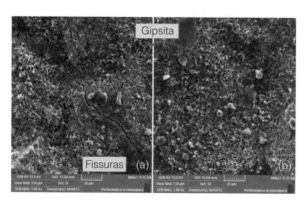

Figura 7.12. Micrografias obtidas por meio de MEV, em concretos, aos 240 dias, indicando as fissuras provenientes da reação de oxidação da pirita[49].

7.3.3. Uso de pozolanas para inibir o ataque por sulfatos

A utilização de adições minerais, em substituição ao cimento, provoca alterações microestruturais que interferem na porosidade da matriz hidratada e, principalmente, na distribuição do tamanho dos poros e na interconectividade deles, o que influenciará positiva ou negativamente no ingresso de água contendo íons sulfato para o interior da estrutura. Para RAHHAL *et al.*[50], as adições minerais, independentemente do tipo, exercem efeito físico sobre a cinética da hidratação do cimento, pelos efeitos de diluição e de nucleação heterogênea, enquanto as adições ativas, como materiais pozolânicos, além do efeito físico, exercem efeito químico.

Algumas adições minerais têm sido utilizadas como substitutas parciais ao cimento, em matrizes cimentícias, para aumentar a resistência aos sulfatos, como, por exemplo, a escória de alto forno, as cinzas volantes e a sílica ativa.

O uso de pozolanas em concreto pode melhorar o desempenho do material quando submetido ao ataque por sulfatos, sob três aspectos:
- A reação pozolânica consome $Ca(OH)_2$, reduzindo, assim, a quantidade de $Ca(OH)_2$ existente na matriz cimentícia disponível para reagir com os sulfatos.
- Ao substituir parte do cimento por material pozolânico, reduz-se a quantidade de C_3A disponível para a reação.
- A formação do C-S-H oriundo da reação pozolânica tem menor relação C/S (cálcio-silício), refinando a microestrutura da pasta de compostos de cimento e reduzindo a velocidade da penetração dos sulfatos.

7.4. Outros mecanismos de degradação do concreto

7.4.1. Corrosão negra (ausência de oxigênio)

A falta de oxigênio dentro dos poros do concreto, como acontece quando há imersão em água, pode originar um processo corrosivo ainda mais dramático que o habitual, não só pelo aumento da velocidade do processo corrosivo, mas, também, pela completa ausência de sinais exteriores de corrosão. O processo de corrosão do aço, nesses casos, é denominado de corrosão anaeróbica e, apesar do seu estudo ser importante para inúmeras aplicações como calhas de maré e em estruturas de pontes, incluindo cabos de pré-esforço em suas vigas, existe muito pouca informação na literatura sobre esse processo e a formação da ferrugem[51].

A corrosão do aço é um processo eletroquímico que necessita de oxigênio na presença de umidade para ocorrer. O produto de corrosão geralmente ocupa um volume algumas vezes maior do que o aço não corroído, o que origina fissuras no concreto. Quando há restrição de oxigênio em ânodos ativos pode ser originada a ferrugem negra (Figura 7.13), formada pelo processo de corrosão anaeróbica. O produto dessa corrosão (ferrugem) não é expansivo, assim, se torna muito difícil de ser detectado e por isso é considerada uma corrosão mais grave do que a corrosão convencional.

Figura 7.13. Ocorrência de corrosão negra em uma viga de concreto armado[51].

Para que a corrosão anaeróbica ocorra, são necessárias algumas condições concomitantes: disponibilidade de oxigênio no cátodo; existência de um meio que condicione o livre fluxo de elétrons da região anódica para sítios catódicos; e o ânodo deve estar em um ambiente com deficiência em oxigênio.

O fluxo de elétrons de locais anódicos para catódicos é conseguido quando a resistividade elétrica do concreto é reduzida a menos de 12 $k\Omega.cm$. Essa redução é conseguida devido à presença de íons altamente condutores, como cloretos ou nitratos. É importante saber que taxas de corrosão do aço sob condições anaeróbias variam de 0,1 a 7,0 $\mu m/ano$[51].

As condições anaeróbicas em concreto armado podem ocorrer quando o ânodo está desprovido de oxigênio como acontece em sistemas de impermeabilização de concreto, acumulação da camada de ferrugem, revestimento em reforço de aço ou dentro de concreto submerso.

Na ausência de oxigênio livre dentro dos poros, a espécie resultante da dissolução do aço na água, íons Fe^{2+} (Equação 7.12), permanecerá em solução, não se formando, por isso, nenhum óxido expansivo apesar de o fenômeno corrosivo estar ocorrendo. As reações anódica (Equação 7.12) e catódica (Equação 7.13) nesse caso, são:

$$Fe \rightarrow Fe^{2+} + 2e^- \tag{7.12}$$

$$2H_2O + 2e^- \rightarrow 2OH^- + H_2 \tag{7.13}$$

A reação de corrosão global (Equação 7.14) e a reação de conversão do $Fe(OH)_2$ para Fe_3O_4 (Equação 7.15) são descritas a seguir. Alternativamente, a reação de formação de Fe_3O_4 pode ser escrita de acordo com a Equação 7.16.

$$Fe + 2H_2O \rightarrow Fe(OH)_2 + H_2 \tag{7.14}$$

$$3Fe(OH)_2 \rightarrow Fe_3O_4 + 2H_2O + H_2 \tag{7.15}$$

$$3Fe^{2+} + 4H_2O \rightarrow Fe_3O_2 + 4H_2 \tag{7.16}$$

Quando, por alguma razão (reparação ou inspeção), o aço corroído e o meio envolvente são expostos ao ar, a solução que o rodeia assume uma cor negra ou verde-escuro, de onde advém o nome desse tipo de processo corrosivo. Imagina-se que o produto verde seja um complexo de cloreto, já o produto negro é uma combinação dos óxidos férrico e ferroso.

A ferrugem negra é descrita como sendo um produto esponjoso e solúvel em água, não cristalino, que ocupará espaços disponíveis, tais como vazios e poros, ou planos de fratura dos concretos (se a fissuração estiver presente por outras causas) sem exercer pressão expansiva sobre ele. É possível que ocorram manchas de ferrugem na superfície do concreto, pois o produto da corrosão é relativamente instável, podendo migrar lentamente para a superfície, onde o oxigênio é mais abundante, podendo formar manchas de ferrugem marrom/laranja convencionais, devido à conversão da ferrugem negra em óxido férrico (Figura 7.14).

7.4.2. Biodegradação

A biodegradação é definida como qualquer alteração não desejada nas propriedades de um material, devido às ações de organismos vivos. Formação de biofilme, ataque de ácidos, tensões provocadas pela cristalização de sais e complexação são os mecanismos de biodegradação, que promovem a redução de vida útil do concreto. A biocorrosão (corrosão induzida por microrganismos – MIC, em inglês) tem mecanismo semelhante à corrosão, que é essencialmente eletroquímica[52].

Figura 7.14. Conversão da ferrugem negra em óxido férrico[51].

Segundo GU[53], na medida em que as estruturas envelhecem, ocorre uma atuação conjunta de vários tipos de microrganismos em uma ação continuada.

O concreto é considerado um material biorreceptivo, isto é, tem a capacidade de permitir a fixação e o desenvolvimento de microrganismos em sua superfície. Por isso, características ambientais associadas a composição química, umidade, rugosidade e porosidade produzem as condições necessárias para qualificar a biorreceptividade do concreto, conforme Figura 7.15.

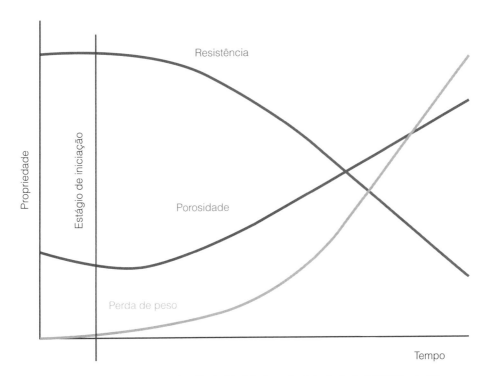

Figura 7.15. Mudança de propriedades em função da biodeterioração. Adaptado de ALLSOPP *et al.*[54].

A biodeterioração pode ser genericamente classificada em três categorias: (i) biofísica, (ii) bioquímica; e (iii) estética[54]. A deterioração bioquímica pode ser subdividida em: (i) assimilatória; e (ii) não assimilatória.

O processo assimilatório ocorre quando os organismos utilizam os componentes constituintes do concreto como uma fonte de alimento, modificando, assim, as propriedades e a microestrutura do material que passam a apresentar falta de componentes importantes à sua integridade. Contudo, no processo não assimilatório, não há o consumo dos constituintes do material que serve de base para fixação dos microrganismos. No entanto, os produtos oriundos desta metabolização, apresentam características nocivas ao substrato do concreto.

Segundo BEECH e SUNNER[55] e SHIRAKAWA[56], podemos identificar os seguintes efeitos durante o processo de condicionamento do substrato causados pelos organismos vivos: diminuição do pH, ganho de umidade, formação de biofilme ou mudanças internas (reações químicas adversas, rachaduras por inchaço ou encolhimento) que produzem, frequentemente, pequenas alterações na aparência da estrutura.

A presença de bactérias aeróbias como as *Thiobacillus thiooxidans* nos solos ou em águas poluídas é uma das responsáveis pela rápida degradação de estruturas de concreto armado. Exemplos desse tipo de fenômeno corrosivo são característicos em estações de tratamento de água e esgoto (ETAs ou ETEs) ou em tubulações de efluentes industriais.

O mecanismo corrosivo é simples: as bactérias produzem ácido sulfúrico por oxidação dos sulfitos ou compostos de enxofre, provocando a diminuição do pH do concreto e a consequente despassivação do aço. Ao mesmo tempo, o ácido sulfúrico reage com o hidróxido de cálcio livre ou com o aluminato tricálcico, ambos presentes no concreto, produzindo cristais de sulfoaluminatos de cálcio que se expandem provocando primeiro fissuração e depois desagregação do concreto, expondo a armadura ao meio exterior.

Outras bactérias anaeróbicas, como as *Desulfovibrio desulfuricans* presentes nos esgotos, reduzem para sulfureto os compostos orgânicos e inorgânicos ricos em enxofre presentes nessas águas. Muitas vezes esse processo produz H_2S, acarretando a despolarização da reação catódica e a formação de FeS, aumentando o processo corrosivo[57].

Um resumo dos principais mecanismos da ação dos microrganismos pela produção metabólica de substâncias agressivas é apresentado na Tabela 7.5.

Tabela 7.5. Ação degradativa dos microrganismos no concreto pela produção metabólica de substâncias agressivas[55]

Microrganismo	Produto corrosivo	Materiais afetados	pH	Meio ambiente
Gênero *Thiobacillus*	Sulfetos, sulfatos e ácido sulfúrico	Ferro-ligas, concreto	0,5 a 7,8	Efluentes, lodo, água do mar, rios e solos
Gênero *Ferrobacillus*	Íons férricos, ácido sulfúrico	Ferro-ligas	1,4 a 7,0	Depósitos de pirita e minas
Gênero *Lactobacillus*	Ácidos orgânicos	Aço	---	Refinarias
Gênero *Desulfovibrio*	Ácido sulfídrico, sulfetos	Ferro-ligas, alumínio	5,5 a 5,9	Efluentes, lodos, solos, água do mar ou rio
Gênero *Gallionella, Chrenothix, Septotrix*	Hidróxido férrico	Ferro	4,0 a 10,0	Águas com ferro em solução

7.4.3. Corrosão por "correntes de fuga"

A corrosão por influência de "correntes de fuga", também conhecidas como "correntes parasitas", "correntes vagabundas", "correntes de interferência" ou *Faraday currents* é um fenômeno que ocorre quando estruturas de concreto armado estão muito próximas de fontes de corrente contínua (DC) de elevada potência, como ocorre em linhas de trens e metrôs, por exemplo.

É geralmente aceito que esse fenômeno corrosivo no concreto é muito pouco frequente, quando a fonte de tensão é de origem alternada (AC). Outros autores[58] sugerem, por outro lado, que a corrosão por correntes de fuga originadas por fontes AC pode ser significativa. O caso mais evidente desse fato é o que acontece em estruturas que estejam protegidas catodicamente e próximas de fontes AC. As correntes de fuga podem surgir de fontes como: fuga de sistemas de tração eletrificadas em corrente contínua, sistema de proteção catódica de estruturas metálicas enterradas e máquinas de solda, e outras fontes que utilizem corrente contínua (DC) e tenham o solo como retorno (Figura 7.16).

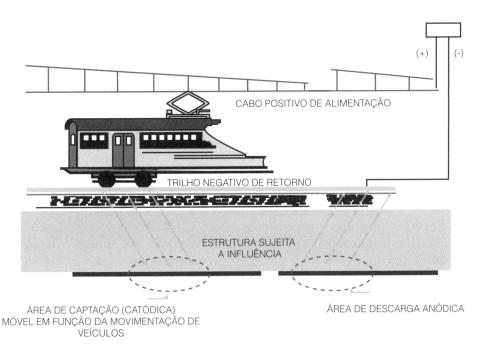

Figura 7.16. Interferência ocasionada por um sistema eletrificado em corrente contínua sobre uma estrutura enterrada[59].

O mecanismo do processo corrosivo por correntes de fuga pode ser descrito da seguinte forma: por deficiência de isolamento, a corrente de retorno escapa através do concreto, pelas armaduras, até o solo. Nesse caminho, a corrente escolhe sempre o percurso de menor resistência elétrica, podendo saltar de barra em barra, não só por condução eletrônica como também por condução iônica. Nas zonas de saída da corrente para o solo ou de uma barra para outra, originam-se fenômenos corrosivos que podem ter velocidades elevadas. A zona de saída da corrente torna-se eletricamente mais positiva, funcionando como um ânodo.

É possível monitorar as correntes de interferência, por meio do mapeamento com uma semipilha, fazendo o desligamento periódico da fonte de alimentação. Caso ocorram grandes mudanças nos potenciais encontrados, é um sinal de que há corrente. A norma britânica BS 7361 preconiza que variações superiores a 20 mV já são consideradas como significativas e a instalação de ânodos de sacrifício contínuos e paralelos à tubulação neutralizam qualquer manifestação dessas correntes.

7.4.4. Ataque por ácidos

O concreto é muito sensível à presença de contaminantes de origem ácida. Soluções aquosas de ácidos, como sulfúrico, clorídrico, acético e nítrico, são muito agressivas para as estruturas em concreto armado. A simples dissolução do dióxido de carbono em água é suficiente para alterar as características protetoras do concreto. A agressividade dessas soluções ácidas depende do tipo de sais formados e da sua solubilidade iônica. A regra é simples: maior solubilidade traduz maior agressividade da solução ácida.

A ação deletéria dos ácidos sobre o concreto se dá por meio da reação entre sua matriz cimentícia e o ácido, principalmente sobre os hidróxidos de cálcio. Esses hidróxidos são oriundos de compostos de cálcio solúveis em água e podem ser lixiviados por soluções aquosas.

O ataque ácido resulta da alteração do equilíbrio químico dentro dos poros do concreto por reação com as substâncias ácidas. Essas reações resultam na formação de outros sais como, por exemplo, o cloreto de cálcio ou o sulfato de cálcio, que promovem a desagregação da matriz cimentícea. Segundo CHEN[60], a dissolução de silicato de cálcio hidratado, aluminato de cálcio, sulfoaluminato de cálcio e outros pode ser ocasionada por ataque ácido e leva a uma maior deterioração dos materiais cimentícios. O ataque com ácido sulfúrico pode, também, produzir o aumento ou aceleração da deterioração, uma vez que o sulfato de cálcio formado afeta o concreto pelo mecanismo de ataque de sulfato.

Entretanto, alguns ácidos como ácido oxálico e ácido fosfórico são exceções, uma vez que os sais de cálcio resultantes da reação com esses ácidos são insolúveis em água e não podem ser facilmente removidos a partir das superfícies do concreto.

Em todos os casos, o tempo de exposição aos ácidos deve ser minimizado, se possível, e a imersão deve ser evitada, pois nenhum concreto de cimento hidráulico, independentemente da sua composição, suportará por muito tempo uma solução aquosa de elevada concentração ácida (pH inferior a 3).

Ambientes industriais ou com presença de esgoto são muito propícios a apresentar ataques por ácidos. No primeiro, os gases poluentes entram em contato com hidrogênio e o vapor d'água da atmosfera, formando chuva ácida, que provocará a dissolução da matriz cimentícia do concreto devido ao baixo pH (entre 4,5 e 2,2)[61]. Já os ambientes com presença de esgoto são ricos em bactérias responsáveis pela formação do ciclo do enxofre, onde há a formação de ácido sulfúrico (H_2SO_4), que degradará o concreto. O processo ocorre da seguinte forma: o ácido reage com o hidróxido de cálcio, formando gesso, que reagirá com o aluminato de cálcio, formando etringita, que é altamente expansiva[61].

De acordo com a norma DIN-4030[62] (Tabela 7.6), é possível relacionar o pH dos ácidos com o grau de ataque ao concreto[57].

Tabela 7.6. Relação entre o pH e o grau de ataque ao concreto[63]

Grau de ataque do concreto	pH do ácido
Fraco	6,5 a 5,5
Forte	5,5 a 4,5
Muito forte	< 4,5

Referências

1. GENTIL, V. (2007) Corrosão (5ª ed). Rio de Janeiro, LTC, 360 p.
2. MEHTA, P.K.; MONTEIRO, P.J.M. (2014) Concreto: microestrutura, propriedades e materiais (2ª ed). São Paulo, IBRACON, 782 p.
3. REIS, M.O.B.; SILVA, A.M.S. (1997) Reacções álcalis-sílica: recomendações gerais para prevenir a deterioração do concreto. Lisboa, Laboratório Nacional de Engenharia Civil (Boletim Técnico. ITCM 23), 28 p.
4. GAMINO, A.L. (2003) Reações álcali-agregado: análise da potencialidade de ocorrência em agregados utilizados no laboratório de engenharia civil da FEIS/UNESP. In: V Simpósio EPUSP sobre Estruturas de Concreto. São Paulo.
5. MUNHOZ, F.A.C. (2007) Efeito de adições ativas na mitigação das reações álcali-sílica e álcali-silicato. Dissertação (Mestrado) – Universidade de São Paulo, São Paulo.
6. GAMINO, A.L. (2000) Ensaios para a determinação da potencialidade de ocorrência de reação álcali-agregado, proposições para a conservação de estruturas afetadas, ocorrência em barragens de concreto. Trabalho de conclusão de curso – Universidade Estadual Paulista Júlio de Mesquita Filho, Ilha Solteira, São Paulo.
7. SICHIERI, P.E.; et al. (2008) Materiais de construção 1. São Carlos, Editora USP, 272 p.
8. THOMAS, M. (2011) The effect of supplementary cementing materials on alkali-silica reaction: A review. Cement and Concrete Research, v. 41, 1224-1231.
9. BEYENE, M.; et al. (2013) Alkali Silica Reaction (ASR) as a root cause of distress in a concrete made from Alkali Carbonate Reaction (ACR) potentially susceptible aggregates. Cement and Concrete Research, v. 51, 85-95.
10. DROCHYTKA, R.; et al. (2012) Mechanism of preventing the alkali – aggregate reaction in alkali activated cement concretes. Cement and Concrete Composites, v. 45, 157-165.
11. REIS, M.O.B.; SILVA, A.M.S. (1997) Reacções álcalis-sílica. Recomendações gerais para prevenir a deterioração do betão. Lisboa, Laboratório Nacional de Engenharia Civil, LNEC.
12. ANDRIOLO, F.R. (1997) Observação de estruturas de concreto: Validade quanto à ocorrência da reação alkali-agregado. In: Simpósio sobre Reatividade Álcali-Agregado em Estruturas de Concreto. Goiânia. Proceedings... Goiânia: IBRACON. 14 p.
13. MUNHOZ, F.A.C. (2008) Efeito de adições ativas na mitigação das reações álcali-sílica e álcali-silicato. Dissertação (Mestrado em construção civil) – Escola Politécnica, Universidade de São Paulo, São Paulo. 166 p.
14. RIVARD, P.; et al. (2007) Decrease of pore solution alkalinity in concrete tested for alkali-silica reaction. Materials and Structures, v. 40, n. 9, p. 909-921.
15. Qinghan, B.; et al. (1995) Preliminary study of effect of LiNO2 on expansion of mortars subjected to alkali-silica reaction. Cement and Concrete Research, v. 25, n. 8, p. 1647-1654.
16. LUMLEY, J.S. (1997) ASR suppression by lithium compounds. Cement and Concrete Research, v. 27, n. 2, p. 235-244.
17. Diamond, S. (1997) Alkali Silica Reactions – some paradoxes. Cement and Concrete Composites, v. 19, n. 5–6, p. 391-401.
18. Diamond, S. (1999) Unique response of LiNO3 as an alkali silica reaction-preventive admixture. Cement and Concrete Research, v. 29, n. 8, p. 1271-1275.
19. Qian, G.; Deng, M.; Tang, M. (2002) Expansion of siliceous and dolomitic aggregates in lithium hydroxide solution. Cement and Concrete Research, v. 32, n. 5, p. 763-768.
20. SILVA, D.J.F. (2007) Estudo do efeito do nitrato de lítio na expansão de argamassas sujeitas a reações alcalis-sílica. Dissertação (Mestrado) – Universidade de São Paulo, Ilha Solteira.
21. HASPARYK, N.P.; FARIAS, L.A. (2013) Comportamento de adições e aditivos na expansão da reação álcali-agregado – Um estudo envolvendo reologia. In: 55° Congresso Brasileiro de Concreto, Gramado. Anais do 55° Congresso Brasileiro de Concreto. São Paulo: IBRACON.
22. LINDGARD, J.; et al. (2012) Alkali-silica reactions (ASR): Literature review on parameters influencing laboratory performance testing. Cement and Concrete Research, v. 42, 223-243.

23. CASTRO, C.H. et al. (1997) Influência do agregado pulverizado na reação álcalis-agregado. In: Simpósio sobre Reatividade Álcali Agregado em Estruturas de Concreto, Goiânia. Anais. Goiânia: CBGB/FURNAS.
24. SALLES, F.M. et al. (1997) Uso de finos de britagem como redutores da expansão devida à reação álcali-agregado. In: Simpósio sobre Reatividade Álcali Agregado em Estruturas de Concreto. Goiânia. Anais. Goiânia: CBGB/FURNAS.
25. CARLES-GIBERGUES, A.; et al. (2007) A Simple way to mitigate alkali-silica reaction. Materials and Structures, v. 41, n. 1, p. 73-83.
26. FILLA, J.C. (2011) Estudo da utilização de pó ultrafino de basalto como adição na preparação de um cimento mitigador da reação álcali-sílica. Dissertação (Mestrado) – Universidade Estadual de Londrina, Londrina. 154 p.
27. RIBEIRO, D.V.; REY, R.O. (2016) Influência da utilização de adições minerais potencialmente reativas na RAA em matrizes cimentíceas. In: 2(Encontro Luso-Brasileiro de Degradação em Estruturas de Betão, 2016, Lisboa, Portugal. Anais do 2(Encontro Luso-Brasileiro de Degradação em Estruturas de Betão. Lisboa: LNEC, v. 2. p. 4-1-4-12.
28. AL-DULAIJAN, S.U.; et al. (2003) Sulfate resistance of plain and blended cements exposed to varying concentrations of sodium sulfate. Cement and Concrete Composites, v. 25, n. 4–5, p. 429-437May-July.
29. United States Department of Interior – Bureau of Reclamation. (1963) Concrete Manual. 7th ed. 174.
30. SANTHANAM, M. (2001) Studies on sulfate attack: mechanisms, test methods, and modeling. Ph.D. Thesis – Purdue University. 276 p.
31. VEIGA, K.K. (2011) Desempenho do cimento Portland branco com escória de alto-forno e ativador químico frente ao ataque por sulfato de sódio. Santa Maria. Dissertação (Mestrado em Engenharia Civil) – Programa de Pós-Graduação em Engenharia Civil da Universidade Federal de Santa Maria. 220 p.
32. FILHO, L.C.P.S. (1994) Durabilidade do concreto à ação de sulfatos: Análise do efeito da permeação de água e da adição de microssílica. Porto Alegre, Dissertação (Mestrado em Engenharia) – Curso de Pós-graduação em Engenharia Civil da Universidade Federal do Rio Grande do Sul. 152 p.
33. QUANBING, Y.; XUELI, W.; SHIYUAN, H. (1997) Concrete deterioration due to physical attack by salt crystallization. In: International Congress on the Chemistry of Cement, 10th ed., v. 4, Böterborg, Sweden.
34. CRAMMOND, N.J. (2003) The thaumasite form of sulfate attack in the UK. Cement and Concrete Composites, p. 809-818.
35. ALMEIDA, F.C.R.; SALES, A. (2014) In: RIBEIRO, D.V. (org.). Efeitos do meio ambiente sobre estruturas as estruturas de concreto. Rio de Janeiro: Elsevier.
36. SOUZA, R.B. (2006) Suscetibilidade de pastas de cimento ao ataque por sulfatos – método de ensaio acelerado. Dissertação (Mestrado em Engenharia) – Escola Politécnica da Universidade de São Paulo. São Paulo. 132 p.
37. European Standards 206-1. (2000) Concrete – part 1 specification, performance, production and conformity.
38. TULLIANI, J.; et al. (2002) Sulfate attack of concrete building foundations induced by sewage waters. Cement and Concrete Research, v. 32, 843-849.
39. LEEMANN, A.; LOSER, R. (2011) Analysis of concrete in a vertical ventilation shaft exposed to sulfate-containing groundwater for 45 years. Cement and Concrete Composites, v. 33, 74-83.
40. HASPARYK, N.P. et al. (2002) Contribuição ao estudo da influência de sulfetos presentes no agregado nas propriedades e durabilidade do concreto. In: CONGRESSO BRASILEIRO DO CONRETO, 44, Belo Horizonte. Artigo. Belo Horizonte: IBRACON.
41. MOCKAITIS, G. (2008) Redução de sulfato em biorreator operado em batelada e batelada alimentada seqüenciais contendo biomassa granulada com agitação mecânica e "draft-tube". Dissertação (Mestrado em engenharia hidráulica e saneamento) – Escola de Engenharia de São Carlos da Universidade de São Paulo, São Carlos. 348 p.
42. HEKAL, E.E.; KISHAR, E.; MOSTAFA, H. (2002) Magnesium sulfate attack on hardened blended cement pastes under different circumstances. Cement and Concrete Research, n. 32, p. 1421-1427.

Capítulo 7 Deterioração das estruturas de concreto 189

43. TAYLOR, H.F.W. (1997) Cement chemistry. 2nd ed. Londres: Thomas Telford.
44. SANTHANAM, M.; COHEN, M.D.; OLEK, J. (2002) Mechanism of sulfate attack: A fresh look Part 1: Summary of experimental results. Cement and Concrete Research, 915-921.
45. SANTHANAM, M.; COHEN, D.; OLEK, J. (2003) Mechanism of sulfate attack: a fresh look Part 2: Proposed mechanisms. Cement and Concrete Research, 341-346.
46. HASPARYK, N.P.; et al. (2003) Estudos de laboratório com concretos contendo agregados obtidos a partir de rocha com sulfetos (15ª ed). Argentina, Reunión Técnica de la AATH.
47. KLEIN, C.; DUTROW, B. (2012) Manual de ciência dos minerais (23ª ed). Porto Alegre, Bookman.
48. CHINCHÓN-PAYÁ, S.; AGUADO, A.S.; CHINCHÓN, A. (2012) Comparative investigation of the degradation of pyrite and pyrrhotite under simulated laboratory conditions. Engineering Geology, v. 127, 75-80.
49. PEREIRA, E. (2015) Investigação e monitoramento do ataque por sulfatos de origem interna em concretos nas primeiras idades. Tese (Doutorado) – Universidade Federal do Paraná. Curitiba.
50. RAHHAL, V.; et al. (2012) Role of the filler on Portland cement hydration at early ages. Construction and Building Materials, 82-90.
51. O'DONOVAN, R.; et al. (2013) Anaerobic Corrosion of Reinforcement. Key Engineering Materials, v. 569-570, 1124-1131.
52. VIDELA, H.A. (1993) Biotecnologia. Corrosão microbiológica. São Paulo, Editora Edgard Blücher Ltda, 66 p.
53. GU, T. (2012) New understandings of biocorrosion mechanisms and their classifications. Journal of Microbial and Biochemical Technology, v. 4, iii-vi.
54. ALLSOPP, D.; SEAL, K.; GAYLARDE, C. (2004) Introduction to biodeterioration (2nd ed). Cambridge., UK, Cambridge University Press, 120 p.
55. BEECH, B.I.; SUNNER, J. (2004) Biocorrosion: towards understanding interactions between biofilms and metals. Current Opinion in Biotechnology, v. 15, 181-186.
56. SHIRAKAWA, M.A. (1994) Estudo da biodeterioração do concreto por Thiobacillus. Dissertação (Mestrado em Ciências) – Instituto de Pesquisas Energéticas e Nucleares, São Paulo. 122 p.
57. BERTOLINI, L. et al. (2003) Corrosion of steel in concrete, prevention, diagnosis, repair. Wiley-Vch Verlag GmbH & Co. KGaA, p. 64-65.
58. GUMMOW, R.A. et al. (1998) Corrosion – new challenge to pipeline integrity. NACE corrosion 9. p. 566.
59. RODRIGUES, J. (2000) Corrosão no concreto armado; a proteção catódica no concreto armado. Revista Recuperar, n. 33, p. 4-27.
60. CHEN, M.C. (2013) Deterioration mechanism of cementitious materials under acid rain attack. Engineering Failure Analysis, v. 27, 272-285.
61. LIMA, M.G. (2011) Ação do meio ambiente sobre as estruturas de concreto. Concreto: ensino, pesquisa e realizações. In: ISAIA, G.C. IBRACON, Cap. 24, 713-772, v. 1, São Paulo.
62. DIN – Deutsches Institut fur Normung – 4030. (1991) Assessment of water, soil and gases for their aggressiveness to concrete: Collection and Examination of Water and Soil Samples, june.
63. AMERICAN CONCRETE INSTITUTE. ACI 201 – Guide to durable concrete, 2008.
64. SKALNY, J.; MARCHAND, J.; ODLER, I. Sulfate Attack on Concrete. 1st. ed. Nova York: Spon Press, 2002.

Capítulo 8

Durabilidade do concreto submetido a situações extremas: resistência a ciclos de gelo e degelo e à ação do fogo

*Daniel Véras Ribeiro**
*Bernardo Fonseca Tutikian***

8.1. Introdução

Tradicionalmente, as estruturas de concreto são projetadas de acordo com propriedades necessárias para resistirem a solicitações cotidianas, tais como resistência mecânica, absorção de água, vento e presença de agentes agressores (microrganismos, cloretos, sulfatos, dióxido de carbono etc.). Assim, o estudo do desempenho do concreto exposto a situações extremas, que fogem a essas situações cotidianas, é costumeiramente negligenciado.

A carência do conhecimento de materiais e métodos para o desenvolvimento de estruturas efetivamente duráveis a essas situações é um grande obstáculo a ser superado. Neste capítulo será discutida a análise da durabilidade e desempenho do concreto quando submetido a ciclos de frio (gelo-degelo) e calor (fogo).

8.2. Resistência a ciclos de congelamento e descongelamento

Dentre os fatores que contribuem para a degradação do concreto, as adversidades do ambiente são responsáveis por problemas como trincas, fissuras, destacamentos, corrosão das armaduras, perda de resistência, entre outros. Essas adversidades podem ser variações de temperatura, variações de umidade, velocidade e direção dos ventos, ação dos gases e vapores corrosivos da atmosfera, ação corrosiva das águas de contato, ação de agentes bacteriológicos, intensidade e tipo de ações mecânicas[1].

Variações extremas de temperatura, como ciclos de congelamento e descongelamento, causam danos nas propriedades mecânicas e no desempenho em estruturas. O aumento da durabilidade de estruturas de concreto ante a baixas temperaturas é de grande importância para locais de armazenamento e conservação de gêneros alimentícios, pavimentos de concreto, muros de arrimo, tabuleiro de pontes e dormentes; evitando elevados gastos para substituição e reparo[2,3].

---

*   Colaboração: Guilherme Oliveira (UFBA) e Nilson Amorim (UFBA).

**   Colaboração: Prof. Fabrício Bolina (Unisinos), Rodrigo Périco (Unisinos), Michael Moreira (Unisinos) e Letícia Wilhelms (Unisinos).

A conservação de alimentos, que se utiliza dos processos de refrigeração e congelamento, é essencial para a viabilidade do crescimento populacional, pois possibilita a estocagem adequada, bem como o intercâmbio de gêneros alimentícios perecíveis entre os mais distantes pontos do território nacional e mundial. Permite, ainda, o controle de estoque em casos de safra e entressafra dos produtos.

Os efeitos desses fenômenos sobre o comportamento do concreto dependerão do seu estágio de endurecimento, microestrutura e das condições específicas do ambiente, em particular do número de ciclos de gelo-degelo, da velocidade de congelamento e da temperatura mínima atingida[2,4-6].

Quando ocorre congelamento antes do endurecimento, o processo de hidratação do cimento é paralisado, sendo retomado após o descongelamento, sem, no entanto, perder a sua resistência[3]. Porém, se o congelamento ocorrer após o endurecimento do concreto, sem que ele tenha atingido sua resistência final, haverá perdas significativas de resistência. Quando o concreto endurecido é exposto a baixas temperaturas, a água retida nos poros capilares congela e expande. Ao descongelar, verifica-se um acréscimo expansivo nos poros, que aumenta com a sucessão de ciclos, causando uma pressão de dilatação que provoca fissuração no concreto e, consequentemente, sua deterioração[7].

Os danos mais comuns por congelamento no concreto são a fissuração e o destacamento[2,8,9], causados pela expansão progressiva da matriz da pasta de cimento por repetidos ciclos. Lajes de concreto expostas a congelamento e degelo, na presença de umidade e produtos químicos para degelo, são susceptíveis ao descascamento[2].

No Brasil, são raros os casos de temperaturas abaixo de zero, visto que o país se localiza, em maior parte, na região entre trópicos do globo. Entretanto, sistemas de armazenamento de alimentos, que trabalham com a tecnologia do frio, requerem temperaturas abaixo de zero, submetendo estruturas a ciclos de gelo e degelo. Além disso, no processo de limpeza é utilizada água em temperaturas elevadas ($60\,°C$), bem como produtos de limpeza à base de ácido clorídrico em solução, levando à deterioração do concreto. Outros agressores das estruturas de concreto são sangue, sal, ácido acético e ácido graxo[3].

A carência de materiais efetivamente duráveis, para a construção de sistemas para armazenamento e conservação de gêneros alimentícios com relação custo-benefício vantajosa, constitui-se em um problema sério, se analisada a importância da cadeia do frio para um país como o Brasil, genuinamente agrícola e que possui a maior disponibilidade de carnes para exportação, com excedentes de carne de aves, bovinos e de suínos[3,4].

8.2.1. Comportamento anômalo da água

Os líquidos sofrem dilatação e contração da mesma forma que os sólidos, ou seja, de maneira uniforme. Entretanto, a água se comporta de uma maneira diferente, pois em uma temperatura entre 0 e $4\,°C$ ocorre um fenômeno inverso ao natural e esperado, conforme pode ser observado na Figura 8.1.

Para explicar essa particularidade da água, é necessário analisar sua estrutura atômica. Ao resfriar de 4 a $0\,°C$, as moléculas de água interagem entre si, de uma forma ordenada, para formar as pontes de hidrogênio, ou seja, cada uma delas pode se ligar somente a quatro outras moléculas vizinhas, cujos centros, como resultado dessa união, formam um tetraedro e a união destes, o retículo cristalino. Tal ordenação cria espaços vazios entre os átomos (Figura 8.1B), provocando, assim, um aumento do volume externo[10].

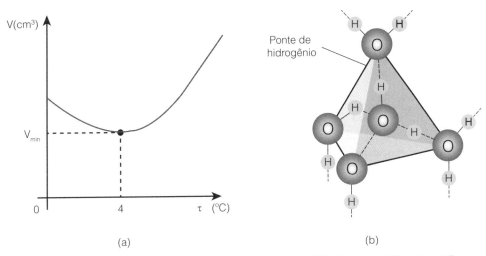

Figura 8.1. (A) Variação de volume da água em função da temperatura e (B) retículo cristalino do gelo[10].

Já no aquecimento de 0 a 4°C, ocorre o rompimento das interações moleculares (ligações de hidrogênio) e, por consequência, as moléculas passam a ocupar os vazios existentes acarretando, dessa forma, uma contração.

8.2.2. Ação do congelamento na pasta de cimento endurecido

O concreto é um material poroso capaz de armazenar água, que, conforme discutido na seção anterior, sob a ação do congelamento, aumenta seu volume e movimenta-se pelos capilares do concreto, gerando elevadas pressões em suas paredes[11] e reduzindo sua durabilidade.

Quando a água começa a congelar em uma cavidade capilar, o aumento de volume que acompanha seu congelamento requer uma dilatação da cavidade igual a cerca de 9% do volume da água congelada ou a saída do excesso de água através das fronteiras do material, ou uma combinação desses efeitos. Com isso, são geradas tensões de tração capazes de provocar fissuras ou descolamentos do concreto, até atingir sua completa desagregação[6,8,12,13]. Esse fenômeno é ilustrado na Figura 8.2.

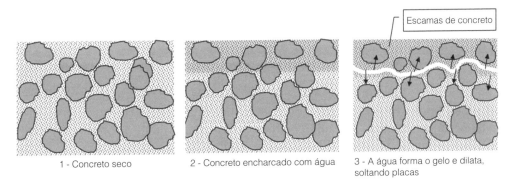

Figura 8.2. Degradação do concreto provocada pela ciclagem gelo-degelo.

O congelamento da água presente nos poros do concreto ocorre de forma gradual e o resfriamento das zonas mais internas é demorado devido à baixa condutibilidade térmica do concreto[6,11]. Além disso, o tamanho dos poros, a concentração de íons dissolvidos na solução ainda líquida e o efeito da tensão superficial fazem com que o congelamento se inicie nos poros maiores e, gradativamente, se estenda aos poros menores[6,7], sendo influenciado, ainda, pela concentração de álcalis dissolvidos no gel dos poros e pelo efeito da tensão superficial (MAILVAGANAM *apud* FERREIRA[7]). É importante destacar que a manifestação da ação do gelo ocorre, principalmente, nos poros capilares, uma vez que os vazios de dimensões maiores, introduzidos intencionalmente com uso de aditivos incorporadores de ar, não ficam saturados de água e, por conseguinte, pelo menos em um primeiro momento, não sofrem com a ação direta do congelamento[6]. Além disso, quanto maior a dimensão dos poros, maior a temperatura de congelamento da água nele contida. Estima-se que a água nos poros de gel (microporos) não congele em temperaturas superiores a -78 °C, portanto, na prática, não há formação de gelo nos mesmos [2,7].

POWERS *apud* MEHTA e MONTEIRO[2] acredita que três fenômenos são os causadores da deterioração do concreto quando submetido a baixas temperaturas, sendo eles: i) a pressão hidráulica; ii) a pressão osmótica; e, iii) o efeito capilar[2,6,14], que serão discutidos a seguir.

De acordo com ROJAS *et al.*[15], o dano induzido pela ação do congelamento é iniciado pela nucleação, crescimento do cristal, e seguido pelas interações das fissuras microscópicas. Esses processos, que geralmente ocorrem dentro dos poros, são expressos pela expansão volumétrica durante o resfriamento[16]. As primeiras explicações que tentaram entender o efeito da tensão observada foram baseadas no desenvolvimento de uma pressão hidráulica criada pela formação de gelo. Os efeitos nocivos foram atribuídos puramente à pressão criada pelo aumento de 9% em volume à medida que a água congela. Posteriormente, adiciona-se uma pressão osmótica à pressão hidráulica, visto que, na vizinhança do gelo formado, o grau de saturação da solução aquosa contida nos poros aumenta, criando, assim, um gradiente de concentração. Mesmo que o capilar esteja cheio de gelo e água, a água fluirá do gel menos concentrado ao capilar mais concentrado, de modo a equalizar a concentração da solução no poro. É esse fluxo osmótico da água que gera pressão, podendo causar danos a um concreto por congelamento, e cuja magnitude tem de ser cerca de duas vezes a resistência à tração da peça congelada de concreto para que gere problemas significativos [13,15,17].

A resistência à tração de um concreto saturado com qualidade razoável é cerca de 2,5 MPa, a temperatura ambiente. Quando o concreto apresentar temperaturas de -10 a -20 °C, sua resistência à tração será em torno de 4 e 6 MPa, respectivamente. Contudo, a temperatura exata do ciclo de congelamento em que o dano ocorre raramente é conhecida e a pressão que gera esses danos pode, então, situar-se entre 8 e 12 MPa ou, aproximadamente, 10 MPa[18].

8.2.2.1. Pressão hidráulica

Quando a água começa a congelar na cavidade do capilar, o aumento de volume, devido à formação do gelo, obriga a movimentação da quantidade excedente para as capilaridades ou cavidades mais próximas. Esse movimento migratório é como uma bomba e causa uma pressão nas paredes dos capilares, conhecida como hidráulica ou hidrostática. A magnitude da pressão depende da distância de uma "fronteira de escape" (distância que a água tem que percorrer para aliviar a pressão), da permeabilidade do material que se interpõe e da taxa de congelamento[14]. Quando essa pressão é suficientemente elevada para deformar o gel circundante para além do seu limite elástico ou de sua resistência à tração, irá causar dano permanente[2,11,18,19].

Quanto maior a distância que a água deve percorrer para aliviar a pressão, maior será a pressão hidrostática; assim, para evitar o desenvolvimento da pressão de ruptura, as cavidades do capilar precisam estar próximas. Essas fronteiras não devem ter distâncias maiores que 80 ou 100 μm[2,18].

O vínculo entre a pressão e o fluxo de água pode ser descrito pela Lei de Darcy, que mostra como a pressão cresce quando a seção dos poros é reduzida, aumenta-se o caminho a ser percorrido pela água ou aumenta-se o fluxo de água (proporcional à velocidade com que se forma o gelo no interior dos próprios poros). Portanto, um resfriamento repentino causa um dano maior do que um resfriamento mais lento[6].

8.2.2.2. Pressão osmótica

A água presente nos capilares não é pura, mas uma solução composta por várias substâncias solúveis, tais como álcalis, cloretos e hidróxidos de cálcio. Essas soluções congelam a temperaturas mais baixas do que a água pura, pois, geralmente, quanto maior a concentração de um sal em uma solução, mais baixo o ponto de congelamento.

Na medida em que o congelamento evolui nos capilares, os íons concentram-se na solução restante, o que leva à existência de gradientes de concentrações salinas locais entre capilares e poros do gel, gerando a pressão osmótica, que, se for maior que a resistência do concreto, provoca a sua fissuração. Há, também, uma contribuição do transporte de água dos poros menores para o gelo já formado nos poros maiores, onde essa água adicional também congela, aumentando a quantidade de gelo e, consequentemente, a pressão[2,5,6].

8.2.2.3. Efeito capilar

A pressão hidráulica, devida a um aumento no volume específico da água ao congelar em grandes cavidades, e a pressão osmótica, devida às diferenças de concentração de sais no fluido dos poros, não parecem ser as únicas causas da expansão de pastas de cimento expostas à ação de congelamento.

O efeito capilar envolvendo a migração de água, em larga escala, de pequenos poros para grandes cavidades é considerado, também, como causa da expansão em corpos porosos. De acordo com LIT-VAN *apud* MEHTA e MONTEIRO[2], a água rigidamente presa pelo C-S-H (silicato de cálcio hidratado) na pasta de cimento não pode rearranjar-se para formar gelo no ponto de congelamento normal da água, porque sua mobilidade é muito limitada. Em geral, quanto mais rigidamente a água é presa, mais baixo será o ponto de congelamento. Existem três tipos de água que são fisicamente mantidas na pasta de cimento: a água capilar em pequenos capilares (10 a 50 mm), a água adsorvida em poros de gel e a água entre camadas na estrutura do C-S-H[2,18].

Quando uma pasta de cimento saturada é submetida a condições de congelamento, ocorrem dois fenômenos distintos: enquanto a água em cavidades grandes torna-se gelo, a água nos poros de gel continua a existir na fase líquida em um estado super-resfriado. Isto cria um desequilíbrio termodinâmico entre a água congelada nos capilares (que adquire um estado de baixa energia) e a água super-resfriada nos poros de gel, que está em um estado de alta energia. A diferença de entropia entre o gelo e a água super-resfriada força esta última a migrar aos locais de energia mais baixa (grandes cavidades), onde ela pode congelar. Essa nova quantidade de água dos poros de gel que migra e aumenta o volume de gelo nos capilares pode chegar a um ponto em que qualquer tendência subsequente da água super-resfriada fluir em direção das regiões contendo gelo causaria pressões internas e expansão do sistema[2,18].

Nota-se que, durante a ação de congelamento da pasta de cimento, a tendência à expansão de certas regiões é balanceada por outras regiões que sofrem contração (por exemplo, perda de água absorvida do C-S-H). O efeito em um corpo é, obviamente, o resultado das duas tendências opostas[2,18].

8.2.3. Ação do congelamento no agregado

O desenvolvimento de pressões internas ao congelar-se uma pasta de cimento saturada também é aplicável a outros corpos porosos como agregados produzidos a partir de rochas porosas, certos sílex, arenitos, calcários e xistos. Nem todos os agregados porosos são susceptíveis a danos por congelamento e o comportamento de uma partícula de agregado, quando exposta a ciclos de gelo-degelo, depende, basicamente, do tamanho, número e continuidade dos poros[2,7].

Levando-se em conta a falta de durabilidade do concreto sujeito à ação do congelamento, que pode ser atribuída ao agregado, VERBECK e LANDGREN *apud* MEHTA e MONTEIRO[2] propuseram três classes de agregados: os de baixa permeabilidade, de permeabilidade intermediária e de alta permeabilidade.

8.2.3.1. Agregados de baixa permeabilidade

Possuem alta resistência devido à baixa porosidade e ao sistema capilar com interrupções. No congelamento da água, a deformação elástica na partícula é acomodada sem causar fratura, já que pouca água penetra o agregado, e sua saturação se dá com uma quantidade menor de água[2,18]. Portanto, é uma característica adequada para resistir à pressão hidráulica.

8.2.3.2. Agregados de permeabilidade intermediária

Possuem uma proporção significativa da porosidade total representada por pequenos poros, da ordem de 500 nm ou até menores. As forças capilares nesses pequenos poros fazem com que o agregado sature facilmente e mantenha a água no seu interior. Ao congelar, a intensidade da pressão desenvolvida depende basicamente da taxa da queda de temperatura e da distância que a água deve percorrer para encontrar uma fronteira de escape para aliviar sua pressão. O alívio de pressão pode ser obtido na forma tanto de algum poro vazio dentro do agregado (análogo ao ar incorporado dentro da pasta de cimento) ou na superfície do agregado. A distância crítica para o alívio de pressão em uma pasta de cimento endurecida é da ordem de 0,2 mm; essa distância é superior para a maioria dos agregados, pois possuem permeabilidade maior do que a da pasta de cimento[18].

8.2.3.3. Agregados de alta permeabilidade

Contêm um elevado número de grandes poros. Embora eles permitam entrada e saída fáceis para a água[20], são capazes de causar problemas de durabilidade. Isto acontece porque a zona de transição entre a superfície do agregado e a matriz da pasta de cimento pode ser danificada quando a água sob pressão é expelida de uma partícula de agregado. Em tais casos, as partículas de agregados em si não são danificadas como resultado da ação de congelamento[2].

8.2.4. Ação dos sais de degelo e escamação do concreto

A degradação do concreto pode ocorrer também pela aplicação de sais para acelerar o degelo. O desempenho dos cloretos nesse processo pode, ainda, causar danos ao concreto, contribuindo para a sua degradação pelos mecanismos de corrosão das armaduras[21].

Capítulo 8 Durabilidade do concreto submetido a situações extremas

A aplicação do sal produz, também, uma redução da temperatura na superfície do concreto, causando um choque térmico, além de tensões internas que podem provocar fissuras devido à diferença de temperatura entre a superfície e o interior do concreto[5,8]. Além disso, a penetração de sais contribui para a pressão osmótica.

De acordo com MEHTA e MONTEIRO[2], os efeitos negativos de sais degelantes no congelamento são:

- Aumento no grau de saturação do concreto devido ao caráter higroscópico dos sais.
- Aumento no efeito destrutivo quando a água super-refrigerada presente nos poros finalmente congela.
- Desenvolvimento de tensões diferenciais causadas pelo congelamento camada a camada do concreto devido aos gradientes de concentração salina.
- Choque de temperatura como um resultado da aplicação seca de sais degelantes sobre concreto coberto com neve e gelo.
- Crescimento de cristais nas soluções supersaturadas nos poros.

Portanto, a resistência do concreto contra a influência combinada do congelamento e sais degelantes, comumente usados para derreter gelo e neve dos pavimentos, é normalmente menor que a sua resistência apenas ao congelamento. Além disso, as camadas superficiais, nas quais estão presentes esses sais, ressentem-se mais do efeito do gelo[7].

8.2.5. Fator de durabilidade

O desempenho dos concretos que estão submetidos a ciclos de congelamento e descongelamento pode ser avaliado pelo fator de durabilidade (FD), proposto pela ASTM C666-15 (*Standard test method for resistance of concrete to rapid freezing and thawing*). Esse método recomenda variações de gelo e degelo por até 300 ciclos, ou até o módulo de elasticidade ser reduzido em 60% do valor inicial[11].

O fator de durabilidade (F_D) é calculado a partir do módulo dinâmico de elasticidade dos corpos de prova como segue na Equação 8.1.

$$F_D = \frac{E_{dr}.N}{M}$$

(8.1)

Em que F_d é o fator de durabilidade para o corpo de prova ensaiado a gelo/degelo; E_{dr} é o módulo de elasticidade dinâmico relativo para N ciclos de gelo e degelo; N é o número de ciclos de gelo/degelo para o qual o corpo de prova apresentou o menor módulo de elasticidade dinâmico relativo e; M é o número total de ciclos de gelo/degelo propostos para a realização do ensaio completo (normalmente igual a 300).

Esse fator de durabilidade é determinado principalmente em função do módulo de elasticidade dinâmico relativo, sendo este último uma medida da rigidez do concreto, que pode ser obtido pela velocidade que o pulso de onda sonora leva para transpassar os artefatos de concreto.

Ao ser submetido à ação do congelamento, o concreto pode sofrer fissurações internas, causadas pelos processos de expansão da água. Com isso, sua rigidez é reduzida, ocasionando uma redução na velocidade do pulso e, por conseguinte, no seu módulo de elasticidade dinâmico relativo[11,22].

Para fatores de durabilidade inferiores a 40%, o concreto é provavelmente insatisfatório em relação ao gelo-degelo. Entre 40 e 80%, o comportamento é duvidoso e, quando superior a 80%, o concreto é considerado como tendo desempenho satisfatório[7,9].

A ASTM C 666-15 (*Standard test method for resistance of concrete to rapid freezing and thawing*) recomenda a duração dos períodos de congelamento e descongelamento em corpos de prova, a temperatura alvo, bem como a taxa de resfriamento.

A temperatura alvo mínima recomendada pela norma é de -17,80°C e máxima de 4,4°C. O tempo de cada ciclo é de aproximadamente 5 horas, em um total de 300 ciclos. O procedimento prevê rápido congelamento e descongelamento em água e a determinação do módulo de elasticidade dinâmico antes e após os 300 ciclos.

Para determinação do módulo de elasticidade dinâmico deve ser utilizado um equipamento emissor de ultrassom (Figura 8.3), realizando o ensaio de acordo com a norma NBR 15630:2008 (Determinação do módulo de elasticidade dinâmico através da propagação de onda ultrassônica). Essa propriedade é determinada de acordo com as Equações 8.2 e 8.3.

$$Ed = \rho \cdot V^2 \cdot K \tag{8.2}$$

$$K = \frac{(1+\nu) \cdot (1-2\nu)}{1-\nu} \tag{8.3}$$

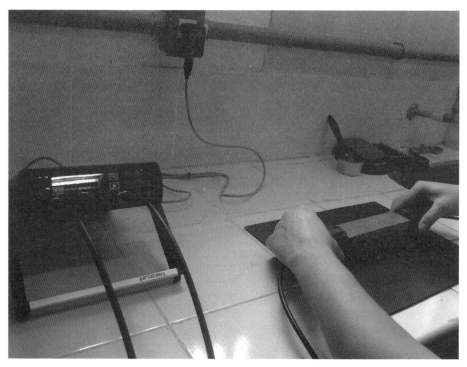

Figura 8.3. Equipamento emissor de ultrassom utilizado em ensaio para determinação do tempo de propagação da onda sonora pelo concreto.

Em que ρ é a densidade de massa no estado endurecido (em kg/m³), V representa a velocidade que a onda ultrassônica leva para percorrer o corpo de prova no sentido longitudinal (em km/s) e K é o coeficiente, determinado por meio do coeficiente de Poisson (para o concreto, *v* é igual a 0,2, logo, K vale 0,9).

Sendo a velocidade da onda ultrassônica obtida por meio da norma NBR 8802:2013 (Concreto endurecido – Determinação da velocidade de propagação de onda ultrassônica), por meio da Equação 8.4.

$$V = \frac{L}{t}$$
(8.4)

Sendo L a distância entre os pontos de acoplamento dos centros das faces dos transdutores (m) e t o tempo decorrido desde a emissão da onda até a sua recepção (s).

É possível utilizar-se, também, o método RILEM TC 176-IDC (*Internal damage of concrete due to frost action*) para determinar o módulo de elasticidade dinâmico relativo (E_{dr}), por meio do tempo de transmissão do pulso ultrassônico, medida esta que avalia a rigidez do concreto. Quanto maior o tempo para o pulso atravessar o corpo de prova, maior a quantidade de microfissuras e, portanto, menor a sua rigidez. Essa grandeza é determinada pelas Equações 8.5 e 8.6.

$$\gamma = \frac{t_i}{t_0}$$
(8.5)

$$E_{dr}(\%) = \frac{1}{\gamma^2} \cdot 100$$
(8.6)

Em que t_i é tempo de transmissão medido após *i* ciclos de gelo-degelo, em µs; t_0 é tempo de transmissão inicial, em µs.

8.2.6. Fatores que controlam a resistência ao congelamento

Como visto anteriormente, a capacidade do concreto em resistir aos danos devidos à ação de congelamento depende das características da pasta de cimento e do agregado. Porém, em cada caso, o resultado é controlado pela interação de vários fatores, tais como a localização das fronteiras de escape, a estrutura de poros do sistema (tamanho, número e continuidade dos poros), o grau de saturação (quantidade de água congelável presente), a taxa de resfriamento e a resistência à tração do material que deve ser excedida para causar a ruptura. A inclusão de fronteiras de escape na matriz da pasta de cimento e a modificação da sua estrutura de poros são os dois parâmetros relativamente mais fáceis de controlar, sendo que o primeiro pode ser controlado pela incorporação de ar no concreto e o último, pelo uso de dosagens e cura adequadas. Os principais fatores que controlam a resistência ao congelamento serão apresentados nos itens subsequentes.

8.2.6.1. Uso de incorporadores de ar

A extensão dos danos causados por ciclos repetidos de congelamento e descongelamento varia desde o desprendimento da superfície até a desintegração completa, à medida que camadas de gelo são formadas, partindo da superfície exposta do concreto e estendendo-se para dentro do material. No entanto, os danos causados por ciclos de gelo-degelo podem ser reduzidos por meio da incorporação de ar que, embora não seja um componente essencial em uma mistura de concreto convencional, tem sido amplamente utilizado para melhorar a durabilidade desse material[19]

A presença de bolhas de ar faz com que a água difunda do gel e dos capilares para os vazios de ar. Ao invés de preencher os capilares e gerar pressão, a água flui para os vazios de ar, onde há disponibilidade de espaço amplo para acomodar a formação de gelo sem o desenvolvimento de pressão na matriz da pasta de cimento capaz de provocar fissuras ou lascamento do concreto[2,8,15,17]. POWERS[6] sugere a incorporação de cerca de 6% de ar incorporado ao concreto afim de protegê-lo da ação do congelamento[11]. A Figura 8.4 ilustra o caminho percorrido pela água em direção ao vazio de ar e, na Figura 8.5, é possível observar a influência da incorporação de ar na resistência do concreto a ciclos gelo-degelo.

Não é a quantidade total de ar incorporado, mas a distância entre os vazios da ordem de 0,1 a 0,2 mm, em relação a qualquer ponto do cimento endurecido, que protege o concreto contra danos de congelamento. A granulometria do agregado também afeta o volume de ar incorporado, que é diminuído por um excesso de partículas de areia muito finas. A utilização de adições minerais como cinza volante, ou o uso de cimentos finamente moídos possuem um efeito similar. Em geral, uma mistura mais coesa de concreto é capaz de reter mais ar que um concreto muito fluido ou muito seco[2]

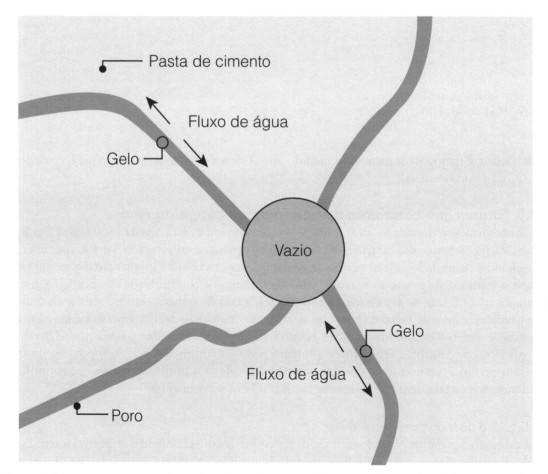

Figura 8.4. Fluxo de água nos capilares da pasta de cimento em direção ao vazio gerado pela incorporação de ar à mistura.

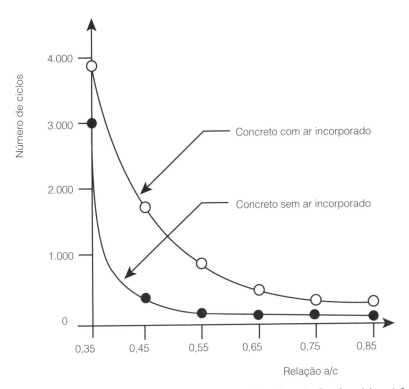

Figura 8.5. Influência da incorporação de ar de concretos com diferentes relações água/cimento[8].

Assim, a inclusão de ar por meio do uso de aditivos é preventiva e recomendada, já que aumenta a resistência do concreto à deterioração devido aos ciclos de gelo/degelo.

Estudos sobre a formação do gelo nos vazios do concreto, elaborados por CORR et al.[12], permitiram um avanço no entendimento da ação do congelamento sobre o concreto, com base em observações sobre a microestrutura de vazios de ar com a utilização de microscópio eletrônico de varredura a baixas temperaturas. A Figura 8.6 ilustra um vazio de ar preenchido com pequenos cristais de gelo e o mesmo vazio após a sublimação do gelo, respectivamente.

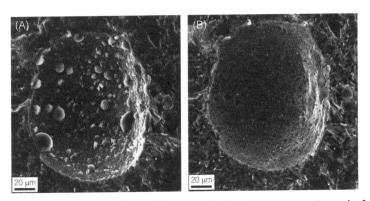

Figura 8.6. Micrografias eletrônicas de varredura obtidas em vazio de ar (A) em temperatura criogênica de com cristais de gelo e (B) após a sublimação do gelo[2].

Pesquisas desenvolvidas no LEDMa, da UFBA, atestaram a efetividade da incorporação de ar no desempenho de concretos submetidos a ciclagem gelo-degelo. A Figura 8.7 representa a evolução do módulo de elasticidade dinâmico relativo em função do número de ciclos dos corpos de prova com diversos teores de ar incorporado.

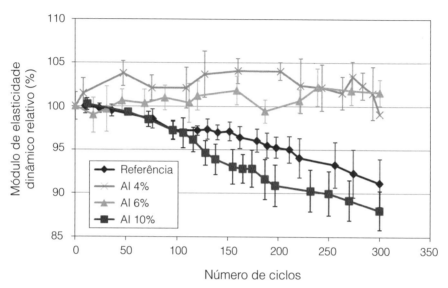

Figura 8.7. Evolução do módulo de elasticidade dinâmico relativo em função do número de ciclos dos corpos de prova com diversos teores de ar incorporado.

Observa-se que as amostras com teor de 10% de ar incorporado apresentaram valores mais baixos do módulo de elasticidade dinâmico relativo, devido à menor resistência à tração do concreto e, consequentemente, menor resistência às pressões internas causadas pela expansão da água. Segundo DONALD e MARK[23], a menor durabilidade das misturas com sistemas de ar incorporado normalmente pode ser provocada por microfissuras do concreto durante a exposição a temperaturas elevadas que foram geradas durante a hidratação do cimento, associadas a quantidades excessivas de incorporação de ar. Devido a isso, POWERS *apud* MEHTA e MONTEIRO[2] recomendou a incorporação de até 6% de ar. Como verificado por POWERS, os corpos de prova contendo 6% de ar incorporado não sofreram danos em sua microestrutura, não sendo afetados pela ciclagem térmica e, por estarem imersos em água (processo de cura), acabaram aumentando a rigidez, ou seja, os valores do módulo de elasticidade dinâmico relativo superaram os 100%, apresentando elevado fator de durabilidade. O autor constatou que amostras contendo 4% de ar incorporado inicialmente demonstravam serem mais resistentes, porém, apresentaram uma perda de desempenho ao fim dos ciclos.

Pesquisas recentes desenvolvidas no LEDMa mostraram que artefatos contendo 10% de ar incorporado sofrem maiores danos após ciclos, com destacamentos, de forma semelhante ao ocorrido nas amostras sem a presença de ar incorporado, conforme se observa na Figura 8.8, com os respectivos fatores de durabilidade apresentados na Tabela 8.1. Foram repetidos testes semelhantes com corpos de prova cilíndricos e os resultados foram muito próximos.

Capítulo 8 Durabilidade do concreto submetido a situações extremas

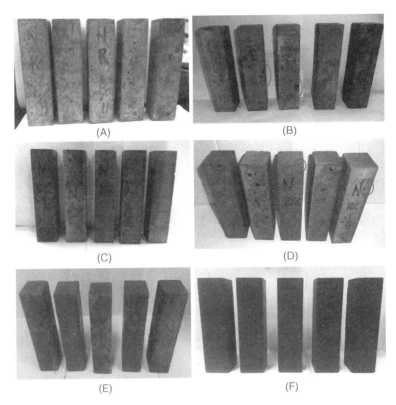

Figura 8.8. Amostras de concreto de (A) Referência (sem ar incorporado) antes da ciclagem; (B) Referência após 300 ciclos; e contendo incorporação de ar nos teores de (C) 10%, após 100 ciclos; (D) 10%, após 300 ciclos; (E) 4%, após 300 ciclos; e (F) 6%, após 300 ciclos.

Tabela 8.1. Fator de durabilidade das amostras prismáticas de concreto visualizadas na Figura 8.8

Mistura	Fator de durabilidade	Desvio
Referência (sem ar incorporado)	91,2%	2,74%
4%	99,08%	3,03%
6%	101,6%	1,51%
10%	88,03%	2,25%

Entretanto, somente o teor de ar pode não indicar a adequação quanto à proteção ao congelamento. De acordo com PRISZKULNIK[17], volume, número e distribuição de tamanhos, quando considerados conjuntamente, determinam a qualidade do sistema de vazios de ar. Complementarmente, a estabilidade do sistema de vazios de ar pode ser afetada por diversos fatores, como dosagem do concreto, tempo de mistura, duração do transporte, bombeamento, lançamento, adensamento e acabamento, bem como as circunstâncias relacionadas com o meio ambiente.

As condições ambientais, em particular, o número de ciclos de gelo-degelo, a velocidade de congelamento e a temperatura mínima atingida exercem forte influência nos efeitos provocados pela ação do congelamento. Além disso, a degradação da estrutura pode ser agravada devido à presença de sais de degelo, como os cloretos de cálcio e de sódio, quando em contato com o concreto. Esses sais, devido à sua higroscopicidade, tendem a reter mais água e elevar o teor de umidade no concreto, aumentando os efeitos do congelamento[6].

8.2.6.2. Relação água/cimento e cura

Em geral, quanto maior a relação água/cimento para um dado grau de hidratação, maior será o volume de poros grandes na pasta hidratada de cimento. Uma vez que a água passível de congelamento reside em poros grandes, pode-se assumir que, a uma dada temperatura de congelamento, a quantidade de água congelável será maior para relações água/cimento maiores e em estágios iniciais de cura. A importância da relação água/cimento na resistência do concreto ao congelamento é reconhecida pelo *American Concrete Institute* (ACI). O código ACI 318-14 (*Building code requirements for structural concrete and commentary*) exige que concretos sujeitos a congelamento e degelo sob umidade devam ter uma relação água/cimento máxima de 0,45, para meios-fios, calhas, corrimões ou suas seções, e 0,50 para outros elementos. Obviamente, estes limites na relação água/cimento pressupõem hidratação adequada do cimento; portanto, recomenda-se pelo menos sete dias de cura úmida, à temperatura normal, antes da exposição ao congelamento[2].

Na prática, os concretos com baixa relação água/cimento e, por consequência, baixa porosidade capilar, tornam-se resistentes à expansão do gelo. Além disso, uma cura prolongada do concreto, antes de ser submetido à ação do gelo, é benéfica, pois, melhora a sua resistência mecânica e reduz a água livre no seu interior[6].

8.2.6.3. Grau de saturação

As substâncias secas ou parcialmente secas não sofrem danos por congelamento. Assim, existe um grau crítico de saturação, acima do qual o concreto está sujeito a fissurar e lascar quando exposto a temperaturas muito baixas e essa diferença entre o grau de saturação crítico e o existente determina a resistência do concreto ao congelamento. Um concreto pode cair abaixo do grau crítico de saturação após uma cura adequada, mas, dependendo da permeabilidade, pode novamente atingir ou exceder o grau crítico de saturação quando exposto a um ambiente úmido. O papel da permeabilidade do concreto é, assim, importante na ação de congelamento, já que ela controla não só a pressão hidráulica associada com o movimento interno da água ao congelar, mas, também, o grau crítico de saturação anterior ao congelamento[2].

8.2.6.4. Resistência mecânica

Embora exista, no geral, uma relação direta entre resistência e durabilidade, isto não se aplica no caso de danos por congelamento, pois quando se compara um concreto sem ar incorporado a um com ar incorporado, o primeiro pode ter maior resistência, mas o último terá maior durabilidade à ação do congelamento devido à proteção contra o surgimento de altas pressões hidráulicas. Como regra prática, em concretos de médias e altas resistências, cada aumento de 1% no conteúdo de ar incorporado reduz a resistência do concreto em torno de 5%. Devido a uma melhor trabalhabilidade como resultado do ar incorporado, é possível compensar uma parte da resistência perdida por uma pequena redução da relação água/cimento, mantendo o nível adequado de trabalhabilidade.

Contudo, concretos com ar incorporado geralmente possuem uma resistência mecânica menor do que o concreto correspondente sem ar incorporado[2,6,24].

8.2.7. Outros mecanismos de aumento de resistência ao congelamento e descongelamento

Além da incorporação de ar, bastante discutida nos itens anteriores, existem outros meios de reduzir os danos provocados pelos ciclos de congelamento e degelo. Entre estes está o uso de fibras sintéticas, adições ativas, agregados porosos ou resíduos de construção civil (RCC). Esses aspectos serão tratados nos itens subsequentes.

8.2.7.1. Incremento de fibras

Segundo RICHARDSON[25], a inclusão de fibras sintéticas pode aumentar o sistema de vazios de ar quando comparado com o concreto simples, proporcionando, assim, uma alternativa para a introdução de ar como um método de proteção para ciclos de congelamento/descongelamento. As fibras e os agregados são envolvidos pelo silicato de cálcio hidratado (C-S-H) que possui um papel de aglutinante, causando bloqueio de poros e diminuindo a permeabilidade[26].

A Figura 8.9 apresenta micrografias do concreto convencional e com adição de fibras de polipropileno, sendo possível notar-se uma maior quantidade de vazios neste último (Figura 8.9B).

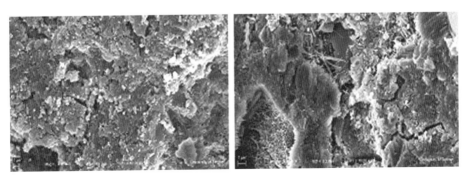

Figura 8.9. Micrografias de um (A) concreto simples e (B) concreto com adição de fibras[22].

Além disso, de acordo com RAMEZANIANPOUR et al.[26], a adição de fibras de polipropileno leva a uma diminuição da resistência à compressão axial, porém aumenta a resistência à tração e à flexão do concreto, elevando, dessa forma, sua defesa às pressões hidráulicas internas causadas pela expansão da água.

8.2.7.2. Uso de adições ativas

Segundo AGHABAGLOU et al.[27,28], as adições ativas (como sílica ativa e metacaulim), conferem melhor resistência e durabilidade ao concreto submetido a ciclos de gelo-degelo. Os artefatos produzidos com essas adições tiveram um aumento na formação de etringita no interior de seus poros, diminuindo, assim, a porosidade e, consequentemente, a possibilidade da presença de água congelável. A Figura 8.10 retrata a formação da etringita em um poro.

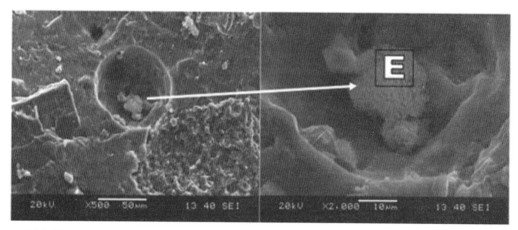

Figura 8.10. Micrografia da etringita formada no interior de um poro de concreto com adição de sílica ativa[27].

A atividade pozolânica da adição ativa promove uma maior formação do gel (silicato de cálcio hidratado), conferindo ao concreto refinamento dos poros, menor porosidade capilar e baixa permeabilidade, reduzindo, assim, a quantidade de água congelável em seu interior e elevando sua durabilidade[11].

8.2.7.3. Uso de agregados porosos

A resistência ao gelo-degelo do concreto está relacionada diretamente com o seu sistema de vazios de ar presentes na matriz, especificamente, à distribuição do tamanho dos poros, isto é, ao tamanho dos poros e à sua distribuição[22].

A incorporação de ar ao concreto já provou ser eficiente na melhoria da durabilidade quanto aos ciclos de gelo-degelo, conforme discutido anteriormente, porém enfraquece a resistência do concreto significativamente. De fato, a quantidade de ar incorporado para proteção contra a ação do gelo é restringida normalmente a cerca de 6%, de modo a evitar uma redução excessiva das propriedades mecânicas. Essas dificuldades podem ser superadas quando os vazios necessários para a durabilidade são proporcionados pela adição de substâncias particuladas porosas à mistura do concreto[30].

A Figura 8.11 traz um exemplo de como a percolação de água se dá de forma mais fácil através do concreto que contém agregado poroso. Essa facilidade de percolação da água é um dos fatores que pode vir a garantir uma maior durabilidade do concreto frente aos ciclos frios. Além disso, os poros de ar presentes no agregado também agem como redutor das tensões internas ocasionadas pela expansão da água[2,6,30].

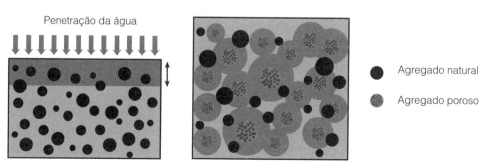

Figura 8.11. Matriz cimentícia do concreto com e sem agregado poroso.

É possível encontrar na literatura alguns estudos que tratam da resistência do concreto contendo agregado poroso a ciclos de gelo-degelo. No entanto, os resultados são divergentes e a influência do condicionamento do agregado antes da mistura nas características físico-mecânicas ou de durabilidade finais não foram determinados de forma única.

Alguns estudos[23,31] relatam que há uma perda de resistência quando um concreto com agregado leve é feito utilizando o agregado na forma seca, já que eles acabam por absorver a água de hidratação das partículas de cimento além de formar uma zona de bolhas ao redor da zona de transição. Já para o agregado utilizado de forma saturada, foi observado o enfraquecimento da zona de transição, devido ao aumento da relação água/cimento nesse local.

CHANDRA e BERNTSSON[22] obtiveram excelente desempenho de concretos com agregados leves (secos), sem utilização de aditivo incorporador de ar, submetidos a ciclos de gelo-degelo, de acordo com a ASTM C666. Porém, os autores verificaram que o concreto apresentou menor durabilidade quando utilizado o agregado leve de forma saturada, identificando pressões destrutivas após os ciclos de congelamento.

LITVAN[32] verificou que o uso de pedra-pomes e perlita em substituição ao agregado natural proporciona excelente resistência ao congelamento e descongelamento de pastas de cimento, argamassas e concreto. KARAKOÇ et al.[29] verificaram que a substituição de 10% do agregado natural por pedra-pomes, resultou em uma menor resistência mecânica das amostras de concreto se comparadas àquelas com ar incorporado, como pode ser visto na Figura 8.12. Além disso, os autores concluíram que quando 10% de pedra-pomes são adicionados ao concreto de alta resistência, a sua durabilidade ao gelo-degelo pode ser aumentada.

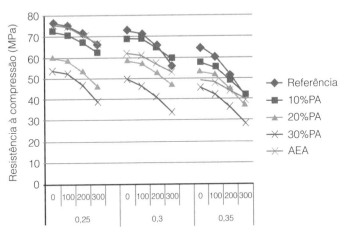

Figura 8.12. Desempenho mecânico de artefatos de concreto contendo agregados porosos antes, durante e após ciclagem térmica gelo-degelo[26].

Outra alternativa para uso de agregados porosos em concretos, que estejam submetidos a ciclos de baixas temperaturas, é a utilização do agregado reciclado de construção civil (ARCC). Alguns pesquisadores[33-36] utilizaram ARCC para esses fins, mas os resultados foram controversos, já que os resíduos são heterogêneos e variam de acordo com o local de geração. Porém, devido à sua alta porosidade e, consequente alta permeabilidade, acredita-se que o resíduo de construção e demolição pode apresentar desempenho superior ao agregado natural em concretos que são submetidos à ciclagem em temperaturas negativas, visto que este permitiria uma maior dissipação das pressões hidráulicas causadas pela expansão da água presente no interior do concreto, ao congelar. Portanto, espera-se que este possa ser empregado em estruturas industriais aliadas à tecnologia do frio, como verificado por RICHARDSON et al.[33].

Entretanto, alguns autores[2,34] consideram inadequado o uso de agregado reciclado para concretos submetidos a ciclos frios, tendo obtido resultados desfavoráveis à utilização do agregado reciclado.

Pesquisas recentes desenvolvidas no LEDMa mostraram uma razoável viabilidade técnica do uso do RCC afim de mitigar os efeitos da ciclagem térmica. A Figura 8.13 mostra a evolução do módulo de elasticidade dinâmico relativo, ao longo da ciclagem térmica gelo-degelo para amostras de concreto de referência (sem ARCC) e com agregado reciclado nos teores de 15, 25 e 50% (AR 15, AR 25 e AR 50%, respectivamente). O fator de durabilidade calculado para estas amostras pode ser visto na Tabela 8.2.

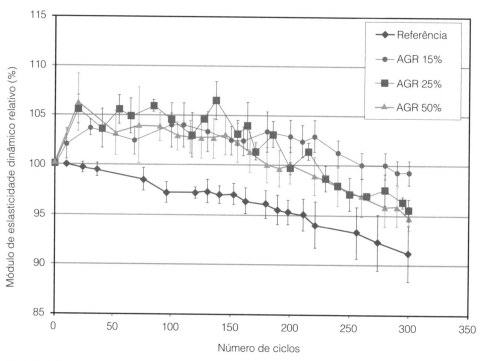

Figura 8.13. Módulo de elasticidade dinâmico relativo para os traços de referência e com agregado reciclado em teores de 15%, 25% e 50%.

Tabela 8.2. Fator de durabilidade das amostras prismáticas de concreto de referência e com agregado reciclado (RCC) em teores de 15%, 25% e 50%

Mistura	Fator de durabilidade	Desvio médio
Referência	91,00%	2,74%
AR 15%	99,28%	1,15%
AR 25%	95,56%	1,06%
AR 50%	94,81%	1,16%

LIMBACHIYA et al.[37] também analisaram a resistência de concretos reciclados aos ciclos gelo-degelo por meio do cálculo do fator de durabilidade (F_d), definido na ASTM C666 (*Standard test method for resistance of concrete to rapid freezing and thawing*). Como se pode observar na Figura 8.14, os fatores de durabilidade nunca estiveram abaixo do valor de 95%, indicando uma boa resistência aos ciclos gelo-degelo por parte dos concretos com agregados reciclados de concreto, uma vez que a norma estabelece que os concretos são considerados duráveis se o fator de durabilidade ao final dos ciclos for maior ou igual a 80%.

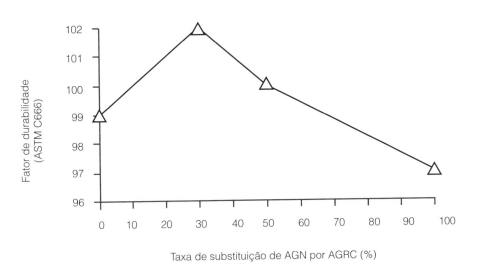

Figura 8.14. Fator de durabilidade em função da taxa de substituição de agregado graúdo natural (AGN) pelo agregado graúdo reciclado de concreto (AGRC). Adaptado de LIMBACHIYA et al.[37].

8.3. Resistência do concreto à ação do fogo

O conceito do desempenho aplicado aos sistemas construtivos vem sendo instituído no Brasil desde a década passada[38]. Medidas governamentais como o Programa Brasileiro da Qualidade e Produtividade do Habitat (PBQP-H) foram concebidas com o objetivo de garantir a qualidade das construções entregues[39]. Nesse âmbito, o Ministério das Cidades promulgou o Sistema Nacional de Avaliação Técnica (SiNAT), propondo-se a avaliar os sistemas construtivos inovadores e convencionais qualitativamente. Esse conjunto de medidas representou um marco na implantação da cultura do desempenho nas construções brasileiras[40], reforçado, posteriormente, pela elaboração da norma de desempenho das edificações habitacionais, a NBR 15575:2013 – Edificações habitacionais – Desempenho[41].

A norma é estruturada nos requisitos de (a) segurança, (b) habitabilidade e (c) sustentabilidade aplicáveis aos sistemas construtivos das edificações habitacionais.

Quanto aos requisitos de segurança estrutural da NBR 15575:2013[41], a resistência ao fogo dos elementos desse sistema deve ser demonstrada em projeto[40], cabendo ao profissional conceber uma estrutura que não venha a colapsar durante um período mínimo de exposição às altas temperaturas[42] e cumpra com condições mínimas de compartimentação[43], visando a preservação de vidas, de patrimônio e oportunizando o trabalho das equipes de salvamento. Os requisitos de resistência ao fogo da norma de desempenho[40] devem ser cumpridos com o atendimento da NBR 14432:2001

– Exigências de resistência ao fogo de elementos construtivos de edificações: Procedimento[44] e NBR 15200:2012 – Projeto de estruturas de concreto em situação de incêndio: Procedimento[45] nas estruturas de concreto.

O evento de 11 de setembro de 2001 despertou atenção mundial para a segurança das estruturas em situação de incêndio, pela queda do World Trade Center[46], em Nova Iorque, nos Estados Unidos. No Brasil, a segurança contra incêndio das edificações ganhou destaque pela repercussão do incêndio na boate Kiss, em janeiro de 2013, na cidade de Santa Maria, no Estado do Rio Grande do Sul. O episódio estimulou debates sobre o sistema normativo em vigor, além da intensificação dos critérios para aprovação de projetos, reforçado pela revisão e advento de leis estaduais, como a n. 14.376 de 2013 no Estado do Rio Grande do Sul, que tornou o alvará de prevenção e proteção contra incêndio obrigatório para qualquer licenciamento edilício*.

A segurança contra incêndio, no Brasil, é objeto de fiscalização, exigência e regulamentação de caráter compulsório[47]. Em alguns países, o tema é tratado como uma ciência e, portanto, uma área de pesquisa, desenvolvimento e ensino[48]. Em países europeus, essa questão vem sendo encarada como uma ferramenta para o incremento da segurança das edificações, revisão do sistema normativo e redução dos custos na proteção contra incêndio das estruturas[42]. Contudo, o tema parece progredir apenas a partir da ocorrência de grandes sinistros[47], como os apresentados na Tabela 8.3, ocorridos no Brasil.

Tabela 8.3. Principais incêndios ocorridos no Brasil				
Propriedade	Local (cidade, estado)	Data	Vítimas	
			Mortos	Feridos
Gran Circo Norte-americano	Niterói, RJ	15/12/1971	503	200
Edifício Andraus	São Paulo, SP	24/02/1972	16	330
Edifício Joelma	São Paulo, SP	01/02/1974	188	345
Lojas Renner	Porto Alegre, RS	27/04/1976	41	60
Edifício Andorinha	Rio de Janeiro, RJ	17/02/1986	23	40
Creche Municipal	Uruguaiana, RS	20/06/2000	12	-
Casa Eventos Canecão Mineiro	Belo Horizonte, MG	24/11/2001	7	300
Boate Kiss	Santa Maria, RS	27/01/2013	242	630

Desse histórico de desastres e, sobretudo, das recentes tragédias, os debates pertinentes à segurança contra incêndio ganharam destaque no Brasil[49], culminando em uma revisão do sistema normativo em vigor, tornando-se uma exigência obrigatória para qualquer licenciamento edilício[1] (Lei complementar n. 14.376, 2013; IT08, 2011) e um item fiscalizado pelos órgãos responsáveis, no âmbito das prescrições dispostas, por exemplo, na IT 08:2011 – Resistência ao fogo dos elementos de construção[50], 15200:2012 – Projeto de estruturas de concreto em situação de incêndio: Procedimento[45], NBR 14323:2013 – Projeto de estruturas de aço e de estruturas mistas de aço e concreto de edifícios em situação de incêndio[49] e NBR 14432:2001 – Exigências de resistência ao fogo de elementos construtivos de edificações: Procedimento[44]. Desse modo, a segurança contra incêndio passou a ocupar,

---

*   Licenciamento que visa a proteção da coletividade.

Capítulo 8   Durabilidade do concreto submetido a situações extremas   211

ante a legislação vigente, um papel de substancial importância e influência nos diversos níveis de projeto[43].

Se a segurança contra incêndio se resume em atender as regulamentações vigentes, torna-se fundamental acompanhar, fazer proposições e interferir positivamente na composição dessas normas[47], visto que os próprios requisitos técnicos de desempenho da NBR 15575:2013[41] não são absolutos e definitivos, necessitando de constantes contribuições do setor para ajustes e atualizações[40].

8.3.1. Desempenho das edificações habitacionais: requisitos

A discussão sobre o desempenho das edificações está em evidência no Brasil[40] devido à entrada em vigor da NBR 15575:2013 – Edificações habitacionais – Desempenho[41]. A norma prescreve níveis mínimos de desempenho aos sistemas construtivos[51], ficando projetistas, fornecedores e executores incumbidos de produzir obras que atendam aos requisitos por ela praticados[38]. A norma teve sua primeira versão publicada em 2008, vindo a ser cancelada, pois o setor não se considerava apto a se adequar às suas exigências[40]. Sendo alvo de discussões, foi revisada em 2013, quando entrou em vigor[51].

Na esfera dessa discussão, o Ministério das Cidades promulgou, em 2007, no âmbito do Programa Brasileiro de Qualidade e Produtividade do Habitat (PBQP-H), o Sistema Nacional de Avaliações Técnicas (SiNAT), estabelecendo níveis mínimos de desempenho a serem cumpridos pelos sistemas construtivos destinados a habitações. Os requisitos do SiNAT se assemelham aos da NBR 15575:2013[39], por meio de uma abordagem do comportamento em uso dos sistemas construtivos para definir a qualidade da edificação entregue[40].

A NBR 15575:2013[41] representa um importante avanço da construção civil nacional e um marco do setor, repercutindo numa permuta dos paradigmas de projeto das edificações habitacionais[38]. O objetivo da norma é atender às necessidades do usuário em termos de (a) sustentabilidade, (b) habitabilidade e (c) segurança[52]. Dividida em seis partes, a norma prescreve requisitos mínimos para diversos sistemas construtivos[40], como o estrutural, definindo, por meio de níveis de desempenho (mínimo, intermediário e superior), as exigências a serem cumpridas.

A NBR 15575:2013[41] prescreve que os requisitos do usuário, em termos de segurança, são praticados pelas exigências de segurança estrutural, contra incêndio, uso e operação. No tocante à habitabilidade, essas exigências são fixadas por itens de estanqueidade, desempenho térmico, acústico, lumínico, acessibilidade e conforto. Nas exigências de sustentabilidade, tem-se a necessidade de durabilidade, manutenibilidade e redução do impacto ambiental da edificação e seus sistemas.

A segurança contra incêndio das edificações e seus sistemas constituintes deve ser definida em concomitância com os demais projetos[53], como o estrutural. Embora as prescrições normativas do tema não relacionem os parâmetros do concreto no seu comportamento ao fogo, estudos têm demonstrado o desempenho insatisfatório de peças de concreto expostas a elevadas temperaturas, particularmente nas condições de maior resistência e menor porosidade[54,55], ideais à durabilidade.

No Brasil, algumas pesquisas já foram realizadas, avaliando as estruturas de concreto submetidas a altas temperaturas, em escala reduzida[56-58] ou com elementos em tamanho real[59-63].

8.3.2. Segurança contra incêndio

A segurança contra incêndio das edificações é um requisito necessário para preservar a vida dos usuários durante o evento de um incêndio. A necessidade de atestar os sistemas construtivos, em termos de resistência ao fogo, se torna uma poderosa ferramenta para assegurar a integridade da edificação em chamas por um determinado período de tempo, suficiente para oportunizar a evacuação dos usuários, garantir o trabalho das equipes de resgate e proteger as edificações vizinhas, preservando vidas e patrimônio.

8.3.2.1. O fogo e o incêndio

Os conceitos que abordam o tema de fogo e incêndio ainda não são bem conhecidos pela população. Para a NBR 13860:1997 – Glossário de termos relacionados com a segurança contra incêndio[64], o fogo é o "processo de combustão caracterizado pela emissão de calor e luz". Mundialmente, o fogo é estabelecido como o "processo de combustão caracterizado pela emissão de calor acompanhado de fumaça, chama ou ambos"[65,66]. Para QUINTIERE[67], o fogo, quando fora de controle, origina o incêndio e, apesar de este ser considerado um evento incomum, pode, por meio de medidas de controle e proteção, ser prevenido.

Segundo a National Fire Protection Association (NFPA), o fogo é a oxidação rápida autossustentada. De forma simplificada, o fogo é uma reação exotérmica com liberação de luz e calor. A Instrução Técnica n. 02/2011, do Corpo de Bombeiros do Estado de São Paulo[50], dispõe que esse fenômeno só é possível com a presença de quatro componentes: o combustível, o comburente, a chama (fonte de calor) e a reação em cadeia. Retirando qualquer um desses componentes constituintes, o fogo é extinguido[56,68]. O tetraedro do fogo é representado na Figura 8.15.

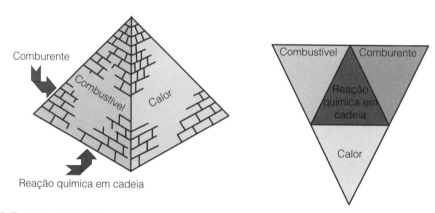

Figura 8.15. Tetraedro do fogo[56].

Para SEITO et al.[68], o incêndio pode ser dividido em quatro fases. A primeira é denominada de pré-ignição e é classificada em dois estágios: abrasamento, em que a combustão se dá de forma mais lenta; e o flamejamento, que consiste no aparecimento de chama e fumaça. A segunda fase é denominada de crescimento do incêndio, quando ocorre a propagação do fogo para outros materiais, não havendo a necessidade de o fogo entrar em contato direto com material, pois, somente elevando a temperatura do ambiente, o produto já entra em processo de queima. A terceira fase, chamada incêndio desenvolvido, se caracteriza pela queima de todos os materiais (carga de incêndio) existentes no local. A temperatura do incêndio nesse estágio pode ultrapassar os 1.100°C. A quarta e última fase, denominada de extinção do fogo, é compreendida como a redução gradual da temperatura após o consumo e a queima de toda a carga de incêndio existente no local.

A ISO 8421-1[65] apresenta o incêndio como combustão rápida, se disseminando de forma descontrolada no tempo e espaço.

Capítulo 8 **Durabilidade do concreto submetido a situações extremas** 213

8.3.2.2. Medidas de segurança contra incêndio

Para que um edifício possa ser considerado seguro contra incêndios, ele deve conferir segurança aos seus moradores e, também, deve proporcionar, a todos os ocupantes, a chance de saírem do local, sem ferimentos ou danos materiais. De acordo com SILVA[69], medidas devem ser tomadas a fim de facilitar a evacuação da edificação em situação de incêndio, seja para seus ocupantes ou para a entrada da equipe que irá combater o incêndio, visto que sua estrutura deve suportar um tempo necessário sem que entre em colapso.

De acordo com VASCONCELOS e VENTURA[70], estratégias devem ser adotadas como medidas de segurança contra incêndio:

- Reduzir a probabilidade de início do incêndio.
- Limitar o desenvolvimento/propagação do incêndio.
- Facilitar a evacuação do edifício.
- Permitir o combate ao incêndio e o salvamento.
- Limitar os efeitos dos produtos resultantes do incêndio.

Para ONO[71], as medidas de segurança contra incêndio podem ser classificadas em medidas de prevenção e proteção. As medidas de prevenção se destinam a impedir a ocorrência do início do incêndio; já as medidas de proteção, como o nome indica, se destinam a resguardar os ocupantes e os bens materiais. A proteção contra incêndio pode ser passiva ou ativa.

A proteção do tipo ativa visa controlar o fogo ou seus efeitos mediante ação tomada por uma pessoa ou equipamento, ou seja, depende de uma ação externa, podendo ser de extinção ativa, tais como uso de hidrante e mangote, ou extinção automática, como chuveiros automáticos, extintores, sistemas de alarme e detecção. Os sistemas de sinalização e iluminação de emergência também fazem parte dos sistemas ativos[71,72].

Para BUCHANAN[73], como características das medidas de proteção do tipo passiva, integra-se o controle do fogo ou dos seus efeitos por sistemas construídos dentro dos elementos de um edifício, não requerendo uma operação específica destes em caso de incêndio. O papel da compartimentação pode ser definido sob diversos aspectos, por estar relacionado com vários fatores, tais como medidas urbanísticas, arquitetônicas, função dos espaços compartimentados e projeto estrutural em situação de incêndio[74].

As medidas de proteção passiva abrangem o controle dos materiais combustíveis, meios de escape (saídas de emergência) e compartimentação horizontal e vertical[71].

8.3.2.3. Compartimentação vertical e horizontal

O conceito de compartimentação é visto como uma divisão de um edifício em setores de incêndio. A compartimentação é a criação de volumes construtivos estanques ao fogo, impedindo que a inflamação generalizada se propague vertical e horizontalmente para áreas adjacentes.

Para MARCATTI *et al.*[66], a compartimentação consiste na técnica de interpor elementos de construção resistentes ao fogo, cujo papel fundamental é o de impedir o crescimento do incêndio, criando uma barreira física resistente ao fogo, capaz de proporcionar segurança nas ações de abandono do edifício pelos ocupantes.

A compartimentação horizontal é uma medida que evita a propagação do incêndio no plano horizontal, limitando-o somente ao local de origem (Figura 8.16)[66,75].

Figura 8.16. Detalhes construtivos da compartimentação horizontal.

Para a Instrução Técnica n. 09/2011, do Corpo de Bombeiros do Estado de São Paulo[50], as paredes com função de compartimentação devem ter a propriedade corta-fogo (CF), sendo construídas entre o piso e o teto e devidamente vinculadas à estrutura da edificação. Entende-se como parede CF o elemento que, por um determinado tempo, apresente integridade mecânica a impactos; impeça a passagem de gases quentes, chamas e fumaça; e, por fim, impeça a passagem do calor para a face não exposta.

O compartimento vertical é destinado a evitar o incêndio no plano vertical, para pavimentos adjacentes, formado por elementos resistentes ao fogo. O compartimento vertical tem desempenhado função principalmente em lajes de edificações, atentando para a estanqueidade delas. O fogo pode se propagar para o exterior da edificação, entre os pavimentos através das janelas. Nesse sentido, a compartimentação vertical é obtida com a utilização de abas, como marquises e platibandas, de maneira a impedir a propagação do fogo (Figura 8.17)[75,76].

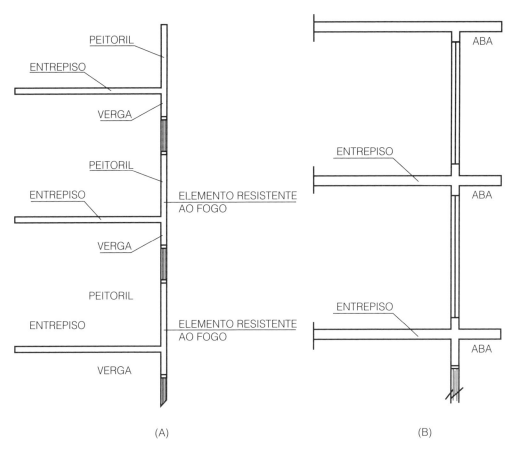

Figura 8.17. (A) Modelo de compartimentação vertical externa e (B) modelo externa por aba.

8.3.2.4. Padronização de curvas de incêndio

Para que se possa comparar resultados, em se tratando de resistência ao fogo, em laboratório, é preciso que se adote uma situação de incêndio padrão. Essa padronização de ensaios permite que seja possível comparar os resultados obtidos, avaliando, de forma sistemática, o comportamento das amostras segundo classes de resistência ao fogo[77].

O cenário de incêndio, em que a estrutura será submetida, deve ser considerado na concepção do estudo. Este é reproduzido em função das possíveis cargas de incêndio que serão adotadas em cada curva, considerando a evolução de temperatura em função do tempo. Por norma, os três perfis que são utilizados em programas experimentais são: incêndios em túneis, descritos pelas RABT (Richtlinie für die Ausstattung und den Betrieb von Straßentunneln) e pelo RWS (Rijkswaterstaat); incêndios ocasionados por materiais à base de hidrocarbonetos, como produtos oriundos da indústria de petroquímicos, teste desenvolvido por uma empresa petrolífera dos Estados Unidos (Mobil Oil Company); e incêndios considerados com padrão, à base de materiais celulósicos. A Figura 8.18 apresenta esses perfis.

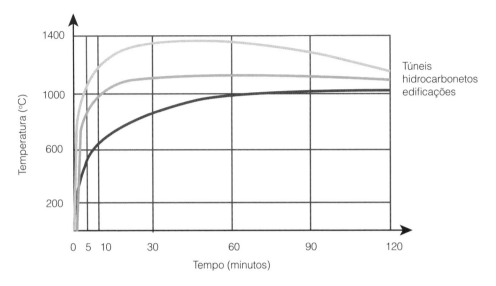

Figura 8.18. Curvas padrões para três cenários de incêndio[78].

Em todos os métodos de ensaio o objetivo final é obter o Tempo de Resistência ao Fogo (TRF) de cada amostra. No meio técnico, as três curvas padronizadas mais difundidas entre as utilizadas para estudos experimentais que envolvem cenários de incêndios, reproduzindo materiais celulósicos, são as curvas da ISO 834[79], ASTM E119 e JIS A 1304[80]. Para melhor entendimento, as três curvas estão na Figura 8.19.

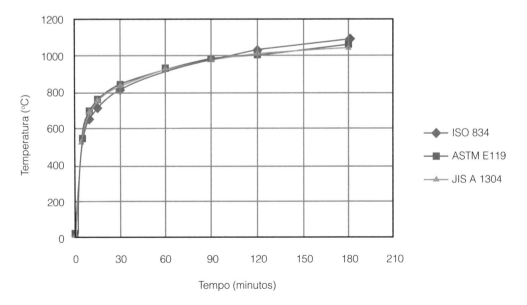

Figura 8.19. Curvas de incêndio padrões.

Observa-se que as três curvas apresentadas na Figura 8.19 são semelhantes, porém, no Brasil e na maior parte dos países do mundo, a mais utilizada é a descrita pela ISO 834[79], por ser considerada a curva internacional. Na Figura 8.20 estão dispostas as temperaturas de acordo com os respectivos TRF para a curva da ISO 834[79].

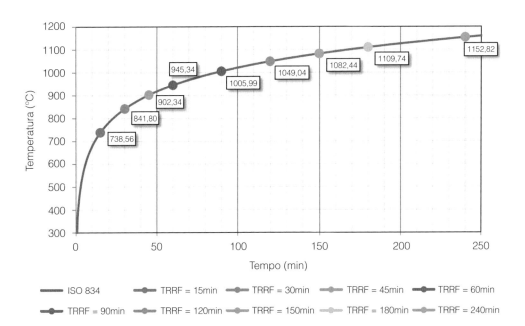

Figura 8.20. Curva de incêndio padrão ISO 834[79,81].

No entanto, em um incêndio real o comportamento é diferente do preconizado na curva padronizada. COSTA[77] dispõe que "o incêndio real é caracterizado por uma curva temperatura-tempo que possui dois ramos: o ascendente e o descendente". O primeiro representa a elevação de temperatura, enquanto o segundo é o resfriamento. Essas duas etapas podem ser divididas em estágios, definidos como pontos de ignição, inflamação generalizada e temperatura máxima. A Figura 8.21 apresenta os estágios mencionados.

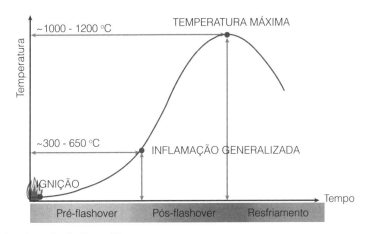

Figura 8.21. Estágios de um incêndio real[77].

218 Corrosão e Degradação em Estruturas de Concreto

De acordo com COSTA[77], a definição de cada estágio é a seguinte:

- Ignição: é o início da inflamação, justificado pelo aumento gradual de temperatura. Esta etapa não oferece risco à vida humana e ao patrimônio.
- Pré-flashover: aumento acelerado de temperatura, o incêndio ainda é localizado e sua duração depende das características do compartimento, até o flashover.
- Inflamação generalizada: nesta etapa o compartimento é tomado pelas chamas e o sinistro deixa de ser controlável, ou seja, a inflamação é generalizada.
- Pós-flashover: essa etapa apresenta mudança abrupta de temperatura; todo o material combustível entra em combustão. Rapidamente se atinge o pico da temperatura máxima do incêndio, correspondente à máxima temperatura dos gases do ambiente, chegando a, aproximadamente, 1.200°C.
- Resfriamento: redução gradativa da temperatura dos gases no ambiente após a completa extinção do material combustível, iniciando a extinção do incêndio. PURKISS[82] cita que, em função da inércia, a temperatura de elementos estruturais continuará aumentando por alguns minutos, mesmo após iniciado o resfriamento do compartimento.

8.3.2.5. Legislação de resistência ao fogo

A constante preocupação da regulamentação brasileira em assegurar a proteção dos ocupantes de uma edificação tem proporcionado medidas que possam combater o fogo no seu estágio inicial, como é o caso dos extintores e equipamentos hidráulicos.

As características que devem ser apresentadas pelos elementos construtivos de uma edificação são determinadas por meio de códigos de edificações e normas técnicas. Esses são definidos com base nos princípios de segurança contra incêndios e visam à proteção da vida humana e dos bens materiais[83].

Para a Instrução Técnica n. 08/2011, do Corpo de Bombeiros do Estado de São Paulo[50], quando se trata de paredes de alvenaria, os códigos de edificações estabelecem um determinado nível de resistência ao fogo, proporcionando a proteção dos ocupantes da edificação e provendo meios de escape e resgate.

O Tempo Requerido de Resistência ao Fogo (TRRF) pode ser entendido como o tempo mínimo que as paredes de alvenaria devem resistir a uma ação térmica padronizada, em um ensaio laboratorial, continuando a apresentar características de integridade, estanqueidade e isolamento[84,85].

As normas e os códigos determinam o TRRF considerando fatores ligados às características construtivas e ao tipo de utilização da edificação. A NBR 14432:2001[44] fixa os critérios de resistência ao fogo com base no tipo de ocupação, área, profundidade do subsolo, altura da edificação e facilidade de acesso para combate ao incêndio. Os tempos são estabelecidos entre 30 e 120 minutos, com intervalos de 30 minutos. Outros códigos ainda levam em consideração outros fatores, como a quantidade de materiais combustíveis e a presença de sistemas de extinção de fogo[83,86].

Segundo a NBR 9077:2001 – Saídas de emergência em edifícios[87], há um tempo mínimo de duas ou quatro horas, de acordo com as características e o uso da edificação, quando se trata de paredes de rotas de fuga e paredes que isolam unidades autônomas. A norma citada apresenta que, na ausência de alguma norma brasileira específica, paredes de tijolos maciços com espessura de 15 cm e de 25 cm devem ser resistentes ao fogo por duas horas e quatro horas, respectivamente.

A Instrução Técnica 08 (IT-08), do Corpo de Bombeiros de São Paulo, é mais completa nos assuntos adotados para garantir a segurança de uma edificação[88]. Essa instrução utiliza o TRRF para

Capítulo 8   Durabilidade do concreto submetido a situações extremas   219

definir os níveis de proteção para os elementos estruturais, de vedação e de compartimentação das construções. A Instrução Técnica dos Corpos de Bombeiro de São Paulo aceita que a comprovação do TRRF seja feita por meio de ensaios específicos em laboratório; por meio de tabelas comprovadas em laboratório; ou por meio de modelos matemáticos (analíticos) normatizados ou reconhecidos internacionalmente. Essa legislação apresenta, no seu Anexo B, uma tabela mostrando a resistência ao fogo de alvenarias cerâmicas maciças e vazadas com e sem revestimento argamassado (Tabela 8.4).

Tabela 8.4. Resistência ao fogo de paredes

Paredes ensaiadas		Espessura da parede (cm)	Atendimento aos critérios de avaliação (h)			Resistência ao fogo (h)
			Integridade	Estanqueidade	Isolação térmica	
Tijolos maciços dimensões: (5x10x20) massa: 1,5 kg/unid. (revestimento 2,5 cm)	Meio tijolo sem revestimento	10	≥ 2	≥ 2	1	1
	Um tijolo sem revestimento	20	≥ 6	≥ 6	≥ 6	≥ 6
	Meio tijolo com revestimento	15	≥ 4	≥ 4	4	4
	Um tijolo com revestimento	25	≥ 6	≥ 6	≥ 5	≥ 6
Blocos vazados de concreto (2 furos) dimensões: (14x19x39) e (19x19x39) massa: 13 e 17 kg/unid. (revestimento 1,5 cm)	Bloco de 14 sem revestimento	14	≥ 1	≥ 1	1	1
	Bloco de 19 sem revestimento	19	≥ 2	≥ 2	1	1
	Bloco de 14 com revestimento	17	≥ 2	≥ 2	2	2
	Bloco de 19 com revestimento	22	≥ 3	≥ 3	3	3
Tijolos cerâmicos de 8 furos dimensões: (10x20x20) massa: 2,9 kg/unid. (revestimento 1,5 cm)	Meio tijolo sem revestimento	13	≥ 2	≥ 2	2	2
	Meio tijolo com revestimento	23	≥ 4	≥ 4	≥ 4	≥ 4
Paredes de concreto armado monolítico sem revestimento		11,5	2	2	1	1
		16	3	3	3	3

Fonte: Adaptado de IT/SP- 08:2011 Anexo B.

A norma australiana AS 3700:2011 – Masonry structures[89] estipula níveis de resistência ao fogo para as alvenarias, em função de critérios ligados à adequabilidade estrutural (estabilidade contra o colapso), integridade/estanqueidade (capacidade resistente à fissuração excessiva e passagem de gases quentes e/ou chamas) e o isolamento térmico (resistência à passagem de calor).

A ACI/TMS 216.1:2014 (*Code requirements for determining fire resistance of concrete and masonry construction assemblies*)[90] apresenta procedimentos de dimensionamento de estruturas de concreto e de alvenaria em situação de incêndio, com a verificação das paredes se dando em função da garantia de valores mínimos para a espessura efetiva das paredes. A espessura equivalente mínima é determinada em função do tipo de elemento de alvenaria (bloco) e do tempo requerido de resistência ao fogo (TRRF).

O Eurocode 6 – EN 1996/01/02:2005 – Structural fire design[91] especifica as exigências necessárias a serem cumpridas no dimensionamento de estruturas em alvenaria em situação de incêndio. Semelhante à norma americana, para determinar o TRRF é necessário conhecer as características dos materiais empregados: blocos, argamassa de revestimento, dentre outros. Além dos critérios já conhecidos de estabilidade estrutural, estanqueidade e isolamento térmico, a norma ainda preconiza o critério de impacto mecânico. A avaliação, segundo o Eurocode 6[91], pode ser feita por meio de ensaios de laboratório, por métodos analíticos simplificados, tabulares ou por modelos numéricos.

8.3.3. Efeitos do fogo no concreto e no aço

8.3.3.1. Transferência de calor

Durante a exposição a altas temperaturas, o concreto tem suas propriedades de transporte de calor e massa alteradas significativamente. TIPLER[92] descreve que o calor é a energia que está sendo transferida entre sistemas em virtude da diferença de temperatura de ambos. O autor ainda expõe que existem três mecanismos básicos de transferência de calor: condução, convecção e radiação.

SOUZA[93] define esses três mecanismos da seguinte forma:

- Na convecção o fluxo de calor é gerado pela diferença de densidade entre os gases do ambiente em chamas. Os gases quentes são menos densos e tendem a ocupar a atmosfera superior, enquanto os gases frios, de densidade maior, tendem a se movimentar para a atmosfera inferior do ambiente.
- Na condução o efeito da ação térmica se dá pelo aquecimento dos elementos estruturais. O calor gerado é transferido à estrutura, isto é, uma superfície está aquecida e a outra não, dependendo do tempo de exposição ao aquecimento, as temperaturas entram em equilíbrio e, a partir desse momento, termina a transferência de calor no elemento.
- Na radiação o calor flui por meio de propagação de ondas eletromagnéticas de um corpo sob alta temperatura para um corpo de baixa temperatura. No interior de um elemento de concreto, ocorrem três tipos de radiação: incidente, refletida e absorvida.

8.3.3.2. Alteração das propriedades do concreto

LIMA[57] comenta que o comportamento do concreto em situação de incêndio é influenciado não somente pelo aquecimento, mas também por regime térmico da superfície, o carregamento e o isolamento térmico.

a) Propriedades físico-químicas

Como disposto por BRITEZ *et al.*[56], é bastante complexa a análise microestrutural de uma amostra de concreto, devido às variações que as composições apresentam, desde os tipos de agregados até os métodos de dosagem e tipos de misturas. Dessa forma, generalizar o desempenho desse material pode induzir a erros grosseiros, além de comparações dúbias entre pesquisas realizadas.

O aumento de temperatura na pasta de cimento hidratada depende do grau de hidratação do material e da umidade. A hidratação da pasta de cimento tem como consequência a formação de silicatos de cálcio hidratados (C-S-H), hidróxido de cálcio e sulfoaluminatos de cálcio.

A umidade presente na pasta de concreto está associada à água que resta da hidratação do cimento, água capilar e água adsorvida. A temperatura do concreto não aumentará até que toda a água evaporável já tenha sido removida[94]. A Tabela 8.5 apresenta as transformações sofridas pela microestrutura do concreto durante o aquecimento do concreto e a Figura 8.22 ilustra as consequências no concreto.

Tabela 8.5. Transformações durante o aquecimento do concreto[95,96]

Temperatura (°C)	Transformação
20 a 80	Processo de hidratação acelerado, tendo perda lenta de água capilar e redução das forças de coesão
100	Aumento acentuado na permeabilidade da água
80 a 200	Aumento na taxa de perda da água por capilaridade e desidratação da água não evaporável
80 a 850	Perda da água quimicamente combinada do gel de cimento
150	Primeiro pico de decomposição do CSH
300	Ponto de aumento considerável da porosidade e de microfissuras
350	Fragmentação de alguns agregados de rio
374	Ponto crítico da água, liberação das águas livres
400 a 600	Dissociação do $Ca(OH)_2$ em CaO e água
573	Transformação dos agregados (quartzo e areias) da forma α para β
550 a 660	Aumento dos efeitos térmicos
700	Descarbonatação do agregado calcário ($CaCO_3$) em CaO e CO_2
720	Segundo pico de decomposição do CSH e formação de $\beta\text{-}C_2\text{-}S$ e β-CS
800	Substituição da estrutura hidráulica por uma cerâmica – modificação das ligações químicas
1.060	Início da fusão de alguns constituintes

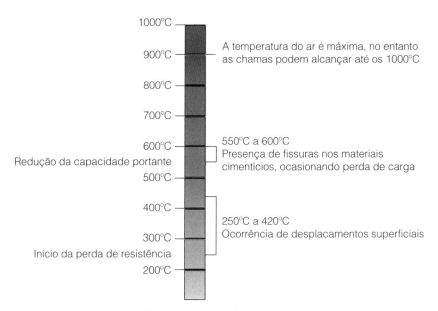

Figura 8.22. Processo de transformação físico-química envolvendo os agregados e a pasta de cimento, submetidos às altas temperaturas[78].

b) Propriedades mecânicas
   O concreto, em situações de elevadas temperaturas, sofre redução nas suas propriedades mecânicas. COSTA[77] mostra que essa relação de redução pode ser calculada, para fins de dimensionamento, em função do coeficiente redutor Kc,θ, de acordo com a Equação 8.7. A Figura 8.23 mostra tal comportamento proposto por diversas normas.

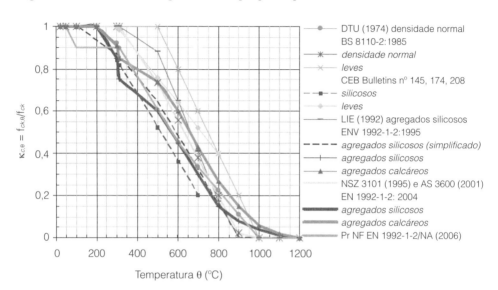

Figura 8.23. Fator de redução da resistência à compressão[77].

$$fck, \theta = Kc, \theta \times fck \tag{8.7}$$

Em que fck,θ é a resistência característica do concreto à compressão à temperatura elevada, θ (MPa); Kc,θ representa o coeficiente de redução da resistência à compressão do concreto em função da temperatura θ (°C) e fck é o valor característico da resistência do concreto à compressão (MPa). No entanto, para adotar as curvas apresentadas na Figura 8.23, deve-se observar que estas foram dispostas com diferentes características de agregados, oriundos de diversas localidades. Estes apresentam características litológicas distintas, as quais influenciam no comportamento do concreto.

c) Propriedades térmicas
   Já é difundido e comprovado que o concreto tem as propriedades alteradas quando submetido a altas temperaturas. Por ter baixa condutividade térmica, o material apresenta temperatura inferior no seu interior em comparação à temperatura de exposição, externa. A FIB[95] apresenta um cálculo quanto ao desenvolvimento da temperatura na seção transversal de um elemento de concreto por meio da equação diferencial clássica de Fourier, a qual relaciona características quanto às propriedades térmicas dos materiais constituintes da mistura. Para determinação das características térmicas do concreto, deve-se considerar a difusividade térmica, a condutividade térmica, o calor específico e a massa específica.

d) Alterações das propriedades do aço
   A temperatura de fusão do aço é de aproximadamente 1.550°C, logo, em uma situação de incêndio, as propriedades mecânicas do aço não sofrem alterações significativas[97]. No

entanto, SILVA[69] e KODUR e DWAIKAT[98] comentam que o escoamento do aço é perceptível aos 400°C, aproximadamente, portanto, um fator condicionante na capacidade portante, podendo chegar à ruína, salienta SILVA[69].

Semelhante ao concreto, o aço tem a redução de sua resistência em função do aumento de temperatura, a qual é determinada pelo coeficiente Ks,θ. A Figura 8.24 ilustra as variações desse coeficiente em distintas normas. O valor característico da resistência para uma dada temperatura é representado pela Equação 8.8.

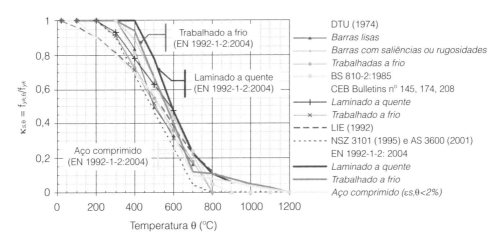

Figura 8.24. Fator de redução da resistência convencional ao escoamento do aço em função da temperatura[77].

$$fyk, \theta = Ks, \theta \times fyk_{20°C} \tag{8.8}$$

Em que:
fyk,θ = resistência característica do aço à compressão à temperatura elevada θ (MPa)
Ks,θ = coeficiente de redução da resistência do aço em função da temperatura θ (°C)
$fyk_{20°C}$ = valor característico do aço temperatura ambiente (MPa)

8.3.3.3. O teor de umidade como fator de influência

Em uma situação de incêndio, o concreto absorve calor, propiciando a evaporação da umidade livre presente na pasta de cimento. Esse vapor pode migrar no sentido inverso, ou seja, concentrar-se no centro do elemento estrutural, de forma que o vapor da água se condensa novamente, satisfazendo as condições termodinâmicas[99,100].

CASTILLO e DURRANI[101] fazem referência ao teor de umidade como um papel significativo na resistência do concreto em elevadas temperaturas, principalmente na faixa entre 200 e 450°C. Pelo princípio das forças de Van der Waals, admite-se que a água adsorvida atenue as forças superficiais entre as partículas de gel, propiciando a redução da resistência.

CHAN et al.[102] desenvolveram estudos em concretos de alta resistência a altas temperaturas com diferentes teores de umidade. Os autores destacaram a relação entre o deslocamento, o teor de umidade e a resistência do concreto. A água livre foi considerada como principal fator da ocorrência do fenômeno, devido a sua transformação para estado de vapor, a qual aconteceu próxima à superfície do concreto, propiciando rápidas expansões volumétricas, criando altas pressões internas que, na maioria das vezes, o material foi incapaz de suportar[58].

KHOURY et al.[103] fizeram referência ao teor de umidade inicial, dispondo que somente uma pequena quantidade de água evaporável, em torno de 3%, evapora durante a faixa de temperatura de 20 a 100°C, com uma taxa de aquecimento de 1°C/min. Ainda, com taxa de aquecimento de 0,1°C/min, a quantidade de água evaporável não ultrapassa 9%. Sendo assim, a maior parte da água, aproximadamente 90%, ainda permanece retida na estrutura dos poros do concreto até a temperatura de 100°C.

Tanto na ocorrência do desplacamento quanto no detrimento das propriedades físico-químicas observa-se que o teor de umidade tem influência direta no TRF dos elementos de concreto armado.

8.3.4. Requisito: tempo requerido de resistência ao fogo

O tempo requerido de resistência ao fogo (TRRF) é o período mínimo, exigido por norma, no qual a estrutura deve manter sua integridade durante o incêndio. Para fins de análise estrutural, o incêndio é considerado pela temperatura dos gases quentes do compartimento incendiado, representado por meio de curvas "temperatura *versus* tempo" padronizadas[77]. Essas curvas são definidas por normas, como a ISO 834[79]. Para cada TRRF, define-se a temperatura de exposição dos elementos e o respectivo coeficiente de redução de suas resistências, realizando-se, então, a verificação da estrutura nessa condição. Para fins de segurança estrutural, compara-se o TRRF necessário com o TRF atendido[104]. Em termos de projeto, os métodos tabulares e simplificados das principais normas internacionais[105-109] foram concebidos com base no conceito de TRRF, assumindo um aquecimento padronizado, o chamado incêndio padrão, de exposição[77].

Os TRRF mínimos das edificações habitacionais, praticados no Brasil, estão apresentados na Tabela 8.6. Tempos mínimos também são definidos para serviços de hospedagem, comércio varejista, serviços profissionais, industrial, dentre outros.

Tabela 8.6. Tempo requerido de resistência ao fogo (TRRF) das edificações habitacionais, no Brasil, de acordo com a NBR 14432:2001[44] e IT08[50]

Classe – Altura da edificação em relação ao nível do solo (h)	TRRF (minutos)
Classe P1 – h ≤ 6 m	30
Classe P2 – 6 < h ≤ 12 m	30
Classe P3 – 12 < h ≤ 23 m	60
Classe P4 – 23 < h ≤ 30 m	90
Classe P5 – 30 < h ≤ 80 m	120
Classe P6 – 80 < h ≤ 120 m	120
Classe P7 – 120 < h ≤ 150 m	150
Classe P7 – 150 < h ≤ 250 m	180

Os materiais estruturais de uso comum, como o concreto, o aço ou a madeira, apresentam alterações de suas propriedades mecânicas quando submetidos ao fogo[104]. A segurança estrutural é fundamentada no conceito do período de tempo limite para que não ocorra alguma instabilidade da estrutura exposta às chamas[110] ou o descumprimento de qualquer um dos itens definidos para os ensaios laboratoriais de resistência ao fogo[43].

O fib Bulletin n. 38[95] propõe três parâmetros a serem observados nas estruturas de concreto em situação de incêndio: (a) a deterioração mecânica; (b) a deformação térmica; e (c) a manifestação de desplacamento. Em termos de análise laboratorial, as principais normas[111-115] propõem a avaliação da resistência ao fogo pelo acompanhamento dos critérios de estanqueidade, isolamento térmico e resistência mecânica. Alguns métodos de verificação se fixam na limitação da temperatura das armaduras principais[116], por serem estes os elementos mais sensíveis ao calor nestas estruturas[69], sendo admitida como crítica a temperatura de 500°C. Nessa temperatura, o aço, para efeitos de análise estrutural, passa a trabalhar com coeficiente de segurança unitário.

Nos ensaios laboratoriais e em parte das análises numérico-computacionais, o desempenho ao fogo da estrutura é deduzido pela análise do tempo que o elemento resiste à elevação padronizada de temperatura[117,118]. Remetida pela norma de desempenho[41], limitada às edificações habitacionais, a NBR 14432:2001[44], a exemplo da EN 1991-1-2[119], AS 1530-4[120] e CAN/ULC-04-S114[121], adota o mesmo critério. A adoção de curvas padronizadas ou teóricas, como a da ISO 834-1[79], mesmo tratando-se de uma hipótese conservadora, é o critério empregado no estudo e na determinação da resistência ao fogo estrutural[43], servindo de base aos principais critérios de dimensionamento de norma.

Essa curva de incêndio padrão[79] é dada pela Equação 8.9. Os ensaios laboratoriais devem, portanto, obedecer essa evolução de temperatura por meio de um forno padronizado[95].

$$T = 345.\log_{10}(8t+1) + T_o \tag{8.9}$$

No Eurocode 1[119] são apresentadas outras curvas teóricas, como a representativa da ação térmica do incêndio nos elementos exteriores da edificação, conforme a Equação 8.10, e em hidrocarbonetos.

$$T = 660.(1 - 0,687.e^{-0,32.t} - 0,313.e^{-0,8t}) \tag{8.10}$$

Sendo t o tempo, em minutos, e T_0 a temperatura inicial, para ambas as equações.

A Equação 8.10 deve ser utilizada para projeto de fachadas, marquises e parapeitos. Ambas as curvas padronizadas citadas não representam qualquer situação de incêndio, tampouco as condições mais severas deste, mas, seu estágio de queima mais intenso[78]. A dedução dessas curvas é feita resolvendo a equação de balanço de energia para o compartimento analisado, obedecendo certas condições de fronteira[43]. Os resultados dos elementos estruturais submetidos a essa elevação padronizada de temperatura servem como indicadores qualitativos da resistência ao fogo da estrutura[122].

O fato é que, numa condição real de uma edificação em situação de incêndio, a ação térmica produzida nos elementos estruturais não se faz sentir unicamente nas peças expostas diretamente ao calor, destaca PANNONI[104]. Em certas condições, os elementos relativamente afastados do compartimento incendiado poderão ser os primeiros a colapsar, devido ao estado de tensões que as deformações de cunho térmico promovem nas peças aquecidas, impondo esforços adicionais, às vezes de segunda ordem, nos demais componentes do sistema.

As transformações e os mecanismos que fundamentam a perda de resistência mecânica das estruturas em situação de incêndio serão detalhadas na sequência. Os efeitos provocados pelas ações térmicas indiretas, como descrito por PANNONI[104], não são admitidos nas recomendações simplificadas de cálculo da resistência ao fogo destes sistemas[123].

8.3.5. Desempenho das estruturas de concreto em situação de incêndio

O desempenho das estruturas de concreto ante o fogo é avaliado pelo grau de desplacamento da seção e pela perda de resistência mecânica do concreto e do aço[55], fenômenos fundamentados nas alterações físico-químicas na pasta de cimento e nos agregados, além da incompatibilidade térmica entre ambos[122]. Cada mecanismo se desenvolve em uma faixa específica de temperatura, representativa da natureza química do material, gerando alterações microestruturais variadas[124].

Essas transformações provêm da desidratação dos compostos hidratados da pasta e dos agregados graúdos[125]. Segundo BRITEZ et al.[56], o fenômeno está relacionado com o fluxo de calor decorrido do fogo e com a distribuição de temperatura no elemento. O fluxo de calor está atrelado à taxa de aquecimento da estrutura e à duração do incêndio. Já a distribuição da temperatura associa-se ao tipo de cimento, agregados, adições, geometria e seção transversal do elemento, grau de saturação da pasta, idade, relação a/c, incidência de fissuras e porosidade do concreto[126].

O entendimento dessas alterações físicas, químicas e mecânicas permite a compreensão do comportamento das estruturas de concreto em situação de incêndio[55].

8.3.5.1. Comportamento mecânico de pilares em situação de incêndio

Cabe frisar que o comportamento mecânico de pilares inseridos em paredes, expostos ao fogo em uma, duas ou três faces, é distinto daqueles submetidos ao fogo nas quatro faces. O aquecimento diferencial induz a processos de deformação muito característicos, o chamado efeito da curvatura térmica, conhecido por *thermal bowing effect* ou deflexão lateral, segundo o fib Bulletin n. 46[127]. A parte aquecida se comporta como uma seção híbrida a partir de um determinado momento de exposição ao fogo (Figuras 8.25A e 8.25B, sendo a faixa hachurada aquela com as propriedades mecânicas reduzidas pela ação do calor), fazendo com que seu centroide (CG) seja deslocado (CT) para o lado não exposto ao calor, criando uma excentricidade, "e", que promove um momento fletor Mb oposto àquele induzido pelas tensões térmicas na peça Ma (Figura 8.25C)[128]. Os elementos expostos às altas temperaturas nas quatro faces não sofrem esse efeito[129].

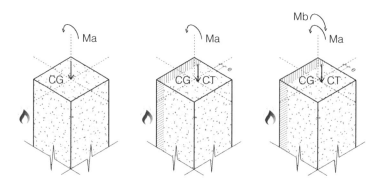

Figura 8.25. Comportamento de pilar submetido ao fogo em uma de suas faces.

O desempenho estrutural dos pilares depende de sua esbeltez, excentricidade do carregamento, taxa de armaduras e das condições de vinculação[77]. Com o aquecimento, nota-se uma redução da rigidez e da capacidade de suporte, pela diminuição da resistência mecânica do concreto aquecido. Porém, o monolitismo das ligações e dos elementos estruturais adjacentes, mais frios, produzem um efeito de engastamento, compensando essa condição contraditória. Assim, a falência de um elemento não pode ser avaliada somente pela redução da resistência do concreto.

8.3.5.2. Efeito da curvatura térmica em placas de concreto

De acordo com SCHNEIDER[129], além das tensões atuantes, a deformação está diretamente ligada à expansão térmica dos materiais, onde são dependentes da composição química, do tipo de agregado e das reações químicas e físicas que ocorrem no material durante o aquecimento.

Em geral, a expansão térmica de um material depende da temperatura e da mudança fracionária de uma dimensão de um sólido a uma temperatura constante, aumentando ou diminuindo de volume[130]. Estudo realizado recentemente no Brasil[60] apresentou uma série de resultados acerca da curvatura térmica de placas de concreto. O estudo foi conduzido com tores de umidade distintos em amostras com diferentes tempos de cura.

O estudo apontou um comportamento linear das amostras testadas, onde a deformação ocorreu no sentido de exposição ao fogo, apresentando uma curvatura (Figuras 8.26 e 8.27).

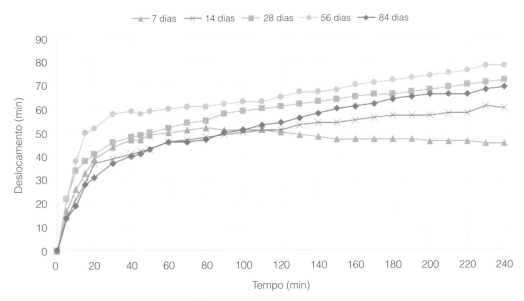

Figura 8.26. Comparativo de deslocamento[60].

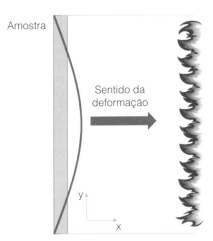

Figura 8.27. Sentido da deformação[60].

No estudo, mesmo que as deformações promovessem altas curvaturas, os desplacamentos evidenciados em todas as amostras ensaiadas foram superficiais, não comprometendo estabilidade estrutural do sistema.

8.3.5.3. Desplacamento ou lascamento

De cunho termo-hidráulico e termomecânico, o desplacamento ou lascamento é um fenômeno que promove o desprendimento de camadas das superfícies expostas às altas temperaturas dos elementos de concreto[107]. Trata-se de um fenômeno semidestrutivo com origem na distribuição não uniforme de temperatura na seção[131] e na quantidade de água evaporável do concreto[42]. Se manifesta com pequena ou grande e repentina liberação de energia. A primeira, de baixa intensidade, promove uma fragmentação superficial do concreto, enquanto a segunda, mais intensa, promove o desprendimento explosivo de camadas[132]. Na maioria dos casos, o fenômeno se restringe à região do cobrimento das armaduras[100].

Alguns autores citam que esse mecanismo independe do estado de tensão da peça[133], o que não é consenso[122]. As condições de vinculação se mostram mais influentes que o carregamento atuante no elemento, principalmente em termos de restrição à dilatação térmica[100]. Estudos produzidos em casos de incêndios reais têm mostrado que os elementos mais susceptíveis ao lascamento são pilares e lajes, que possuem maior grau de restrição à dilatação térmica[77].

Fatores como taxa de aquecimento superficial, água livre interna e porosidade do concreto também contribuem na análise das causas do fenômeno[57], que não necessariamente se desenvolve em todos os concretos[55]. Como consequência, tem-se a exposição direta das armaduras ao fogo, a redução da seção transversal e a perda do isolamento térmico do elemento[69,122,134].

O desplacamento ocorre quando a taxa de aquecimento superficial é, em média, igual a $3\,^{\circ}C/min$[126]; a permeabilidade da pasta de cimento é baixa, menor que $5.10^{-11}\,cm^2$; e o grau de saturação do poro é elevado, de 2 a 3% da massa do concreto[122]. A natureza e granulometria do agregado graúdo empregado são fatores que também contribuem[135]. O fib Bulletin n. 38[95] também destaca a idade, a temperatura máxima, a taxa de aquecimento da peça, a forma e o tamanho da seção transversal, a presença de fissuras, a taxa de aço, o arranjo das armaduras, a presença de fibras e a intensidade do carregamento do elemento estrutural como fatores preponderantes.

Algumas das manifestações anotadas durante e após a exposição às altas temperaturas têm servido para propor um diagnóstico sobre as prováveis causas e consequências do lascamento das estruturas de concreto, com autores sugerindo a classificação do fenômeno fundamentada na justificativa e na origem do mecanismo, tal como apresentado por KHOURY[122] na Tabela 8.7.

Tabela 8.7. Classificação dos desplacamentos e respectivos fatores intervenientes[122]

Classificação do desplacamento	Tempo de ocorrência	Natureza	Ruídos	Influência	Principais fatores
Agregado	7 a 30 min	Muito violento	Estalos	Superfícial	H, A, S, D, W
Aresta	30 a 90 min	Não violento	Nenhum	Pode ser severa	T, A, Ft, R
Superfície	7 a 30 min	Violento	Craqueamento	Pode ser severa	H, W, P, Ft
Explosivo	7 a 30 min	Violento	Alto estrondo	Severa	H, A, S, Fs, G, L, O, P, Q, R, S, W, Z
Delaminação	Quando o concreto enfraquece	Não violento	Nenhum	Pode ser severa	T, Fs, L, Q, R
Pós-resfriamento	Após refriamento, por absorção de umidade	Não violento	Nenhum	Pode ser severa	WI, AT

A = Expansão térmica do agregado; AT = tipo do agregado; D = difusibilidade térmica do agregado; Fs = tensão de cisalhamento no concreto; Ft = tensão de tração no concreto; G = idade do concreto; H = taxa de aquecimento; L = carregamento, restrição; O = perfil de aquecimento; P = permeabilidade; Q = formato da seção; R = armadura; S = tamanho do agregado; T = temperatura máxima; W = teor de umidade; WI = absorção de umidade; Z = tamanho da seção transversal.

Capítulo 8 Durabilidade do concreto submetido a situações extremas

O desplacamento também pode ser classificado pela intensidade e magnitude da manifestação observada na superfície do elemento[136]:

- Menor grau: limita-se ao cobrimento, sem exposição das armaduras.
- Maior grau: limita-se ao cobrimento, com exposição das armaduras.
- Grau severo: grandes profundidades, além do alinhamento das armaduras.

As causas do desplacamento podem ser divididas em três mecanismos fundamentais[122]: poropressão, tensões térmicas e superposição dessas duas.

Ainda, certos autores apontam que o aumento da resistência eleva a probabilidade do desplacamento do tipo explosivo[137], enquanto outros destacam que a maior resistência reduz a incidência do mecanismo. Segundo ALI *et al.*[137], isto contraria a crença generalizada de que concretos mais resistentes possuem maior susceptibilidade a explosões. Os autores salientam que, no passado, o fenômeno era observado apenas sob a ótica da permeabilidade do concreto e um fator crucial não era considerado: a resistência à tração do material, fato que equilibra ou supera o efeito da baixa relação a/c. As características mecânicas do concreto também influem nas temperaturas médias das armaduras, observando-se uma menor temperatura em concretos de maior resistência à compressão[133].

Permeabilidade, porosidade e distribuição dos poros sustentam a teoria da poropressão na interpretação do desplacamento do concreto, estando relacionados com a facilidade do transporte de fluidos[138]. A interconectividade dos poros é mais relevante na compreensão do desplacamento do que a porosidade total ou dimensões[132]. A estrutura mais fina de poros dos concretos de menor permeabilidade proporciona maior resistência ao fluxo e percolação de fluidos no seu interior, fato que influencia o nível de tensão interno quando exposto às altas temperaturas, conforme o fib Bulletin n. 38[95]. Essa permeabilidade aos fluidos tende a diminuir com a redução da relação água/cimento (a/c)[58]. De modo a reduzir a ocorrência do fenômeno, alguns autores recomendam uma permeabilidade inferior a 5.10^{-11} cm²[122,139].

Quanto à porosidade e à distribuição de poros na pasta de cimento, as alterações desses parâmetros com as altas temperaturas devem ser consideradas na análise da permeabilidade dos concretos após a exposição às altas temperaturas. Segundo ROBERT *et al.*[10], a macroporosidade (> 1,3 mm) permanece estável até 400°C e a porosidade capilar (0,02 a 0,3 mm) aumenta até 400°C. A microporosidade diminui somente após 500°C. Comparando concretos de diferentes relações água/cimento, KO *et al.*[141] mostraram essas alterações na porosidade do material segundo o diâmetro dos poros em diferentes temperaturas, conforme Figura 8.28.

Segundo KO *et al.*[141], na relação a/c de 0,55 a quantidade dos poros com diâmetro de 1 a 10 µm tende a aumentar em 400°C, e os poros menores, de diâmetro 0 a 1 µm, tendem a desaparecer após os 600°C. Para a relação a/c de 0,25, a quantidade de poros de diâmetro na faixa entre 0,035 e 0,3 µm aumenta após os 400°C e, aos 800°C, a quantidade de poros com 0,1 a 0,45 µm de diâmetro cresce, enquanto poros de diâmetro inferiores a 0,045 µm tendem a desaparecer. Esses autores concluem que o aumento dos poros e da permeabilidade acima dos 600°C, em ambos os concretos, é justificado pela ocorrência de fissuras provindas das tensões térmicas diferenciais e da pressão de vapor de água crescentes no interior dos poros.

A permeabilidade do elemento é influenciada pelo tipo e pelas condições da cura do concreto[142] e está relacionada com a relação a/c da mistura. Quanto menor a relação a/c empregada na produção do concreto, maior é o risco do desplacamento dos elementos, devido à baixa porosidade final do material[126]. A Figura 8.29 destaca a influência de diferentes relações a/c na poropressão de vapor produzida no interior do concreto, originado pela reduzida permeabilidade do material.

Nota-se na Figura 8.29 que, quanto menor a relação a/c, maior o pico de pressão de vapor formada no interior do concreto. A baixa permeabilidade dificulta a dissipação dessa pressão para

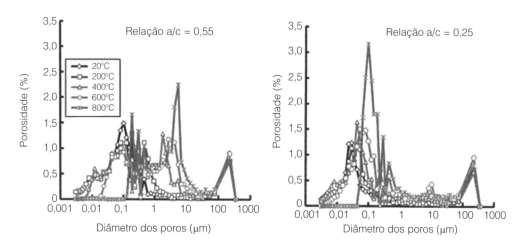

Figura 8.28. Distribuição de poros com a elevação das temperaturas em concretos de relações água/cimento (a/c) iguais a (A) 0,55 e (B) 0,25[141].

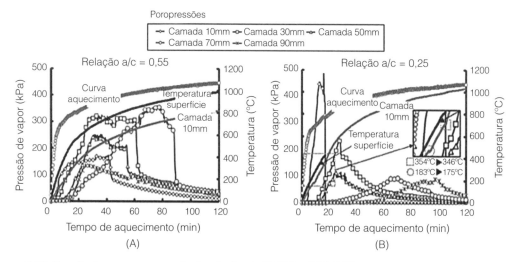

Figura 8.29. Pressão de vapor em concreto de relação a/c (A) 0,55 e (B) 0,25[141].

o exterior do elemento de concreto, potencializando a formação dos mecanismos produtores do desplacamento da seção.

O agregado perde água quando submetido a altas temperaturas, promovendo transformações químicas e físicas semelhantes às do concreto[143], em fenômeno que está atrelado à mineralogia do agregado. O desplacamento do agregado não remove grandes quantidades de concreto, pelo fato de as alterações ocorrerem a partir dos 500 a 600°C, não contribuindo decisivamente na perda de resistência do elemento[57], senão na redução de aderência e dilatação térmica diferencial com a pasta, além de contribuir com o chamado "efeito parede" na zona de transição pasta-agregado. Quando próximos à superfície do elemento, promovem um desplacamento pontual e isolado (*surface pitting*), com profundidades de até 20 mm, ocorrendo geralmente antes dos 20 minutos iniciais de exposição[58]. Certos agregados, como os calcários, desintegram-se em até três dias após o esfriamento. A umidade do ar promove a transformação do CaO em Ca(OH)$_2$, com uma expansão de até 200%[144]. Quando comparado com agregados quartzosos, graníticos, calcários e silicosos, os de origem basáltica possuem menor difusibilidade térmica e maior estabilidade às altas temperaturas, da ordem de 900°C segundo o fib Bulletin n° 38[95].

Por outro lado, além da geologia, a geometria do agregado graúdo contribui no desencadeamento do desplacamento do concreto, conforme ilustrado na Figura 8.30.

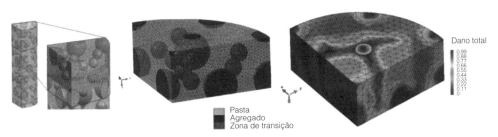

Figura 8.30. Modelização do concreto como um material compósito exposto às altas temperaturas[145].

MAZZUCO et al.[145] destacam que, na interface da pasta-agregado, durante o aquecimento do elemento, há uma zona de fragilização do concreto devido à fissuração dessa interface, provocada pela movimentação térmica diferencial entre ambos, agravando-se e sobrepondo-se em zonas de maior densidade de agregados graúdos no concreto.

A idade da estrutura também influencia no desplacamento, porém trata-se de um parâmetro complexo e contraditório[139]. Concretos de menor idade tendem a ter maior umidade interna, o que incrementa o risco do mecanismo[146] pois parte-se do pressuposto que o grau de hidratação do cimento é menor e a quantidade de água não combinada, maior[147]. Por outro lado, autores argumentam que o fato de concretos de maior idade apresentarem um maior grau de hidratação faz com que os poros se tornem mais descontínuos, o que incrementaria o risco do desplacamento[57]. Concretos de mesma relação a/c, mas de idades diferentes, remetem a temperaturas das armaduras menores quanto maior a idade do concreto[133]. Analisando concretos de diferentes idades com relação a/c igual a 0,25, KO et al.[141] observaram que, para ensaios nas idades de 3, 7 e 28 dias, o grau de desplacamento foi de, respectivamente, 12, 15 e 30%. Porém, para idades mais avançadas, como o grau de hidratação do cimento é alto e a umidade interna menor, o grau do desplacamento tende a reduzir, convergindo com os resultados de MORITA et al.[133] nos ensaios com concretos de 2 meses e 1 ano de idade.

A disposição de armaduras limita a extensão do desplacamento, mas não o ameniza[57]. Certos autores entendem que as barras de aço funcionam como uma espécie de descontinuidade térmica e mecânica do concreto e, portanto, indutor do mecanismo do desplacamento. Dado que a temperatura do aço aumenta de forma mais acentuada, o desplacamento pode ocorrer na interface da barra com o concreto[148].

Estudos de CHUNG e CONSOLAZIO[140], produzidos em modelos numérico-computacionais de resolução por diferenças finitas, demonstram que na superfície das armaduras há um acúmulo de pressões oriundas do maior grau de saturação nessa interface. As armaduras criam uma barreira impermeável que impede a migração dos fluidos, nesse caso vapor de água, para regiões mais internas do concreto (Figuras 8.31A e 8.32A), notando-se um acúmulo de vapor condensado na superfície destas (Figuras 8.31B e 8.32B), culminando em picos de pressão mais intensos nas barras, principalmente nas longitudinais (Figuras 8.31C e 8.32C), provavelmente devido à maior área impermeável e continuidade.

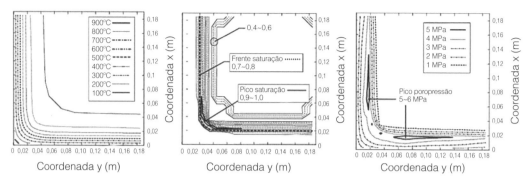

Figura 8.31. Análise de **(A)** temperaturas; **(B)** grau de saturação; e **(C)** poropressão na região dos estribos[140].

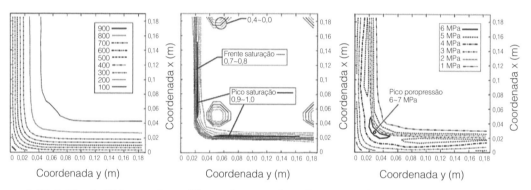

Figura 8.32. Análise de **(A)** temperaturas; **(B)** grau de saturação; e **(C)** poropressão na região fora dos estribos[140].

Este fato pode justificar os resultados do estudo experimental de RODRIGUES *et al.*[149], onde pilares axialmente comprimidos e submetidos à curva padrão de aquecimento nas quatro faces mostraram a ocorrência de desplacamento sempre nas arestas, junto às armaduras, com maior incidência nas barras de maior diâmetro. Por outro lado, o incremento da seção das barras tende a reduzir os efeitos de segunda ordem no sistema estrutural durante o incêndio. Cabe destacar que a NBR 15200:2012[45] recomenda o aumento de um diâmetro comercial das barras das armaduras principais como alternativa para reduzir a concentração de temperaturas nas bordas da face inferior de vigas.

Segundo KODUR[150], estribos com ganchos de 135° possuem a tendência de atenuar o fenômeno quando comparado com estribos de amarração convencional. Além disso, quanto maior o espaçamento dos estribos, maior será o desplacamento[151]. Certos autores defendem a redução do espaçamento dos estribos a 70% do valor obtido no dimensionamento estrutural para a minimização do mecanismo[116].

Os estudos experimentais de FRANSSEN[152] mostraram que pilares com barras de diâmetro maiores do que 25 mm apresentaram lascamentos mais intensos e uma resistência ao fogo menor do que pilares de mesma taxa de armadura, mas com diâmetro de 16 mm. De modo geral, os diversos estudos têm demonstrado que a presença ou não de armadura consiste em um fator de maior importância do que a quantidade de armadura propriamente dita[57].

Alguns estudos comprovam o incremento da magnitude do deslocamento com o aumento das espessuras de cobrimento[133] devido à maior massa de concreto passível de ser mobilizada sobre as armaduras[139]. A norma britânica BS 8110-2:1985 define que o deslocamento é acentuado para cobrimentos superiores a 40 mm, orientando o uso de fibras de polipropileno ou barras complementares, de sacrifício, para atenuar o fenômeno. Essa recomendação vai ao encontro dos resultados experimentais obtidos por MENDIS *et al.*[153]. No Brasil, as recomendações de durabilidade do concreto da NBR 6118:2014[154] apontam espessuras iguais ou superiores a esta nas classes 3 e 4 de agressividade ambiental, destacando a necessidade da correlação deste parâmetro com aqueles de resistência ao fogo das estruturas de concreto armado.

Não há consenso sobre a influência das dimensões da seção dos elementos no deslocamento[58]. Uma corrente entende que as seções mais esbeltas permitem a rápida distribuição de temperaturas nas peças, produzindo uma taxa de aquecimento mais intensa[137], o que induziria o deslocamento. Autores, como KODUR[150], entendem que o menor dos lados da seção transversal dos elementos expostos ao fogo por três horas ou mais deve ser de, no mínimo, 50,8 cm (20″). Para outros, as seções com lados maiores do que 200 a 300 mm se tornam menos suscetíveis ao efeito. Por outro lado, maiores seções oferecem maiores resistências à dissipação de água e vapor, aumentando tensões internas[58]. Essa corrente defende que menores seções amenizam o fenômeno, pois limitam o aumento da poropressão, uma vez que o vapor de água atinge mais rapidamente a superfície[57]. Cabe destacar que a área mínima de pilares definida pela NBR 6118:2014 (ABNT, 2014) é de 360 cm².

Estudos apontam que a intensidade do lascamento é maior quando a umidade relativa do ambiente de condicionamento dos pilares, antes ou durante os ensaios, for maior que 80%[150]. Outros autores ressaltam que o teor de umidade interna do concreto possui correlação direta com a relação a/c da mistura e o regime de cura[58]. A BS EN 1992-1-2[119] estabelece limites máximos do teor de umidade inicial do material para que o lascamento não ocorra, fixando em 4% em relação à massa do elemento, apesar de ter-se notado o mecanismo em teores inferiores a este[122]. Estudos experimentais realizados em amostras de pequenas dimensões demonstram que, para um mesmo concreto, o grau de umidade interna da amostra não tende a produzir efeito na perda de massa até os 400°C, o que já não ocorre após essa temperatura, onde os concretos de maior grau de saturação apresentam as maiores perdas de seção[58].

Contudo, torna-se difícil garantir um baixo teor de umidade nas estruturas reais, uma vez que estas sofrem alterações conforme as condições climáticas de exposição, além de depender de outros fatores, como o tipo de mistura[58]. Dessa forma, entende-se que o fator deve ser apenas monitorado, não devendo ser uma limitação de projeto para evitar o fenômeno.

A presença de fissuras no concreto pode evitar ou reduzir a intensidade do deslocamento. As fissuras previamente existentes ou formadas pelos mecanismos termomecânicos permitem a dissipação da umidade, aliviando as poropressões incidentes no concreto. Por outro lado, as fissuras podem facilitar a ocorrência do deslocamento por criarem uma zona fragilizada, mais suscetível ao desprendimento de camadas.

Quanto maior a taxa de aquecimento, maior o gradiente de temperatura entre a superfície exposta às chamas e o interior da seção dos elementos, devido à baixa condutividade térmica do concreto. Para taxas de aquecimento elevadas, a taxa do vapor de água liberado ao meio e percolado ao interior da seção do concreto diminui, acumulando poropressão e aumentando o estado de tensão interno atuante.

Por meio de análises numérico-computacionais e experimentais, FELICETTI e LO MONTE[155] mostraram que, com medições feitas no centroide de corpos de prova cúbicos e com concreto de resistência à compressão de 40 MPa, o estado de tensão interno nos elementos, provindo de mecanismos termo-hidráulicos, é influenciado pela taxa de aquecimento superficial destes, sendo Sxx e Syy as tensões na direção do eixo x e y, respectivamente, conforme Figura 8.33.

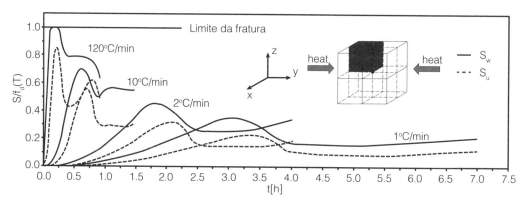

Figura 8.33. Distribuição de tensão interna para diferentes taxas de aquecimento[105].

Nota-se que, para taxas de aquecimento inferiores a 10°C/min, e nos concretos com resistência à compressão de 40 MPa, não há um estado crítico de tensão interna capaz de provocar o desplacamento do elemento estrutural. Quanto menor a taxa de aquecimento, menor a tendência do desplacamento ocorrer na seção.

Referências

1. VILASBOAS, J. M. L. (2004) Durabilidade das edificações de concreto armado em Salvador: uma implantação da NBR 6118:2003. Salvador, Universidade Federal da Bahia, Disponível em: <http://www.teclim.ufba.br/site/material_online/dissertacoes/dis_jose_m_l_vilasboas.pdf>. Acesso em: 15 out. 2016.
2. MEHTA, P. K.; MONTEIRO, P. J. M. (2014) Concreto: estrutura, propriedades e materiais. São Paulo, PINI, 574 p.
3. LIMA, S. M. (2008) Concreto de alto desempenho aplicado a sistemas de processamento e armazenagem de alimentos em baixas temperaturas. Tese (Doutorado) – Escola de Engenharia de São Carlos. São Carlos, Universidade de São Paulo, 156 p.
4. ROPPA, L. (2009) Perspectivas da produção Mundial de carnes, 2007 a 2015. In: Pecuária de corte, artigos técnicos. Disponível em: http://pt.engormix.com/MA-pecuaria-corte/artigos/perspectivas-producao-mundial-carnes-t140/p0.htm. Acesso em: 15 out. 2016.
5. CALLISTER, W. D.; RETHWISCH, D. G. (2014) Materials science and engineering an introduction (8th ed). United States of America, 886, p. 5.
6. LAPA, J. S. (2008) Patologia, recuperação e reparo das estruturas de concreto. Minas Gerais, Universidade Federal de Minas Gerais, Disponível em: <http://www.cecc.eng.ufmg.br/trabalhos/pg1/Patologia,%20Recupera%E7%E3o%20e%20Reparo%20das%20Estruturas%20de%20Concreto.pdf>. Acesso em: 11 out. 2016.
7. BERTOLINI, L. (2010) Materiais de construção: patologia, reabilitação e prevenção. Tradução de BECK, L. M. M. D. São Paulo, Oficina de Textos, 414 p.
8. FERREIRA, R. M. (2000) Avaliação dos ensaios de durabilidade do betão. Dissertação (Mestrado em Engenharia Civil) – Escola de Engenharia. Braga, Universidade do Minho, 246 p.
9. ZENG, Q.; et al. (2014) Freeze-thaw behavior of air entrained cement paste saturated with 10 wt.% NaCl solution. Cold Regions Science and Technology. Beijing, Elsevier, v. 102, p. 21-31.
10. MOLERO, M.; et al. (2012) Evaluation of freeze-thaw damage in concrete by ultrasonic imaging. Madrid, NDT&E International, v. 52, p. 86-94.
11. CALLISTER, W. D.; RETHWISCH, D. G. (2014) Materials science and engineering an introduction (8th ed). United States of America, 886 p.

Capítulo 8   Durabilidade do concreto submetido a situações extremas   235

12. LIMA, S. M.; LIBORIO, J. B. L. (2009) Concreto de alto desempenho aplicado a sistemas de processamento e armazenagem de alimentos em baixas temperaturas. Cadernos de Engenharia de Estruturas. São Carlos, v. 11, n. 49, p. 91-107.

13. CORR, D. J.; et al. (2004) Investigating entrained air voids and Portland cement hydration with low-temperature scanning electron microscopy. Cement and Concrete Composites, v. 26, n. 8, p. 1007-1012.

14. SHANG, H. (2013) Triaxial T–C–C behavior of air-entrained concrete after freeze–thaw cycles. Cold Regions Science and Technology, v. 89, 1-6.

15. BASHEER, L.; CLELAND, D. J. (2006) Freeze–thaw resistance of concretes treated with pore liners. Construction and Building Materials, v. 20, 990-998.

16. ROJAS, M. I.; et al. (2011) Influence of freezing test methods, composition and microstructure on frost durability assessment of clay roofing tiles. Construction and Building Materials, v. 25, 2888-2897.

17. WARDEH, G.; PERRIN, B. (2008) Freezing–thawing phenomena in fired clay materials and consequences on their durability. Construction and Building Materials, v. 22, 820-828.

18. PRISZKULNIK, S. (2011) Ações físicas e químicas de degradação do concreto. In: ISAIA, G. Concreto: ciência e tecnologia. São Paulo: [s.n.], v. 2.

19. SATISH, C.; LEIF, B. (2001) Lightweight aggregate concrete. Gotemburgo, Elsevier Science, p. 321-368.

20. SHANG, H.; SONG, Y.; OU, J. (2009) Behavior of air-entrained concrete after freeze-thaw cycles. Wuhan: Acta Mechanica Solida Sinica, v. 22, n. 3, p. 261-266.

21. POLAT, R.; et al. (2010) The influence of lightweight aggregate on the physico-mechanical properties of concrete exposed to freeze–thaw cycles. Cold Regions Science and Technology, v. 60, 51-56.

22. CODY, R. D.; et al. (1996) Experimental deterioration of highway concrete by chloride deicing salts. Enviroment & Engineering Geoscience, v. 2, n. 4, p. 575-588.

23. CHANDRA, S.; BERNTSSON, L. (2002) Lightweight aggregate concrete. Science, technology and applications. Cap. 10 – Freeze-thaw resistance of lightweight aggregate concrete, 321-368.

24. DONALD, J. J.; MARK, B. S. (1994) Resistance of Concrete to Freezing and Thawing. strategic Highway Research Program. Washington, DC, National Academy of Science.

25. LEITE, M.B. (2001) Avaliação de propriedades mecânicas de concretos produzidos com agregados reciclados de resíduos de construção e demolição. Porto Alegre. Tese (Doutorado) – Escola de Engenharia, Curso de Pós-graduação em Engenharia Civil da Universidade Federal do Rio Grande do Sul. 270 p.

26. RICHARDSON, A. E.; CONVENTRY, K. A.; WARD, G. (2012) Freeze/thaw protection of concrete with optimum rubber crumb content. Journal of Cleaner Production, v. 23, 96-103.

27. RICHARDSON, A. E.; CONVENTRY, K. A.; WILKINSON, S. (2012) Freeze/thaw durability of concrete with synthetic fibre additions. Cold Regions Science and Technology, v. 83, 49-56.

28. RAMEZANIANPOUR, A. A. H.; et al. (2013) Laboratory study on the effect of polypropylene fiber on durability, and physical and mechanical characteristic of concrete for application in sleepers. Construction and Building Materials, v. 44, 411-418.

29. AGHABAGLOU, A. M.; SEZER, G. I.; RAMYAR, K. (2014) Comparison of fly ash, silica fume and metakaolin from mechanical properties and durability performance of mortar mixtures view point. Construction and Building Materials, v. 70, 17-25.

30. AGHABAGLOU, A. M.; ÇAKIR, O. A.; Ramyar, K. (2013) Freeze–thaw resistance and transport properties of high-volume fly ash roller compacted concrete designed by maximum density method. Cement & Concrete Composites, v. 37, 259-266.

31. KARAKOÇ, M. B.; et al. (2011) Modeling with ANN and effect of pumice aggregate and air entrainment on the freeze–thaw durability of HSC. Construction and Building Materials, v. 25, 4241-4249.

32. SATISH, C.; LEIF, B. (2001) Lightweight aggregate concrete. Gotemburgo, Elsevier Science, p. 321-368.

33. KUCHARCZYKOVÁ, B.; et al. (2012) The porous aggregate pre-soaking in relation to the freeze–thaw resistance of lightweight aggregate concrete. Construction and Building Materials, v. 30, 761-766.

34. LITVAN, G. G. (1985) Further study of particulate admixtures for enhanced freeze-thaw resistance of concrete. ACI Journal, v. 82, 724-730.

35. RICHARDSON, A.; COVENTRY, K.; BACON, J. (2011) Freeze/thaw durability of concrete with recycled demolition aggregate compared to virgin aggregate concrete. Journal of Cleaner Production, v. 19, 272-277.
36. LOTFI, S.; et al. (2015) Performance of recycled aggregate concrete based on a new concrete recycling technology. Construction and Building Materials, v. 95, 243-256.
37. MEDINA, C.; ROJAS, M. I. S.; FRÍAS, M. (2013) Freeze-thaw durability of recycled concrete containing ceramic aggregate. Journal of cleaner production, v. 40, 151-160.
38. WU, J.; JING, X.; WANG, Z. (2017) Uni-axial compressive stress-strain relation of recycled coarse aggregate concrete after freezing and thawing cycles. Construction and Building Materials, v. 134, 210-219.
39. LIMBACHIYA, M. C.; et al. (2004) Performance of recycled aggregate in concrete, environment-conscious materials and systems for sustainable development. Proceedings of RILEM International Symposium RILEM, 127-135.
40. OKAMOTO, P. S.; MELHADO, S. B. (2014) A norma brasileira de desempenho e o processo de projeto de empreendimentos residenciais. Maceió, XV ENTAC.
41. BORGES, C.A.D.M. (2008) O conceito de desempenho de edificações e a sua importância para o setor da construção civil no Brasil. [s.l.] Universidade de São Paulo.
42. LORENZI, L. S. (2013) Análise crítica e proposições de avanços nas metodologias de ensaios experimentais de desempenho à luz da NBR 15575 (2013) para edificações habitacionais de interesse social térreas. Tese (Doutorado) – Escola de Engenharia, Universidade Federal do Rio Grande do Sul.
43. ABNT – ASSOCIAÇÃO BRASILEIRA DE NORMAS TÉCNICAS. (2013) NBR 15575 – edificações habitacionais – desempenho. Rio de Janeiro.
44. WANG, G.; et al. (2013) Fire safety provisions for aged concrete building strucutres. Procedia Engineering, v. 62, 629-638.
45. COELHO, A. L. (2010) Incêndio em edifícios. Alfragide, Edições Orion.
46. COELHO, A. L. (2001) NBR 14432 – Exigências de resistência ao fogo de elementos construtivos de edificações. Procedimento, Rio de Janeiro.
47. COELHO, A. L. (2012) NBR15200 – Projeto de estruturas de concreto em situação de incêndio. procedimento, Rio de Janeiro.
48. COSTA, C.N.; RITA, I.D.A.; PIGNATTA, V. (2004) Princípio do "método dos 500 (C" aplicado no dimensionamento de pilares de concreto armado em situação de incêndio, com base nas prescrições da NBR 6118 (2003) para projeto à temperatura ambiente. IBRACON – Congresso Brasileiro do Concreto, v. VI.
49. BERTO, A. F. (2015) Tragédias e avanços. Revista Emergência, n. 74, p. 6-9.
50. DEL CARLO, U. (2008) A segurança contra incêndio no mundo. In: A. I. SEITO et al.,(ed.) A segurança contra incêndio no Brasil. São Paulo, Projeto Editora.
51. DEL CARLO, U. (2013) NBR 14323 – Projeto de estruturas de aço e de estruturas mistas de aço e concreto de edifícios em situação de incêndio. Rio de Janeiro.
52. CORPO DE BOMBEIROS MILITAR DO ESTADO DE SÃO PAULO. (2011) Instrução técnica n. 08/2011: resistência ao fogo dos elementos de construção. São Paulo.
53. SORGATTO, M. J.; et al. (2014) Análise do procedimento de simulação da NBR 15575 para avaliação do desempenho térmico de edificações residenciais. Ambiente Construído, v. 14, n. 4, p. 83-101.
54. CHVATAL, K. M. S. (2014) Avaliação do procedimento simplificado da NBR 15575 para determinação do nível de desempenho térmico de habitações. Ambiente Construído, v. 14, n. 4, p. 119-134.
55. LATAILLE, J. I. (2003) Fire protection engineering in building design. Burlington, Elsevier.
56. POON, C. S.; et al. (2001) Comparison of the strength and durability performance of normal and high strength pozzolanic concretes at elevated temperatures. Cement and Concrete Research, v. 31, n. 9, p. 1291-1300.
57. ROBERT, F.; COLINA, H.; DEBICKI, G. (2014) A durabilidade do concreto mediante ao fogo. In: J. P. OLIVER, & A. VICHOT (eds.) Durabilidade do concreto. São Paulo, IBRACON.
58. BRITEZ, C.A.; COSTA, C.N. (2011) Ações do fogo nas estruturas de concreto. In: ISAIA, G. C. (org.). Concreto: ciência e tecnologia. São Paulo: IBRACON.

Capítulo 8 Durabilidade do concreto submetido a situações extremas

59. LIMA, R.C.A. (2005) Investigação do comportamento de concretos em temperaturas elevadas. Tese (Doutorado em Construção) – Escola de Engenharia, Programa de Pós-Graduação em Engenharia Civil, Universidade Federal do Rio Grande do Sul (UFRGS). 242 p.

60. KIRCHHOF, L. D. (2010) Estudo teórico-experimental da influência do teor de umidade no fenômeno de spalling explosivo em concretos expostos a elevadas temperaturas. Tese (Doutorado em Engenharia) – Escola de Engenharia, Programa de Pós-graduação em Engenharia Civil. Porto Alegre, Universidade Federal do Rio Grande do Sul (UFRGS), 238 p.

61. BOLINA, F.L. (2016) Avaliação experimental da influência dos requisitos de durabilidade na segurança contra incêndio de protótipos de pilares pré-fabricados de concreto armado. Dissertação (Mestrado) – Programa de pós-graduação em Arquitetura e Urbanismo da Universidade do Vale do Rio dos Sinos (UNISINOS), São Leopoldo. 170 p.

62. MOREIRA, M.A.B. (2016) Estudo da influência do teor de umidade na resistência ao fogo de placas maciças pré-fabricadas de concreto. São Leopoldo. Dissertação (Mestrado em Engenharia Civil) – Programa de Pós-graduação em Engenharia Civil, Unisinos, São Leopoldo. 128 p.

63. SOUZA, R. P. (2016) Avaliação da influência da espessura do revestimento argamassado e do carregamento no comportamento da alvenaria frente a altas temperaturas. São Leopoldo, Dissertação (Mestrado em Engenharia Civil) – Programa de Pós-Graduação em Engenharia Civil.

64. GIL, A. M. (2015) Estudo do fenômeno de desplacamento em pilares de concreto armado submetidos a elevadas temperaturas. São Leopoldo, Universidade do Vale do Rio dos Sinos (UNISINOS).

65. FERNANDES, B. (2015) Estudo da microestrutura de concretos de pilares submetidos a altas temperaturas. São Leopoldo, Universidade do Vale do Rio dos Sinos (UNISINOS).

66. FERNANDES, B. (1997) NBR 13860 – Glossário de termos relacionados com a segurança contra incêndio. Rio de Janeiro.

67. INTERNATIONAL ORGANIZATION FOR STANDARDIZATION. (1987) ISO 8421-1: fire protection – vocabulary – part 1 general terms and phenomena of fire.

68. MARCATTI, J.; COELHO FILHO, H. S.; BERQUÓ FILHO, J. E. (2008) Compartimentação e afastamento entre edificações. In: A. I. SEITO et al.,(ed.) A segurança contra incêndio no Brasil. São Paulo, Projeto Editora.

69. QUINTIERE, J. G. (1998) Principles of fire behavior. New York, Delmar Publishers.

70. SEITO, A. I.; et al. (2008) A segurança contra incêndio no Brasil. São Paulo, Projeto, 496 p.

71. SILVA, V. P. (2012) Projeto de estruturas de concreto em situação de incêndio: conforme ABNT NBR 15200:2010. São Paulo, Blucher.

72. VASCONCELOS, J.C.G.; VENTURA, J. (2010) Metodologia de caracterização de ordenação de medidas de segurança contra incêndio: Aplicação a um edifício multifamiliar de muito grande altura. In: II Congresso Internacional e VI Encontro Nacional de Riscos. Anais do 2° Congresso Internacional e 6° Encontro Nacional de Riscos. Coimbra.

73. ONO, R. (2007) Parâmetros para garantia da qualidade do projeto de segurança contra incêndio em edifícios altos. Ambiente Construído, v. 9.

74. TONELLI, R. M. (2011) Segurança contra incêndio em edificações históricas. 11 f. Curso de formação de soldados. Centro de Ensino Bombeiro Militar. Florianópolis, Corpo de Bombeiros Militar de Santa Catarina.

75. BUCHANAN, A. H. (2001) Structural design for fire safety. New York, John Wiley & Sons.

76. COSTA, C.N.; ONO, R.; SILVA, V.P. (2005) A importância da compartimentação e suas implicações no dimensionamento das estruturas de concreto para situação de incêndio. In: 47° Congresso Brasileiro de Concreto. Anais do 47° Congresso Brasileiro de Concreto. Recife: IBRACON.

77. CBMESP – CORPO DE BOMBEIROS MILITAR DO ESTADO DE SÃO PAULO. (2011) Instrução Técnica - 09: Compartimentação horizontal e vertical.

78. ROSEMANN, F. (2011) Resistência ao fogo de paredes de alvenaria estrutural de blocos cerâmicos pelo critério de isolamento térmico. 138 f. Dissertação (Mestrado em Engenharia Civil) – Universidade Federal de Santa Catarina (UFSC), Florianópolis.

79. COSTA, C.N. (2008) Dimensionamento de elementos de concreto armado em situação de incêndio. Tese (Doutorado em Engenharia) – Escola Politécnica, Departamento de Engenharia de Estruturas e Geotécnica, Universidade de São Paulo. 406 p.

80. THE CONCRETE CENTRE. (2004) Concrete and fire – using concrete to achieve safe efficient buildings and structures. Camberley, The Concrete Centre, 14 p.

81. INTERNATIONAL ORGANIZATION OF STANDARDIZATION. (2014) ISO 834: fire resistence tests – elements of building construction – specific requirements for the assessment of fire protection for structural steel elements.

82. PHAN, L.T. (1996) NISTIR 5934: fire performance of high-strength concrete: a report of the state-of-art. Building and Fire Research Laboratory, National Institute of Standards and Technology, December.

83. ZAGO, C.S.; MORENO JUNIOR, A.L.; MARIN, M.C. (2015) Considerações sobre o desempenho de estruturas de concreto pré-moldado em situação de incêndio. Ambiente Construído, v. 15, Porto Alegre.

84. PURKISS, J. A. (2007) Fire safety engineering design of structures. Oxford, UK, Butterworth-Heinemann, Elsevier.

85. MITIDIERI, M. L. (2008) O comportamento dos materiais e componentes construtivos diante do fogo – reação ao fogo. In: A. I. SEITO et al.,(ed.) A segurança contra incêndio no Brasil. São Paulo, Projeto Editora, p. 55-75.

86. BONITESE, K.V. (2007) Segurança contra incêndio em edifício habitacional de baixo custo estruturado em aço. Dissertação (Mestrado em Engenharia Civil) – Universidade Federal de Minas Gerais (UFMG), Belo Horizonte. 254 p.

87. OLIVEIRA, L. A. P. (1998) Estimativa da resistência a fogo de paredes de alvenaria pelo critério de isolamento térmico. Boletim Técnico da Faculdade de Tecnologia de São Paulo, n. 5, p. 10.

88. BIA – BRICK INDUSTRY ASSOCIATION (2008) Technical note 16: fire resistance of brick masonry. Reston, The Brick Industry Association.

89. BIA – BRICK INDUSTRY ASSOCIATION. (2001) NBR 9077 - Saídas de emergência em edifícios. Rio de Janeiro.

90. CASONATO, C.A. (2007) Ação de elevadas temperaturas em modelos de parede de concreto e de alvenaria sob cargas de serviço. Dissertação (Mestrado em Engenharia Civil) – Escola de Engenharia, Programa de Pós-graduação em Engenharia Civil, Universidade Federal do Rio Grande do Sul (UFRGS), Porto Alegre.

91. AUSTRALIAN STANDARD. (2011) AS 3700: masonry structures.

92. AMERICAN CONCRETE INSTITUTE. (2014) ACI/TMS 216.1: code requirements for determining fire resistance of concrete and masonry construction assemblies.

93. EUROCODE 6. (2005) EN 1996/01/02: structural fire design.

94. TIPLER, P. A. (2006) Física para cientistas e engenheiros, v.1: mecânica, oscilações e ondas, termodinâmica. Rio de Janeiro, LTC.

95. SOUZA, A. A. A. (2010) Procedimento para verificação em laboratório da tendência ao desplacamento do concreto em situação de incêndio. Tese (Doutorado) – Faculdade de Engenharia Civil. Campinas, Arquitetura e Urbanismo.

96. Mehta, P. K.; Monteiro, P. J. M. (2014) Concreto: microestrutura, propriedades e materiais (2ª ed). São Paulo, IBRACON.

97. FBI – FÉDÉRATION INTERNACIONALE DU BÉTON. (2007) fib Bulletin n° 38: fire design of concrete structures – materials, structures and modelling. State-of-art Lausanne.

98. KHOURY, G.A. (1992) Compressive strength of concrete at high temperatures: a reassessment. Magazine of Concrete Research, UK, v. 44.

99. FERREIRA, S.G. (1998) Ação de incêndios em estruturas de concreto: consequências e recuperação. In: Simpósio nacional de arquitetura e proteção contra incêndios. Universidade de São Paulo (USP), São Paulo.

Capítulo 8 Durabilidade do concreto submetido a situações extremas

100. KODUR, V. K. R.; DWAIKAT, M. M. S. (2010) Effect of high temperature creep on the fire response of restrained steel beams. Material and Structures, v. 43.
101. TENCHEV, R.T.; PURKISS, J.A. (2001) Finite element analysis of coupled heat and moisture transfer in concrete subjected to fire numerical heat transfer, part a: applications, n. 7, v. 39. Chicago: Taylor & Francis Group.
102. KALIFA, P.; MENNETEAU, F. D.; QUENARD, D. (2001) Spalling and pore pressure in HPC at high temperature. Cement and Concrete Research, v. 31, n. 10, p. 1487-1499.
103. CASTILLO, C.; DURRANI, A. J. (1990) Effect of transient high temperature on high-strength concrete. ACI Materials Journal, v. 87, n. 1, p. 47-53.
104. CHAN, S. Y. N.; PENG, G. F.; ANSOM, M. (1999) Fire behavior of high-performance concrete made with silica fume at various moisture contents. ACI Material Journal, v. 96, n. 3, p. 405-411.
105. KHOURY, G.A. et al. (2002) Modelling of heated concrete. Magazine of Concrete Research, London, v. 54, n. 2, 77-101, Apr.
106. PANNONI, F.D. (2015) Princípios da proteção de estruturas metálicas em situação de corrosão e incêndio. Perfis Gerdau Açominas, p. 100.
107. BRITISH STANDARD. (1985) BS 8110-2: structural use of concrete – part. 2: code of practice for special circumstances.
108. AMERICAN CONCRETE INSTITUTE. (1989) ACI-216R: guide for determining the fire endurance of concrete elements.
109. STANDARDS NEW ZEALAND. (1995) NZS 3101: concrete structures standard – the design of concrete structures.
110. AUSTRALIAN STANDARD. (2001) AS-3600: concrete structures.
111. EUROPEAN COMMITTEE FOR STANDARDIZATION. (2004) Eurocode 2 design of concrete structures: part 1-2: general rules: structural design. (EN 1992-1-2). Brussels.
112. HUANG, Z. (2010) The behavior of reinforced concrete slabs in fire. Fire Safety Journal, <'V>45</'V>, 271-282.
113. JAPAN STANDARDS ASSOCIATION. (1994) JIS 1304: method of fire resistance test for structural parts of buildings.
114. BRITISH STANDARD. (1987) BS 476-22: fire tests on building materials and structures. Method for determination of the fire resistance of non-load bearing elements of construction.
115. AUSTRALIAN STANDARD. (2005) AS 1530-4: methods for fire tests on building materials, components and structures – fire-resistance test of elements of construction.
116. BUREAU INDIAN STANDARDS. (1979) IS 3809: fire resistance test for structures.
117. BUREAU INDIAN STANDARDS. (2001) NBR 5628 – componentes construtivos estruturais – determinação da resistência ao fogo. Rio de Janeiro.
118. KODUR, V. K. R.; GARLOCK, M.; IWANKIW, N. (2012) Structures in fire: state-of-the-art, research and training needs. Fire Technology, v. 48, n. 4, p. 825-839.
119. PURKISS, J. A.; LI, L. Y. (2010) Fire safety engineering design of structures (3ª ed). Boca Raton, CRC Press.
120. AMERICAN STANDARD TEST METHOD. (2014) ASTM E119: fire tests of building construction and materials.
121. EUROCODE 1. (2004) EN 1991-1-2: actions on structures – part 1-2: general action – actions on structures exposed to fire.
122. AUSTRALIAN STANDARD. (1994) AS 1530-4: methods for fire tests on building materials, components and structures – fire resistance tests for elements of construction.
123. CANADIAN STANDARD. (2014) ULC/CAN 4 – S114 – Standard Test Method for Determination of Non-combustibility in Building Materials. UNDERWRITERS LABORATORIES OF CANADA (ULC). ULC.
124. KHOURY, G.A. (2001) Effect of fire on concrete and concrete structures, In: Progress in structure engineering and materials, v. 2. ed. [s.l.]. John Wiley & Sons, p. 429-447.

125. MESEGUER, Á. G.; et al. (2009) Hormigón Armado (15ª ed). Barcelona, Gustavo Gili.

126. CÁNOVAS, M. F. (1988) Patologia e terapia do concreto armado. São Paulo, PINI.

127. DENOEL, J. F. (2007) Fire safety and concrete structures. Brussels, Belgium, FEBELCEM.

128. FU, Y.; LI, L. (2011) Study of mechanism of thermal spalling in concrete exposed to elevated temperature. Materials and Structure, v. 44, n. 1, p. 361-376.

129. FIB – FÉDÉRATION INTERNACIONALE DU BÉTON. (2008) FIB Bulletin n° 46: fire design of concrete structures – structural behavior and assessment. Lausanne, CEN-FIP.

130. CORREIA MOURA, A. J. P.; RODRIGUES, J. P. C.; REAL, P. V. (2014) Thermal bowing on steel columns embedded on walls under fire conditions. Fire Safety Journal, v. 67, 53-69.

131. SCHNEIDER, U. (1988) Concrete at high temperatures – a general review. Fire Safety Journal, v. 13, n. 1, p. 55-68.

132. HARMATHY, T. Z. (1970) Thermal properties of concrete at elevated temperatures. ASTM Journal of Materials, v. 5, n. 1, p. 47-74.

133. JANSSON, R. (2013) Fire spalling of concrete: theoretical and experimental studies.

134. ZEIML, M.; LACKNER, R.; MANG, H. A. (2008) Experimental insight into spalling behavior of concrete tunnel linings under fire loading. Acta Geotechnica, v. 3, n. 4, p. 295-308.

135. MORITA, T. et al. (2001) An experimental study on spalling of high strength concrete elements under fire attack. In: Fire Safety Science – Proceedings of the International Symposium.

136. MINDEGUIA, J. C.; et al. (2010) Temperature, pore pressure and mass variation of concrete subjected to high temperature – experimental and numerical discussion on spalling risk. Cement and Concrete Research, v. 40, n. 3, p. 477-487.

137. PAN, Z.; SANJAYAN, J. G.; KONG, D. L. Y. (2012) Effect of aggregate size on spalling of geopolymer and Portland cement concretes subjected to elevated temperatures. Construction and Building Materials, v. 36, 365-372.

138. ALI, F.; et al. (2004) Outcomes of a major research on fire resistance of concrete columns. Fire Safety Journal, v. 39, n. 6, p. 433-445.

139. HERTZ, K. D. (2003) Limits of spalling of fire-exposed concrete. Fire Safety Journal, v. 38, n. 2, p. 103-116.

140. ANDERBERG, Y. (1997) Spalling phenomena of HPC and OC. NIST Especial Publication 919, 10.

141. MAJORANA, C. E.; et al. (2010) An approach of modelling concrete spalling on finite strains. Mathematics and Computers in Simulations, v. 80, n. 8, p. 1694-1712.

142. CHUNG, J. H.; CONSOLAZIO, G. R. (2004) Numerical modeling of transport phenomena in reinforced concrete exposed to elevated temperatures. Cement and Concrete Research, v. 35, n. 3, p. 597-608.

143. KO, J.; RYU, D.; NOGUCHI, T. (2011) The spalling mechanism of high-strength concrete under fire. Magazine of Concrete Research, v. 63, n. 5, p. 357-370.

144. ICHIKAWA, Y.; ENGLAND, G. L. (2004) Prediction of moisture migration and pore pressure build-up in concrete at high temperatures. Nuclear Engineering and Design, v. 228, n. 1–3, p. 245-259.

145. OŽBOLT, J.; et al. (2014) 3D numerical analysis of reinforced concrete beams exposed to elevated temperature. Engineering Structures, v. 58, 166-174.

146. XING, Z.; et al. (2011) Influence of the nature of aggregates on the behavior of concrete subjected to elevated temperature. Cement and Concrete Research, v. 41, n. 4, p. 392-402.

147. MAZZUCCO, G.; et al. (2013) Aggregate behavior in concrete materials under high temperature conditions. MATEC Web of Conferences, v. 05008, n. 6, p. 3-4.

148. KLINGSCH, E.W.H. (2014) Explosive spalling of concrete in fire. Tese (Doutorado). ETH ZURICH.

149. KUMAR, R.; BHATTACHARJEE, B. (2003) Porosity, pore size distribution and in situ strength of concrete. Cement and Concrete Research, v. 33, n. 1, p. 155-164.

150. GEORGALI, B.; TSAKIRIDIS, P. E. (2005) Microstructure of fire-damaged concrete. A case study. Cement and Concrete Composites, v. 27, n. 2, p. 255-259.

151. RODRIGUES, J.P.C.; SANTOS, C.C.; PIRES, T.A.C. (2012) Fire resistance tests on concrete columns. 15th International Conference on Experimental Mechanics.
152. KODUR, V.K.R. (2005) Fire resistance design guidelines for high strength concrete columns. Ottawa Institute for Research in Construction, National Construction Council, Ottawa.
153. KIM, K. Y.; YUN, T. S.; PARK, K. P. (2013) Evaluation of pore structures and cracking in cement paste exposed to elevated temperatures by X-ray computed tomography. Cement and Concrete Research, v. 50, 34-40.
154. FRANSSEN, J. M. (2000) Failure temperature of a system comprising restrained column submitted to fire. Fire Safety Journal, v. 34, n. 2.
155. MENDIS, P.; NGUYEN, Q. T.; NGO, T. (2014) Fire design of high strength concrete walls. Concrete in Australia, v. 40, n. 3, p. 38-43.
156. MENDIS, P.; NGUYEN, Q.T.; NGO, T. (2014) NBR 6118 – projeto de estruturas de concreto – procedimento. Rio de Janeiro.
157. FELICETTI, R.; LO MONTE, F. (2013) Concrete spalling: interaction between tensile behaviour and pore pressure during heating. MATEC Web of Conferences. EDP Sciences, 3001.

Capítulo 9

Métodos de proteção e aumento da durabilidade do concreto armado

M. Zita Lourenço
Carlos Alberto Caldas de Souza

9.1. Introdução

Um concreto de boa qualidade, manufaturado a partir de um traço recomendado, contendo uma espessura adequada e executado corretamente é essencial para que a armadura seja protegida contra a corrosão. No entanto, essas medidas em ambientes agressivos, como os ambientes que contêm cloreto e sulfato, podem não ser suficientes para garantir que a armadura receba uma proteção adequada contra a corrosão. Mesmo que o recobrimento de concreto apresente elevada qualidade e uma espessura adequada, os agentes corrosivos podem penetrar através dos poros ou de fissuras do concreto e causar uma corrosão significativa da armadura. Portanto, nos ambientes agressivos em relação à corrosão, principalmente quando a estrutura de concreto está sujeita a fissuras causadas por solicitações mecânicas, é recomendado adotar medidas adicionais para proteger a armadura contra a corrosão.

As principais medidas adicionais utilizadas para proteger a armadura do concreto armado contra a corrosão são: utilização de aditivos inibidores de corrosão; proteção catódica da armadura; revestimento da armadura por meio de um depósito à base de zinco ou de uma camada polimérica; substituição da armadura de aço carbono por materiais resistentes à corrosão, tais como o aço inoxidável, e compósitos poliméricos reforçados com fibra de vidro, além do revestimento do concreto com recobrimentos protetores. Essas medidas são descritas nos parágrafos posteriores.

A adoção dessas medidas complementares eleva o custo inicial da obra, mas, no entanto, o estudo da viabilidade para sua implantação deve levar também em consideração a diminuição dos custos de manutenção e as consequências causadas por eventuais paralisações devido às operações de reparo e manutenção.

São vários os exemplos dos efeitos indiretos causados por paralisação devido ao reparo da estrutura de concreto armado. Entre eles pode ser citada a interrupção do abastecimento de água devido ao reparo de estruturas de concreto de tanques de abastecimento de água potável, a interrupção de operações portuárias devido à realização de obras de reparo na estrutura de concreto armado do cais, e a interrupção do trânsito devido a reparos de pontes e viadutos.

9.2. Uso de inibidores

Inibidores de corrosão são produtos químicos que, quando presentes num sistema de corrosão em concentração conveniente, diminuem a velocidade de corrosão sem alterar significativamente a concentração de qualquer agente corrosivo[1].

É geralmente aceite que o uso de inibidores de corrosão, em concentrações adequadas, atrasa o processo corrosivo, prolongando a vida útil das estruturas. No entanto, para proteger a armadura contra a corrosão, essas substâncias, além de inibirem a corrosão do aço em meio alcalino ou em meio neutro (no caso do concreto carbonatado) na temperatura ambiente, devem apresentar a capacidade de se difundir através do concreto até o local que se encontra a armadura. Além disso, o inibidor não deve prejudicar as propriedades químicas e físicas do concreto, como a sua resistência mecânica.

Para o concreto armado existem produtos diferentes para utilização em estruturas novas e em estruturas existentes. Em estruturas novas, e como medida preventiva, de modo a evitar ou retardar o início da corrosão das armaduras, os inibidores poderão ser adicionados, em quantidade suficiente, na mistura original do concreto fresco. Em estruturas existentes, e dependendo do tipo de produto, os inibidores poderão ser adicionados nas argamassas ou concretos de reparação, aplicados na superfície do concreto ou instalados em furos ou sulcos realizados em sua superfície com o intuito de acelerar a sua difusão através da camada de recobrimento das armaduras.

Entre os inibidores adicionados na superfície do concreto, cuja utilização não é usual no Brasil, estão produtos líquidos que são geralmente substâncias fosfatadas, como o monofluor fosfato. Esses produtos são aplicados sobre a superfície do concreto endurecido e atravessam a camada de concreto por capilaridade até atingir a armadura.

Os inibidores são classicamente divididos em anódicos, catódicos ou mistos, consoante atuam na redução da reação anódica, da reação catódica ou em ambas as reações. Segundo ELSENER[2,3], os inibidores utilizados no concreto armado podem ainda ser classificados como:

- De absorção, quer sejam anódicos, catódicos ou mistos.
- De formação de filme passivo, quando atuam bloqueando a superfície do metal.
- De passivação, favorecendo a estabilidade do filme de passivação.

9.2.1. Exemplos de inibidores que elevam resistência à corrosão da armadura na estrutura de concreto

Os inibidores de corrosão mais utilizados em estruturas de concreto armado são os nitritos e as misturas de aminas e alcanolaminas. Os inibidores à base de nitritos são utilizados essencialmente por adição à mistura do concreto fresco como medida preventiva. Começaram a ser testados em estruturas de concreto nos anos 1950. Inicialmente, foi testado o nitrito de sódio, contudo verificou-se que poderia causar perda de resistência à compressão e aumentar o risco de ocorrência de reações álcalis-sílica (RAS) no concreto.

O nitrito de cálcio $[Ca(NO_2)_2]$ foi também um dos primeiros inibidores a serem testados e foi reconhecido pela FHWA americana, como alternativa à utilização de armaduras revestidas com epóxi[4] para proteção à corrosão induzida por cloretos, em tabuleiros e subestruturas de pontes. Esse inibidor atua essencialmente na reação anódica e, consequentemente, a sua eficácia depende de um valor crítico entre a concentração de cloretos e a concentração de nitritos no concreto ao nível das armaduras (Cl^-/NO_2^-). Vários valores têm sido mencionados para esse valor crítico[5]. Segundo um estudo da FHWA, mencionado por BROOMFIELD[4], o inibidor é eficaz se a razão entre o teor de cloretos e o teor de nitritos ao nível das armaduras for inferior a 1,0. A desvantagem desse tipo de inibidor, cuja eficácia depende da sua concentração, é não inibirem a corrosão quando utilizados em dosagens inferiores ao recomendado ou quando a sua concentração no interior do concreto diminui por consumo. Consequentemente, é fundamental que a dosagem do inibidor a adicionar à mistura inicial do concreto seja calculada com base nas recomendações do fornecedor e considerando a previsão do teor de cloretos na estrutura.

Os nitritos são inibidores anódicos que, ao oxidarem o ferro, formam um filme passivo de γ-Fe_2O_3, aderente e protetor. Quando o nitrito de cálcio é adicionado esse filme é formado de acordo com a seguinte equação[6]:

$$2Fe^{2+} + 2OH^- + 2NO_2^- \leftrightarrow 2NO + Fe_2O_3 + H_2O \qquad (9.1)$$

Além de sua propriedade oxidante, o nitrito de cálcio apresenta também a capacidade de vedar os defeitos presentes no filme passivo, elevando, assim, a capacidade protetora do filme passivo em proteger a armadura contra corrosão[7]. Contudo, o nitrito pode ser considerado uma substância tóxica, o que faz com que haja um interesse crescente em substituí-lo por inibidores não tóxicos.

Mais recentemente foram desenvolvidos inibidores orgânicos à base de aminas e alcanolaminas, que atuam como inibidores catódicos ou mistos. A amina é adsorvida na superfície do metal, formando uma camada protetora que impede o contato entre o metal e o meio corrosivo. A amina apresenta também o efeito de detergência, isto é, ela causa a remoção da superfície metálica de sujeiras como os produtos de corrosão, permitindo, assim, o contato direto entre a camada protetora e a superfície do metal, o que garante a eficiência protetora dessa camada.

Mesmo quando utilizados em pequenas quantidades, os inibidores orgânicos à base de aminas e alcanolaminas poderão ter um efeito positivo na diminuição da velocidade de corrosão (em oposição aos inibidores anódicos). Esses inibidores, devido à sua elevada pressão de vapor, têm a capacidade de difundir no concreto (MCI – Migrating Corrosion Inhibitors ou VCI – Vapour Corrosion Inhibitors).

Comercializam-se no mercado internacional vários tipos de inibidores com diferentes composições, geralmente confidenciais, e que são aplicados consoante a utilização. Devido à sua capacidade de difundir no concreto, estes poderão ser adicionados nas misturas em estruturas novas, nas argamassas de reparação ou aplicados na superfície do concreto em estruturas existentes.

Além dos inibidores à base de nitritos e de misturas de aminas e alcanolaminas, têm-se constatado que vários outros inibidores podem também elevar a resistência à corrosão da armadura de concreto. Entre esses inibidores estão incluídos os inibidores inorgânicos, como os fosfatos e a lama vermelha (resíduo do beneficiamento da bauxita), e inibidores constituídos por misturas de compostos orgânicos e inorgânicos.

O monofluorofosfato de sódio (Na_2PO_3F) tem sido amplamente estudado e tem-se constatado que esse inibidor, quando em contato com a armadura de aço inserida no concreto, tem a capacidade tanto de retardar o início do processo corrosão como reduzir a taxa de corrosão. Quando adicionado na água de amassamento do cimento, eleva a resistência à corrosão da armadura de aço no meio contendo cloreto quando a relação entre a concentração do inibidor e dos íons cloreto contidos no concreto for superior a 1,0[8].

Também tem sido reportado[9] que o Na_2PO_3F tem a capacidade de diminuir a taxa de corrosão da armadura inserida no concreto quando o processo de corrosão já foi iniciado em uma condição na qual o concreto se encontra carbonatado (pH em torno de 7). Esse efeito foi observado quando o inibidor, em vez de ser adicionado na água de amassamento do cimento, foi inserido no concreto por meio de ciclos de secagem e imersão do concreto armado em solução contendo o inibidor. Após a amostra de concreto armado carbonatado com a armadura já corroída ter sido submetido a vários ciclos, foi constatada uma redução significativa da taxa de corrosão. Esse método, no entanto, não é viável do ponto de vista prático em várias situações, já que estrutura de concreto armado teria de ser imersa em uma solução contendo o inibidor.

O mecanismo pelo qual o Na_2PO_3F inibe a corrosão da armadura de aço está relacionado[9] com a formação do fosfato. O Na_2PO_3F em meio aquoso e neutro sofre hidrólise, formando ortofosfato e fluoreto. O fosfato formado reage com os produtos de corrosão, ocorrendo, assim, a formação de películas protetoras de Fe_3O_4, $\gamma\text{-}Fe_2O_3$ e $FePO_4 \cdot H_2O$.

A lama vermelha, que é um resíduo gerado no beneficiamento da bauxita durante o processo de produção do alumínio, eleva a resistência à corrosão da armadura de aço quando é adicionado no concreto. Tem sido constatado experimentalmente[10], por meio de medidas eletroquímicas e de perda de massa, que a adição da lama vermelha ao cimento diminui significativamente a taxa de corrosão da armadura inserida na estrutura de concreto armado, atingindo uma estabilização entre os 20 e 30% adicionados em relação à massa do cimento.

O efeito benéfico da utilização da lama vermelha na elevação da resistência à corrosão da armadura do concreto armado foi observado por meio de ensaios de envelhecimento acelerados em névoa salina e por intermédio de ciclos de envelhecimento. Esses resultados foram obtidos a partir de corpos de prova de concreto não carbonatados. Na Figura 9.1 estão representados os valores da taxa de corrosão das barras de aço após ensaios de perda de massa.

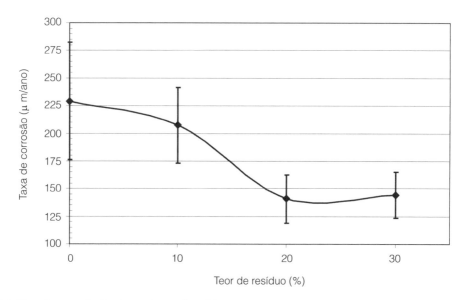

Figura 9.1. Taxa de corrosão das barras de aço inseridas nos corpos de prova de concreto armado, calculados após o término do teste de potencial de corrosão (método de envelhecimento por ciclos), em função do teor de lama vermelha adicionada[10].

A lama vermelha é um composto à base de óxido férrico e alumina, cuja composição está descrita na Tabela 9.1.

A elevação da resistência à corrosão da armadura causada pela adição da lama vermelha pode estar relacionada com três fatores isolados ou com a combinação entre eles: a) aumento da alcalinidade na região próxima à interface aço/concreto; e/ou b) uma maior fixação dos íons cloreto devido à

Tabela 9.1. Composição química da lama vermelha obtida pela técnica de espectrometria de fluorescência de raios X (em óxidos)[10]

Compostos	Al_2O_3	Fe_2O_3	Na_2O_3	CaO	SiO_2	K_2O	MnO	TiO_2	NaOH
Teor (%)	27,30	27,30	10,10	6,33	19,70	2,57	0,29	3,65	2,76

presença dos aluminossilicatos de sódio, fazendo com que estes não estejam livres e disponíveis para iniciar o processo de corrosão; e/ou c) elevação da largura dos poros presentes no concreto, o que favorece a perda de água.

A elevação da alcalinidade causada pela adição da lama vermelha é ocasionada pela presença do hidróxido de sódio na lama vermelha. Essa elevação da alcalinidade deve retardar o processo de despassivação do aço. No entanto, é também possível que a hidroxila introduzida pela lama vermelha reaja com os produtos de corrosão do aço, formando, assim, um hidróxido de ferro que se comporta como uma película protetora.

Em um estudo sobre o efeito da ação de vários inibidores na inibição da corrosão de uma armadura de aço contida em argamassa previamente preparada na presença de íons cloreto e do inibidor foi constatado que, após seis meses de exposição em uma solução de hidróxido de cálcio, os inibidores β-glicerofosfato de sódio (0,05 M) e *nitrito de diciclo-hexilamónio saturado impregnados na argamassa apresentam uma eficiência de inibição satisfatória (entre 80 e 90%)*[11]. *Nesse estudo também foi constatado que os inibidores* hexilbenzotriazol (0,005 M), o β-glicerofosfato de sódio (0,05 M) e o *nitrito de diciclo-hexilamónio saturado têm a capacidade de evitar a corrosão por pite das amostras de aço carbono imersas em solução* de hidróxido de cálcio contento 0,1 M de íons cloreto *durante um período de 30 dias de exposição. Em uma solução alcalina contendo cloreto o* β-glicerofosfato de sódio forma-se um filme superficial que inibe o início do ataque localizado.

Recentemente foi constatado[7] que a mistura constituída pelos compostos β-glicerofosfato de sódio (0,05 M) e N-fenil-2- aminobenzoato de sódio saturado é eficiente na inibição da corrosão em um meio de NaCl, da armadura de aço inserida em argamassa na ausência e na presença de cinzas. A incorporação dos inibidores nos corpos de prova foi feita por meio da imersão dos corpos de prova na solução contendo os inibidores durante 150 dias. A eficiência da mistura de inibidores foi maior no corpo de prova da argamassa preparada com cinza ativada em solução alcalina (eficiência de inibição entre 50 e 70% para os corpos de prova obtidos a partir de cinzas, e eficiência de inibição entre 30 e 60% para os corpos de prova preparados na ausência de cinza). De acordo com os estudos de impedância realizados, é provável que a presença dos inibidores reforce a capacidade protetora do filme passivo formado sobre a superfície do aço.

É importante destacar que os estudos envolvendo o efeito de inibidores na elevação da resistência à corrosão da armadura de aço geralmente foram realizados por meio de ensaios acelerados, que precisam ser complementados com a realização de ensaios de longa duração, envolvendo corpos de prova de concreto armado. Esses ensaios são necessários para constatar se a prévia saturação do concreto, em solução contendo o inibidor, permitiria a formação de um filme passivo que se mantivesse estável após um longo período de exposição em um meio contendo cloreto.

Também têm sido comumente empregadas as proteções antioxidantes que consistem na utilização de inibidores de ferrugem, com propriedades fosfatizantes, permitindo uma proteção do tipo pintura sobre a qual o concreto tem uma boa aderência, ou na utilização de cobrimentos epóxi em duas camadas. No entanto, essas alternativas de proteção têm custos elevados, e muitas vezes se tornam impossíveis diante dos custos da obra.

9.3. Prevenção catódica

Outro método de prevenir a corrosão das armaduras no concreto armado é a implementação de proteção catódica, durante o processo de construção da estrutura. Esse método, quando aplicado em novas estruturas, é normalmente designado por prevenção catódica. Foi aplicado pela primeira vez na Itália, em 1989, para prevenção da corrosão em tabuleiros de pontes[12]. Desde então, tem sido utilizada em estruturas expostas a ambientes bastante agressivos, geralmente expostas aos ambientes marítimos, para evitar a deterioração prematura de estruturas, aumentando, assim, o seu tempo de vida útil[13,14]. Em estruturas ou parte de estruturas, em que se anteveem problemas de durabilidade, devido à agressividade do meio ambiente ou a problemas de qualidade na construção, é necessário intervir antecipadamente, de modo a minimizar os custos de manutenção.

Quanto mais cedo se inibir o processo de corrosão, menores serão os custos associados; logo, a utilização de medidas preventivas contra a deterioração, aplicadas durante a fase de construção ou de iniciação, é o método mais eficaz, econômico e com menores riscos para a estrutura. A proteção catódica, quando aplicada durante o processo de construção, apresenta várias vantagens relativamente à instalação em estruturas existentes contaminadas.

9.3.1. Teoria e princípios básicos

O princípio de funcionamento da prevenção catódica é o mesmo da proteção catódica e consiste na aplicação permanente de corrente elétrica contínua, de baixa intensidade, entre as armaduras do concreto e um ânodo externo (Figura 11.1). Devido à elevada resistividade do concreto novo, não contaminado, e à longa durabilidade requerida em estruturas novas, os sistemas por corrente imposta são os mais utilizados em prevenção. Os materiais e equipamentos utilizados em prevenção são similares aos usados em proteção, como ânodos, eletrodos de referência/sensores, fontes de alimentação e sistema de controle e monitoramento. Os critérios empregados para verificação da eficácia são igualmente idênticos. Consequentemente, neste capítulo será feita uma abordagem sumária aos aspectos considerados relevantes à prevenção catódica. Informação mais detalhada, sobre o princípio de funcionamento, os materiais e os componentes mais usados em ambas as técnicas é apresentada no Capítulo 11.

O objetivo da proteção catódica é controlar o processo existente de corrosão das armaduras e restabelecer, com o tempo, as condições passivas. Na prevenção, o objetivo é impedir o início da corrosão estabilizando o filme passivo. Conforme exposto no Capítulo 11, para controlar a corrosão das armaduras em concreto contaminado por cloretos, é necessário decrescer o potencial do aço para a zona de passivação perfeita do diagrama potencial-pH-cloretos, também conhecido como o diagrama de Pourbaix[15].

Em estruturas novas, não contaminadas, é suficiente decrescer o potencial do aço para a zona de passivação imperfeita, onde a iniciação de picadas é impedida, ainda que o nível de cloretos, provenientes do exterior e acumulando-se nas armaduras, seja elevado. Também, segundo LAZZARI e PEDEFERRI[16], é mais fácil polarizar o aço no estado passivo do que no ativo. Uma vez que a densidade de corrente necessária para obter a mesma polarização, em prevenção, é menor, também se distribui mais profundamente do que a corrente de proteção, alcançando-se maior polarização em pontos mais afastados do ânodo. Como a densidade de corrente e a quantidade de ânodo necessário são menores, o projeto de prevenção é mais simples que o de proteção.

9.3.2. Dimensionamento e instalação

A densidade de corrente que é geralmente recomendada em prevenção varia entre 0,2 e 2 mA/m² da superfície de metal a proteger[17,18]. Contudo, em alguns casos citados na literatura[14,19] foram necessários valores mais elevados, da ordem dos 3,5 a 4 mA/m², para obter polarização suficiente em concreto localizado nas zonas de maré e de salpicos. O critério mais utilizado em prevenção catódica e em concreto atmosférico é o de 100 mV de decrescimento do potencial. Como o potencial de proteção necessário em prevenção catódica é menos negativo, os riscos associados à fragilização por hidrogênio nos aços sob tensão são também mais reduzidos. Assim, a implementação de prevenção catódica a estruturas pré-esforçadas pode ser realizada com maior segurança.

Apesar de os materiais e equipamentos utilizados em prevenção catódica serem similares aos utilizados em proteção catódica, os métodos de instalação são diferentes. A instalação de prevenção catódica durante a construção das estruturas é significativamente mais simples do que a instalação de proteção catódica como técnica de reabilitação numa estrutura já deteriorada. Na prevenção catódica, é essencial que o ânodo apresente um tempo de vida elevado e que seja fácil de instalar durante a construção da estrutura. São normalmente utilizados os ânodos à base de titânio (Ti/MMO), em forma de malha ou fita, fixada às armaduras por meio de espaçadores/isoladores apropriados antes da concretagem, conforme ilustrado na Figura 9.2. O tipo de malha ou fita de ânodo a utilizar e o seu espaçamento está relacionado com a densidade de corrente requerida e com a uniformidade de distribuição de corrente.

Figura 9.2. Fixação da fita de malha de titânio às armaduras, com espaçadores de plástico, antes da concretagem.

Assim como a proteção catódica, a concepção de um sistema de prevenção deve incluir: seleção do sistema de ânodo mais adequado; determinação do número, dimensão, localização e método de instalação dos ânodos; divisão do sistema em zonas anódicas independentes, considerando as diferentes necessidades de corrente, as variações antecipadas na resistividade do concreto e o ambiente de exposição, a fim de assegurar a polarização adequada e uniforme a todas as partes da estrutura. O tipo de sistema de alimentação, controle e monitoramento deverá ser selecionado baseado na complexidade da estrutura e do sistema e numa análise da relação custo-benefício. Deverá ser dimensionado considerando igualmente os requisitos de corrente e tensão necessários para cada zona, assim como a quantidade de sensores de monitoramento. Os tipos de sensores de monitoramento utilizados, o seu número e localização, para permitir a determinação da eficácia da proteção catódica, deverão também ser parâmetros a definir no projeto.

A continuidade elétrica das armaduras deverá ser verificada antes da aplicação do concreto, de modo a assegurar a continuidade elétrica entre as armaduras da mesma zona elétrica ou do elemento a proteger. É fundamental que, antes da concretagem, e continuamente durante o processo de aplicação do concreto, se realizem testes para assegurar a ausência de curto-circuitos entre o ânodo a as armaduras, o que comprometeria a correta operacionalidade do sistema na zona afetada. Na eventualidade da deteção de curto-circuito, o processo de concretagem deverá ser interrompido para detecção e retificação do curto.

9.3.3. Caso prático de aplicação de prevenção catódica

O cais do Jardim do Tabaco é um terminal de cruzeiros com cerca de 680 metros de comprimento localizado em Lisboa. A estrutura é constituída por um cais de concreto armado assentado em estacas de concreto armado, encamisadas em tubos metálicos, conforme ilustrado esquematicamente na Figura 9.3. Devido à sua exposição ao ambiente marítimo é uma estrutura considerada de elevado risco de corrosão. Por isso, foi implementado, durante a fase de construção, um sistema de prevenção catódica, por corrente imposta, com o objetivo de minimizar os custos totais do ciclo de vida. Todos os elementos, com exceção das estacas, foram protegidos catodicamente, incluindo lajes, vigas e maciços, fabricados *in situ* ou pré-fabricados. A área total de concreto protegida foi aproximadamente 48.000 m².

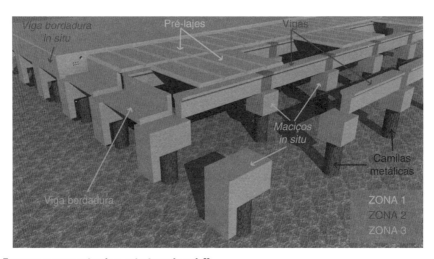

Figura 9.3. Esquema representando a estrutura do cais[20].

Como ânodo foi selecionada a fita de malha de titânio ativado (Ti/MMO), devido, principalmente, à vida útil esperada para esse tipo de ânodo, superior a 100 anos, e à facilidade de instalação em novas estruturas. O ânodo foi fixado às armaduras, com espaçadores de plásticos e com auxílio de abraçadeiras plásticas para garantir a fixação às armaduras. As fitas foram instaladas com espaçamento máximo de 400 mm e ligadas, por meio de soldagem por pontos, a uma outra fita sólida de titânio, distribuidor da corrente. A Figura 9.4 ilustra a aplicação das fitas de ânodo numa laje da estrutura.

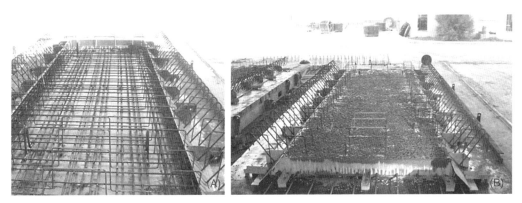

Figura 9.4. Aplicação de prevenção catódica: (A) instalação das fitas do ânodo de Ti/MMO nas armaduras de uma laje, antes da concretagem; e (B) laje concretada.

O sistema anódico foi dividido em zonas eletricamente independentes. Estas foram subdivididas em subzonas, de modo a permitir um maior controle da corrente, se necessário, a cada subzona. Foram instalados dois tipos de eletrodos de referência: prata/cloreto de prata (Ag/AgCl) e manganês/dióxido de manganês (Mn/MnO_2). Sondas de despolarização de Ti/MMO foram também instaladas em alguns elementos, principalmente nas partes atmosféricas. O controle e o monitoramento são efetuados manualmente por meio de uma unidade central (Figura 9.5), constituída por fontes de alimentação, uma por cada zona elétrica, equipamento de regulação, voltímetros e amperímetros, para medição e ajustamento da intensidade da corrente e da voltagem fornecida, e voltímetro de alta impedância, para medição dos potenciais de proteção.

Figura 9.5. Unidade de alimentação e monitoramento do sistema de proteção catódica, constituída por fontes de alimentação, equipamento de regulação, voltímetros e amperímetros.

Antes da concretagem, foram realizados testes para verificação da continuidade elétrica das armaduras em cada seção, da continuidade elétrica das ligações catódicas e continuidade elétrica entre as ligações anódicas na mesma zona. Antes, durante e depois da concretagem foram realizados testes para verificação da ausência de curto-circuito entre as fitas de ânodo e a armadura. Antes do início da aplicação da corrente foram realizados testes para verificação da funcionalidade de todos os componentes do sistema e assegurar a correta conexão de todos os circuitos. O valor do potencial elétrico das armaduras, antes da aplicação da corrente, foi medido em cada ponto de monitorização – potencial natural. O sistema foi energizado em modo de corrente constante. Desse modo, a intensidade de corrente fornecida a cada zona mantém-se constante, e a tensão de saída, de cada fonte de alimentação, varia automaticamente para compensar a natural variação da resistividade do concreto. O início da polarização foi efetuado com valores da intensidade da corrente inferior ao projetado, de modo a permitir uma polarização lenta e gradual do sistema.

9.4. Armaduras especiais

9.4.1. Armaduras galvanizadas

O processo de corrosão da armadura de aço embutida no concreto pode ser considerado como um processo de duas fases. O período inicial corresponde ao tempo necessário para que os íons agressivos, como os íons cloreto, alcancem a superfície da armadura e iniciem o processo corrosivo. A segunda etapa corresponde ao tempo necessário para que a corrosão, uma vez iniciada, alcance um nível que resulte na formação de produtos de corrosão suficientemente volumosos para causar danos significativos na estrutura. Em um ambiente marinho, o período inicial está diretamente relacionado com a taxa de ingresso dos cloretos que, por sua vez, é uma função da concentração de cloretos, da difusão no concreto e do revestimento da armadura. Portanto, o revestimento da armadura, ao atuar como uma barreira à penetração do íon cloreto, eleva a vida útil da armadura.

A utilização de um revestimento protetor para a proteção contra a corrosão da armadura de concreto é um método que tem se mostrado eficaz na elevação da vida útil das estruturas de concreto armado. Esse método tem sido aplicado principalmente em estruturas de grande responsabilidade expostas a ambientes de média e elevada agressividade. Em vários países, como a Itália, e em Bermudas, o uso da armadura galvanizada de aço tem se tornado importante devido ao fato de recentes normas técnicas recomendarem o uso desses reforços, especialmente em meios agressivos, como na presença de cloreto.

Estima-se que a vida útil da estrutura que utiliza o aço galvanizado como armadura é 4 a 5 vezes superior à vida útil da estrutura que utiliza armadura sem revestimento. Essa maior vida útil implica menor custo com a manutenção, o que compensa o maior custo inicial da armadura galvanizada, estimado como cerca de 1,5 vez superior ao da armadura sem revestimento.

Em um estudo realizado sobre estruturas de concreto armado de um reservatório de água potável localizado no litoral do Estado de São Paulo[21] foi constatada a viabilidade econômica de utilizar armaduras galvanizadas em substituição à armadura de aço não revestido, considerando-se uma vida útil mínima do aço galvanizado de 50 anos e uma vida útil de 10 anos para a armadura não revestida. De acordo com esse estudo, para uma taxa de retorno de capital estimada em torno de 5% ao ano, a utilização da armadura galvanizada implica uma redução final do custo da obra prevista entre 39,6 e 40,3%, em relação à armadura de aço sem revestimento.

A utilização de aço galvanizado em estruturas de concreto é bastante difundida em países da Europa, da América Central e da América do Norte, com o uso do aço galvanizado em estruturas de pontes e pisos, dentre outras. No Brasil, a utilização de estruturas com aço galvanizado é mais recente, como o museu Iberê Camargo localizado na cidade de Porto Alegre. Essa obra, concluída em 2008, foi construída com a utilização de 100% de vergalhão galvanizado.

A galvanização ou zincagem é um dos revestimentos mais utilizados na proteção da armadura de concreto. A armadura de aço galvanizado consiste em um substrato de aço revestido com um depósito de zinco, aplicado por meio da imersão a quente, conhecida também como galvanização a fogo. A norma ABNT NBR 6118 (Projeto de estruturas de concreto) prevê, na seção 9.7, a galvanização como uma das medidas especiais de proteção e conservação da armadura.

O processo de galvanização por imersão a quente consiste na imersão do substrato em um banho de metal fundido. Na galvanização, o substrato de aço é imerso em um banho de zinco fundido a uma temperatura entre 440°C e 480°C. A imersão a quente resulta na formação de uma camada externa de Zn, e entre essa camada e o substrato de ferro são formadas camadas intermediárias de Zn-Fe, com teor de ferro variando entre 6 e 28%[22]. Na Figura 9.6 está esquematizado um revestimento de zinco obtido por imersão a quente.

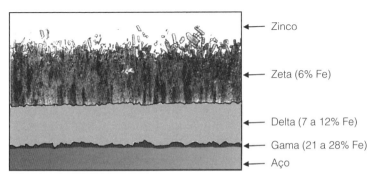

Figura 9.6. Representação esquemática de um revestimento galvanizado por imersão a quente, mostrando as camadas com diferentes teores de Zn que constituem o revestimento. Adaptado de ROWLAND[22].

De acordo com a norma ISO 1461, a espessura da camada de zinco da armadura galvanizada depende do diâmetro da armadura de aço. Segundo essa norma, para barras com diâmetro superior a 5 mm, como é o caso das armaduras geralmente utilizadas nas estruturas de concreto armado, recomenda-se que a espessura da camada de zinco seja, no mínimo, igual a 85 µm. Espessuras típicas da camada de zinco em armaduras galvanizadas estão na faixa de 120 a 150 µm.

O depósito de zinco protege a armadura de aço contra a corrosão por meio do efeito barreira e por exercer a proteção catódica do substrato. O efeito barreira é causado pela formação de uma película de baixa permeabilidade sobre a superfície do depósito que reduz a corrente de corrosão a níveis desprezíveis. Essa película é um produto de corrosão resultante da reação do zinco com os elementos presentes no meio.

O zinco, quando exposto à atmosfera, é oxidado com a formação do óxido de zinco (ZnO) ou do hidróxido de zinco [$Zn(OH)_2$], os quais ocorrem em uma atmosfera úmida como resultado da reação entre o zinco e a água. Esses compostos são indissolúveis atuando como um filme passivo.

Dependendo da presença de determinados poluentes no meio, como o gás carbônico, o dióxido de enxofre e o cloreto, o hidróxido de zinco pode reagir com esses elementos, resultando na formação de outros compostos. Assim, na presença de CO_2, ocorre, sobre a camada de hidróxido, a formação do carbonato básico de zinco, que é insolúvel e atuando, dessa forma, como camada protetora. Na presença do cloreto, há a formação do cloreto básico de zinco sobre a camada do ZnOH; o cloreto de zinco também é insolúvel, atuando também como camada protetora. Já na presença do SO_2,

254 Corrosão e Degradação em Estruturas de Concreto

ocorre a formação sobre o hidróxido de zinco, do sulfato básico de zinco, que é solúvel em água e, portanto, não atua como uma camada protetora.

Quando a armadura de aço galvanizado está embebida no concreto, a formação do filme passivo ocorre devido à reação entre o zinco e a pasta úmida de cimento. Essas reações ocorrem no início do processo de cura, quando o concreto se encontra úmido.

A presença da umidade, associada à presença do hidróxido de cálcio, leva à formação do hidroxizincato de cálcio, $Ca[Zn(OH)_3]_2.2H_2O$, sobre a armadura galvanizada. Esse filme atua como um filme passivo protetor, diminuindo, significativamente, a corrente de corrosão em relação à armadura de aço não galvanizada[24].

O comportamento do filme passivo hidroxizincato de cálcio depende do pH do concreto que está em contato com a armadura galvanizada. Tem sido considerado que a capacidade protetora desse filme passivo é ótima na faixa de pH entre 12,0 e 12,8[25], sendo, portanto, aconselhável que o pH do concreto em contato com a armadura galvanizada esteja entre os esses valores. Para um pH acima de 13,3 ± 0,1, o zinco passa para o estado ativo e passa a sofrer uma corrosão generalizada. Já para um pH entre 11 e 12, deve ocorrer a presença de um filme poroso de ZnO, que não atua como um filme protetor.

Em relação ao efeito da camada de zinco na proteção catódica da armadura de aço do concreto armado, tem sido constatado[26] que, em um meio contendo íons cloreto, o revestimento de zinco pode proteger catodicamente regiões não revestidas da superfície do aço com uma extensão de até 3 mm.

A proteção catódica exercida pelo depósito de zinco está relacionada com a menor resistência à corrosão do zinco em relação ao aço, em temperaturas inferiores a 60°C. Nessa situação, ocorre a formação de uma pilha galvânica, com o depósito de zinco atuando como ânodo e a superfície do aço, exposta diretamente ao meio corrosivo devido à presença de fissuras no depósito de zinco, atuando como cátodo e sofrendo, assim, um processo de redução. Esse mecanismo está descrito no Capítulo 2.

A presença da proteção catódica exercida pelo revestimento de zinco na armadura de aço de uma estrutura de concreto armado tem sido comprovada, experimentalmente[27], por meio da constatação de que o depósito de zinco diminui progressivamente na região diretamente exposta ao meio corrosivo, sem ser constatada a presença de produtos de corrosão do aço enquanto a camada de zinco estava presente. Essa constatação experimental demonstra que a camada de zinco protege catodicamente a área do aço que está em contato direto com o meio agressivo, devido à presença das fissuras na camada de zinco.

Devido ao efeito barreira e à proteção catódica do substrato, a presença do revestimento de zinco na armadura de uma estrutura de concreto armado resulta em importantes efeitos que melhoram significativamente o desempenho da estrutura de concreto, sendo esses efeitos descritos nos itens a seguir.

A aderência da armadura de aço galvanizado ao concreto e o efeito da adição de elementos de liga no banho de galvanização sobre o desempenho do deposito de zinco serão abordados nas próximas seções.

9.4.1.1. Principais efeitos da utilização de armaduras galvanizadas na melhoria do desempenho de estruturas de concreto armado

Os principais efeitos causados pela utilização da armadura de aço galvanizado, que elevam a vida útil da estrutura de concreto armado e diminuem a frequência de manutenção, são:

a) Formação de produto de corrosão com menor volume

A corrosão da armadura de aço em uma estrutura de concreto resulta na formação de um produto de corrosão volumoso, principalmente o $Fe_2O_3.3H_2O$ (ferrugem), causando um aumento do volume da armadura em cerca de 6 vezes. Esse produto não se dissolve, gerando, assim,

Capítulo 9 Métodos de proteção e aumento da durabilidade do concreto armado

a presença significativa de um material sólido entre a superfície da armadura e o concreto. A presença desse material exerce, portanto, uma tensão sobre a camada de concreto. Quando essa tensão ultrapassa o limite de resistência à tensão do concreto, passa a ocorrer a presença de trincas. Essas trincas causadas pela presença do produto de corrosão da armadura se propagam em direção paralela à armadura, sendo, por conseguinte, diferente das trincas causadas pelo carregamento do concreto devido a tensões externas, que se propagam transversalmente.

Ao passo que a corrosão da armadura de aço ocorre e o volume do produto de corrosão vai aumentando, se intensifica a propagação das trincas e passa a ocorrer a ruptura da camada de concreto. Com a ruptura do concreto, a armadura passa a ficar exposta diretamente ao meio corrosivo, elevando significativamente a sua taxa de corrosão.

A Figura 9.7 se refere a uma estrutura de concreto armado contendo armadura de aço não galvanizado, submetida à corrosão. A Figura 9.7A mostra a presença de trincas no concreto causadas pela formação do produto de corrosão na armadura, e a Figura 9.7B mostra a presença da armadura exposta diretamente ao meio corrosivo, devido à formação do produto de corrosão que causou o rompimento da camada de concreto.

Além de a armadura galvanizada apresentar uma taxa de corrosão muito baixa, o produto da corrosão do zinco mostra um volume significativamente menor do que o formado sobre a superfície da armadura não galvanizada.

O produto de corrosão do zinco se desprende na forma de pó e migra em direção ao concreto a partir da superfície da armadura galvanizada. O menor volume do produto de corrosão do zinco diminui significativamente a probabilidade de ocorrer a formação de trincas e a consequente ruptura do concreto. Portanto, a natureza do produto de corrosão do zinco, que resulta em um baixo volume do produto, implica uma vantagem significativa da armadura galvanizada em relação à armadura de aço não galvanizado, pois permite elevar a vida útil da estrutura e reduzir a frequência e a magnitude dos reparos de concreto.

b) Maior resistência da armadura galvanizada à corrosão generalizada

Geralmente a armadura de aço permanece armazenada no canteiro de obras até que o concreto seja fabricado, estando sujeita à ação corrosiva do meio ambiente. Dependendo do tempo e do meio no qual a armadura é exposta, esta pode sofrer uma perda de massa significativa, mesmo antes de ser inserida no concreto. Já a armadura galvanizada, devido a sua maior resistência à corrosão uniforme, deve sofrer uma menor corrosão durante o armazenamento. A maior resistência à corrosão generalizada da armadura galvanizada reduz, também, o efeito da corrosão quando a armadura é exposta diretamente ao meio agressivo, como ocorre no concreto com elevada porosidade e na presença de fissuras.

Em estrutura de concreto armado, na qual a espessura da camada de concreto não é suficiente para evitar que a carbonatação atinja a região do concreto em contato com a armadura, a presença da camada de zinco permite atenuar a corrosão da armadura.

c) Maior resistência da armadura galvanizada à corrosão em ambiente marinho

O ambiente que envolve a atmosfera marinha e a água do mar é extremamente agressivo em relação à corrosão e proporciona uma taxa de corrosão elevada para a barra de aço. Desse modo, uma vantagem importante da armadura galvanizada está no fato de permitir que as estruturas de concreto armado expostas ao ambiente marinho apresentem uma vida útil superior, além de uma necessidade bem menor de manutenção.

A agressividade do ambiente marinho em relação à corrosão está relacionada com a presença de cloreto que, além de promover a corrosão localizada por pite na presença de água, favorece

Figura 9.7. (A) Presença de trincas no concreto causadas pela formação do produto de corrosão na armadura; e (B) presença da armadura exposta diretamente ao meio corrosivo devido à formação do produto de corrosão que causou o rompimento da camada de concreto.

a corrosão generalizada. A presença do cloreto na solução aquosa eleva a condutividade do eletrólito, o que favorece as reações que promovem o processo corrosivo. Além do mais, os íons cloreto, ao se difundirem através do concreto, podem diminuir o seu pH[28].

Têm-se constatado que armaduras galvanizadas em estruturas de concreto armado expostas a uma atmosfera tropical marinha permanecem livres de corrosão durantes décadas, mesmo em um ambiente que apresenta uma concentração de cloretos superior à necessária para

Capítulo 9   Métodos de proteção e aumento da durabilidade do concreto armado   257

causar a corrosão na armadura de aço carbono não galvanizada[29]. Como exemplo, pode ser citada uma ponte em Boca Chita, Flórida, cuja armadura galvanizada permaneceu durante 21 anos livre de corrosão. Outros exemplos também podem ser citados, como a ponte de Flatts, Bermudas, e a estrutura de concreto armado das docas de Hamilton, Bermudas, cujas armaduras galvanizadas permaneceram durante 28 anos livres de corrosão. Inclusive, em Bermudas, devido à agressividade do ambiente, todas as obras de infraestrutura devem conter armaduras galvanizadas.

De uma maneira geral, a galvanização da armadura de aço no concreto armado retarda o início do processo corrosivo e permite que a armadura possa suportar uma concentração mais elevada de íons cloreto sem ocorrer a sua corrosão. Na estrutura de concreto armado com a armadura galvanizada, a concentração crítica de cloretos necessária para causar uma corrosão significativa é no mínimo 2,5 vezes superior a da concentração necessária para causar a corrosão na armadura de aço não galvanizado[30].

Os estudos que comparam o efeito da galvanização na resistência à corrosão da armadura em ambiente marinho geralmente envolvem ensaios acelerados ou ensaios realizados em ambientes localizados em regiões de clima temperado. No entanto, é citado na literatura um estudo[31] sobre o efeito da galvanização na resistência à corrosão da armadura do concreto armado com os corpos de prova localizados em uma atmosfera marinha tropical úmida (península de Yucatán, México). Os resultados desse estudo são importantes por terem sido obtidos em condições climáticas semelhantes a uma região significativa do território brasileiro. Foi constatado nesse estudo, que nos corpos de prova com uma relação água/cimento igual a 0,6 praticamente não ocorre corrosão na armadura galvanizada após um período de 24 meses de exposição. Já na armadura de aço não galvanizado, embutida em um concreto com a mesma relação de água/cimento, foi verificada a ocorrência da corrosão após um período de nove meses de exposição, sendo constatada uma taxa de corrosão de 9 µm/ano ao final de um período de exposição de 24 meses.

Em um trabalho realizado com amostras de concreto armado, produzido com uma relação água/cimento igual a 0,3 e relação cimento/areia igual a 1[32], estando as amostras imersas na água do mar por um período de 12 meses, foi constatado que a galvanização inibe significativamente a taxa de corrosão da armadura. Para a armadura galvanizada, foi constatado que a taxa de corrosão ficou abaixo de 15 µm/ano, tendo permanecido em torno de 6 µm/ano após 12 meses de exposição. Já para a armadura de aço não galvanizado, com menos de três meses observou-se uma taxa de corrosão igual a 15 µm/ano, atingindo 45 µm/ano após 12 meses de exposição.

Não está claro como a presença dos íons cloreto afeta o comportamento de filme passivo de hidroxizincato de cálcio formado na superfície do zinco. No entanto, tem sido constatado[24] que para uma adição de cloreto em uma concentração entre 0,3 e 0,9 M, a capacidade protetora desse filme passivo independe do fato desse filme ser formado na ausência ou na presença do íon cloreto. Também foi constatado nesse trabalho que o íon cloreto não altera o limite de pH de 13,3, acima do qual o filme passivo é formado.

Apesar das evidências de que a galvanização apresenta um efeito positivo sobre a resistência à corrosão da armadura do concreto armado, faltam informações que são importantes quanto à relação custo-benefício da armadura galvanizada em comparação com a armadura não galvanizada. Como exemplo, pode ser citada a falta de informações disponíveis sobre o efeito da galvanização na taxa de corrosão da armadura inserida no concreto obtido com uma relação água/cimento entre 0,4 e 0,5. Essa informação é importante, uma vez que essa é a faixa da relação água/cimento recomendada pelas normas brasileiras para estruturas de concreto armado expostas a um ambiente marinho. Como visto no Capítulo 5, a relação água/cimento utilizada na manufatura do concreto influencia na sua capacidade em proteger a armadura contra a corrosão, pois, quanto menor for essa relação, menor a porosidade do concreto e, portanto, maior é a sua capacidade de evitar a difusão de agentes que favorecem o processo corrosivo.

É importante também destacar que a elevada taxa de corrosão do aço no ambiente marinho resulta na formação de produtos volumosos de corrosão a uma taxa mais acentuada, o que favorece a formação de fissuras no concreto. Como visto anteriormente, o produto de corrosão do zinco, por ser menos volumoso, torna a camada de concreto menos susceptível à formação de trincas, em relação à armadura não galvanizada. No entanto, em um meio contendo cloretos ocorre a formação do $Zn_3(OH)_8Cl_2.H_2O$, a partir da superfície do Zn. Esse composto apresenta um volume específico 2,6 vezes maior que o do zinco, podendo causar, no concreto, uma tensão até mais intensa que a provocada pelos produtos de corrosão do ferro[32].

Outra limitação importante da utilização do revestimento de zinco na proteção da armadura de aço no concreto armado está relacionada com o fato de o depósito de zinco não evitar a ocorrência da corrosão localizada por pite, tendo sido constatado experimentalmente que o filme passivo de hidroxidozincato de cálcio não evita a penetração do íon cloreto[24].

9.4.1.2. Aderência da armadura de aço galvanizado ao concreto

A ligação entre a armadura e o concreto é essencial para o desempenho da estrutura e, portanto, o efeito da galvanização nessa ligação é fundamental para a viabilidade do uso da armadura galvanizada. Conforme a norma ASTM A767, o vergalhão galvanizado deve possuir uma aderência ao concreto similar à do vergalhão sem revestimento.

A aderência da armadura ao concreto é significativamente afetada por fatores, tais como a presença de irregularidades na superfície da armadura, a adesão química da superfície da armadura ao concreto e a fricção ao longo da superfície da barra[33,34].

Geralmente as armaduras utilizadas no concreto apresentam nervuras, o que se deve ao fato de a presença dessas irregularidades aumentar significativamente a aderência da armadura ao concreto, resultando em melhores propriedades mecânicas da estrutura. A resistência em flexão da estrutura de concreto armado utilizando armadura com nervuras é o dobro da proporcionada pela armadura lisa. Por conseguinte, os testes sobre o efeito da galvanização na aderência da armadura ao concreto devem ser realizados utilizando-se a armadura com nervuras.

Normalmente a armadura de aço sem revestimento atende aos requisitos da norma ABNT NBR 7480 (Aço destinado a armadura de concreto armado) Em trabalhos nos quais foram utilizados diferentes métodos de avaliação[33,35] foi constatado que a galvanização da armadura não afeta significativamente a intensidade da ligação desta com o concreto de desempenho normal.

A aderência do depósito zinco ao concreto é relacionada com a presença do hidroxizincato de cálcio na superfície do depósito. Acredita-se que esse composto, que é um produto fibroso, apresenta uma elevada adesão química ao concreto, o que resulta na elevada aderência da armadura galvanizada[36].

No entanto, o depósito de zinco apresenta um comportamento que pode diminuir a sua aderência ao concreto. Durante a reação do zinco com a pasta de cimento úmida, que acontece durante o estágio inicial da cura do concreto, pode ocorrer uma evolução de hidrogênio, o que prejudica a aderência entre o concreto e os produtos da hidratação do zinco, diminuindo, assim, a intensidade da ligação entre o concreto e a armadura galvanizada. Porém, a presença de cromato no concreto, mesmo em níveis residuais, pode levar à passivação da armadura galvanizada, inibindo, desse modo, a evolução de hidrogênio e evitando que a aderência da armadura galvanizada ao concreto seja prejudicada[33].

Geralmente, o cimento contém teores de cromato em níveis suficientes para causar a passivação da armadura, sendo constatado que um teor mínimo de 20 ppm de cromato na mistura final do concreto é suficiente para ocorrer a passivação da armadura[37].

Além da presença do cromato, a evolução de hidrogênio na superfície da armadura galvanizada é afetada pelo pH do concreto. Teores elevados do pH do concreto podem causar uma evolução intensa de hidrogênio, diminuindo significativamente a aderência da armadura ao concreto. Habitualmente, o pH do concreto no início do processo de cura apresenta um valor em torno de 12,5. Entretanto, se esse valor for superior a 13,3, deve ocorrer uma intensa evolução de hidrogênio na superfície galvanizada.

Embora seja mencionado na literatura que o cimento utilizado nas estruturas de concreto armado geralmente apresenta um teor de cromato suficiente para evitar a evolução de hidrogênio que afete a aderência da armadura ao concreto, é necessário se certificar de que esse comportamento ocorre em relação ao tipo de cimento que está sendo utilizado. Além do mais, é necessário ter controle sobre o pH do concreto, evitando valores elevados do pH que possam comprometer a ligação entre o concreto e a armadura. Portanto, devido à possibilidade de ocorrer fatores que possam dificultar a aderência do concreto à armadura galvanizada, é aconselhável realizar testes de aderência entre a armadura galvanizada e o concreto que será utilizado na obra.

Também é importante destacar que o efeito da galvanização na intensidade da ligação entre a armadura e o concreto depende da intensidade da tensão de compressão na qual a estrutura é submetida. Tem sido constatado experimentalmente[38] que para um concreto de desempenho normal, submetido a uma tensão em compressão de 28 MPa, a galvanização não afeta significativamente a intensidade da ligação da armadura com o concreto, ao passo que para o concreto de alto desempenho, submetido a uma tensão em compressão de 60 MPa, foi constatado que a galvanização resulta em uma redução entre 16 e 25% na intensidade da ligação entre a armadura e o concreto. Nesse caso, é recomendada a utilização de reforços transversais para compensar essa perda na intensidade de ligação.

9.4.1.3. Adição de elementos de liga no banho de galvanização

A relação custo-benefício do processo de galvanização do aço, realizado pela imersão a quente, pode ser significativamente melhorada diminuindo o consumo do zinco utilizado no processo e/ou elevando a qualidade do depósito. Uma melhor qualidade do depósito pode ser conseguida obtendo-se um depósito mais denso, o que favorece a resistência à corrosão e, consequentemente, a relação custo-benefício.

Tanto a melhoria da qualidade do depósito quanto a diminuição do consumo de Zn podem ser conseguidas diminuindo a reatividade do substrato de aço durante a deposição e elevando a fluidez do banho de deposição[25]. A elevação da fluidez do banho favorece a drenagem do Zn a partir da peça que é retirada do banho.

Determinados elementos metálicos, como o chumbo, o bismuto, o estanho e o níquel, quando presentes no banho de deposição do zinco utilizado no processo de imersão a quente, tendem a elevar a fluidez do banho ou diminuir a reatividade do aço. O chumbo tem sido adicionado no banho de deposição do Zn, geralmente em torno de 1%, devido à sua capacidade de elevar a fluidez do banho. No entanto, devido ao efeito nocivo do chumbo ao meio ambiente, há uma tendência em substituir esse elemento por outros menos tóxicos, como o níquel, o bismuto e o estanho.

O bismuto eleva a fluidez do banho de zinco, enquanto o níquel e o estanho tendem a diminuir a reatividade do aço durante o processo de deposição do zinco[25].

A viabilidade de se utilizar armaduras de aço galvanizado obtidas a partir de banhos de imersão a quente a base de Zn, contendo Ni e Bi, tem sido analisada experimentalmente. Constatou-se que a adição do Ni e Bi no banho de deposição do Zn é economicamente vantajosa, pois o balanço entre o custo da adição desses elementos e o menor consumo de Zn é positivo. O níquel e o bismuto apresentam um custo superior ao do zinco, entretanto, pequenos teores de Ni (em torno de 0,04% em relação ao Zn) e Bi (em torno de 0,1% em relação ao Zn) são suficientes para elevar a eficiência de deposição do Zn e diminuir significativamente o consumo desse elemento[39].

Foi também constatado que ocorre um efeito sinergético entre o Ni e o Bi no controle da reatividade do aço, sendo determinado que a adição desses elementos no banho de deposição (teor de Ni em torno de 0,04% e de Bi em torno de 0,1% em relação ao Zn) resulta em uma reatividade do aço inferior à causada pelo banho tradicional de Zn-Pb (1,1% de Pb em relação ao Zn)[21].

Em relação ao efeito da presença de elementos de liga na resistência à corrosão do deposito de Zn de uma armadura de aço galvanizada embutida no concreto, tem sido constatado, por meio de ensaios acelerados de corrosão, que esse efeito depende da natureza do meio corrosivo[25]. Os depósitos obtidos a partir dos banhos de Zn-Ni-Bi (0,15%p de Bi e 0,05%p de Ni) e Zn-Pb (1,1%p de Pb) apresentam uma resistência à corrosão similar na ausência ou presença de íons cloreto. O depósito obtido a partir do banho de Zn-Ni-Sn-Bi (0,1%p de Bi, 1,1%p de Sn, e 0,05%p de Ni) apresenta uma resistência à corrosão superior ao dos depósitos obtidos a partir dos banhos de Zn-Ni-Bi e Zn-Pb quando a agressividade da matriz de concreto é determinada principalmente pela presença de íons cloreto. Já na ausência de íons cloretos e com a agressividade da matriz de concreto, determinada especialmente pela sua alcalinidade, o depósito obtido a partir do banho de Zn-Ni-Sn-Bi apresenta uma resistência à corrosão inferior à dos depósitos obtidos a partir dos banhos de Zn-Ni-Bi e Zn-Pb.

Entretanto, nos estudos citados, a resistência à corrosão dos corpos de prova foi analisada por meio de ensaios de corrosão acelerados, sendo, portanto, necessária a realização de ensaios em tempo real para que seja possível avaliar a viabilidade de se utilizar armaduras de aço galvanizadas obtidas a partir de banhos de deposição contendo elementos como Ni, Bi e Sn.

9.4.2. Armaduras revestidas com epóxi

O revestimento de epóxi, quando bem aplicado, pode elevar significativamente a vida útil da armadura de aço, sendo esta uma das técnicas mais utilizadas.

A resina utilizada no revestimento é constituída por dois componentes: um monômero de epóxi e o catalisador. Após a mistura dos componentes e antes que ocorra a cura do monômero, a resina é aplicada na armadura de aço; essa aplicação geralmente ocorre pelo processo de termo-fusão. Nesse processo, a resina em pó é aplicada na armadura previamente aquecida por meio da pintura por spray ou por meio da imersão da armadura no recipiente contendo o epóxi. A resina, ao entrar em contato com a armadura, é aquecida, o que resulta na ocorrência de reações químicas que promovem a ligação entre cada partícula da resina e a ligação entre essas partículas e a superfície da armadura. Antes de o revestimento ser aplicado, a superfície da armadura deve ser submetida a um processo de jateamento, com o objetivo de promover a limpeza e a formação de irregularidades para garantir uma aderência adequada entre o revestimento e a superfície da armadura.

A camada de epóxi atua como uma barreira física entre a superfície da armadura e os agentes corrosivos presentes no concreto, tais como o cloreto e o oxigênio. Além do efeito barreira, o epóxi apresenta uma elevada resistência elétrica, impedindo que o fluxo de elétrons possa contribuir para

Capítulo 9 Métodos de proteção e aumento da durabilidade do concreto armado 261

a corrosão eletroquímica. Além das características que favorecem a elevação da resistência à corrosão da armadura, o revestimento de epóxi apresenta também outras características importantes, como ductilidade, contração desprezível após a aplicação, flexibilidade em tração e compressão.

Há estimativas de que o revestimento de epóxi possa elevar a resistência à corrosão da armadura entre duas e três vezes em relação à armadura não revestida[40]. Na Tabela 9.2 estão descritos dados sobre o efeito do revestimento de epóxi na taxa de corrosão da armadura de aço inserida no concreto. Esses dados foram obtidos após as amostras serem imersas durante dois anos em uma solução de água do mar sintética e os resultados mostram que, com o revestimento epoxílico, a corrosão praticamente não ocorre na armadura, enquanto, na ausência do revestimento, a taxa de corrosão é elevada, indicando, assim, um efeito bastante significativo do revestimento de epóxi na diminuição da taxa de corrosão.

Tabela 9.2. Efeito do recobrimento polimérico na taxa de corrosão da armadura de aço embutida no concreto, em solução de água do mar sintética[41]

Tipo de armadura	Taxa de corrosão (μm/ano)
Armadura sem recobrimento	116,8
Armadura recoberta	1,2

A utilização do revestimento de epóxi na proteção de armaduras é frequente em vários países do hemisfério norte, como Estados Unidos e Canadá, sendo esse método empregado desde o início da década de 1970. A utilização desse revestimento ocorre geralmente em meios corrosivos que contêm cloretos, sendo principalmente usado em tabuleiros de ponte, em estruturas marinhas e na estrutura de estacionamentos. O uso do revestimento de epóxi na estrutura de estacionamentos ocorre em países de clima frio e está relacionado com a liberação de íons cloreto devido ao degelo e que vão atingir a armadura. O emprego do revestimento de epóxi na proteção das armaduras de concreto é especificado pelas normas ASTM A775 e A934.

Quando se compara a armadura com revestimento à base de epóxi à armadura galvanizada, pode-se afirmar que o epóxi é mais eficiente na proteção contra a corrosão, principalmente em um meio corrosivo agressivo, como um meio que contém íons cloreto. No entanto, a armadura galvanizada demanda uma menor necessidade de manutenção.

9.4.2.1. Deterioração do revestimento de epóxi

Apesar do efeito barreira e do fato de apresentar uma elevada resistência elétrica, tem sido observada corrosão severa em obras que utilizaram o revestimento de epóxi na proteção das armaduras. Como exemplo, pode ser citada a constatação feita pelo Departamento de Transporte da Flórida, que detectou a presença de corrosão em armaduras de aço revestidas com epóxi de estruturas submarinas após um período de exposição ao ambiente corrosivo entre 5 e 10 anos[41]. Portanto, está claro que a utilização do revestimento de epóxi não impede a ocorrência da corrosão da armadura, e não dispensa, dessa forma, a necessidade de se realizar a inspeção e a manutenção nas estruturas com armadura revestida com epóxi.

A corrosão da armadura causada pela deterioração do revestimento de epóxi está frequentemente relacionada com a corrosão em frestas. Quando ocorre uma falha no revestimento, os íons cloreto e o vapor podem penetrar através dessa falha e se localizar na região entre a superfície da armadura e o revestimento de epóxi, conforme o esquema representado na Figura 9.8.

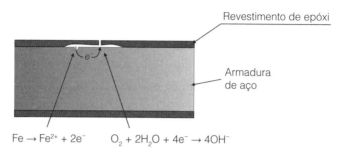

Figura 9.8. Representação esquemática do processo de corrosão na região de falha do revestimento de epóxi.

Ao ocorrer a condensação desse vapor de água, devido a uma diminuição da temperatura, a região entre a superfície da armadura e o revestimento passa a conter uma solução aquosa, estagnada, contendo cloreto. Portanto, essa região atua como uma fresta.

A corrosão por fresta é um tipo de corrosão por aeração diferencial; no caso de uma liga ferrosa, a região do metal em contato com uma maior concentração de oxigênio, que é a região na qual a falha ocorreu, passa a se comportar como cátodo, e a região entre o revestimento e a superfície da armadura, que apresenta um menor teor de oxigênio, passa a atuar como ânodo, sofrendo um intenso processo de corrosão. Por conseguinte, a presença de falhas no revestimento de epóxi, mesmo que representem uma porcentagem pequena da área total do revestimento, pode causar um aumento significativo da taxa de corrosão da armadura.

Na Figura 9.8 está ilustrada uma representação esquemática do processo de corrosão causado pela presença de falhas no revestimento de epóxi, mostrando a presença de uma pilha eletroquímica com as respectivas reações de oxidação e redução.

Deve-se também destacar que a presença da água e do cloreto na região entre a superfície da armadura e o revestimento de epóxi pode causar a ocorrência da corrosão por pite nessa região.

A resistência à corrosão da armadura é bastante sensível à ocorrência de falhas no revestimento de epóxi, sendo constatado que a presença de falhas envolvendo apenas 1% da área total do revestimento eleva significativamente a taxa de corrosão em relação à armadura revestida com o revestimento sem falhas[40]. Nesse estudo, os corpos de prova de concreto armado foram analisados por meio de teste de corrosão acelerada em solução 3% de NaCl, e foi observado após 25 meses de exposição ao meio corrosivo que a presença das falhas no revestimento elevou a taxa de corrosão em torno de 1,2 μm/ano (considerada desprezível) para uma taxa de 11,7 μm/ano (considerada moderada).

A deterioração do revestimento de epóxi que resulta na corrosão da armadura está relacionada, principalmente, com os seguintes fatores: i) baixa aderência do revestimento com o concreto, que resulta no deslocamento do revestimento epoxílico e a sua consequente degradação; ii) diminuição da aderência do revestimento à superfície do aço; e iii) presença de falhas no revestimento devido ao processo de concretagem ou devido ao manuseio inadequado da armadura revestida.

A aplicação de solicitação mecânica na armadura revestida com epóxi antes da concretagem, como o ato de dobrar a armadura, pode causar falhas no revestimento que posteriormente favorecerão a ocorrência da corrosão. Durante o processo de concretagem, o concreto "fresco", ao ser lançado sobre a armadura, pode causar falhas no revestimento de epóxi. Assim, para evitar a ocorrência dessas falhas, a extremidade da mangueira que lança o concreto deve estar o mais próximo possível da armadura.

Além da aderência relativamente baixa do revestimento de epóxi ao concreto, a aderência entre esse revestimento e a superfície da armadura também pode sofrer degradação com o tempo. Essa diminuição da aderência entre o epóxi e o metal possibilita o ingresso dos íons cloreto e do vapor de água, criando, assim, as condições para ocorrer a corrosão por fresta. Para atenuar esse problema, é importante verificar se o tipo de resina epóxi que está sendo utilizado apresenta a adesão química adequada ao aço no meio no qual a estrutura está localizada.

O deslocamento entre a armadura e o concreto tem sido uma causa frequente da deterioração do revestimento de epóxi. Tem sido constatado que há uma significativa redução na intensidade da ligação entre a armadura e o concreto quando se utiliza armadura revestida com epóxi; essa diminuição depende da geometria das nervuras presentes na barra[42] e se reduz com o aumento da dimensão da barra[43]. Para barras normalmente utilizadas em estruturas de concreto armado observa-se[44] que a resistência de aderência da armadura recoberta com epóxi apresenta uma redução em torno de 20% em relação à armadura de aço não recoberta. A baixa aderência do revestimento do revestimento ao concreto é consequência da baixa adesão química entre o epóxi e o cimento. A presença do revestimento de epóxi também diminui o atrito entre a armadura e o concreto, o que favorece o deslocamento da armadura em relação ao concreto.

Apesar das possibilidades de ocorrer a deterioração do revestimento epóxi, com a consequente corrosão acelerada da armadura de aço, a utilização desse revestimento tem se mostrado adequada em várias situações. No entanto, para que a utilização desse revestimento na proteção de armaduras seja satisfatória é necessário adotar medidas para evitar a ocorrência de falhas no revestimento. Em relação à aderência entre o revestimento e o concreto, é possível melhorar essa propriedade pela adição de aditivos ao epóxi, conforme descrito a seguir.

O epóxi pode também ser aplicado sobre a superfície da armadura galvanizada, sendo esse revestimento conhecido como duplex. Esse revestimento confere uma dupla proteção à armadura, sendo que, ao ocorrer falhas no revestimento de epóxi, a corrosão na armadura será minimizada pela presença da camada de zinco. Quando o revestimento duplex é utilizado, deve-se utilizar o tipo de resina que seja aderente à camada de zinco, como ocorre com a resina de epóxi curada com isocianato.

9.4.2.2. Adição de aditivos na resina epóxi

A resina à base de epóxi é a mais utilizada no revestimento de armaduras. Entretanto, para melhorar as propriedades do epóxi e a sua relação custo-benefício, outros materiais são adicionados ao epóxi, como resina fenólica, pigmentos de anilina, cinza volátil e areia.

Por apresentar menor custo e melhores propriedades, o recobrimento constituído pelas resinas epoxídica e fenólica apresenta uma relação custo-benefício superior ao revestimento constituído apenas pelo epóxi. Esse revestimento é conhecido como uma rede polimérica interpenetrante, ou polímero IPN (Interpenetrating Polymer Network), que são materiais constituídos por dois ou mais polímeros em rede, cujas cadeias se entrelaçam sem a ocorrência de ligações químicas entre elas.

Um estudo comparativo que avaliou o desempenho do recobrimento epóxi/fenólico e o recobrimento constituído apenas pelo epóxi[45], realizado em corpos de prova de concreto armado, mostra que a resistência à corrosão da armadura e a intensidade da ligação entre o concreto e a armadura são ligeiramente superiores quando se utiliza o recobrimento epóxi/fenólico. Nesse estudo, foram obtidos resultados interessantes em relação à intensidade da ligação entre o concreto e a armadura e em relação à permeabilidade do recobrimento epóxi/fenólico. Foi constatada uma menor permeabilidade do recobrimento epóxi/fenólico ($1.031,1$ mg/cm^2/mm/24 horas do epóxi/fenólico contra $1.244,4$ mg/cm^2/mm/24 horas do epóxi), o que resulta em uma menor penetração de agentes corrosivos, tais como os cloretos. No entanto, esses resultados foram obtidos a partir de ensaios acelerados de corrosão, o que pode implicar desvios em relação à condição real.

Em relação à intensidade da ligação entre o recobrimento epóxi/fenólico e a armadura de aço constatou-se[45] que a intensidade dessa ligação apresenta uma redução entre 5 e 10% em relação à armadura de aço não revestida. Esse resultado indica que a aderência do revestimento epóxi/fenólico na armadura é próxima (entre 1 e 2%) à do revestimento de epóxi. De acordo com os resultados experimentais, obtidos com base na norma IS13620-1993, que estabelece que a redução máxima permitida da intensidade da ligação entre o revestimento e a armadura deve ser de, no máximo, 20%, a aderência do revestimento epóxi/fenólico pode ser considerada aceitável.

Levando-se em consideração que o revestimento de epóxi encarece entre 80 e 120% o custo da armadura convencional, enquanto com a utilização do recobrimento epóxi/fenólico, a elevação do custo em relação à armadura convencional diminui para um valor entre 15 e 20%[45], é bastante promissora a utilização do recobrimento epóxi/fenólico na proteção de armaduras de concreto armado. No entanto, é necessária a realização de mais estudos sobre o recobrimento epóxi/fenólico como a realização de ensaios que determinem a taxa de corrosão em condições naturais, para que seja possível uma avaliação mais realista da relação custo-benefício do uso do revestimento epóxi/fenólico.

Para elevar a resistência à corrosão do recobrimento de epóxi é também sugerida[46] a adição de pigmentos de anilina. A adição desse material, que é um polímero condutor, promove a repassivação da superfície metálica favorecendo, assim, a elevação da resistência à corrosão. No entanto, são necessários mais estudos sobre o efeito desse aditivo, tais como a determinação do efeito do aditivo na taxa de corrosão e na aderência ao concreto do revestimento de epóxi.

Com o objetivo de elevar a aderência do recobrimento epoxílico ao concreto, têm sido realizados diversos estudos[47,48] sobre o uso de aditivos que afetam os fenômenos que interferem na ligação entre a armadura e o concreto, tais como o atrito e a adesão. Esses estudos têm constatado que o uso de materiais pozolânicos, como a cinza volante, que favorecem a adesão entre o revestimento e o concreto, e de um material abrasivo, como a areia, que aumenta o atrito entre a armadura revestida e o concreto, eleva significativamente a aderência do revestimento epoxílico ao concreto.

A aderência do revestimento epoxílico ao concreto aumenta com a adição da cinza volante ao revestimento; a aderência atinge um valor ótimo quando a relação entre a cinza e o epóxi é igual a 0,5, em peso. Para essa relação, a aderência do revestimento ao concreto é similar à da armadura de aço não revestida[47]. A elevação da aderência do revestimento, causada pela adição da cinza volante, é atribuída à reação pozolânica entre a cinza e o hidróxido de cálcio contido no concreto, que resulta em um composto aglomerante, aumentando, assim, a aderência por adesão do recobrimento ao concreto.

A elevação da aderência do revestimento epoxílico ao concreto, devido à adição de areia ao epóxi, depende significativamente da relação, em peso, areia/epóxi e do tamanho médio das partículas de areia.

O epóxi pode também ser aplicado sobre a superfície da armadura galvanizada, sendo esse revestimento conhecido como duplex, conferindo uma dupla proteção à armadura. Ao ocorrer falhas no revestimento de epóxi, a corrosão na armadura será minimizada pela presença da camada de zinco. Quando o revestimento duplex é empregado, deve-se utilizar o tipo de resina que seja aderente à camada de zinco, como ocorre com a resina de epóxi curada com isocianato.

A capacidade protetora do revestimento de epóxi pode também ser significativamente elevada com a adição de pó de zinco ao revestimento. A presença de uma quantidade elevada de pó de zinco, em torno de 80% da fração volumétrica do revestimento, possibilita a ocorrência do contato elétrico entre as partículas de zinco ao longo do revestimento. Portanto, passa a ocorrer a formação de uma pilha galvânica, quando as partículas de zinco presentes no revestimento

Capítulo 9   Métodos de proteção e aumento da durabilidade do concreto armado   **265**

passam a sofrer oxidação, atuando como ânodo, e a região da superfície da armadura exposta ao meio corrosivo devido à ocorrência de falhas, passa a sofrer redução, ocorrendo a proteção catódica dessa região.

Dessa forma, com a presença das partículas de zinco no revestimento de epóxi é possível minimizar o efeito nocivo à resistência à corrosão da armadura, causado pela presença de falhas no revestimento de epóxi, desde que essas falhas sejam relativamente pequenas.

A adição das partículas de zinco, em torno de 80% da fração volumétrica do revestimento de epóxi, eleva o custo, sendo, portanto, necessária a realização de estudos que avaliem a viabilidade econômica da adição das partículas de zinco.

9.4.3. Armaduras em aço inox

A utilização da armadura de aço inoxidável em estruturas de concreto é uma opção que pode ser viável quando a estrutura está exposta a ambientes altamente corrosivos. O aço inoxidável apresenta uma resistência à corrosão significativamente superior à do aço carbono, o que resulta em uma vida útil superior, além de um menor custo com a manutenção e o reparo da estrutura. Estima-se que a concentração crítica de íons cloreto, necessária para causar a corrosão em uma armadura de aço inoxidável austenítico, é cerca de dez vezes superior à concentração necessária para causar a corrosão na armadura de aço carbono[49].

Além da elevada resistência à corrosão, as ligas de aço inoxidável, tais como os aços inoxidáveis austeníticos e duplex, apresentam uma excelente combinação de propriedades mecânicas, com elevados valores de resistência mecânica, tenacidade, ductilidade e resistência à fadiga. Esse comportamento é importante para a integridade de estruturas que são submetidas às intensas solicitações mecânicas, como é o caso das pontes. Além do mais, o fato de a liga de aço inoxidável apresentar uma resistência mecânica superior à da liga de aço carbono implica uma importante vantagem econômica, pois permite a utilização de uma menor quantidade de aço inoxidável em relação à armadura tradicional, de aço carbono.

Quanto aos outros métodos de proteção da armadura contra a corrosão, a utilização da armadura de aço inoxidável apresenta importantes vantagens. A armadura de aço inoxidável apresenta uma resistência à corrosão significativamente superior à da armadura de aço galvanizado, principalmente em meios contendo cloreto. Além disso, não mostra falta de aderência com o concreto, como ocorre no revestimento de epóxi, e não está sujeita à ocorrência de falhas superficiais com a mesma facilidade que acontece no revestimento de epóxi. Em relação à proteção catódica, a utilização da armadura de aço inoxidável tem a vantagem de exigir um custo de manutenção bem menor, não sendo necessária a presença de mão de obra especializada.

No entanto, a grande desvantagem da utilização da armadura de aço inoxidável está no elevado custo dessa liga, que é superior ao do aço carbono e resulta em uma elevação importante do custo inicial da obra. Portanto, é importante fazer uma análise criteriosa da relação custo-benefício dessa liga, para decidir sobre a sua utilização.

Geralmente os aços inoxidáveis utilizados nas armaduras de concreto são os aços austeníticos 304 e 316 e o aço duplex 2205. O aço inoxidável 304 apresenta um custo inferior aos das ligas 2205 e 316; entretanto, em ambientes altamente corrosivos, como ocorre com as regiões de respingos de maré (região de uma estrutura parcialmente submersa que está em contato com a superfície do mar) e mesmo com regiões à beira mar em uma atmosfera contendo elevada concentração de cloreto, é aconselhável a utilização das ligas 316 e 2205. Dependendo do tipo de aço inoxidável, a armadura apresenta um custo entre seis e nove vezes superior ao da armadura de aço carbono[49].

266 Corrosão e Degradação em Estruturas de Concreto

Normalmente, a utilização do aço inoxidável é limitada às regiões que são mais vulneráveis à ação corrosiva de ambientes altamente agressivos, como ocorre com o ambiente marinho e ambiente industrial severo. Entre as estruturas marinhas nas quais a armadura de aço inoxidável é utilizada, podem ser citados tabuleiros de ponte, estaca, rampa, cais e ancoradouro. Nesses ambientes é estimado que a presença da armadura de aço inoxidável deve corresponder a uma porcentagem entre 5 e 20% do volume total da armadura utilizada na obra. Os principais locais nos quais é aconselhável a utilização de armadura de aço inoxidável são: regiões de respingo de maré, reforços externos de pontes e fundações, estribos e armadura de conexão entre juntas e peças pré-fabricadas.

Dependendo do tipo de aço inoxidável utilizado e da porcentagem em que essa liga substitui o aço carbono, o aumento do custo inicial da obra é estimado entre 5 e 15%. No entanto, a utilização do aço inoxidável em estruturas submetidas a ambientes extremamente agressivos, tais como uma ponte localizada na área costeira, pode reduzir o custo de manutenção e reparo em torno de 50% em comparação a estruturas contendo a armadura de aço carbono, ao longo de uma vida útil que deve alcançar 120 anos[50]. Em um estudo sobre a viabilidade de se utilizar a armadura de aço inoxidável em estruturas de concreto localizadas em regiões de respingo de maré, foi estimado, com base na redução dos custos de manutenção e reparo e na elevação da vida útil da estrutura, que a utilização de uma armadura de aço inoxidável é economicamente viável se a elevação do custo inicial da obra for, no máximo, igual a 14%[51].

A utilização do aço inoxidável em estruturas de concreto tem se intensificado nos últimos anos, principalmente em áreas costeiras dos Estados Unidos, Canadá e Europa. Há registros de que armaduras de aço inoxidável 304 têm resistido à corrosão durante décadas em estruturas localizadas em ambientes corrosivos. Um exemplo em favor da utilização da armadura de aço está no cais Progresso, localizado em Yucatan, México, construído entre 1937 e 1941. Essa obra, que apresenta uma extensão de 2.100 m, é uma estrutura na forma de arcos, que utiliza armadura de aço inoxidável 304. Passados 60 anos de sua construção, não foram encontradas evidências significativas de corrosão[52].

Como exemplo da utilização do aço inoxidável duplex em estrutura de concreto, pode ser citada uma ponte localizada na cidade de North Bend, Oregon[53]. Nessa ponte, localizada em uma região costeira do Oceano Pacífico, classificada como um ambiente marinho altamente agressivo, a liga 2205 substitui o aço carbono em elementos estruturais críticos. O custo total dessa ponte, construída em 2003, é avaliado em torno de US$12,5 milhões; o custo do aço inoxidável corresponde a 13% do custo total da obra. O órgão responsável pela obra estima que, em longo prazo, o aumento do custo inicial causado pela utilização do aço inoxidável será amplamente compensado, pois é previsto que, com a utilização da liga 2205, a ponte possa permanecer livre de manutenção durante um período de 120 anos, sendo que a vida útil dessa ponte seria de 50 anos se a armadura de aço carbono não tivesse sido substituída pelo aço inoxidável. Portanto, seria economizado o valor referente à construção de uma nova ponte após 50 anos, além do valor referente à manutenção da ponte.

Outro exemplo da utilização de uma liga de aço inoxidável em pontes é a construída na cidade de Hayness Inlet (Oregon, Estados Unidos), em 2003. Nessa ponte foram utilizadas barras de aço inoxidável austenítico 316LN nas vigas do deque, o que resultou no aumento de 10,13% no custo da obra (Tabela 9.3). No entanto, é previsto que a utilização do aço inoxidável deve, no mínimo, dobrar a vida útil da ponte e reduzir em 50% os gastos com a manutenção ao longo dos anos[54].

Tabela 9.3. Custo de materiais de uma ponte construída em Haynes Inlet, Oregon, que utilizou barras de reforço de aço inoxidável austenítico 316LN no deque, e liga de aço carbono nas outras áreas[54]

Propriedade	Aço inox 316 LN	Aço carbono	Total
Tensão limite de escoamento, MPa	517	550	---
Preço unitário, U$/kg	5,02	1,52	---
Quantidade, kg	320.000	600.000	920.000
Custo das armaduras, U$	1.606.400	912.000	2.518.400 (a)
Porcentagem em relação ao valor total do projeto (VP)*	14,56%	8,25%	22,81%
Custo equivalente da barra de aço carbono, U$	486.400	912.000	1.398.400 (b) (12,65%. VP)
Diferença de custo (a) – (b)	---	---	1.120.000 (10,13%. VP)

*Valor total do projeto: US$11.055.400 (1993).

9.4.3.1. Características gerais e classificação dos aços inoxidáveis

Os aços inoxidáveis são definidos como ligas a base de ferro (Fe) e cromo (Cr), que apresentam um teor de Cr de, no mínimo, 10,5%. Essas ligas são utilizadas principalmente devido à sua elevada resistência à corrosão em uma ampla variedade de meios. No entanto, algumas ligas de aço inoxidável são também utilizadas devido, principalmente, à sua elevada resistência a altas temperaturas, além da elevada resistência à oxidação e à fluência.

A elevada resistência à corrosão do aço inoxidável é atribuída à formação de um filme passivo constituído por compostos de cromo. Esse filme, apesar de apresentar uma pequena espessura, é altamente aderente e compacto, atuando como uma proteção eficiente contra a ação do meio corrosivo. A formação desse filme ocorre devido às reações entre o cromo presente na liga e o oxigênio e a água. Os compostos de cromo são constituídos principalmente por óxido de cromo, Cr_2O_3[55] e $CrOOH$[56].

Além dos compostos de Cr, os compostos de Fe, constituídos especialmente por $FeOOH$ e Fe_2O_3 (estrutura pseudoespinélio), também estão presentes no filme formado sobre a superfície do aço inoxidável. Dependendo da composição da liga, outros compostos podem também estar presentes no filme superficial.

Como visto anteriormente, quando a armadura de aço carbono está em contato com o concreto não carbonatado, é formado um filme passivo de Fe_3O_4 sobre a superfície da armadura que a protege contra a corrosão generalizada. Já na armadura de aço inoxidável, a presença dos compostos de cromo, que apresentam uma capacidade protetora superior à do Fe_3O_4, resulta em uma resistência à corrosão da armadura de aço inoxidável significativamente superior à armadura de aço carbono. Essa diferença entre a resistência à corrosão do aço carbono e a resistência à corrosão do aço inoxidável aumenta com a agressividade do meio.

Em uma solução alcalina (solução de $Ca(OH)_2$ com pH em torno de 12,6), que permite a formação do Fe_3O_4 no aço carbono, foi constatado que a densidade de corrente de corrosão (i_{cor}), que é inversamente proporcional à taxa de corrosão, é aproximadamente uma ordem de magnitude superior à do aço inoxidável 304[57]. Já com a adição de cloreto ao meio (0,5% de NaCl), foi constatado que a ordem de magnitude da densidade de corrente de corrosão do aço carbono foi duas vezes superior à do aço inoxidável. A resistência à corrosão do aço inoxidável não depende apenas do Cr, sendo resultante da combinação de vários elementos de liga. Além do Cr, outros elementos, como Ni, Mo, N e Cu, podem também elevar significativamente a resistência à corrosão da liga.

As ligas de aço inoxidável resistem à corrosão uniforme em diversos meios, no entanto, geralmente não são imunes à corrosão localizada por pite. Como visto no Capítulo 2, a corrosão por pite é um tipo grave de corrosão que pode causar efeitos nocivos ao desempenho da armadura de aço, sendo, portanto, importante analisar a ocorrência desse tipo de corrosão no aço inoxidável.

A classificação dos aços inoxidáveis é baseada na estrutura da liga. Dependendo da estrutura presente à temperatura ambiente, os principais tipos de aço inoxidável são: auteníticos, ferríticos, martensíticos e duplex. Por sua vez, a ocorrência de uma determinada estrutura depende da composição e do tratamento ao qual a liga é submetida.

Além do Cr, outros elementos de liga podem estar presentes no aço inoxidável, sendo os principais: C, Mn, Ni, Si, Mo, Nb, V, Al, Ti, W, Co, Cu e N. Esses elementos são classificados de acordo com a sua tendência em promover a formação da ferrita (estrutura cúbica de corpo centrado) ou austenita (estrutura cúbica de face centrada). Os elementos que favorecem a formação da ferrita, conhecida também como fase alfa, recebem o nome de alfagêneos, e os elementos que favorecem a formação da austenita, conhecida também como fase gama, recebem o nome de gamagêneos. O efeito dos elementos alfagêneos e gamagêneos, na formação das fases alfa e gama, é expresso por meio dos equivalentes de Cr (Cr_{eq}) e Ni (Ni_{eq}), respectivamente.

$$Cr_{eq} = (Cr) + 0,75(V) + 1,5(Ti) + 1,5(Mo) + 1,75(Nb) + 2(Si) + 5(V) + 5,5(Al) \qquad (9.2)$$

$$Ni_{eq} = (Ni) + (Co) + 0,3(Cu) + 0,5(Mn) + 25(N) + 30(C) \qquad (9.3)$$

A partir dos valores de Cr_{eq} e Ni_{eq} é construído um diagrama, representado na Figura 9.9. Calculando-se os valores de Cr_{eq} e Ni_{eq}, a partir da composição da liga (os teores dos elementos da liga devem ser em %p) é possível determinar a estrutura que estará presente no aço inoxidável.

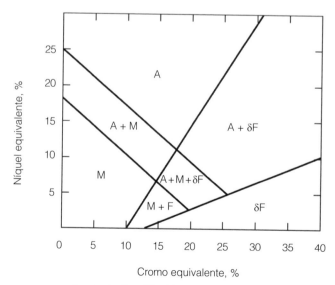

Figura 9.9. Diagrama de Schaffer, usado para a determinação das porcentagens das fases presentes no aço inoxidável[58].

Capítulo 9 Métodos de proteção e aumento da durabilidade do concreto armado

A resistência a corrosão por pite dos aços inoxidáveis em solução ácida ou em solução neutra está relacionada, principalmente, com a presença de Cr, Mo e N; a elevação do teor desses elementos tende a favorecer a elevação da resistência a corrosão por pite. O efeito desses elementos na resistência a corrosão por pite das ligas de aço inoxidável é representado pelo parâmetro denominado de número equivalente de resistência a corrosão por pite (PREN – Pitting Resistance Equivalente Number). O PREN é geralmente descrito por duas equações, PREN 16 e PREN 30.

As Equações 9.4 e 9.5 diferem em relação ao efeito do Nitrogênio (N) na elevação da resistência à corrosão por pite, sendo o PREN 30 normalmente utilizado para as ligas inoxidáveis austeníticas e o PREN 16 para as ligas inoxidáveis duplex.

$$PREN16 = \%p.Cr + 3,3.(\%p.Mo) + 16.(\%p.N) \tag{9.4}$$

$$PREN30 = \%p.Cr + 3,3.(\%p.Mo) + 30.(\%p.N) \tag{9.5}$$

A utilização do PREN para avaliar a resistência à corrosão por pite de um aço inoxidável, no entanto, deve ser apenas preliminar, uma vez que o PREN apresenta várias limitações. Entre essas limitações está o fato de não levar em consideração a presença de fases ricas em Cr e/ou Mo, o que causa a diminuição da concentração desses elementos em solução sólida, resultando, assim, na diminuição da resistência à corrosão por pite da liga. Uma outra limitação do PREN está no fato de o teor de níquel (Ni) não ser levado em consideração; este, em solução alcalina, pode afetar significativamente a resistência à corrosão por pite da liga, conforme será abordado com mais detalhe na seção 9.4.3.5.

Considerando-se que, na estrutura de concreto armado, a armadura de aço inoxidável é geralmente constituída pelos aços inoxidáveis austeníticos e duplex, suas principais características serão discutidas nos próximos itens.

9.4.3.2. Características gerais dos aços inoxidáveis austeníticos

a) Microestrutura, composição e propriedades mecânicas

Os aços inoxidáveis austeníticos são ligas à base de Fe-Cr-Ni e, em geral, apresentam uma estrutura totalmente austenítica. Essas ligas, que apresentam um excelente conjunto de propriedades mecânicas e de resistência à corrosão, são as ligas de aço inoxidável mais produzidas atualmente, e possuem uma ampla faixa de aplicação, que vai desde utensílios de cozinha até equipamentos industriais.

O níquel está presente nas ligas de aço inoxidável austenítico em um teor mínimo em torno de 8%, com o objetivo de possibilitar a presença de uma estrutura totalmente austenítica a temperatura ambiente. Com a elevação do teor de Cr para um valor acima de 18%, o teor de Ni deve ser elevado para evitar a formação da ferrita, já que essa fase é favorecida pela elevação do teor de Cr. A presença da ferrita não é desejável, já que pode diminuir a resistência à corrosão e prejudicar as propriedades mecânicas. Na Tabela 9.4 está descrita a composição de alguns dos principais aços inoxidáveis austeníticos.

A resistência mecânica, expressa em termos de tensão de escoamento e limite de resistência à tração, e a dureza dos aços inoxidáveis austeníticos, variam significativamente com a composição, mas, de uma maneira geral, são inferiores à dos aços inoxidáveis martensíticos e duplex, e próximas a dos aços inoxidáveis ferríticos. Na Tabela 9.5 estão representadas as propriedades mecânicas de algumas das principais ligas de aço inoxidável austenítico.

Tabela 9.4. Composições típicas de alguns dos principais aços inoxidáveis austeníticos (em %p)

Liga	Cr%	C%	Ni%	Mo%	P%	Si%	S%	Mn%	N%
304	18 a 20	0,08	8 a 10	-	0,05	1,0	0,03	2,0	-
304L	18 a 20	0,03	8 a 12	-	0,05	1,0	0,03	2,0	-
304LN	18,5	0,02-0,03	8,5	0,3		0,5		1,5	0,12
316	16 a 18	0,08	10 a 14	2 a 3	0,05	1,0	0,03	2,0	-
316L	16 a 18	0,03	10 a 14	2 a 3	0,05	1,0	0,03	2,0	
316LN	17,5	0,02-0,03	10,5	2,1		0,8		1,5	0,12
310	24 a 26	0,08	19 a 22	-	0,05	1,5	0,03	2,0	-
317	18 a 20	0,08	11 a 15	3 a 4	0,05	1,0	0,03	2,0	-
317L	18 a 20	0,03	11 a 15	3 a 4	0,05	1,0	0,03	2,0	-
317LMN	18 a 20	0,03	13,5 a 17,5	4 a 5	0,05	0,75	0,03	2,0	0,1 a 0,2
645 SMO	24 a 25	0,02	21 a 23	7 a 8	0,03	0,5	0,005	2-4	0,45 a 0,55
AL-6XN	20 a 22	0,03	23,5 a 25,5	6 a 7	0,04	1,0	0,03	2,0	0,18 a 0,25
925 hMO	19 a 21	0,02	24 a 26	6 a 7	0,45	0,5	0,03	1,0	0,10 a 0,29

Tabela 9.5. Propriedades mecânicas de aços inoxidáveis austeníticos[59]

Liga	Limite de resistência à tração (MPa)	Tensão de escoamento (MPa)	Ductilidade (%AL)	Dureza Rockwell B
304	579	290	55	80
304L	558	269	55	79
304LN	594	300	60	85
316	579	290	50	79
316L	517	220	50	79
316LN	573	279	52	80
310	655	310	45	85
317	620	276	45	85
317L	593	262	55	85
317LMN	662	373	49	88

Na Tabela 9.5 observa-se que mesmo nas ligas que apresentam um menor valor de ductilidade (expressa em termos de porcentagem de alongamento), essa propriedade é ainda significativamente superior à dos aços carbono (o aço 1010, que é o aço carbono mais dúctil, apresenta uma ductilidade em torno de 28%). Ainda analisando a Tabela 9.4, observa-se que as ligas que apresentam maior resistência mecânica são as ligas que contêm um maior teor de carbono ou aquelas ligas que contêm nitrogênio.

As ligas 304 e 316, que são as ligas de aço inoxidável geralmente utilizadas nas estruturas de concreto armado, apresentam propriedades mecânicas similares. A resistência mecânica dessas ligas é aumentada sem comprometer a ductilidade, quando é adicionado o N (ligas 304N e 316N), e diminui nas ligas tipo L (304L e 316L), devido ao menor teor de C.

Entre as ligas de aço carbono mais utilizadas no Brasil como vergalhões em estruturas de concreto armado estão as ligas CA-25 e CA-50, que apresentam tensões de escoamento iguais a 250 MPa e 500 MPa, respectivamente. Comparando-se as propriedades mecânicas dessas ligas de aço carbono com as ligas 304 e 316, constata-se que as ligas de aço inoxidável apresentam ductilidade e tenacidade superiores às das ligas de aço carbono, o que implica maior resistência ao impacto das ligas austeníticas. Já em relação à resistência mecânica, as ligas 304 e 316 apresentam uma tensão de escoamento superior à da liga CA-25, mas inferior à da liga CA-50.

b) Resistência à corrosão.

De uma maneira geral, os aços inoxidáveis austeníticos apresentam uma elevada resistência à corrosão em vários meios agressivos, e devido à presença de um elevado teor de Ni e da presença do nitrogênio em várias ligas austeníticas, tanto a resistência à corrosão generalizada quanto a corrosão por pite são geralmente superiores às das ligas dos aços inoxidáveis ferrítico e martensítico. Inclusive, a elevada resistência à corrosão em diversos meios, juntamente com a maior facilidade de processamento, têm justificado a ampla utilização dessas ligas, apesar de a presença do níquel elevar significativamente o seu custo.

A presença do níquel, no entanto, não impede a ocorrência da corrosão localizada por pite nos aços inoxidáveis austeníticos. Nos ambientes nos quais podem ocorrer a corrosão por pite, como nos meios que contêm cloreto, são utilizadas ligas que contêm molibdênio, principalmente as ligas 316 e 317. Entretanto, mesmo essas ligas não são imunes à corrosão por pite; em algumas aplicações, como a que ocorre com componentes de planta de dessalinização instalados no golfo Pérsico, para que a liga apresente uma vida útil adequada, são utilizadas ligas com elevados teores de Ni e Mo (geralmente um teor de Mo superior a 4%), conhecidas como ligas de aço inoxidável superaustenítico. As ligas AL-6XN, 925 hMO e 645 SMO, cujas composições estão descritas na Tabela 9.3, são exemplos de ligas de aço inoxidável superaustenítico. No entanto, a presença do Mo eleva significativamente o custo da liga; as ligas contendo esse elemento geralmente só são utilizadas em ambientes que possam causar a corrosão por pite.

Apesar de resistir à corrosão em diversos meios, o aço inoxidável austenítico é altamente susceptível à corrosão sob tensão em ambientes contendo cloreto. Essa corrosão se manifesta através de trincas transgranulares (trincas que ocorrem por meio dos grãos), e depende do teor de níquel presente na liga. A corrosão sob tensão é mais intensa para teores de Ni entre 8 e 10%, diminuindo à medida que o teor de Ni se afasta dessa faixa. Contudo, mesmo as ligas 316 e 317, que apresentam teor de Ni mais elevado, são susceptíveis à corrosão sob tensão em meios contendo cloreto. Nessas condições, é aconselhável que os aços inoxidáveis austeníticos recebam uma proteção adicional por meio de um revestimento protetor ou sejam substituídos por outras ligas metálicas, como as ligas de aço inoxidável duplex. A presença do nitrogênio também eleva significativamente a resistência à corrosão por pites da liga, sendo que o limite de solubilidade do nitrogênio da liga é maior quando a liga contém teores mais elevados de manganês, como ocorre com a liga super austenítica 645 SMO.

Em relação aos danos causados pela corrosão, é também importante levar em consideração a possibilidade de a liga de aço inoxidável austenítico sofrer corrosão intergranular. Esse tipo de corrosão, conhecido também como sensitização, é caracterizado por uma elevada taxa de corrosão na região em volta do contorno de grãos e ocorre quando a liga é submetida a uma temperatura entre 450 e 870°C, durante um tempo suficiente para formar carbonetos de $Cr_{23}C_6$. Esses precipitados, ricos em Cr, são formados principalmente no contorno de grãos, o que resulta no empobrecimento do cromo na região em torno desses precipitados. Como consequência desse empobrecimento de cromo, o filme passivo protetor não é formado na região do contorno de grãos, ocorrendo, assim, uma intensa corrosão nessa região. A Figura 9.10 apresenta um esquema da corrosão intergranular.

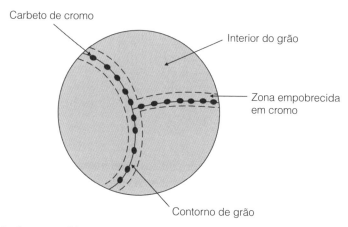

Figura 9.10. Representação esquemática da corrosão intergranular.

A armadura na estrutura de concreto geralmente não é submetida às condições de temperatura que podem causar a corrosão intergranular. No entanto, se a armadura de aço inoxidável austenítico for submetida a um processo de soldagem, durante o resfriamento ao ar, ocorrerão, na junta soldada, as condições necessárias para a formação do carboneto de cromo, ocorrendo, assim, a corrosão intergranular. Uma medida a ser adotada para evitar que o processo de soldagem cause a corrosão intergranular na junta soldada é utilizar uma liga do tipo L (304L ou 316L), que são ligas que apresentam um baixo teor de carbono (0,03%), insuficiente para formar os carbonetos de cromo, evitando-se, dessa forma, a ocorrência da corrosão intergranular. Essas ligas, todavia, por apresentarem um custo superior, só devem ser utilizadas nas armaduras submetidas ao processo de soldagem.

9.4.3.3. Características gerais dos aços inoxidáveis duplex

a) Composição e microestrutura e propriedades mecânicas

As ligas de aço inoxidável duplex são ligas ferrosas à base de Cr-Ni-Mo, contendo os elementos intersticiais carbono e nitrogênio. Algumas ligas podem conter outros elementos de liga, como Cu, Ti e W. A composição da liga deve ser adequadamente balanceada para que a ferrita e a austenita sejam formadas nas quantidades desejadas. O teor de níquel, geralmente entre 3,5 e 8%, deve ser elevado o suficiente para permitir a presença da austenita, mas, entretanto, é inferior ao encontrado na liga de aço inoxidável austenítico, para possibilitar que a ferrita também seja formada na quantidade adequada. O menor teor de Ni do aço inoxidável duplex representa uma vantagem importante dessas ligas em relação às ligas inoxidáveis austeníticas devido ao elevado custo do Ni. Na Tabela 9.6 estão descritas as composições típicas de algumas das principais ligas de aço inoxidável duplex.

Os aços inoxidáveis duplex são ligas de aço inoxidável que apresentam uma estrutura de ferrita e austenita, com uma concentração volumétrica de ferrita de 30 a 70%. Nas ligas comerciais, a concentração volumétrica da ferrita é geralmente em torno de 50%, pois nessa condição a liga apresenta um melhor desempenho em relação às suas propriedades. Em relação à distribuição dessas fases, as ligas de aço inoxidável duplex apresentam uma matriz constituída pela ferrita, enquanto a austenita é uma fase descontínua com morfologia alongada, distribuída uniformemente ao longo da matriz ferrítica. A Figura 9.11 apresenta a microestrutura típica de uma liga de aço inoxidável duplex.

Tabela 9.6. Composições típicas de alguns dos principais aços inoxidáveis duplex (em %p)

AISI	Cr%	C%	Ni%	Mo%	P%	Si%	S%	Mn%	N%
2205	21 a 23	0,03	4,5 a 6,5	2,5 a 3,5	0,03	1,0	0,02	2,0	0,08 a 0,2
Ferralium 255	24 a 27	0,04	4,5 a 6,5	3 a 4	0,04	1,0	0,03	1,5	0,1 a 0,25
Uranus 35N+	24 a 26	0,03	5,5 a 8,0	3 a 5	0,035	0,8	0,02	1,5	0,2 a 0,35
Uranus 52N+	24 a 26	0,03	5,5 a 8,0	3 a 5	0,03	0,8	0,02	1,5	0,2-0,35
SAF 2507	24 a 26	0,03	6 a 8	3 a 5	0,03	0,8	0,02	1,5	0,24 a 0,32
DP-3W	24 a 26	0,03	6 a 8	2,5 a 3,5	0,03	0,8	0,03	1,0	0,24-0,32
2304	21,5 a 24,5	0,03	3 a 5,5	0,26	0,04	1,0	0,04	2,5	0,153
2001	20,0	0,025	1,78	0,238		0,68	0,001	4,14	0,124

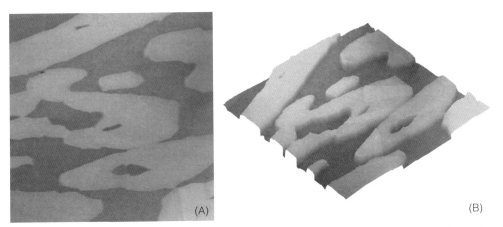

(A)   (B)

Figura 9.11. Imagens topográficas obtidas por meio de microscopia de força atômica de uma liga de aço inoxidável duplex (Fe-22,6%Cr-5,38%Ni-0,024%C-1,57%Mn-0,35%Si-0,013%P-0,008%S-2,58%Mo-0,13%N), após sofrer ataque químico em solução de ácido oxálico. A e B se referem, respectivamente, à imagem em duas dimensões e à imagem em três dimensões. A fase escura se refere à ferrita e a fase clara se refere à austenita[60].

Quando o aço inoxidável duplex é submetido a uma temperatura entre 300 e 1.300°C, podem-se formar as chamadas fases fragilizantes, que diminuem significativamente a resistência ao impacto da liga, além de afetarem negativamente a resistência à corrosão da liga. As principais fases fragilizantes são as fases sigma (σ), fase Chi (χ), carbonetos e nitretos, que ocorrem entre 550 a 1.300°C, e as fases α' e G, que ocorrem entre 300 e 550°C.

A possibilidade de ocorrerem as fases fragilizantes limita, portanto, a aplicação das ligas de aço inoxidável duplex a uma temperatura inferior a 300°C; por precaução, é aconselhável que essas ligas sejam utilizadas em temperaturas de, no máximo, 250°C.

A fase sigma, que entre as fases fragilizantes é a que demanda um menor tempo para ocorrer, pode ser formada em uma armadura de aço inoxidável duplex durante o processo de soldagem, já que, durante esse processo, a armadura é exposta a uma faixa de temperatura na qual essa fase pode precipitar. As ligas superduplex são mais susceptíveis à ocorrência da fase sigma no processo de soldagem devido ao teor mais elevado de Mo e Cr dessas ligas.

O processo de soldagem, além da formação da fase sigma, pode causar outras alterações na microestrutura que podem prejudicar as propriedades da junta soldada, tais como: formação de carbonetos e nitretos, formação de uma concentração volumétrica de austenita abaixo da concentração adequada e um aumento significativo do tamanho médio dos grãos da ferrita.

A energia de soldagem apresenta um efeito importante nas propriedades da junta soldada, pois ela afeta a taxa de resfriamento após a soldagem. Uma energia de soldagem mais elevada favorece um resfriamento mais lento, o que torna a liga mais susceptível à ocorrência das fases fragilizantes, além de promover o crescimento dos grãos. Já a utilização de uma energia de soldagem mais baixa favorece a ocorrência de um resfriamento mais rápido, que leva a uma menor presença da austenita. Portanto, a energia de soldagem a ser utilizada na soldagem do aço inoxidável duplex deve apresentar um valor ótimo.

Para a soldagem do aço inoxidável duplex é recomendada uma energia de soldagem entre 1,2 e 2,5 kJ/mm[61]. Já para as ligas de superduplex, que são mais susceptíveis à ocorrência das fases fragilizantes, a energia de soldagem deve ser de, no máximo, 1,5 kJ/mm.

A microestrutura das ligas de aço inoxidável duplex proporciona um bom desempenho em relação às propriedades mecânicas. Devido à precipitação da austenita nos contornos de grãos da ferrita, durante o resfriamento, essas ligas, quando processadas adequadamente, apresentam um tamanho médio de grãos muito pequeno, entre 1 e 10 μm[59], o que favorece as propriedades mecânicas. Na Tabela 9.7 estão descritas as propriedades mecânicas de algumas ligas de aço inoxidável duplex.

Tabela 9.7. Propriedades mecânicas de ligas de aço inoxidável duplex[59]

Liga	Limite de resistência à tração (MPa)	Tensão de escoamento (MPa)	Ductilidade (% AL)	Dureza Rockwell B
Ferralium 255	869	676	30	B100
2205	760	520	27	-
SAF 2507	800	550	25	C28
DP-3W	862	568	42	C25
2304	600	400	25	B97

A ductilidade do aço inoxidável duplex é inferior à das ligas de aço inoxidável austenítico, no entanto, é relativamente elevada, apresentando a maioria das ligas duplex uma ductilidade e tenacidade superiores às ligas de aço comum. Uma grande vantagem das ligas de aço inoxidável duplex sobre as ligas austeníticas é que as ligas duplex apresentam uma resistência mecânica e uma dureza geralmente superiores.

Comparando a tensão de escoamento das ligas de aço inoxidável que são utilizadas nas estruturas de concreto armado, observa-se por meio das Tabelas 9.5 e 9.7 que as ligas 304 e 316 apresentam tensões de escoamento significativamente inferiores à da liga duplex 2205.

Em relação à temperatura, é recomendado que as ligas de aço inoxidável duplex sejam utilizadas em uma temperatura dentro da faixa compreendida entre -50 e 250°C. A elevada resistência à temperatura de transição dúctil-frágil permite que as ligas duplex sejam utilizadas em temperaturas relativamente baixas. Já a utilização até a temperatura de 250°C é recomendada para garantir que não venha ocorrer a precipitação das fases fragilizantes, que prejudicam significativamente as propriedades do aço inoxidável duplex.

Capítulo 9   Métodos de proteção e aumento da durabilidade do concreto armado

b) Resistência à corrosão

Devido à sua microestrutura e à presença conjunta de Cr, Mo, Ni e N, as ligas de aço inoxidável duplex apresentam de uma maneira geral uma resistência à corrosão superior à das demais ligas de aço inoxidável em diversos meios corrosivos. Devido à presença da ferrita em uma concentração volumétrica superior a 25%, o aço inoxidável duplex, diferentemente do aço inoxidável austenítico, apresenta uma elevada resistência à corrosão sob tensão. Em diversas aplicações nas quais a liga será submetida à corrosão sob tensão, principalmente em meios contendo cloreto, o aço inoxidável austenítico tem sido substituído pelo duplex.

A resistência à corrosão por pite do aço inoxidável duplex varia significativamente com a composição da liga, no entanto, as ligas de aço duplex geralmente apresentam uma resistência à corrosão por pite superior à das ligas de aço inoxidável austenítico, que possuem um custo semelhante[62].

Outra vantagem das ligas inoxidáveis duplex é que durante a soldagem dessas ligas, diferentemente das ligas austeníticas, em geral não ocorre a corrosão intergranular. Nessas ligas, o precipitado $Cr_{23}C_6$, que causa a corrosão intergranular nas ligas austeníticas, ocorre na interface ferrita/austenita. A região empobrecida de Cr que ocorre no lado da austenita é bastante estreita, possibilitando, assim, que ela seja facilmente eliminada devido à redifusão do Cr do precipitado para essa região. Já na região do lado da ferrita o empobrecimento de Cr não alcança o nível suficiente para causar a corrosão intergranular[59]. O precipitado $Cr_{23}C_6$ pode ocorrer também no contorno de grão da austenita, no entanto, devido ao baixo conteúdo de carbono das ligas duplex, geralmente igual ou inferior a 003%p, a presença desses precipitados não é suficiente para causar a corrosão intergranular.

9.4.3.4. Desempenho das ligas de aço inoxidável como armadura em estruturas de concreto armado

Um critério geralmente utilizado para analisar o desempenho do aço inoxidável utilizado como armadura em uma estrutura de concreto armado é baseado na resistência mecânica da liga, na concentração limite de cloretos para a formação do pite estável e na taxa de corrosão da liga quando embutida no concreto.

A resistência mecânica da liga é um fator importante na relação custo benefício da armadura, pois um limite de tensão de escoamento mais elevado implica a utilização de uma menor quantidade de material.

A taxa de corrosão da armadura apresenta um efeito importante na durabilidade da cobertura de concreto, visto que uma menor taxa de corrosão implica menor volume de produtos de corrosão na barra de reforço e, consequentemente, menor pressão sobre a cobertura de concreto, elevando, assim, o tempo necessário para ocorrer a sua ruptura. Tem-se constatado[63] que uma barra de aço carbono inserida em um concreto contaminado com cloreto apresenta uma taxa de corrosão entre 11 e 23 μm/ano (0,46 a 0,91 mpy), enquanto uma barra de aço inoxidável apresenta uma taxa de corrosão significativamente menor, em torno 0,05 μm/ano (0,002 mpy)[64].

A concentração mínima de cloretos necessária para a formação do pite, expressa geralmente em porcentagem de massa por cimento ou em massa de cloreto por volume, é um parâmetro normalmente utilizado para avaliar o comportamento em relação à corrosão de uma barra de aço inoxidável na estrutura de concreto armado. Ao passo que uma concentração de cloretos em torno de 0,4% em relação à massa de cimento no concreto alcalino é suficiente para causar a formação do pite em uma liga de aço carbono, nas ligas de aço inoxidável a concentração mínima de cloreto varia geralmente entre 2,5 e 8%[65,66]. Na Tabela 9.8 estão representados valores da concentração mínima de cloretos necessária para a formação do pite, expressa em massa de cloreto por volume de uma liga de aço carbono e de ligas inoxidáveis austeníticas.

Tabela 9.8. Concentração mínima de cloretos para a formação do pite em liga de aço carbono e para as ligas inoxidáveis austeníticas 304 e 316[64]

Liga	Concentração crítica de cloreto
Aço carbono	0,74 kg Cl/m³ (1,25 lb Cl/yd³)
Aço inox 304	Em torno de 11 kg Cl/m³ (19 lb Cl/yd³)
Aço inox 316	Em torno de 18 kg Cl/m³ (31lb Cl/yd³)

A elevada concentração limite de cloretos para ocorrer a formação do pite, presente em algumas ligas de aço inoxidável, pode superar a concentração de cloreto atingida em torno de estruturas de concreto armado de regiões costeiras, como ocorre em pontes localizadas no estado americano de Oregon[54].

Geralmente a determinação da concentração mínima de cloretos necessária para a formação do pite é realizada com uma barra embutida no concreto. No entanto, há estudos sobre a avaliação da resistência à corrosão por pite de aços inoxidáveis na estrutura de concreto armado, em que a liga é imersa em uma solução que simula a solução existente nos poros do concreto na presença de cloreto. Nesses ensaios, a resistência à corrosão por pite da liga é geralmente avaliada pela determinação do potencial de pite, obtido por meio de polarização potenciodinâmica ou polarização potenciostática. A determinação do potencial de pite é um método mais rápido e permite fazer uma avaliação preliminar do desempenho do material analisado. Entretanto, não permite determinar o teor mínimo de cloreto no concreto necessário para ocorrer o pite estável, já que não é possível fazer uma correlação entre a concentração de cloretos em solução e a concentração do cloreto no concreto. Além do mais, na obtenção do potencial de pite não são levadas em consideração as condições reais da barra embutida no concreto, como a concentração do oxigênio na superfície da barra e a interface barra/concreto[54,66].

Como exemplo da discrepância entre os resultados obtidos através da liga imersa em solução e da liga embutida no concreto pode ser citada a pesquisa de BERTOLINI e GASTALDI[66], que compararam a resistência à corrosão por pite de uma liga inoxidável austenítica 304LN com a de uma liga duplex 14362 (Fe-23,13Cr-4,49Ni-0,25Mo-0,137N-0,024C). De acordo com os resultados obtidos por meio dos ensaios realizados com as amostras imersas em solução que envolveram a determinação do potencial de pite, foi constatado que a liga 304 apresenta uma resistência à corrosão por pite semelhante à da liga duplex. Contudo, nos ensaios obtidos com a amostra embutida no concreto, foi constatado que, para a liga 304, o teor mínimo de cloretos necessário para a formação do pite (8%, em relação à massa de cimento) é significativamente superior ao da liga duplex (3%, em relação à massa de cimento).

A utilização do número equivalente de resistência ao pite (PREN) para avaliar a resistência à corrosão por pite das ligas de aço inoxidável é comum nos meios ácido e neutro; no entanto, em meio alcalino a utilização desse parâmetro pode não ser adequada. Tem-se constatado[66,67] que ligas de aço inoxidável com PREN similar apresentam diferentes concentrações limites de cloreto para a ocorrência do pite no concreto alcalino, sendo esse comportamento atribuído a um efeito significativo da presença do Ni na elevação da resistência à corrosão por pite, já que no cálculo do PREN não é levada em consideração a presença desse elemento.

Capítulo 9   Métodos de proteção e aumento da durabilidade do concreto armado

A concentração limite de cloreto para a formação do pite, porém, é afetada por vários fatores os quais estão relacionados com camada de concreto, acabamento superficial, composição, potencial de corrosão e microestrutura do aço, composição da interface aço/concreto, pH da solução nos poros do concreto e temperatura ambiente. Portanto, devido ao fato de a concentração limite de cloreto depender de vários fatores, esse parâmetro deve ser utilizado como um fator comparativo do desempenho das armaduras metálicas, tomando-se o cuidado de que a sua obtenção ocorra nas mesmas condições.

O potencial de corrosão da armadura, o qual afeta a concentração limite de cloreto para a formação do pite, varia com o acesso do oxigênio à armadura, o qual, por sua vez, é influenciado pelo recobrimento de concreto[66]. Entre os fatores que reduzem a concentração limite de cloreto para a formação do pite pode ser citado o acabamento superficial deficiente da armadura de aço que resulta em uma superfície irregular, a elevação da temperatura, a diminuição do pH da solução contida nos poros do concreto e a presença de escamas ou rebarbas causadas pela soldagem. Na presença de escamas de soldagem, o teor crítico de cloretos para armaduras de aço inoxidável austenítico diminui do valor usual entre 5 e 8% (em massa de cimento) para um teor em torno de 3,5% (em massa de cimento)[65].

Em relação ao efeito do pH da solução no interior dos poros do concreto foi constatado[65] que para uma armadura de aço inoxidável austenitico 316, inserida no concreto carbonatado, com um pH em torno de 9, a concentração crítica de cloretos para formar o pite variou entre 3 e 3,5% em relação à massa de cimento ao passo que na situação na qual a armadura foi inserida no concreto alcalino com pH em torno de 13, a concentração critica variou entre 6,5 e 6,8% da massa de cimento. Em relação ao efeito da temperatura, foi constatado[67] que, enquanto na temperatura de 20°C a liga 316LN apresenta uma concentração crítica de cloretos de 8% da massa de cimento, essa concentração passa a ser de 5 a 8% na faixa de temperatura entre 40 e 50°C, e reduz para valores entre 3 e 5% na temperatura de 60°C.

Como citado anteriormente, as ligas de aço inoxidável austenítico 316 e 304 e a liga de aço inoxidável duplex 2205 são as ligas inoxidáveis mais utilizadas nas estruturas de concreto armado construídas mais recentemente. Para diminuir o custo das ligas inoxidáveis usadas como reforço nas estruturas de concreto armado em ambiente marinho, tem-se analisado o desempenho de ligas inoxidáveis duplex com baixo teor de níquel[66,67] nessas aplicações. No entanto, as informações disponíveis atualmente não permitem selecionar, com segurança, a liga de aço inoxidável comercial que apresenta uma melhor relação custo-benefício para ser utilizada em uma estrutura de concreto armado. Esse fato decorre, principalmente, do tempo relativamente curto de utilização das ligas de aço inoxidável nas estruturas de concreto armado, o que não permite avaliar o comportamento dessas ligas nas condições reais durante longos períodos de tempo. Vários trabalhos publicados na literatura têm procurado reproduzir as condições reais existentes no concreto em contato com a armadura. No entanto, além do número desses trabalhos ser relativamente pequeno, alguns desses trabalhos analisam o desempenho das ligas inoxidáveis baseado apenas na determinação do potencial de pite em uma solução que simula a solução presente nos poros do concreto, o que, como descrito anteriormente, apresenta sérias limitações que podem comprometer os resultados obtidos.

A liga austenítica 304 apresenta um custo inferior ao das ligas 316 e 2205; entretanto, estudos realizados por meio de impedância eletroquímica[68] e de curvas polarização[69], em solução que simula a solução presente nos poros do concreto contendo cloreto, têm constatado que essa liga apresenta uma resistência à corrosão significativamente inferior ao das ligas 316 e 2205. Além disso, como pode ser observado pela Tabela 9.8, a concentração crítica de cloreto para a formação do pite é significativamente inferior ao da liga 316. Essa menor resistência à corrosão por pite da liga 304 é devida, principalmente, à ausência de Mo nessa liga.

A liga inoxidável duplex 2205 apresenta um custo inferior ao da liga austenítica 316 principalmente devido ao menor teor de Ni, além de uma resistência mecânica superior à da liga austenítica, como pode ser observado pelas Tabelas 9.5 e 9.7. Em relação à resistência à corrosão foi constatado, por meio de impedância eletroquímica, que a liga 316 apresenta uma resistência à corrosão superior à da liga 2205, estando as ligas, na forma de barras enrugadas, embutidas em blocos de concreto imerso em solução de NaCl[68]. Contudo, em um outro trabalho[70], no qual as barras foram embutidas em argamassa e analisadas durante nove anos, foi constatado que a liga 2205 apresenta um comportamento superior ao das ligas 316L e 316Ti, em relação à resistência à corrosão. Nesse estudo, o comportamento eletroquímico das amostras foi analisado por meio de impedância eletroquímica e da determinação do potencial de corrosão, sendo as amostras submetidas às diferentes condições: imersão parcial em solução contendo 3,5% de NaCl e adição de cloreto na argamassa, com exposição a uma elevada umidade relativa do ar.

No entanto, para selecionar adequadamente a liga inoxidável a ser utilizada na estrutura de concreto no ambiente marinho são necessárias mais informações, como conhecer os valores limites de concentração de cloreto para a formação do pite estável das ligas 316 e 2205 nas condições nas quais essas ligas serão aplicadas. Além do mais, deve-se, também, levar em consideração o fato de que tensão limite de escoamento da liga 2205 é significativamente superior à da liga 316LN (520 MPa da liga duplex e 279MPa da liga austenítica), o que implica a utilização de menor quantidade da liga duplex.

Com o objetivo de diminuir o custo da utilização do aço inoxidável na estrutura do concreto armado em ambiente marinho, estudos[66,67] têm sido realizados no intuito de avaliar o desempenho em relação à corrosão por pite de ligas inoxidáveis duplex com baixo teor de Ni em comparação ao desempenho de ligas inoxidáveis austeníticas 304 e 316. De acordo com esses estudos, enquanto para as ligas 304 e 316 não ocorreu a formação do pite para um teor de cloretos inferior a 8%, em relação à massa de cimento, nas ligas duplex 14162 (Fe-22,07Cr-1,18Ni-4,14Mn-0,02Mo-0,212N-0,040C) e 14362 (Fe-23,13Cr-4,49Ni-1,46Mn-0,25Mo-0,137N-0,024C) as concentrações mínimas de cloreto para a formação do pite foram, respectivamente, iguais a 2,5 e 3%, em relação à massa de cimento. Esses resultados são atribuídos, principalmente, ao teor mais elevado de Ni nas ligas austeníticas e ao maior teor de Mn nas ligas duplex, sobretudo, na liga 14362. Diferentemente do que ocorre em soluções ácida e neutra, o Ni tem um efeito significativo na elevação da resistência à corrosão por pite em solução alcalina, enquanto a elevação do teor de Mn diminui a resistência à corrosão por pite.

9.4.4. Armaduras poliméricas reforçadas com fibras

A utilização de armadura polimérica reforçada com fibras (PRF) em uma estrutura de concreto armado eleva significativamente a resistência à compressão, à ductilidade e à capacidade de absorção de energia, quando comparadas com as estruturas de concreto sem armadura.

Quando utilizada em uma estrutura de concreto, a armadura PRF apresenta vantagens importantes em relação à armadura de aço. A PRF, ao contrário da armadura de aço, não está sujeita à ação corrosiva dos íons cloreto e à corrosão pelo processo de descarbonatação do concreto, sendo, portanto, uma alternativa para ambientes corrosivos. Além dessa vantagem, a armadura PRF apresenta também outras vantagens importantes em relação à armadura de aço, como uma maior resistência mecânica específica (relação entre a resistência mecânica e a densidade do material), uma maior facilidade de manuseio, devido ao menor peso da armadura PRF, uma elevada resistência à fadiga e neutralidade eletromagnética.

Capítulo 9   Métodos de proteção e aumento da durabilidade do concreto armado

A armadura PRF utilizada na estrutura de concreto é um compósito geralmente obtido por meio do processo de pultrusão; a matriz polimérica é geralmente de poliéster isoftálico, vinil éster ou resina epóxi. As fibras são normalmente de vidro ou de carbono, ocupando uma fração volumétrica de 60 a 80%.

Os constituintes do compósito PRF apresentam propriedades complementares, o que faz com que esse compósito apresente um conjunto de propriedades adequadas para várias aplicações. A fibra tem uma elevada resistência mecânica, baixa ductilidade e uma elevada vulnerabilidade à degradação (no caso da fibra de vidro). Já a matriz polimérica envolve a fibra de vidro, protegendo-a contra a degradação causada pelo ambiente, além de apresentar uma maior ductilidade, possibilitando, por exemplo, que o compósito apresente uma maior capacidade de se deformar sob flexão.

O compósito polimérico reforçado com fibras de vidro (PRFV) apresenta a um custo significativamente menor além de uma maior ductilidade, enquanto o compósito polimérico reforçado com fibras de carbono (PRFC) tem uma resistência mecânica e rigidez superior à do compósito com fibra de vidro. Compósitos com matriz polimérica contendo fibras de carbono e de vidro, conhecidos como compósitos híbridos, apresentam elevada resistência mecânica e um custo inferior aos compósitos constituídos apenas por fibras de carbono. Tem sido constatado que vigas de concreto contendo compósitos poliméricos híbridos como armadura apresentam uma resistência mecânica 114% maior em relação às vigas sem armadura, não ocorrendo uma redução significativa da ductilidade[71].

Na Tabela 9.9 estão representados dados referentes às propriedades mecânicas de compósitos com matriz polimérica reforçada com fibras. Observa-se nessa tabela que mesmo o compósito com fibras de vidro apresenta uma resistência mecânica superior à das ligas de aço A36 e A656. A liga A36 é um aço comum ao carbono com baixo teor de carbono, que apresenta uma resistência mecânica próxima à da liga CA-25. Já a liga A656 é um aço de alta resistência e baixa liga, que possui uma resistência mecânica próxima à do aço CA-50.

Tabela 9.9. Propriedades mecânicas de compósitos PRF e de ligas de aço

Material	Limite de resistência à tração (MPa)	Tensão de escoamento (MPa)
Aço A36[72]	220 a 250	400-500
Aço A656 Classe 1[72]	655	260
Compósito epóxi/fibra de vidro (60% de fração volumétrica de fibra)[73]	788	-
Compósito epóxi/fibra de carbono (62% de fração volumétrica de fibra)[73]	1.921	-

As ligas CA-25 e CA-50 são aços utilizados como armadura do concreto e apresentam uma tensão de escoamento, respectivamente, de 250 e 500 MPa. Assim, observa-se que os compósitos poliméricos reforçados com fibras apresentam uma resistência mecânica superior à dos aços tradicionalmente utilizados como armadura. No entanto, deve-se destacar que os valores descritos na Tabela 9.9 se referem às trações longitudinais; para as outras direções, principalmente na direção transversal, a resistência à tração diminui significativamente.

A combinação das propriedades do concreto com as da armadura PRF torna a estrutura de concreto contendo essa armadura adequada para ser utilizada em várias aplicações. A camada de concreto, além de colaborar com a elevação da resistência à compressão e de reduzir o custo total da estrutura, estabiliza a armadura PRF. Já a presença dessa armadura fornece a resistência à tração necessária e colabora com a redução do seu peso.

Embora o interesse pela utilização de estruturas de concreto reforçadas com armadura PRF seja recente no Brasil, há vários exemplos de aplicações dessa estrutura nos Estados Unidos, Europa e Ásia. Estruturas de concreto reforçadas com armaduras PRF são usadas no fortalecimento de colunas, no reparo de estruturas danificadas pela corrosão, em adaptações sísmicas e em lajes de passarelas. A substituição de componentes deteriorados de pontes e passarelas por componentes de concreto com armadura PRF apresenta uma vantagem importante, pois reduz o tempo gasto com a operação de reparo, devido à maior facilidade de manuseio dessa estrutura, que apresenta um menor peso.

A utilização da laje de concreto pré-moldado com armadura PRF é promissora em várias aplicações. Para essa aplicação é proposta uma laje constituída por uma cobertura de concreto de alto desempenho colocada sobre perfis poliméricos reforçados com fibra de vidro, sendo o espaço entre os perfis preenchido com blocos de espuma[74]. Resultados preliminares têm indicado ser promissora a utilização dessa laje em pisos de passarela, que utiliza compósito polimérico produzido no Brasil. No entanto, é necessário realizar ensaios complementares que possam comprovar o desempenho desse material.

A utilização da armadura polimérica reforçada com fibras em uma estrutura de concreto apresenta várias desvantagens importantes, sendo que, atualmente, um grande número de estudos vem sendo realizado com o objetivo de atenuar ou eliminar essas desvantagens. As principais desvantagens são: custo do material relativamente elevado principalmente em relação às fibras de carbono e a matriz de epóxi, incertezas em relação ao desempenho da estrutura em longo prazo, reduzida experiência em relação ao reparo e manutenção da estrutura, degradação das propriedades mecânicas da matriz polimérica e das fibras de vidro ao longo do tempo e o fato de a intensidade da ligação entre a matriz e a fibra ser inferior à da armadura de aço.

9.4.4.1. Degradabilidade do compósito PRF

A degradação das propriedades mecânicas da matriz polimérica e das fibras de vidro pode ocorrer quando a estrutura de concreto reforçada com a armadura PRF é exposta a condições ambientais adversas, tais como água do mar, ambiente de elevada alcalinidade ou sais de degelo. A presença de um meio alcalino e a retenção da umidade pelo concreto podem causar a degradação da armadura PRF, quando inserida na estrutura de concreto. A degradação nessas condições pode ocorrer tanto na matriz de epóxi quanto nas matrizes de poliéster e vinil éster.

A matriz de epóxi pode absorver de 1 a 7% de umidade, em peso, o que resulta no inchamento da matriz, isto é, as moléculas de água penetram entre as cadeias poliméricas causando a separação delas[75]. Como consequência do inchamento, diminui a intensidade das ligações entre as cadeias poliméricas, ocorrendo, assim, a deterioração das propriedades mecânicas da matriz. Com a penetração da umidade no interior da matriz de epóxi e a consequente elevação do volume, pode ocorrer a formação de microtrincas na matriz, o que colabora para a sua degradação.

Em relação às resinas de poliéster e vinil éster, constata-se que ocorre uma perda significativa da adesão entre a fibra de vidro e a matriz quando o compósito é exposto uma solução alcalina (pH 13,5) a 60°C causando, assim, a degradação das propriedades mecânicas do compósito[76]. A degradação das resinas de poliéster e vinil éster é também atribuída à hidrólise do grupo éster e à lixiviação de substâncias de baixo peso molecular. O processo de hidrólise é acelerado por rachaduras na matriz, causadas pela presença residual de glicol[77]. A matriz formada de vinil éster, por conter menos unidades de éster, é menos vulnerável à deterioração pelos íons hidroxilas em comparação com a matriz de poliéster. Esse fato explica a maior resistência à degradação de amostras poliméricas com matriz de vinil éter em relação às amostras poliméricas com matriz de poliéster.

A exposição à umidade e à elevada alcalinidade resultante da presença do concreto torna a fibra de vidro susceptível à degradação, com a perda da resistência mecânica e da tenacidade[78]. A ligação entre a fibra e a matriz em condições ambientais adversas também deve sofrer degradação com o tempo, o que afeta adversamente as propriedades mecânicas da armadura PRF[79].

Devido ao fato de a utilização da armadura PRF em estruturas de concreto ser recente, há escassez de informações sobre o efeito em longo prazo que a degradação dessa armadura causa nas propriedades mecânicas da estrutura.

Em um estudo envolvendo corpos de prova de concreto contendo armaduras PRF com matriz de vinil éter reforçada com fibras de vidro (fração volumétrica de 77,95%), estes foram submetidos a ensaios acelerados de imersão em solução salina, simulando a água do mar[80]. Nesse estudo foram realizados ensaios de tração nos corpos de prova antes e após a imersão em solução salina e, baseando-se na teoria de Arrhenius, foi estimada a diminuição da resistência mecânica em longo prazo devido à degradação da armadura. Estimou-se que, após um período de 100 anos, a resistência mecânica (limite de resistência a tração) da estrutura de concreto equivaleria a 70% do valor inicial a uma temperatura de 50°C, e a 77% do valor inicial a uma temperatura de 10°C.

9.4.4.2. Aderência entre a armadura PRF e o concreto

Um fator fundamental para a utilização da armadura PRF em uma estrutura de concreto está relacionado com a ligação entre a armadura e o concreto. Uma aderência deficiente resulta em uma transferência inadequada de carga entre a armadura e o concreto, o que compromete a utilização da armadura.

A ligação entre a armadura polimérica reforçada com fibra e o concreto depende de vários fatores, tais como o atrito devido à rugosidade da armadura, o intertravamento mecânico com o concreto, a adesão química, a pressão hidrostática na armadura devido ao encolhimento do concreto endurecido e a expansão da armadura devido à variação da temperatura e à absorção de umidade.

Para elevar a intensidade da ligação entre a armadura polimérica reforçada com fibra (APRF) e o concreto, a superfície da armadura é revestida com uma camada adesiva. A espessura desse revestimento, de acordo com norma ASTM A775, deve estar entre 130 e 300 µm. Antes de o recobrimento ser aplicado, a superfície da armadura deve ser lixada para remoção de resíduos que possam prejudicar a aderência do revestimento. O revestimento é aplicado logo após a resina ser misturada com o catalisador e, para acelerar o processo de cura, o revestimento deve ser aquecido.

Além do revestimento com a camada adesiva, outros tratamentos superficiais também são realizados para elevar a intensidade da ligação entre a armadura PRF e o concreto, como o recobrimento helicoidal com fibras e o recobrimento da armadura com areia. A areia é misturada com uma resina, geralmente de epóxi, e é aplicada sobre a superfície da armadura. O fortalecimento da ligação entre a armadura e o concreto é atribuído ao fato de o revestimento de areia elevar a adesão química ao concreto e apresentar forças mais intensas de atrito e de intertravamento com o concreto.

A adesão química do revestimento de areia com a superfície da armadura APRF está relacionada com o fato de a areia de sílica absorver uma quantidade significativa de Ca^{2+} e OH^-, causando, provavelmente, a formação de silicato hidratado[80].

Em relação às características do revestimento de areia sobre a superfície da armadura PRF, tem sido constatado que o desempenho do revestimento depende da granulometria da areia. Assim, um revestimento constituído por areia fina (partículas com diâmetro médio igual a 300 µm) é menos eficiente na elevação da intensidade da ligação da armadura com o concreto do que um revestimento constituído por partículas grosseiras (partículas com diâmetro médio de 1,2 mm)[81]. Esse comportamento é atribuído ao fato de que a utilização da areia grossa resulta em forças mais intensas de atrito e intertravamento com o concreto. Esse fator prevalece sobre o fato de a areia fina apresentar uma maior adesão química ao concreto, já que a areia superficial das partículas é maior.

A realização de um tratamento superficial na armadura PRF, com o intuito de elevar a força de ligação entre a armadura e o concreto, é essencial para que a estrutura tenha um desempenho adequado. No entanto, tem sido constatado que armaduras PRF, mesmo quando submetidas aos tipos mais comuns de tratamento superficial, apresentam uma força de ligação entre a armadura e o concreto inferior à força de ligação existente entre a armadura de aço e o concreto[82].

9.4.4.3. Geometria e resistência mecânica da estrutura de concreto

A forma geométrica da estrutura de concreto contendo armadura PRF influencia em suas propriedades mecânicas. As melhorias na resistência mecânica e na ductilidade causadas pela presença da armadura PRF são maiores em corpos de prova de concreto cilíndricos em relação aos corpos de prova com secção quadrada e prismática. Essa melhoria nas propriedades mecânicas é, também, mais pronunciada nos corpos de prova sólidos em relação aos corpos de prova ocos[83].

A resistência mecânica do concreto também influencia nas melhorias das propriedades mecânicas da estrutura devido ao efeito da armadura de PRF. Dessa forma, em uma estrutura de concreto com uma resistência à compressão de 28 MPa, o aumento da resistência à compressão com a presença da armadura de PRF foi de 95%, enquanto, em uma estrutura de concreto com uma resistência à compressão de 38 MPa, o aumento da resistência devido à presença da armadura de PRF foi de 64%[83].

9.5. Revestimento do concreto

O revestimento da superfície do concreto com uma cobertura aderente e impermeável é um dos métodos mais utilizados na proteção contra a corrosão da armadura, sendo esse método frequentemente utilizado no Brasil. Tem como objetivo evitar ou minimizar o ingresso de agentes que promovem a corrosão da armadura, como a água, os íons cloreto, o oxigênio e o gás carbônico (CO_2), através da camada de concreto.

Entre os materiais utilizados como revestimento da superfície do concreto estão as tintas orgânicas, tais como as tintas à base de resina epóxi, acrílica, poliuretana, vinílica, tintas asfálticas e betume. São também utilizadas coberturas impermeáveis de concreto de elevada densidade, além de argamassa polimérica de cimento Portland.

Antes de o revestimento ser aplicado, para que a camada tenha uma aderência adequada à superfície do concreto, é essencial que essa superfície esteja isenta de materiais que possam prejudicar essa aderência, tais como graxa, óleo, gordura, poeira etc. A limpeza da superfície do concreto é geralmente feita por meio de uma ação mecânica, como o lixamento e o jateamento. É importante também que a superfície de concreto que vai receber o revestimento seja polida, o que geralmente é feito pelo lixamento.

O polimento da superfície do concreto resulta em uma superfície mais uniforme, diminuindo, assim, a área através da qual a água é absorvida. A presença de uma superfície mais regular também eleva a velocidade de escorrimento da água, reduzindo, desse modo, o tempo de adsorção da água pelo concreto. Esses efeitos colaboram para diminuir a quantidade de água que penetra na camada de concreto, favorecendo, assim, a resistência à corrosão da armadura.

Em relação ao preparo da superfície de concreto que receberá a camada de revestimento, é também recomendado que antes de ser realizado o polimento, seja aplicada na superfície do concreto uma nata de cimento aditivada com um material polimérico como uma resina acrílica. O objetivo da aplicação dessa camada é obstruir os poros presentes na superfície do concreto, colaborando, portanto, para inibir o ingresso de água no concreto. Durante o lixamento, deve ser retirado o excedente da camada de cimento até atingir o concreto original.

9.5.1. Revestimentos orgânicos

O revestimento orgânico aplicado sobre a superfície do concreto armado é constituído principalmente por uma tinta à base de uma resina polimérica, termoplástica ou termorrígida, com uma espessura geralmente entre 100 e 300 μm.

A eficiência dos vários tipos de polímeros em inibir a penetração dos agentes corrosivos no concreto tem sido comprovada por meio de várias medidas experimentais. Tem-se reportado que em corpos de prova de concreto revestidos, tanto com um revestimento de acrílico quanto por um revestimento de poliuretano, a taxa de adsorção de água é reduzida para uma taxa em torno de 40 g/ m^2/h, enquanto para amostras não recobertas, a taxa de adsorção de água foi de 350 g/m^2/h[84]. Já a permeabilidade ao cloreto de corpos de prova de concreto revestidos com epóxi, poliuretano ou resina acrílica é em torno de um décimo dos corpos de prova de concreto sem revestimento[85].

Em um estudo no qual é comparado o desempenho de várias tintas comerciais utilizadas como revestimento de corpos de prova de concreto, constatou-se que o poliuretano e o epóxi apresentam um desempenho superior em relação à resina acrílica e à borracha clorada[85]. Os revestimentos de poliuretano e epóxi apresentam uma taxa de absorção de água e uma permeabilidade aos íons cloreto semelhantes, que, no entanto, é inferior aos revestimentos de acrílico e borracha clorada. Também foi constatado que os corpos de prova revestidos com poliuretano apresentam um menor coeficiente de difusão dos íons cloreto, seguido pelos corpos de prova revestidos com epóxi, resina acrílica e borracha clorada.

Uma menor taxa de difusão dos íons cloreto indica um menor tempo necessário para que esses íons atinjam uma concentração de 0,06% em relação à massa de concreto, que é a concentração mínima necessária para ocorrer a corrosão localizada na armadura. Assim, quanto menor for a taxa de difusão dos íons cloreto através do concreto, menor deve ser o tempo necessário para ocorrer a corrosão da armadura e menor deverá ser a espessura da camada de concreto necessária para proteger a armadura durante um determinado período de tempo. Portanto, a partir da taxa de difusão dos íons cloretos, é possível calcular esses parâmetros.

Na Tabela 9.10 é apresentado o tempo necessário para ocorrer a corrosão de uma armadura de aço envolvida por uma camada de 50 mm de concreto, na ausência e na presença de diferentes revestimentos orgânicos. Nessa tabela estão também representados os valores da espessura mínima que a camada de concreto deve ter para que a armadura de aço tenha uma vida útil de 50 anos.

Apesar da elevada dispersão dos dados, os resultados representados na Tabela 9.10 indicam que revestimentos orgânicos, principalmente os revestimentos de poliuretano, epóxi e resina acrílica, ao inibirem a difusão dos íons cloreto, podem retardar significativamente o início do processo corrosivo ou possibilitar a utilização de uma camada de concreto de menor espessura, o que implica menor consumo de concreto. Esses resultados indicam também que o revestimento de poliuretano apresenta um desempenho superior aos demais revestimentos em relação ao ambiente contendo íons cloreto.

No entanto, além da capacidade do revestimento em atuar como uma barreira em relação à penetração dos agentes corrosivos, é também importante que o revestimento apresente uma aderência

Tabela 9.10. Tempo necessário para ocorrer a corrosão da armadura revestida com uma camada de 50 mm de concreto e espessura mínima que a camada de concreto deve ter para que a armadura de aço tenha uma vida útil de 50 anos[85]

Revestimento	Tempo para início da corrosão (anos)	Espessura mínima da cobertura de concreto (mm)
Ausência de revestimento	1,08	119,5
Resina acrílica	5,94 a 9,96	27,8 a 37,5
Emulsão polimérica	1,29 a 2,47	62,8 a 96,1
Resina epóxi	2,7 a 7,99	28,4 a 60
Resina de poliuretano	11,3 a 29,59	9,4 a 19,5
Borracha clorada	2,17 a 2,47	62,8 a 67

adequada à superfície do concreto. Assim, ao analisar o desempenho do revestimento, é necessário que também seja levada em consideração a sua aderência ao concreto.

O revestimento pode perder significativamente a sua aderência à superfície do concreto e deixar de ser um método de proteção eficiente quando ocorre a penetração de umidade no concreto. Com a evaporação da umidade retida no concreto, se o revestimento for impermeável ao vapor, impedindo a sua saída, deverá sofrer uma pressão significativa do vapor, causando, dessa forma, o seu desprendimento da superfície do concreto.

A penetração da umidade na estrutura de concreto armado ocorre quando a estrutura não foi totalmente revestida ou quando ocorrerem danos ao revestimento que resultem na ocorrência de falhas. Portanto, quando a estrutura de concreto for sujeita a essas situações, que ocorrem com frequência, o revestimento deve inibir significativamente a entrada de água na estrutura, mas, por outro lado, deve permitir a saída do vapor de água a partir do concreto, evitando a situação esquematizada na Figura 9.12.

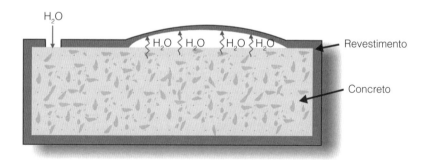

Figura 9.12. Penetração da umidade na estrutura de concreto armado e dificuldade em permitir a saída do vapor de água a partir de sua superfície, devido à presença do revestimento orgânico.

Revestimentos orgânicos como o epóxi e o poliuretano bloqueiam o ingresso dos agentes corrosivos no concreto, mas, no entanto, impedem a saída do vapor a partir do concreto, o que compromete a aderência do revestimento quando a estrutura é vulnerável à presença de umidade (Figura 9.12). Já o revestimento à base da resina acrílica tem a capacidade de inibir o ingresso da água no concreto e de permitir a saída do vapor da estrutura. Esse comportamento permite que o revestimento à base de resina acrílica, em condições normais de operação, possa ter uma vida útil superior a 10 anos[86].

Capítulo 9 Métodos de proteção e aumento da durabilidade do concreto armado

Na seleção do revestimento orgânico, é importante também levar em consideração a susceptibilidade do revestimento à degradação no meio no qual a estrutura de concreto vai ser utilizada. O revestimento de epóxi, por exemplo, sofre degradação devido à ação dos raios solares e, por conseguinte, não deve ser utilizado em aplicações em que o revestimento estará em contato direto como meio ambiente.

9.5.2. Revestimentos de concreto impermeável e argamassa polimérica

A camada de concreto impermeável é obtida a partir de uma mistura com baixa relação água/cimento, o que exige a utilização de um aditivo superplastificante, além de um elevado consumo de cimento. É aconselhável a utilização de uma camada de concreto impermeável com uma espessura entre 37,5 e 63 mm[87].

A argamassa polimérica é constituída por uma mistura de cimento Portland com uma resina polimérica, tais como as resinas fenólicas, furânicas, o epóxi, o poliéster e o estireno-butadieno. Para melhorar a aderência da camada de concreto ou da camada de argamassa impermeável à superfície do concreto, é aconselhável adicionar de 3 a 5% de caseína na massa de cimento[88]. A aplicação da argamassa polimérica deve ocorrer sobre uma superfície de concreto previamente umedecida, por meio de uma trincha, um rolo ou uma vassoura com pelos finos.

No Brasil, devido ao seu custo relativamente elevado, a argamassa polimérica geralmente é utilizada no reparo de estruturas danificadas e não como revestimento de estruturas de concreto. O consumo aproximado para as argamassas poliméricas comercializadas no Brasil e utilizadas como revestimento é em torno de 20 kg/m²/cm de espessura.

Referências

1. EUROPEAN COMMITTEE FOR STANDARDIZATION. (1999) EN ISO 8044, Corrosion of Metals and Alloys. Basic terms and Definitions.
2. ELSENER, B. (2002) Mixed-In inhibitors. Final report cost 521. Luxembourg, p. 43.
3. ELSENER, B. (2001) Corrosion inhibitors for steel in concrete-a state of the art report. EFC Publ., n. 35. London: IOM Communications.
4. BROOMFIELD, J.P. (2007) Corrosion of steel in concrete – understanding, investigation and repair. E&FN Spon, chap. 9.7. London.
5. ANDRADE, C.; GONZALEZ, J.A.; ALONSO, C. (1986) Some laboratory experiments on the inhibition effect of sodium nitrite on reinforcement corrosion. Cement, Concrete and Aggregates, n. 8, p. 110-116.
6. NMAI, C.K; KRAUSS, P.D. (1994) Comparative evaluation of corrosion-inhibiting chemicaladmixtures for reinforced concrete. Durability of Concrete, v. SP- 145, p. 245-262 Detroit: American Concrete Institute.
7. CRIADO, M.; et al. (2012) Organic corrosion inhibitor mixtures for reinforcing steel embedded in carbonated alkali-activated fly ash mortar. Construction and Building Materials, v. 35, 30-37.
8. ANDRADE, C.; et al. (1992) Preliminary testing of Na2PO3F as a curative corrosion inhibitor for steel reinforcement in concrete. Cement Concrete Research, v. 22, 869-881.
9. ALONSO, C.; et al. (1996) Na_2PO_3F as inhibitor for corroding reinforcement in carbonated concrete. Cement Concrete Research, v. 26, 405-415.
10. RIBEIRO, D.V. (2010) Influência da adição da lama vermelha nas propriedades e na corrosibilidade do concreto armado. Tese (Doutorado) – Programa de Pós-graduação em Ciência e Tecnologia dos Materiais. Universidade Federal de São Carlos.
11. MONTICELLI, C.; FRIGNANI, A.; TRABANELLI, G. (2000) A study on corrosion inhibitors for concrete application. Cement and Concrete Research, v. 30, 635-642.

12. POLDER, R. (2002) Cathodic prevention of reinforced concrete structures. Final Report Cost 521. Luxembourg, 56.
13. TETTAMANTI, M.; et al. (1997) Cathodic prevention and protection of concrete elements at the Sydney Opera House. Materials Performance, v. 9, 21-25.
14. LOURENCO, Z.; GODSON, I. (2005) Cathodic prevention of reinforced concrete structures. Proceedings of Eurocorr 2005. Lisboa.
15. POURBAIX, M. (1973) Lectures on electrochemical corrosion. Plenum press, p. 235-295.
16. LAZZARI, L.; PEDEFERRI, P. (2006) Cathodic protection. Polipress.Milano, p. 291.
17. EUROPEAN COMMITTEE FOR STANDARDIZATION. (2012) EN ISO 12696, Cathodic Protection of Steel in Concrete.
18. AUSTRALIAN STANDARDS. (2002) AS 2832.5, Cathodic Protection of Metals- Steel in Concrete Structures.
19. CHAUDHARY, Z. (2002) Cathodic protection of new seawater concrete structures in petrochemical plants. Materials Performance, v. 42, n. 12.
20. ALVES, H. et al. (2012) Cathodic prevention of reinforced concrete structure – Cais do Jardim do Tabaco. ICDS12-INTERNATIONAL Conference Durable Structures. Lisboa.
21. OLIVAN, I.O.; et al. (2012) Aumento da durabilidade das estruturas de concreto em obras de saneamento usando vergalhão de aço galvanizado. Maceió, Anais do 54° Congresso Brasileiro do Concreto, p. 1-13.
22. ROWLAND, D.H. (1948). Metallography of hot dipped galvanized coatings. Transactions of the ASM, v. 40, 983-1111.
23. MANNHEIMER, W.A.; CABRAL, E.R. (1980) Galvanização: sua aplicação em equipamentos elétricos. CEPEL – Centro de Pesquisas de Energia Elétrica, Ao Livro Técnico S.A., Rio de Janeiro, 58.
24. MACIAS, A.; ANDRADE, C. (1990) The behavior of galvanized steel in chloride-containing alkaline-solutions. The influence of the cation. Corrosion Science, v. 30, 393-407.
25. BELLEZE, T.; et al. (2006) Corrosion behaviour in concrete of three differently galvanized steel bars. Cement & Concrete Composites, v. 28, 246-255.
26. ANDRADE, C. et al. (1992) Protection System for Reinforcement, CEB. Bulletin D'information N° 211. Lausane Switzerland, ISBN 2-88394-016-9.
27. FRATESI, R.; MORICI, G.; COPPOLA, I. (1996) The influence of steel galvanization on rebars behaviour in concrete. In: C.L. PAGE, P.B. BAMFORTH, & J.W. FIGG (eds.) Corrosion of reinforcement in concrete construction (p. 630-641). London, Royal Society of chemistry.
28. ASHATANA, K.K.; AGGARWAL, L.K.; LAKHANI, R. (1999) A novel interpenetrating polymer network coating for the protection of steel reinforcement in concrete. Cement and Concrete Research, v. 29, 1541-1548.
29. GALVANIZEIT. Disponível em: <http://www.galvanizeit.org/about-hot-dip-galvanizing/how-long-does-hdg-last/in-concrete/#corrosionResistance>. Acesso em: 03 mar. 2013.
30. INGAL. Disponível em: <http://www.ingal.com.au/IGSM/06.htm> (industrial galvanizers specirers manual). Acesso em: 03 mar. 2013.
31. MALDONADO, L.; PECH-CANUL, M.A.; ALHASSAN, S. (2006) Corrosion of zinc-coated reinforcing bars in tropical humid marine environments. Anti-Corrosion Methods and Materials, v. 53, 357-361.
32. BAUTISTA, A.; GONZÁLES, A. (1996) Analysis of the protective efficiency galvanizing against corrosion of reinforcements embedded in chloride contaminated concrete. Cement and Concrete Research, v. 26, 215-224.
33. KAVALI, O.A.; YEOMANS, S.R. (1995) Bond and slip of coated reinforcement in concrete. Construction and Building Materials, v. 9, 219-226.
34. TREECE, R.A.; JIRSA, J.O. (1989) Bond strength of epoxy-coated reinforcing bars. ACI Materials Journal, v. 86, 167-174.
35. HAMAD, B.S.; MIKE, J.A. (2005) Bond strength of hot-dip galvanized reinforcement in normal strength concrete structures. Construction and Building Materials, v. 19, 275-283.
36. KOCH, R.; STUTTGART, R.W. (1988) Effect of admixture in concrete on the bond behaviour of galvanized reinforcing bars. Betonwerk + Fertigteil-Technik, v. 54, 64-70.

Capítulo 9   Métodos de proteção e aumento da durabilidade do concreto armado   287

37. PORTER, F.C. (1994) Corrosion resistance of zinc and zinc alloys. New York, Marcel Dekker Inc, 524 p.
38. HAMAD, B.S.; JUMAA, G.K. (2008) Bond strength of hot-dip galvanized hooked bars in high strength concrete structures. Construction and Building Materials, v. 22, 2042-2052.
39. FRATESI, R.; et al. (2002) Contemporary use of Ni and Bi in hot-dip galvanizing. Surface and coating Technology, v. 157, 34-39.
40. ERDOGDU, S.; BREMMER, T.W.; KONDRATOVA, I.L. (2001) Accelerated testing of plain and epoxy-coated reinforcement in simulated seawater and chloride solutions. Cement and Concrete Research, v. 3, 861-867.
41. LAU, K. (2010) Corrosion of epoxy-coated reinforcement in marine bridges with locally deficient concrete. Dissertation. University of South of South Florida.
42. BILAL, S.H. (1995) Comparative bond strength of coated and uncoated bars with different rib geometries. ACI Mater Journal, v. 92, 579-590.
43. CHOI, O.C.; et al. (1991) Bond of epoxy-coated reinforcement bar parameters. ACI Mater Journal, v. 88, 207-217.
44. KAYYALI, O.A.; YEOMANS, S.R. (2004) bond and slip of coated reinforcement in concrete. Construction Bulding Materials, v. 26, 315-321.
45. ASHANA, K.K.; AGGARWAL, L.K.; LAKHANI, R. (1999) A novel interpenetrating polymer network coating for the protection of steel reinforcement in concrete. Cement and Concrete Research, v. 29, 1541-1548.
46. SARAVANAN, K.; et al. (2007) Performance evaluation of polyaniline pigmented epoxy coating for corrosion protection of steel in concrete environment. Progress in Organic Coatings, v. 59, 160-167.
47. YEIH, W.; CHANG, J.J.; TSAI, C.L. (2004) Enhancement of the bond strength of epoxy coated steel by the addition of fly ash. Cement & Concrete Composites, v. 26, 315-321.
48. CHANG, J.J.; YEIH, W.; TSAI, C.L. (2002) Enhancement of the bond strength of epoxy-coated steel rebar using river sand. Construction Build Materials, v. 16, 465-472.
49. GARCIA-ALONSO, M.C.; et al. (2007) Corrosion behavior of new stainless steels reinforcing bars embedded in concrete. Cement and Concrete Research, v. 37, 1463-1471.
50. CRAMER, S.D.; et al. (2002) Corrosion prevention and remediation strategies for reinforced concrete coastal bridges. Cement & Concrete Composites, v. 24, 101-107.
51. VAL, D.V.; STEWART, M.G. (2003) Life-cycle cost analysis of reinforced concrete structures in marine environments. Structural Safety, v. 25, 343-362.
52. ARMINOX APS. (1999) International Report. Evaluation of the stainless steel reinforcement of Pier of Progress. Mexico, March.
53. MAGEE, J.H.; SCHNELL, R.E. (2002) Stainless steel rebar for concrete reinforcement: an update and selection guide. Advanced Materials & Processes, v. 160, 1-13.
54. CRAMER, S.D.; et al. (2002) Corrosion prevention and remediation strategies for reinforced concrete coastal bridges. Cement and Concrete Composites, v. 24, 101-117.
55. BOUCHERIT, N.; HUGOT-LE GOFF, A.; JOIRET, S. (1992) Influence of Ni, Mo and Cr on pitting corrosion of steel studied by Raman spectroscopy. Corrosion, v. 48, 569-579.
56. WANKLYN, J.N. (1981) The role of molybdenum in the crevice corrosion of stainless steels. Corrosion Science, v. 21, 211-225.
57. FAJARDO, S.; et al. (2011) Corrosion behavior for a new nickel stainless steel in saturated calcium hydroxide solution. Construction and Building Materials, v. 25, 4190-4196.
58. SCHENEIDER, H. (1960) Investment casting of high-hot strength 12 percent chrome steel. Foundry Trade Journal, v. 108, 562.
59. SEDRICKS, A.J. (1996) Corrosion of stainless steels. 2nd ed. A. Willey Interscience Publication, 15.
60. ROVERE DELLA, C.A. (2013) Influence of long-term low-temperature aging on the microhardness and corrosion properties of duplex stainless steel. Corrosion Science, v. 68, 84-90.
61. ASM Handbook. (1993) Welding, brazing, and sodering, v. 6. ASM International Handbook Committee (ed.), 1723.

62. NILSON, J.O. (1992) Super duplex stainless steels. Materials Science and Technology, v. 8, 685-700.
63. STEWART, M.G.; ROSOWSKY, D.V. (1998) Structural safety and serviceability of concrete bridge subject to corrosion. Journal Infrastructure System, v. 4, 146-155.
64. MCDONALD, D.B.; PFEIFER, D.W.; SHERMAN, M.R. (1998) Corrosion evaluation of epoxy-coated, metallic-clad and solid metallic reinforcing bars in concrete. FHWA-RD-98-153. Washington, DC: US Department of Transportation, Federal Highway Administration: December.
65. PEDEFERRI, P. et al. (1998) In :, SILVA., ARAYA, W.F., DE., RINCON, O.T., O'NEIL, L.P., (eds). Repair and rehabilitation of reinforced concrete structure: the state of the art. American Society of Civil Engineering (ed.). Reston, 192.
66. BERTOLINI, L.; GASTALDI, M. (2011) Corrosion resistance of low-nickel duplex stainless steel rebars. Materials and Corrosion, v. 62, 120-129.
67. GASTALDI, M.; BERTOLINI, L. (2014) Effect of temperature on the corrosion behaviour of low-nickel duplex stainless steel bars in concrete. Cement and Concrete Research, v. 56, 52-60.
68. DUARTE, R.G.; NEVES, R.; MONTEMOR, M.F. (2014) Corrosion behavior of stainless steel rebars embedded in concrete: an Electrochemical Impedance Spectroscopy Study. Electrochimica Acta, v. 124, 218-224.
69. BAUTISTA, A.; et al. (2007) Passivation of duplex stainless steels in solutions simulating chloride contaminated concrete. Material Construction, v. 57, 17-31.
70. BAUTISTA, A.; et al. (2015) Corrugated stainless steels embedded in mortar for 9 years: corrosion results of non-carbonated, chloride-contaminated samples. Construction and Bulding Materials, v. 93, 350-359.
71. ATTARI, N.; AMZIANE, S.; CHEMROUK, M. (2012) Flexural strengthening of concrete beams using CFRP, GFRP and hybrid FRP sheets. Construction and Building Materials, v. 37, 746-757.
72. CALISTER, W.D. (2002) Ciência e engenharia dos materiais – uma introdução (5ª ed). São Paulo, LTC, p. 249.
73. GANGARAO, H.V.S.; TALY, N.; VIJAY, P.V. (2006) Reinforced concrete design with FRP composites. New York: Ed. CRC Press, p. 10. Proceeding: MOTT, R.L. (2002) Applied strength of materials. Upper Saddle River, NJ: Prentice Hall.
74. SANTOS NETO, A.B.; LA ROVERE, H.L. (2010) Composite concrete/GFRP slab for footbridge deck systems. Composite Structures, v. 92, 2554-2564.
75. SOLES, C.L.; et al. (1998) Contributions of the nanovoid structure to the moisture adsorption properties of epoxy resins. Journal Polimer Science. Part B: Polymer Physicals, v. 36, 3035-3048.
76. COOMARASAMY, A.; GOODMAN, S. (1999) Investigation of the durability characteristics of fiber reinforced plastic (FRP) materials in concrete environment. Journal Thermoplastic Composite Materials, v. 12, 214-226.
77. ABEYSINGHE, H.A.; et al. (1982) Degradation of crosslinked resin in water and electrolyte solutions Polymer, v. 23, 1785-1790.
78. BENMOKRANE, B.; et al. (2002) Durability of glass fibre reinforced polymer reinforcing bars in concrete environment. Journal Composite Construction, v. 6, 143-153.
79. CHEN, Y.; et al. (2007) Accelerated aging tests for evaluation of durability performance of FRP reinforcing bars for concrete structures. Composites Structure, v. 78, 101-111.
80. ROBERT, M.; BENMOKRANE, B. (2013) Combined effects of saline solution and moist concrete on long-term durability of GFRP reinforcing bars. Construction and Building Materials, v. 38, 274-284.
81. ARIAS, J.P.M.; VAZQUES, A.; ESCOBAR, M. (2013) Use of sand coating to improve bonding between GFRP bars and concrete. Journal of Composite Materials, v. 46, 2271-2278.
82. LEE, J.Y.; et al. (2008) Interfacial bond strength of glass fiber reinforced polymer bars in high-strength concrete. Composites: Part B, v. 39, 258-270.
83. MICELLI, F.; MODARELLI, R. (2013) Experimental and analytical study on properties affecting the behaviour of FRP-confined concrete. Composites: Part B, v. 45, 1420-1431.
84. THOMPSON, D.M.; LEEMING, M.B. (1992) Surface treatments for concrete highway bridges. TRRL Research Report 345. Transport Road Research Lab., Department of Transport.

Capítulo 9 Métodos de proteção e aumento da durabilidade do concreto armado

85. ALMUSALLAM, A.A.; et al. (2003) Effectiveness of surface coatings in improving concrete durability. Cement and Concrete Composites, v. 25, 473-481.
86. BERTOLINI, L. et al. (2004) Corrosion of steel in concrete. Weinheim: Ed. WILLEY-VCH Verlag GmbH &Co. KGmbH & Co.KGaA, 234.
87. MEHTA, P.K.; MONTEIRO, P.J.M. (1994) Concreto, estrutura, propriedades e materiais. São Paulo, PINI, p. 174.
88. HELENE, P.R.L. (1986) Corrosão em armaduras para concreto armado. São Paulo, PINI, p. 32.

Capítulo 10

Uso de técnicas de avaliação e monitoramento da corrosão em estruturas de concreto armado

Daniel Véras Ribeiro*
Manuel Paulo Teixeira Cunha

10.1. Introdução

A expressão "corrosão do concreto armado" refere-se não só aos problemas da corrosão da armadura, mas, também, às condições de maior ou menor proteção da armadura pelo próprio concreto.

A proteção do aço pelo concreto é feita de duas formas: por barreira física, pela camada de recobrimento e por ação química que resulta dos valores de pH característicos do concreto que permitem o desenvolvimento de um filme de passivação sobre a armadura.

Apesar dessa dupla proteção, vários são os fatores ou condições que conduzem ao desenvolvimento do processo corrosivo no concreto, por exemplo:

- Reduzida espessura de recobrimento.
- Baixa resistência do concreto de recobrimento à penetração de CO_2, sais e água.
- Má compactação ou vibração do concreto.
- Presença de sais contaminantes ou gases como o SO_2 ou CO_2.
- Presença de bactérias redutoras de sulfato.
- Reduzida quantidade de cimento.
- Elevada razão água/cimento.

O processo corrosivo no concreto armado é um fenômeno "camuflado", ou seja, os primeiros sintomas de corrosão só aparecem muito depois do processo se ter iniciado e propagado e, por isso, a sua identificação precoce é muito difícil.

Diversas técnicas podem ser empregadas para avaliação e estudo da corrosão em concreto armado, e entre as mais utilizadas encontram-se as técnicas eletroquímicas.

Essas técnicas, além de analisarem a corrosão como um fenômeno eletroquímico e, por isso, apresentarem maior confiabilidade, possuem a vantagem de serem rápidas e não acarretarem sérios danos à estrutura no momento da sua aplicação, além de poderem ser utilizadas tanto em laboratório quanto em campo.

---

*   Colaboração: Daniel Andrade Mota (UFBA).

A seguir, serão discutidos alguns dos métodos mais comuns para avaliação e monitoramento da corrosão em estruturas de concreto armado.

10.2. Inspeção visual

A inspeção visual a olho nu ou com uso de máquinas de filmar ou fotografar é a técnica mais utilizada na avaliação do estado de corrosão de obras de arte em concreto armado. A experiência do inspetor é um fator decisivo para uma correta avaliação do estado de degradação da estrutura. Os sinais mais frequentes e indicadores da corrosão no concreto são: manchas acastanhadas sobre a superfície do concreto, fissuração, desagregação e eflorescências.

Em alguns casos muito particulares, o peso de concreto perdido por desagregação ao longo do tempo pode permitir estabelecer uma velocidade de degradação da estrutura apenas baseada na observação e medição da massa perdida.

Em países como os Estados Unidos, Canadá e Reino Unido são utilizados guias de inspeção visual, por exemplo, o Strategic Highway Reserch Program (SHRP) ou o The Concrete Bridge Development Group Technical Guide 2, que reúnem as diretrizes para uma correta inspeção visual.

A inspeção visual é uma técnica sempre confirmativa do processo corrosivo, mas dificilmente consegue antecipar outros problemas corrosivos que estejam em formação. Assim, muitas vezes, a inspeção visual só traz um laudo conclusivo quando o processo degradativo está em estágio avançado e, consequentemente, necessita de maiores custos de reparação.

10.3. Técnicas de avaliação da qualidade do concreto como uma barreira físico-química à ocorrência da corrosão

Como dito anteriormente, se bem executado, o concreto já se apresenta como uma barreira natural à ocorrência da corrosão nas armaduras do concreto armado. Dessa forma, uma análise da qualidade dessa camada protetora quanto à sua microestrutura (quantidade e forma dos poros) ou maior condutividade, por exemplo, se tornam muito importantes para uma adequada previsão de patologias futuras. Portanto, serão apresentadas algumas técnicas usualmente utilizadas.

10.3.1. Ensaio de migração de cloretos

O ensaio de migração de cloretos é uma importante ferramenta para avaliar a capacidade do concreto em proteger a armadura dos agentes agressivos. Isso porque, devido à forma como o teste é realizado, estão envolvidos os quatro mecanismos principais de transporte desses agentes agressivos, isto é, a permeabilidade, a absorção capilar, a difusão e a migração iônica. Pelo fato de esse experimento ser realizado de forma acelerada e com fluxo "forçado" por uma corrente elétrica, a absorção capilar tem menor relevância em comparação ao fenômeno natural.

Esse ensaio foi intensamente discutido no Capítulo 4 (Seção 4.4), mas, caso o pesquisador não tenha à sua disposição o equipamento apresentado, é possível a montagem de um aparato mais simples, de acordo com as Figuras 10.1 e 10.2.

Capítulo 10 Uso de técnicas de avaliação e monitoramento da corrosão em estrutura... 293

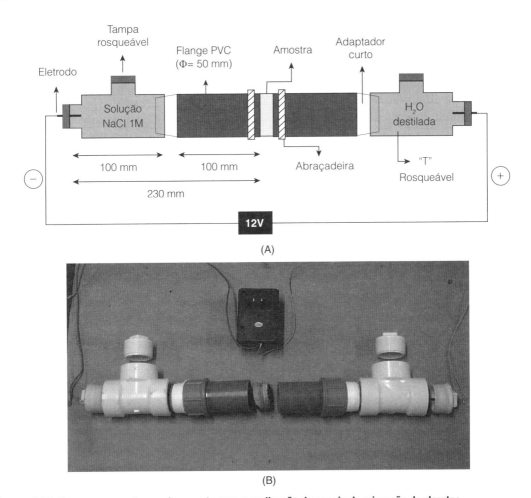

Figura 10.1. Esquema e montagem do aparato para a realização do ensaio de migração de cloretos.

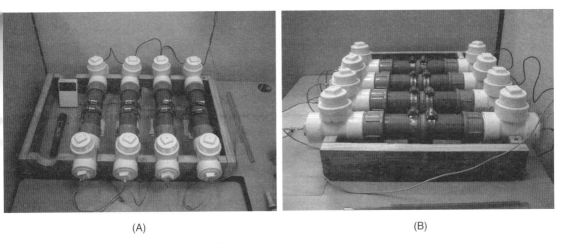

Figura 10.2. Realização do ensaio de migração de cloretos.

10.3.2. Profundidade de carbonatação

A verificação da profundidade de carbonatação é um dos testes mais simples para se avaliarem fenômenos que podem favorecer a corrosão em concreto armado. Os mecanismos de transporte dos agentes agressivos (nesse caso, o CO_2), envolvidos na carbonatação, são a permeabilidade e principalmente, a difusividade[1].

Uma determinação mais precisa da profundidade de carbonatação só é possível por meio do estudo de secções microscópicas, com o auxílio de primas de Nicol. A dupla refração sofrida pelo carbonato de cálcio, que produz uma cor clara, pode contrastar com a pasta de cimento endurecida, que aparece escura, como material opticamente isotrópico[2].

Essa técnica não é muito acessível e, por isso, tradicionalmente se utilizam indicadores à base de fenolftaleína ou equivalentes, que indicam a mudança de pH entre 8 e 11 e podem ser empregados com sucesso.

A fenolftaleína apresenta coloração róseo-avermelhada, com valores de pH iguais ou superiores a 9,5 e incolor abaixo desse valor. A timolftaleína apresenta coloração azulada, com valores de pH da ordem de 10,5 ou superior e incolor abaixo desse valor. Em geral, aplica-se uma solução de 1 g de fenolftaleína dissolvida em 50 g de álcool e 50 g de água, que é borrifada na superfície de fratura.

Qualquer determinação dessa natureza deve ser cuidadosa e nunca sobre corpos de prova serrados, molhados ou alterados por deficiência de técnicas de amostragem. Deve-se, então, quebrar uma porção local (normalmente por flexão) e, imediatamente, aplicar o indicador.

Como o ponto de viragem do indicador fenolftaleína é 9,5 e a armadura despassiva-se para valores de pH inferiores a 11, de acordo com o diagrama de Pourbaix, não é necessário que a frente de carbonatação esteja encostada à armadura para só nessa altura ocorrer a despassivação do aço. Tal situação induz, muitas vezes, ao erro de só se considerar que o concreto esteja sofrendo com o ataque grave por carbonatação quando a mudança de cor do concreto está encostada à armadura.

Na Figura 10.3 pode-se observar a evolução da frente carbonatada ao longo de alguns meses de estudo acelerado.

Figura 10.3. Evolução da região carbonatada do concreto aos 3, 6, 9 e 13 meses, por métodos acelerados, indicada pela reação da fenolftaleína.

Uma das maiores dificuldades em estudos envolvendo o fenômeno da carbonatação é associar os resultados obtidos em ensaios acelerados com a exposição natural. Uma vez que a carbonatação é um processo lento, estudos em exposição natural, como os de FERREIRA[3] e PIRES et al.[4], são muito raros, mas fundamentais para o entendimento desse fenômeno.

Os ensaios acelerados, muito úteis em estudos de laboratório, permitem que sejam obtidos resultados satisfatórios em poucos meses e, por isso, são largamente utilizados. O grande problema dos ensaios acelerados sempre foi a falta de parâmetros, tais como concentração de CO_2, temperatura, umidade, tempo de exposição adequado e intervalo entre medidas. Assim, diversos pesquisadores utilizam parâmetros diferentes, muitas vezes, sem o controle de algum(ns) deles, conforme podemos observar na Tabela 10.1.

Tabela 10.1. Parâmetros de ensaios de carbonatação utilizados por diversos pesquisadores

Autor(es) (ano)	Tipo de exposição*	Concentração de carbono*	Temperatura (°C)	Teor de umidade (%)	Tempo de análise	Intervalo entre medidas	Indicador
TUUTTI (1982)[5]	Natural*	1	n.i.	80	90 dias	90 dias	Fenolftaleína
HO e LEWIS (1987)[6]	Acelerada	4 ± 0,5	23	50	16 semanas	1, 4, 9 e 16 semanas	Fenolftaleína
	Natural	< 1			10 anos	4 meses e 1, 4 e 10 anos	Fenolftaleína
JOHN (1995)[7]	Acelerada	5	21,5 ± 1,5	n.i.	36 dias	4, 16 e 36 dias	n.i.
	Natural	< 1	n.i.				
VAGHETTI (1999)[8]	Natural	< 1	n.i.	n.i.	5 anos	180 dias, 1, 2, 3, 4 e 5 anos	Fenolftaleína
	Acelerada	10	23 ± 3	50 a 80	16 semanas	4, 8, 12 e 16 semanas	Fenolftaleína
ROY et al. (1999)[9]	Acelerada	6	n.i.	52 64 75 84 92	16 semanas	1, 4, 8 e 16 semanas	Fenolftaleína
	Natural	< 1		n.i.	2 anos	2 anos	n.i.
PAPADAKIS (2000)[10]	Acelerada	3	25	61	100 dias	100 dias	Fenolftaleína
CUNHA e HELENE (2001)[11]	Acelerada	100	n.i.	65 a 70	8 fluxos de 30 min a cada 3 horas	A cada 2 e 4 horas	n.i.
SANJUÁN e OLMO (2001)[12]	Acelerada	5 20 100	n.i.	70	7 meses	7 meses	Fenolftaleína
KULAKOWSKI (2002)[13]	Acelerada	5	25 ± 1	70 ± 2	126 dias	35, 56, 91 e 126 dias	Fenolftaleína
ABREU (2004)[14]	Acelerada	5 50	25 ± 2	70 ± 3 > 70 (n.i.)	195 dias	63 e 195 dias	Fenolftaleína

(Continua)

Tabela 10.1. Parâmetros de ensaios de carbonatação utilizados por diversos pesquisadores (Cont.)

Autor(es) (ano)	Tipo de exposição*	Concentração de carbono*	Temperatura (°C)	Teor de umidade (%)	Tempo de análise	Intervalo entre medidas	Indicador
CHANG e CHEN (2006)[15]	Acelerada	20	23	70	16 semanas	8 e 16 semanas	Fenolftaleína
PARK (2008)[16]	Acelerada	20	n.i.	60	16 semanas	8, 16, 32 e 48 semanas	Fenolftaleína
RIBEIRO (2010)[17]	Acelerada	100	n.i.	n.i.	180 dias	3, 7, 14, 28, 52, 91 e 180 dias	Fenolftaleína
TALUKDAR et al. (2012)[18]	Acelerada	6 6 6 6-10	30 25 a 45 30 30	65 65 50 a 90 65	8 semanas	1, 2, 3, 4, 5, 6 e 7 semanas	Fenolftaleína
KOU e POON (2012)[19]	Acelerada	4	n.i.	n.i.	90 dias	28 e 90 dias	Fenolftaleína
CAMPOS et al. (2016)[20]	Acelerada	5	30 ± 5	n.i.	50 dias	28 e 56 dias	Fenolftaleína
SILVA et al. (2016)[21]	Acelerada	5	29	n.i.	24 semanas	8 e 24 semanas	Fenolftaleína
SANTOS et al. (2016)[22]	Acelerada	5 ± 0,5	19 ± 1	n.i.	63 dias	21, 42 e 63 dias	Fenolftaleína
LI et al. (2017)[23]	Acelerada	20 ± 3	20 ± 5	70 ± 5	56 dias	7, 14 28 e 56 dias	Timolftaleína
SILVA (2017)[24]	Acelerada	3 ± 0,5	27 ± 2	65 ± 5	15 semanas	9 e 15 semanas	Fenolftaleína

n.i. = informação não disponível.
*Quando não especificados na metodologia o tipo de exposição e a concentração de carbono, foram considerados como exposição do tipo natural, com concentrações de CO_2 inferiores a 1%.

Em 2004 foi publicada a norma DIN EN 13295:2004 (Products and systems for the protection and repair of concrete structures – Test methods – Determination of resistance to carbonation), que se tornou um marco para a realização do ensaio de carbonatação de forma acelerada. Essa norma estabeleceu parâmetros de ensaio, tais como, concentração de CO_2 (1%), temperatura (21 ± 2°C) e umidade relativa (60 ± 10%), além das dimensões dos corpos de prova prismáticos: 40 mm x 40 mm x 160 mm (se a dimensão máxima característica do agregado for inferior a 10 mm) ou 100 mm x 100 mm x 400 mm (se for superior). Essa norma indica, ainda, procedimentos de moldagem e acondicionamento dos corpos e prova, além da preparação da solução contendo indicador fenolftaleína.

Complementarmente, a norma DIN EN 14630:2007-1 (Products and systems for the protection and repair of concrete structures – Test methods – Determination of carbonation depth in hardened concrete by the phenolphthalein method), publicada em 2007, propôs uma metodologia para ensaios de carbonatação *in loco*, por meio do uso de solução contendo indicador fenolftaleína.

Também no intuito de tentar estabelecer parâmetros, a International Organization for Standardization publicou, em 2015, a norma ISO 1920-12:2015 (Testing of concrete – Part 12: Determination of the carbonation resistance of concrete – Accelerated carbonation method). A norma estabeleceu tempo e forma de cura (28 dias), período de adaptação em condições ambiente (14 dias), idades para medidas (56, 63 e 70 dias), formas de determinação da profundidade de carbonatação média, principalmente quando da presença de poros, agregados porosos ou densos (Figura 10.4). Além disso, estabeleceu parâmetros de ensaios importantes:

- Concentração de CO_2: (3 ± 0,5)%
- Temperatura: 18 a 29°C
- Teor de umidade: 50 a 70%

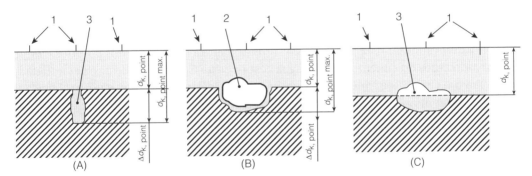

Figura 10.4. Procedimentos para determinação da profundidade média de carbonatação para concreto (A) contendo porosidade elevada; (B) agregados porosos; e (C) agregados densos, segundo a norma ISO 1920-12:2015.

10.3.3. Resistividade do concreto

A resistividade elétrica é uma importante propriedade do concreto e caracteriza a sua capacidade de resistir à passagem da corrente elétrica. Essa propriedade é fundamentalmente relacionada com a permeabilidade de fluidos e a difusividade de íons através dos poros do material e, no caso do concreto, está intimamente relacionada com a velocidade do processo de corrosão das armaduras[25].

A resistividade elétrica é uma propriedade muito utilizada para monitoramento de estruturas de concreto armado, pelo fato de ser um método não destrutivo e poder ser monitorada externamente, com a presença de eletrodos embutidos.

O princípio de medida da resistividade baseia-se na aplicação de uma diferença de potencial entre eletrodos posicionados em duas faces opostas e planas do material ou entre dois eletrodos colocados no interior do concreto e a posterior medida da corrente resultante. A relação entre a tensão aplicada e a corrente medida é a resistência elétrica (R) do material. A resistividade elétrica (ρ) é obtida multiplicando-se a resistência (R) por um fator de conversão chamado constante de célula, que depende das dimensões do corpo de prova utilizado.

De uma forma simples, a técnica consiste em medir a maior ou menor facilidade com que uma corrente elétrica (alternada ou contínua) atravessa o concreto. Maior facilidade na passagem da corrente elétrica através do concreto significa, muitas vezes, contaminação por sais, mas, também, maior quantidade de água retida na estrutura intersticial do concreto.

Uma reduzida resistividade do concreto permite, por isso, uma maior facilidade no transporte de cargas elétricas das zonas catódicas para as anódicas, o que significa, caso a armadura esteja despassivada, maior velocidade do processo corrosivo da armadura.

O concreto úmido comporta-se como um semicondutor com resistividade da ordem de 10^2 Ω.m, mas, quando seco em estufa, pode ser considerado um isolante elétrico, com resistividade da ordem de 10^9 Ω.m (NEVILLE *apud* HELENE[2]).

Pode-se concluir que a corrente elétrica no concreto se movimenta por meio de um processo eletrolítico, ou seja, quanto maior a atividade iônica do eletrólito, menor a resistividade do concreto. Portanto, um aumento da relação água/cimento, da umidade relativa ambiente e da eventual presença de íons, tais como Cl^-, SO_4^{2-}, H^+ etc., corresponde a uma diminuição da resistividade do concreto.

Segundo HELENE[2], a resistividade de um líquido é inversamente proporcional ao teor de sais dissolvidos, enquanto a de materiais porosos é inversamente proporcional à umidade salina absorvida. Assim, teores de apenas 0,6% de cloretos são suficientes para reduzir a resistividade da argamassa em cerca de 15 vezes.

Outro possível caminho para passagem da corrente elétrica é por meio dos próprios compostos e produtos hidratados do cimento (C-S-H, água adsorvida ao C-S-H, e partículas não hidratadas de cimento). Em uma matriz de cimento, na qual os poros não são conectados, é possível que a transferência de elétrons através do gel C-S-H promova o aumento da resistência elétrica e, consequentemente, o aumento da resistividade[25].

Diversos autores[25-29] verificaram que a resistividade elétrica está relacionada com as características microestruturais da matriz de cimento, tais como porosidade total, distribuição do tamanho de poros e conectividade dos poros, além da condutividade da solução aquosa presente no seu interior.

De acordo com estudos de ANDRADE[30] e SANTOS[25], a condução da corrente elétrica através do concreto ocorre por meio de poros contínuos e microfissuras preenchidas com água e presentes na matriz. Em um mesmo grau de saturação, quanto maior for a fração volumétrica dos poros do concreto, menor será a sua resistividade. Além disso, quanto maior for o grau de saturação do concreto, menor é a sua resistividade[25].

A presença de sais como cloretos, sulfatos e nitratos possibilita a corrosão das armaduras, pois, como são eletrólitos fortes, permitem que o meio apresente baixa resistividade, possibilitando o fluxo de elétrons, ocasionando a corrosão das armaduras. As condutividades elétricas de íons em solução aquosa, normalmente encontrados nos poros do concreto, foram determinadas por ADAMSON *apud* SHI[31] (Tabela 10.2).

Tabela 10.2. Condutividade equivalente (λ_0) de íons em solução aquosa com concentração infinita a 25°C

Íon	Na^+	K^+	Ca^{2+}	SO_4^{2-}	OH^-	Cl^-
λ_0 $(m^{-1}\,\Omega^{-1})$	0,00501	0,00735	0,00595	0,00798	0,0198	0,00763

Fonte: ADAMSON *apud* SHI[31].

Os valores de resistividade elétrica, indicativos da probabilidade de corrosão no concreto, não estão totalmente consagrados e apresentam valores diferentes, de acordo com a pesquisa utilizada. Valores comumente utilizados como referência (Tabela 10.3) são encontrados na norma CEB-192 ou no boletim europeu CE – COST 509 (Corrosion and protection of metals in contact with concrete), apresentado em pesquisa de POLDER[26].

Tabela 10.3. Valores de resistividade elétrica indicativos da probabilidade de corrosão do concreto, segundo a CEB-192 e o boletim europeu COST 509 *apud* POLDER[26]

Resistividade (kΩ.cm)		Risco de corrosão
CEB-192	**COST 509**	
> 20	> 100	Desprezível
10 a 20	50 a 100	Baixo
---	10 a 50	Moderado
5 a 10	< 10	Alto
< 5	---	Muito alto

HORNBOSTEL *et al.*[32] revisaram a literatura disponível sobre o assunto e coletaram, de trabalhos de diversos autores, valores de referência para a relação entre resistividade elétrica e intensidade do processo corrosivo, conforme mostrado na Tabela 10.4.

Tabela 10.4. Critérios para a avaliação da intensidade da corrosão em termos de resistividade do concreto, obtidos por diversos autores[32]

Autores	Intensidade da corrosão em termos de resistividade (KΩ.cm)			Indução da corrosão
	Forte	**Moderada**	**Fraca**	
HOPE *et al.*[33]	< 6,5	6,5 a 8,5	> 8,5	Cloretos
LÓPEZ e GONZÁLEZ[34]	< 7	7 a 30	> 30	
MORRIS *et al.*[35]	< 10	10 a 30	> 30	
GONZALEZ *et al.*[36]	< 20	20 a 100	> 100	
ELKEY e SELLEVOLD[37]	< 5	Sob discussão	> 10	Outros
ANDRADE e ALONSO[38]	< 10	10 a 100	> 100	
POLDER[26]	< 10	10 a 100		
BROOMFIELD e MILLARD[39]	< 5	5 a 20	> 20	
SMITH *et al.*[40]	< 8	8 a 12	> 12	

HORNBOSTEL et al.[32] observaram, ainda, que existe uma relação inversamente proporcional entre a resistividade elétrica e a taxa de corrosão. De acordo com os autores, essa relação não é válida para concretos saturados, onde a medida de resistividade será baixa, devido à grande quantidade de eletrólito disponível, mas que, de fato, apresentarão baixa taxa de corrosão, já que em concretos saturados há pouca disponibilidade de oxigênio.

Essa relação inversamente proporcional entre a velocidade de corrosão e o valor da resistividade[40,41] depende sempre do estado de passividade da armadura. Assim, apesar da ocorrência de uma resistividade baixa no concreto, caso a armadura esteja passiva, a velocidade do fenômeno corrosivo será baixa. Apesar dessa relação simples (proporcionalidade inversa) entre a velocidade de corrosão para uma armadura despassivada e a resistividade, não existe um claro acordo entre os limites dos intervalos que definem a relação entre a facilidade do processo corrosivo e a resistividade[32,42].

Uma forte correlação entre resistividade elétrica e difusividade iônica foi observada por SENGUL[44], que testou diversas misturas de concreto, na presença de íons cloreto. Como era esperado, quanto maior a resistividade elétrica, menor o coeficiente de difusão, conforme mostra a Figura 10.5. Outros autores[45,46] confirmam essa tendência.

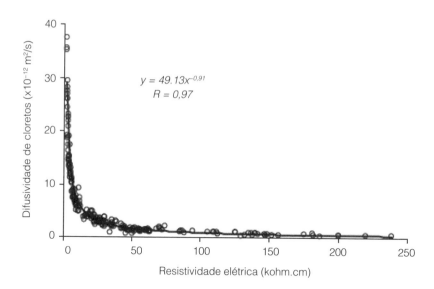

Figura 10.5. Relação entre a difusão de cloretos e a resistividade elétrica observada por SENGUL[44], para amostras de concreto.

A medição da resistividade elétrica do concreto pode fornecer informações sobre a maior ou menor facilidade de ocorrência de corrosão da armadura, já que, como dito anteriormente, baixas resistividades facilitam o transporte de cargas elétricas do cátodo para o ânodo e, por isso, podem acelerar o processo corrosivo[41].

É importante ressaltar que a resistividade do concreto varia conforme a natureza da corrente que o atravessa. Corrente alternada fornece resultados de resistividade ligeiramente menores do que correntes contínuas, devido ao fenômeno de polarização provocado por esta última[2].

A norma americana AASHTO TP 95-14 *(Standard method of test for surface resistivity indication of concrete's ability to resist chloride ion penetration)* apresenta uma proposta de correlação qualitativa

Capítulo 10 Uso de técnicas de avaliação e monitoramento da corrosão em estrutura...

entre a penetração de íons cloreto e a resistividade elétrica, para medidas realizadas em amostras de concreto cilíndricas de 10 cm de diâmetro por 20 cm de altura, conforme mostrado na Tabela 10.5.

Tabela 10.5. Correlação entre resistividade elétrica superficial e a intensidade de penetração de cloretos no concreto (AASHTO TP 95-14)

Resistividade elétrica superficial (KΩ.cm)	Intensidade de penetração de cloretos
< 12	Forte
12 a 21	Moderada
21 a 37	Fraca
37 a 254	Muito fraca
> 254	Desprezível

ANDRADE *apud* SANTOS[25] sugeriu valores mínimos de resistividade em função da agressividade do ambiente. Neste trabalho, foram apresentadas duas classes ambientais referentes à carbonatação e três faixas de classificação associadas aos ambientes com cloretos, conforme mostrado na Tabela 10.6. Os resultados referem-se à resistividade medida aos 28 dias.

Tabela 10.6. Valores mínimos de resistividade elétrica requeridos em função do tipo de ataque e da classe de exposição das estruturas (ANDRADE apud SANTOS[25])

Tipo de ataque	Carbonatação		Ação de cloretos		
Classes	Estrutura interna ou protegida da chuva	Estrutura externa não saturada	Estrutura exposta à atmosfera	Estrutura submersa	Estrutura na região de maré
Resistividade mínima requerida (KΩ.cm)	1	5	10	15	20

O efeito dos íons cloreto na diminuição da resistividade do concreto também está relacionado com as propriedades higroscópicas desses íons, que aumentam, por isso, a possibilidade de retenção de água no interior dos poros[47].

Dentre os fatores que influenciam a resistividade do concreto, SANTOS[25] cita: as características do concreto (relação a/c, tipo e quantidade de agregados, consumo de cimento, presença de adições e aditivos químicos, além do grau de hidratação); as características ambientais (temperatura e umidade relativa) e a ação de agentes agressivos (penetração de cloretos e carbonatação).

10.3.3.1. Medida da resistividade do concreto

POLDER *et al.*[26] afirmam que a resistividade do concreto está relacionada com os principais estágios da vida em serviço de uma estrutura: a iniciação e a propagação da corrosão. Locais na estrutura de concreto onde a resistividade é menor indicam uma maior susceptibilidade à penetração de agentes deletérios.

Assim, as medidas de resistividade podem ser utilizadas como um indicador de durabilidade e controle de qualidade do concreto, além da possibilidade de rápida classificação, pois, a medida de resistividade é instantânea, além de não destrutiva. Além disso, apesar de não serem fornecidas informações sobre taxa de corrosão, com o uso da resistividade elétrica é possível apontar locais onde o processo pode estar ocorrendo de forma mais intensa[26].

Apesar da dificuldade em definir os intervalos de resistividade, a medição dessa grandeza pode ser utilizada para avaliar a velocidade de difusão dos íons cloreto e, consequentemente, a agressividade do próprio concreto relativamente à armadura. Como se sabe, a presença de íons cloreto junto à armadura acelera o processo de corrosão, uma vez que esses íons conseguem despassivar a armadura. A presença de maior quantidade de água nos poros aumentará, seguramente, a velocidade de difusão dos íons cloreto e, por isso, o seu acesso à armadura é mais rápido.

O princípio da medida da resistividade elétrica no concreto baseia-se na aplicação de uma diferença de potencial entre dois ou mais eletrodos, que podem estar posicionados em faces planas e opostas ou alinhados numa mesma face do corpo de prova, pressionados contra a superfície, ou embutidos, no seu interior. Mede-se, então, a corrente elétrica gerada, e, a partir da relação entre a tensão aplicada (U) e a corrente medida (I), determina-se a resistência (R), de acordo com a Lei de Ohm (Equação 10.1)

$$R = \frac{U}{I} \qquad (10.1)$$

A resistividade do concreto (ρ) pode ser obtida multiplicando-se o valor da resistência (R) por um fator de correção chamado constante de célula (κ), que depende das dimensões do corpo de prova em análise[17], conforme a Equação 10.2.

$$\rho = \kappa.R \qquad (10.2)$$

A constante "k" é um parâmetro que depende da relação entre a área do corpo de prova em contato com o eletrodo e a distância entre eletrodos. Substituindo a constante "k" por parâmetros geométricos e a resistência "R" pela relação V/I (Lei de Ohm), é possível reescrever a Equação 10.2 como:

$$\rho = \frac{V.A}{I.a} \qquad (10.3)$$

Para o caso específico de eletrodos circulares, a Equação 10.3 pode ser reescrita como:

$$\rho = \frac{2\pi.V.a}{I} \qquad (10.4)$$

Em que "ρ" é a resistividade elétrica do concreto (Ω.cm); "V" a tensão aplicada ao circuito (volts); "I" a intensidade de corrente medida (A); "A" a área da face do corpo de prova em contato com os eletrodos (cm²); e "a" a distância entre os eletrodos (cm).

A própria medição da resistividade pode, também, ser afetada por vários fatores, tais como a geometria e o tamanho da estrutura, heterogeneidade do concreto, mau contato entre os pinos e o concreto, presença de substâncias que possam alterar as características físicas, da superfície do concreto, posição das armaduras, proximidade dos pinos a arestas ou dimensão dos agregados[39].

Dentre os métodos de medida da resistividade elétrica do concreto, podem-se citar o método do disco (um eletrodo externo, com presença da armadura), o método dos dois eletrodos, o método dos quatro eletrodos (método de Wenner) e a NBR 9204/2005 (Determinação da resistividade elétrica volumétrica do concreto). Um grande fator condicionante para a utilização da NBR 9204/2005 se dá pela dificuldade na montagem da célula de ensaio com a utilização de mercúrio como eletrodo.

Os métodos de dois e quatro eletrodos (método de Wenner) são os mais comuns. O primeiro pode ser realizado com corrente contínua ou alternada. O primeiro consiste em medir a intensidade da corrente que passa entre dois vergalhões metálicos ligeiramente afastados, embutidos ou fortemente pressionados contra a superfície do concreto, entre os quais se gerou uma diferença de potencial previamente definida (Figura 10.6).

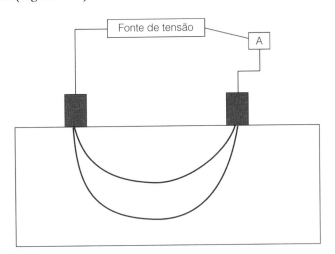

Figura 10.6. Esquema da medição da resistividade pelo método dos dois pinos.

O método dos quatro eletrodos, conhecido por método Wenner, é o mais utilizado na medição da resistividade do concreto, porque a sua determinação não depende de fatores geométricos nem da área de contato, como acontece na técnica anteriormente discutida.

O método dos quatro eletrodos consiste em fixar ou encostar fortemente quatro pinos metálicos no concreto, em geral espaçados por 1 a 2 cm, e injetar uma corrente alternada nos pinos mais exteriores medindo, ao mesmo tempo, a ddp entre os pinos interiores (Figura 10.7). Os valores característicos para a frequência da corrente injetada oscilam entre 25 e 150 Hz, enquanto a intensidade é de 250 µA.

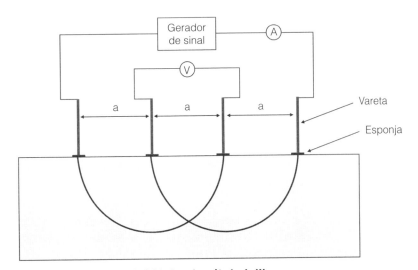

Figura 10.7. Esquema da medição da resistividade pelo método de Wenner.

O valor da resistividade é dado pela expressão $\rho = 2\pi.a.R$, conforme a Equação 10.4, para um material considerado homogêneo e semi-infinito, sendo a, a distância entre os pinos e, R, a resistência elétrica.

Alternativamente ao método de Wenner, a resistividade pode também ser medida fazendo-se passar uma corrente elétrica entre a armadura e um único eletrodo exterior, avaliando-se, ainda, a resistividade da camada de recobrimento.

Como as condições de umidade e temperatura são fatores que interferem de forma importante, GJØRV[48] afirma que a medida da resistividade elétrica deve ser tomada sob condições controladas em laboratório. Segundo esse autor, é importante garantir uma boa conexão elétrica entre os eletrodos e a superfície do corpo de prova, além de colocá-lo sobre uma superfície seca e isolada eletricamente, bem como evitar o contato direto com as mãos do operador.

Conforme procedimento proposto pela AASHTO TP 95-14, devem ser feitas marcas no topo dos corpos de prova, referentes às posições relativas entre 0°, 90°, 180° e 270°, além do ponto médio da sua altura, para que o eixo entre os eletrodos internos possa ser alinhado nessa posição, conforme mostrado na Figura 10.8.

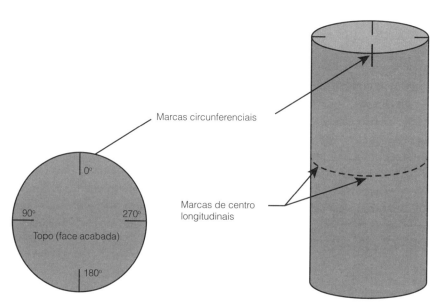

Figura 10.8. Marcações a serem realizadas nos corpos de prova para padronização das medidas, de acordo com a AASHTO TP 95-14.

Para a execução das medições, é essencial observar que a superfície do concreto deve estar livre de óleo e outros contaminantes e as pontas das sondas devem ser molhadas constantemente para garantir o contato elétrico entre o equipamento e o concreto.

10.3.3.2. Influência da presença de adições pozolânicas na resistividade do concreto

Diversos autores[26,46-51] afirmam que é possível incrementar a resistividade elétrica no concreto com adição de materiais pozolânicos, como a sílica ativa, o metacaulim e as cinzas provenientes da queima de eucalipto.

MADANI et al.[49] observaram melhora significativa na resistividade elétrica de concretos contendo sílica ativa, principalmente a partir dos 28 dias de idade. A Figura 10.9 mostra como a substituição crescente de cimento por sílica ativa afeta o comportamento resistivo do concreto, aos 90 dias.

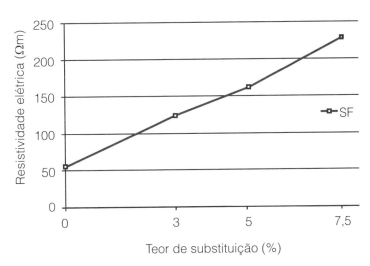

Figura 10.9. Efeito da adição de sílica ativa na resistividade do concreto, aos 90 dias, de acordo com estudos de MADANI et al.[49].

Como resultado de sua pesquisa, DOTTO et al.[50] afirmam que a adição de sílica ativa incrementa de forma significativa a resistividade elétrica do concreto, que foi analisada pela técnica dos quatro eletrodos. Foi observado um acréscimo de até cinco vezes na resistividade elétrica do concreto contendo a adição.

MOTA[52] desenvolveu um estudo que envolveu diversos materiais pozolânicos, como metacaulim, sílica ativa e cinzas de eucalipto. Nesse estudo, após completarem 28 dias em cura imersa, os corpos de prova foram expostos a ambiente de laboratório, com temperatura controlada em 23 ± 1°C, até completarem 80 dias de idade. Após essa idade, deu-se início ao ensaio de envelhecimento por ciclos, que consistiu em imersão dos corpos de prova em solução contendo 3% de NaCl por dois dias, e secagem em estufa (a 50°C) por cinco dias. As medidas foram tomadas após cada semiciclo úmido e por meio de dois equipamentos diferentes, conforme resultados apresentados na Figura 10.10. Pode-se observar claramente que a adição de materiais pozolânicos, por aumentarem a compacidade do concreto, aumenta sua resistividade elétrica.

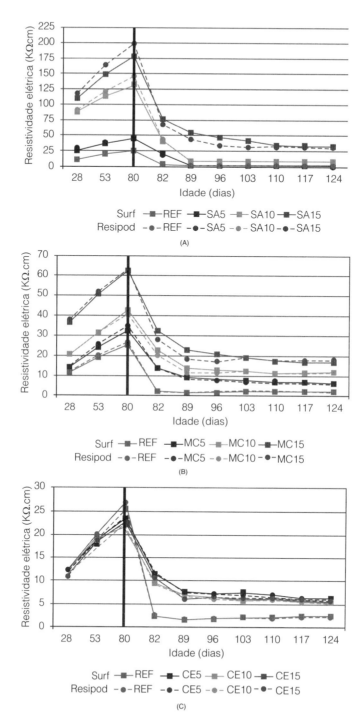

Figura 10.10. Resistividade elétrica do concreto contendo diferentes teores de adição de (A) sílica ativa; (B) metacaulim; e (C) cinzas de eucalipto, em função da idade.

10.3.4. Ultrassom

A técnica baseia-se na medição da velocidade de propagação de uma onda sonora num intervalo de frequências entre 20 e 300 KHz. A colocação do emissor e do receptor na superfície do concreto torna obrigatório o uso de um gel condutor para promover um melhor contato entre as sondas e o concreto.

Conforme ilustrado na Figura 10.11, os equipamentos utilizados para esse tipo de medição são constituídos por uma unidade central (A), que possui um gerador de impulsos elétricos, um amplificador e um dispositivo eletrônico para medição do tempo que leva até o pico (amplitude máxima) do pulso ultrassônico atravessar o corpo de prova, do transdutor emissor (B) ao receptor (C).

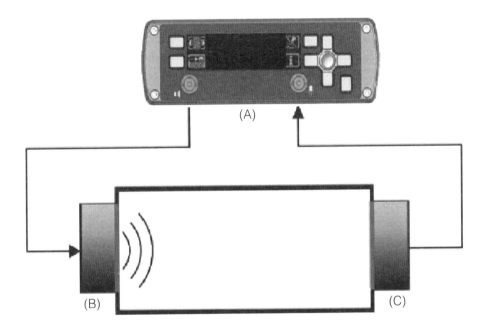

Figura 10.11. Equipamento de medição da velocidade de propagação de ondas ultrassônicas.

A velocidade com a qual a onda ultrassônica atravessa um corpo sólido depende das características deste, como densidade de massa e módulo de elasticidade. A presença de vazios, por exemplo, poros e trincas, induz à menor velocidade de propagação da onda, aumentando, assim, o tempo necessário para esta atravessar o corpo em estudo.

Dessa forma, torna-se possível estimar a condição do material quanto a sua densidade, porosidade e deformabilidade, por meio da avaliação da velocidade de propagação do pulso ultrassônico, que pode ser calculada com o uso da Equação 10.5.

$$V = \frac{L}{t} \tag{10.5}$$

Em que V é a velocidade da onda; L é o comprimento do corpo de prova; e t representa o tempo decorrido entre a emissão e a recepção do pulso.

Essa técnica permite estimar propriedades mecânicas do concreto, como o módulo de elasticidade ou a resistência à compressão, e identificar vazios e fissuras na estrutura. Não permite, contudo, recolher informações diretas sobre o estado corrosivo da armadura[53,54]. No entanto, a evolução do estado corrosivo das armaduras depende muito da qualidade do concreto. Na Tabela 10.7 apresenta-se uma interpretação possível da qualidade do concreto em função da velocidade de propagação da onda sonora em seu interior[55], de acordo com a norma inglesa BS EN12504-4/2000[56] (Testing concrete. Determination of ultrasonic pulse velocity), que estabelece os procedimentos para aplicação dessa técnica.

Tabela 10.7. Relação entre a velocidade de propagação e a qualidade do concreto (BS EN12504-4:2000[57])

Velocidade longitudinal da onda (Km/s)	Qualidade do concreto
v < 2	Muito fraca
2 < v < 3	Fraca
3 < v < 3,5	Média
3,5 < v < 4	Boa
4 < v < 4,5	Muito boa
v > 4,5	Excelente

Antes de efetuar as medições, é preciso observar alguns cuidados, como medir da forma mais precisa possível o comprimento do corpo de prova, isto é, a distância (extensão do trajeto) entre os transdutores, assegurar o acoplamento acústico adequado dos transdutores à superfície em teste, com aplicação de uma fina camada da pasta de acoplamento ao transdutor e à superfície de teste. Em alguns casos pode ser necessário preparar a superfície, alisando-a.

10.4. Monitoramento e previsão da corrosão das armaduras

Uma vez superada parcial ou totalmente a barreira de proteção físico-química imposta pelo concreto, os agentes agressivos estão livres para atuar de forma efetiva. Assim, o monitoramento desse processo corrosivo se torna muito importante para que não se perca o controle da situação. Dessa forma, são apresentados os processos de análise mais usuais.

10.4.1. Potencial de corrosão

A técnica de medida do potencial de corrosão vem sendo utilizada há anos, como forma de monitorar o processo corrosivo em armaduras de aço incorporadas ao concreto. A técnica é bastante utilizada para medidas em laboratório e campo, devido à sua praticidade e por demandar de simples aparato para sua realização, além de ser uma técnica não destrutiva. No entanto, não é possível avaliar a evolução desse processo corrosivo e a técnica indica, apenas, quais as probabilidades de ocorrência da corrosão. Essa técnica está relacionada, principalmente, à difusividade de íons através dos poros do concreto.

Segundo a teoria de potenciais mistos, em decorrência dos fenômenos de polarização, a célula de corrosão tende a atingir um estado eletroquímico estacionário, no qual a velocidade das reações anódicas se iguala à velocidade das reações catódicas, ou seja, as densidades de corrente de ambos os processos são idênticas. Conforme o diagrama de Evans mostrado na Figura 10.12, o potencial característico desse estado corresponde ao chamado potencial de corrosão ou misto (E_{corr}). Observa-se ainda que a esse potencial está associada uma densidade de corrente, denominada corrente de corrosão (I_{corr})[47].

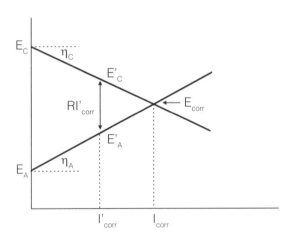

Figura 10.12. Diagrama de Evans característico.

Por outro lado, em determinadas situações, o potencial de corrosão medido em uma célula eletrolítica pode não ser representado por um único valor. É o caso da formação de macropilhas, em que pode haver um potencial de corrosão anódico e outro catódico, devido à queda ôhmica ($I_{corr}R$) associada a uma possível resistência eletrolítica elevada. Nesses casos, a magnitude dos valores de densidade de corrente de corrosão fica bem além daquela esperada, em função das condições termodinâmicas iniciais, geradoras do processo[47].

A probabilidade de um metal reagir com o meio que o rodeia é medida pelo seu potencial eletroquímico (OCP). No caso particular do concreto armado, as armaduras de aço reagem com o eletrólito que as rodeia, o concreto. É possível, por isso, delimitar zonas com potenciais

Corrosão e Degradação em Estruturas de Concreto

eletroquímicos diferentes, que correspondem a diferentes comportamentos do aço. Assim, o monitoramento do potencial de corrosão permite que sejam registradas mudanças no processo eletroquímico de corrosão, o que pode ser bastante interessante para o monitoramento de estruturas.

A grande deficiência dessa técnica é que seus valores indicam o balanço entre a reação anódica e a catódica, sem oferecer informações quantitativas, isto é, não é possível obterem-se resultados referentes à velocidade de corrosão da armadura. Desse modo, o potencial de corrosão das armaduras embebidas no concreto é uma grandeza que indica uma situação de corrosão ou estado passivo destas, de forma aproximada.

Os diagramas de Pourbaix (apresentados no Capítulo 2) relacionam pH e potencial e apresentam uma possibilidade para se prever as condições sob as quais podem-se ter corrosão, imunidade ou possibilidade de passivação. Essas representações são válidas para uma temperatura de 25 °C e sob uma pressão de 1 atm, levando-se em consideração o eletrodo normal de hidrogênio (ENH).

Para que seja possível a medida do potencial de corrosão, é necessária a criação de uma pilha eletroquímica, que consiste, basicamente, em:

- Ânodo: eletrodo em que há oxidação (corrosão) e a corrente elétrica, na forma de íons metálicos positivos, entra no eletrólito (no concreto armado, a armadura).
- Eletrólito: condutor (usualmente um líquido) contendo íons que transportam a corrente elétrica do ânodo para o cátodo. Nesse caso, a umidade presente nos poros do concreto.
- Cátodo: eletrodo em que a corrente elétrica sai do eletrólito ou o eletrodo no qual as cargas negativas (elétrons) provocam reações de redução.
- Circuito metálico: ligação metálica entre o ânodo e o cátodo por onde escoam os elétrons, no sentido ânodo-cátodo.

A ASTM, em sua norma C-876/91 (*Standard test method for corrosion potentials of uncoated reinforcing steel in concrete*), apresenta, como critério de avaliação da corrosão, uma correlação entre intervalos de potenciais e a probabilidade de ocorrência dela, tomando como eletrodo de referência o de cobre – sulfato de cobre ($Cu/CuSO_4$, Cu^{2+}). Essa correlação, assim como as demais, é apresentada na Tabela 10.8.

Tabela 10.8. Probabilidade de ocorrência de corrosão da armadura em função do potencial, tendo como referência diversos tipos de eletrodo

Tipo de eletrodo	Probabilidade de ocorrer a corrosão		
	< 10%	10 a 90%	> 90%
ENH	> 0,118 V	0,118 V a -0,032 V	< -0,032 V
$Cu/CuSO_4$, sat (ASTM C 876)	> -0,200 V	-0,200 V a -0,350 V	< -0,350 V
$Hg/Hg_2Cl_2/KCl$ sat (sol. saturada)**	> -0,124 V	-0,124 V a -0,274 V	< -0,274 V
Ag/AgCl/KCl (1M)	> -0,104 V	-0,104 V a -0,254 V	< -0,254 V

ENH = eletrodo normal de hidrogênio, padrão.
*Eletrodo de calomelano saturado.

Capítulo 10 Uso de técnicas de avaliação e monitoramento da corrosão em estrutura...

Por meio dos resultados de potencial de corrosão é possível analisar a duração do período de iniciação das barras analisadas, isto é, o momento em que o potencial foi inferior a -274 mV (probabilidade de corrosão superior a 90%, tendo o eletrodo de calomelano saturado como referência). Resultados obtidos por BAUER *apud* SANTOS[25] mostram que, na maioria dos casos, a avaliação da duração da fase de iniciação da corrosão por meio de tal parâmetro eletroquímico coincide com as avaliações feitas utilizando parâmetros eletroquímicos mais precisos, tal como a intensidade de corrosão (i_{corr}).

Além das limitações quantitativas, a aplicação da técnica segundo a norma ASTM 876 tem várias outras condicionantes como:

- Não deve ser aplicada sobre superfícies de concreto pintadas.
- Não deve ser aplicada em concretos contaminados com íons cloreto.
- Não deve ser aplicada em concretos completamente carbonatados.
- Não pode ser aplicada em concretos muito secos.
- Não deve ser aplicada em zonas sujeitas a correntes fracas.

As medições dos potenciais de corrosão são também influenciadas por vários fatores: a umidade relativa, a concentração iônica, a resistividade, a polarização catódica, a porosidade do concreto ou a contaminação por sais da camada de recobrimento[57]. ROCHA[51] cita, ainda, outros fatores que podem influenciar a medida do potencial de corrosão, como a presença de uma frente de carbonatação e cloretos, fissuras na camada de concreto e temperatura do sistema concreto-armadura.

Estudos realizados por GONZÁLEZ *et al.*[36] por PEREIRA *et al.*[58], mostram a influência do teor de umidade em medidas de potencial de corrosão. Segundo os autores, medidas realizadas em concretos saturados demonstram uma tendência à obtenção de valores mais negativos, em relação às medidas realizadas em concretos não saturados.

Entre os fatores que mais afetam as leituras do potencial está a alta resistividade na camada do concreto, que está diretamente ligada ao seu teor de umidade. Assim, uma camada superficial seca, altamente resistiva, pode afetar as medidas de potencial. Isso ocorre porque a corrente de corrosão (iônica) tende a evitar o concreto resistivo, implicando o eletrodo de referência não detectá-la. O efeito dessa situação é ter na superfície valores de potencial mais positivos (ou menos negativos), acarretando na não identificação de áreas que estejam efetivamente sendo corroídas[59].

A magnitude da distorção causada por camadas superficiais resistivas, nas medidas de potencial, depende da espessura dessas camadas, porém ela pode, teoricamente, variar de valores desprezíveis até uma diferença de 200 a 300 mV[59]. Outros fatores que afetam medidas de potenciais incluem posição de eletrodo de referência, o tipo de cimento e a presença de trincas[47].

O acompanhamento da medida do potencial de corrosão se torna muito útil para o monitoramento de estruturas, uma vez que indica alterações no processo eletroquímico de corrosão. Com os resultados obtidos é comum se fazer o mapeamento dos valores através de isolinhas de potenciais (equipotenciais), utilizadas para identificar áreas propensas à ocorrência de processos corrosivos[36], conforme Figura 10.13.

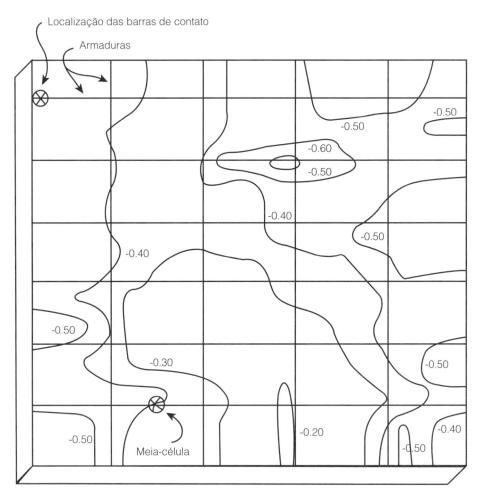

Figura 10.13. **Mapa de contornos equipotenciais.**

A determinação do potencial de corrosão é, também, muito utilizada em laboratório, devido à sua praticidade. Para esses ensaios, é necessária uma rigorosa seleção das barras, a fim de estarem em estado de potencial semelhante.

Com o intuito de padronizar as condições de superfície, as barras de aço devem ser submetidas a um processo de limpeza, conforme preconiza a norma ASTM G-1/03 *(Preparing, cleaning, and evaluating corrosion test specimens)* e resumida nas seguintes etapas:

- Imersão em solução de ácido clorídrico 1:1 contendo 3,5 g/L de hexametilenotetramina por dez minutos, para retirada da carepa de laminação, de presença comum na superfície de aços CA-50, além da remoção dos óxidos presentes, sem atacar o metal (Figura 10.14A).
- Lavagem e escovação com cerdas plásticas em água corrente, complementando o procedimento anterior.
- Imersão em acetona por dois minutos, para limpeza de gorduras e melhor evaporação da água (Figura 10.14B).
- Secagem com jato de ar quente (Figura 10.14C).

Capítulo 10   Uso de técnicas de avaliação e monitoramento da corrosão em estrutura...   313

Figura 10.14. (A) Barras em solução de ácido clorídrico 1:1 com 3,5 g/L de hexametilenotetramina; (B) imersão das barras em acetona; e (C) secagem das barras com jato de ar quente.

As barras utilizadas devem ser escolhidas a partir de uma avaliação inicial na qual, após o procedimento de limpeza, devem ter o seu potencial de corrosão medido, tendo como referência o eletrodo de calomelano saturado.

Para a realização dessas medidas sugere-se a montagem de uma célula eletroquímica composta por barras de aço, tomadas como eletrodo de trabalho, e um eletrodo de referência, o eletrodo de calomelano saturado. Como eletrólito deve-se utilizar uma solução aquosa de cloreto de sódio (NaCl) a uma concentração de 3%, na qual todos os componentes da célula serão imersos, conforme Figura 10.15.

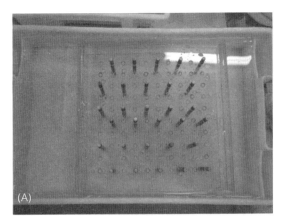

Figura 10.15. Célula eletroquímica montada para a medida do potencial de corrosão das barras de aço. (A) Imersa em solução de NaCl 3% e (B) medida do potencial das barras.

As barras devem permanecer imersas na solução (3% de NaCl) por 72 horas, para que seja formado, na superfície, o filme de óxidos resultantes do processo de corrosão. Após esse período, o eletrodo de referência foi parcialmente imerso na solução aquosa e, conforme mostrado na Figura 10.15B, efetuou-se a medida do potencial das barras.

Esse procedimento objetiva detectar irregularidades e não uniformidades nas barras que pudessem provocar comportamentos diferenciados quando estas fossem submetidas a um processo corrosivo[25]. Dessa forma, sugere-se que as barras escolhidas sejam aquelas cujos potenciais medidos difiram, no máximo, em 2% do valor médio obtido.

As barras escolhidas devem ser limpas com água destilada, sem escovação, para tirar o depósito de NaCl presente em sua superfície e, a seguir, serem colocadas em acetona durante dois minutos.

Após pesagem das barras escolhidas, faz-se a delimitação com fita isolante da área na barra a ser exposta ao ataque do agente agressivo (como pode ser visto nas Figuras 10.16A e 10.16B). As barras foram posicionadas de forma que a área exposta estivesse localizada na região central dos corpos de prova, como pode ser visto na Figura 10.16D.

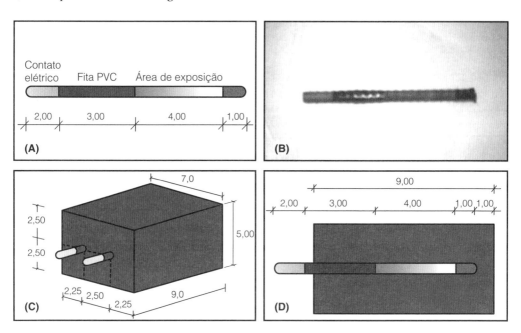

Figura 10.16. (A) e (B) Esquema da delimitação da área de exposição da barra; e (C) e (D) posicionamento da barra no corpo de prova (adaptado de SANTOS[25]).

Os corpos de prova devem ser moldados e, após 24 horas, desmoldados. Fios flexíveis devem ser conectados às barras e envolvidos em fita isolante (Figuras 10.17A e 10.17B), para a realização das medidas eletroquímicas. Em seguida, a face superior dos corpos de prova deve ser revestida com resina epóxi (Figura 10.17C) para garantir a proteção da parte externa das barras e para a delimitação da superfície de exposição do concreto.

Figura 10.17. (A) Conexão dos fios de cobre para a realização de medidas eletroquímicas; (B) isolamento com fita; e (C) revestimento com resina epóxi.

A célula eletroquímica utilizada para as medidas do potencial de corrosão é composta pelo eletrodo de trabalho, a barra de aço do corpo de prova prismático e o eletrodo de calomelano saturado, utilizado como eletrodo de referência.

Antes da realização das medidas, é necessário pré-umidificar a face dos corpos de prova, por meio do seu posicionamento durante um minuto sobre uma esponja molhada (Figura 10.18A). O umedecimento dessas esponjas pode ser feito com uma solução condutora, contendo 5 mL de detergente neutro para um litro de água potável, de acordo com a ASTM C-876/91 *(Standard test method for half-cell potentials of uncoated reinforcing steel in concrete)*. A solução, geralmente, apresenta condutividade igual a 0,15 ± 0,05 mS/cm.

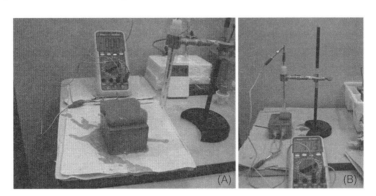

Figura 10.18. Célula eletroquímica utilizada para a medida do potencial de corrosão das barras. (A) Colocação da esponja para umedecimento superficial e (B) medida do potencial de corrosão da armadura no concreto, utilizando uma esponja umedecida como contato.

Para a realização das medidas, o eletrodo de referência é posicionado sobre a barra que está sendo analisada, aproximadamente no centro da área de exposição da barra. O contato entre o eletrodo de referência e o corpo de prova é feito por meio de uma esponja umedecida (Figura 10.18B).

Sugere-se que o ensaio de corrosão seja iniciado após 63 dias, quando os corpos de prova apresentam constância de massa (variação de 1 g em leituras consecutivas de 24 h) e quando o potencial de corrosão medido indica a formação do filme passivo na superfície das barras de aço utilizadas (E_{cor} > -0,124 V). Esse valor de referência corresponde a uma possibilidade inferior a 10% de ocorrência da corrosão, segundo a ASTM C 876/91, para o eletrodo de calomelano saturado, conforme apresentado na Tabela 10.8

Após o término do ensaio, as armaduras são extraídas dos corpos de prova e limpas, conforme preconiza a ASTM G-1/03 *(Standard practice for preparing, cleaning, and evaluatingcorrosion test specimens)*. Após limpeza, elas são pesadas, para avaliação da perda de massa devido à corrosão.

Assim, a taxa de corrosão foi calculada utilizando-se a Equação 10.6.

$$TC = \frac{K.W}{A.T.D} \tag{10.6}$$

Em que "K" é uma constante (para TC (μm/ano), K = 8,76.10^7; para TC (g/m².ano), K = 8,76.10^7.D); W é a perda de massa (g); A" é a área de exposição (cm²); T é o tempo de exposição (h); e D a densidade (para o aço CA-50, D é igual a 7,85 g/cm³).

A Figura 10.19 apresenta um resultado típico de potencial de corrosão, obtido pelo "método de envelhecimento por ciclos". Durante os primeiros 63 dias, os corpos de prova não foram submetidos a ciclos de secagem e umedecimento em solução de NaCl, até que se atingisse o "potencial de segurança", igual a -124 mV, e os testes foram interrompidos quando atingido o "potencial de insegurança" (-274 mV), em duas medidas consecutivas para o estado seco.

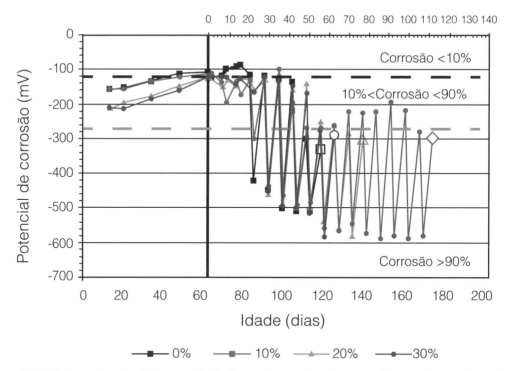

Figura 10.19. Evolução do potencial de corrosão das barras de armadura dos corpos de prova de concreto, em função da idade, obtidos pelo método de envelhecimento por ciclos.

Como uma característica do procedimento de ensaio adotado, nota-se que o potencial de corrosão das barras mostra uma variação durante todo o ensaio, com valores mais negativos ou menos negativos, em função do semiciclo ao qual o corpo de prova foi submetido. Os valores de potencial de corrosão menos negativos são verificados após os ciclos de secagem, pois, devido à redução do volume de eletrólito, ocorre o aumento das concentrações das substâncias dissolvidas e, de acordo com a equação de Nernst, o potencial de equilíbrio aumenta com o aumento da atividade, isto é, das concentrações efetivas das substâncias oxidadas.

Estudos desenvolvidos por SANTOS[25] confirmam esse comportamento e mostram uma correlação inversamente proporcional entre o potencial de corrosão e o teor de umidade do concreto, significando que o aumento do teor de umidade implica a diminuição do potencial de corrosão medido nas barras.

Como descrito anteriormente, sugere-se que os testes sejam interrompidos quando o "potencial de insegurança" for atingido para amostras no estado seco. Os resultados provenientes desse ensaio apontam apenas para o início do processo corrosivo sem, contudo, dar informações quantitativas do fenômeno. No entanto, alguns estudos[17] mostram que não existe uma relação entre o tempo de despassivação da armadura e a taxa de corrosão, isto é, a barra pode iniciar o processo corrosivo mais cedo, mas, a partir desse momento, apresentar taxa inferior.

Para concretos completamente molhados, como são os mergulhados em água, os potenciais são normalmente mais negativos (devido a fenômenos de polarização catódica). Entretanto, tal fenômeno não significa maior atividade do aço, já que o acesso do oxigênio à armadura está obviamente limitado pela maior dificuldade de difusão desse oxigênio na água que preenche os poros do concreto e, por isso, a reação catódica está também limitada.

Na literatura especializada ocorrem controvérsias na justificativa dos fenômenos que envolvem os resultados obtidos pelo potencial de corrosão. Contudo, parece ponto comum o entendimento de que essa técnica isoladamente é insuficiente e deve estar sempre acompanhada de alguma técnica que determine quantitativamente a cinética de corrosão das barras[60,61].

A Figura 10.20 apresenta uma correlação obtida experimentalmente entre os resultados de resistividade elétrica e a taxa de corrosão obtida por meio da técnica de potencial de corrosão pelos métodos de envelhecimento por ciclos e por envelhecimento artificial em névoa salina (*salt spray*)[17].

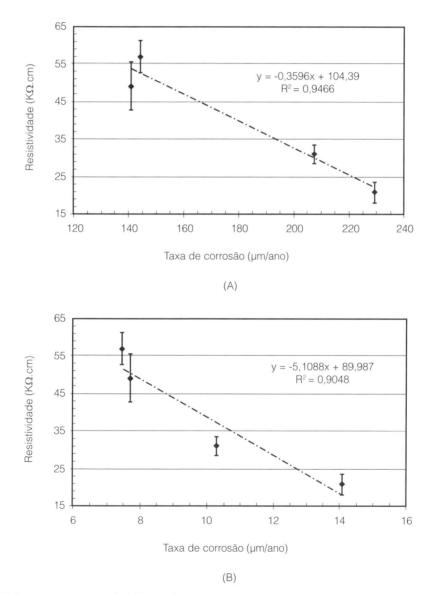

Figura 10.20. Correlação entre a resistividade elétrica e a taxa de corrosão obtida por meio da técnica de potencial de corrosão pelos métodos de envelhecimento (A) por ciclos e (B) por névoa salina.

Como observado, existe uma correlação inversamente proporcional entre a resistividade elétrica e a taxa de corrosão, ratificando o princípio de que uma maior resistividade está associada a uma menor taxa de corrosão. Os coeficientes de correlação (R^2) são bastante satisfatórios (0,9466 e 0,9048).

A Figura 10.21 mostra a correlação entre os coeficientes de difusão e a taxa de corrosão obtida por meio da técnica de potencial de corrosão pelos métodos de envelhecimento por ciclos e por névoa salina.

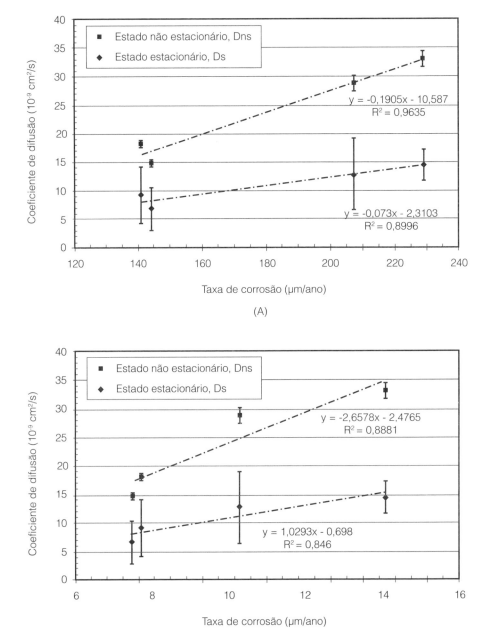

Figura 10.21. Correlação entre os coeficientes de difusão e a taxa de corrosão obtida por meio da técnica de potencial de corrosão pelos métodos de envelhecimento (A) por ciclos e (B) por névoa salina.

Capítulo 10 Uso de técnicas de avaliação e monitoramento da corrosão em estrutura...

Observa-se uma correlação diretamente proporcional entre os coeficientes de difusão e a taxa de corrosão, confirmando que uma maior penetração de íons cloreto proporciona uma maior taxa de corrosão. Os coeficientes dessa correlação também foram bastante satisfatórios (entre 0,8460 e 0,9635).

Em laboratório e em condições muito controladas, como as apresentadas nesses resultados, é possível estabelecer as relações concretas entre os valores do potencial e a velocidade de corrosão[62,63]. No entanto, também é possível[64], para um mesmo intervalo de potenciais obterem-se velocidades de corrosão absolutamente distintas. Essa contradição explica o risco da prática comum de relacionar a velocidade de corrosão com os potenciais de corrosão. Os potenciais são medições termodinâmicas das reações de corrosão e não medições de velocidades de corrosão. Além disso, os potenciais eletroquímicos são medidos em condições muito bem definidas e de equilíbrio químico, o que não acontece nas reações de corrosão.

A medição do potencial elétrico entre uma referência e a armadura representa a diferença de potencial entre zonas anódicas ou catódicas e essa referência. Não traduz, por isso, a diferença de potencial (ddp) entre o ânodo e o cátodo e, por essa razão, a medição de potencial relativamente a uma referência muitas vezes não pode ser relacionada com a velocidade de corrosão do metal.

Quanto à aplicação da técnica em campo também não há regras definidas quanto à malha de medição, ou seja, não se indica qual deverá ser o espaçamento mínimo entre dois pontos de medição consecutivos para se ter uma ideia exata das zonas ativas e passivas.

Por tudo isso, considera-se que as informações fornecidas por essa técnica não são suficientes para se caracterizar completamente o estado de corrosão da estrutura e, por isso, devem ser utilizadas outras técnicas complementares[65].

10.4.2. Espectroscopia de impedância eletroquímica

A técnica de impedância parte do pressuposto que um determinado circuito elétrico mais ou menos elaborado pode representar o comportamento do aço dentro do concreto.

A espectroscopia de impedância eletroquímica (EIE) é uma técnica poderosa para a caracterização de uma grande variedade de sistemas eletroquímicos e para a determinação da contribuição de processos individuais de eletrodo ou eletrólito nesses sistemas. Pode ser usada para investigar a dinâmica de cargas ligadas ou móveis nas regiões de volume ou de interface de qualquer tipo de material líquido ou sólido.

Segundo MONTEMOR[59], a impedância de um circuito elétrico representa o nível de dificuldade pelo qual um sinal elétrico (potencial ou corrente) enviado a esse circuito encontra ao percorrê-lo. É uma combinação de elementos passivos de um circuito elétrico: resistência, capacitância e indutância.

Pode-se dizer que o princípio dessa técnica consiste em aplicar um sinal alternado de pequena amplitude (5 a 20 mV) a um eletrodo (armadura) inserido num eletrólito (concreto). Compara-se, então, a perturbação inicial (aplicada) com a resposta do eletrodo, pela medida da mudança de fase dos componentes de corrente e voltagem e pela medida de suas amplitudes. Isso pode ser feito nos domínios de tempo ou nos domínios de frequência, utilizando-se um analisador de espectro ou um analisador de resposta de frequência, respectivamente. É importante salientar que a perturbação inicial é uma perturbação de potencial (ΔE), do tipo senoidal, que deve ser imposta no estado estacionário do sistema, e a resposta do eletrodo é uma corrente (ΔI), também senoidal, porém, com uma diferença de fase Φ em relação ao sinal aplicado[47]. Portanto, a impedância, que se representa por Z, mede a relação entre ΔE e ΔI.

A espectroscopia de impedância eletroquímica (EIE) é uma técnica que trabalha no domínio de frequência. O conceito básico envolvido em EIE é que uma interface pode ser vista como uma combinação de elementos de circuito elétricos passivos, isto é, resistência, capacitância e indutância. Quando uma corrente alternada é aplicada a esses elementos, a corrente resultante é obtida usando a Lei de Ohm.

Para o sistema de aço/concreto é possível obter informação sobre vários parâmetros, como presença de filmes de superfície, características do concreto, corrosão interfacial e fenômenos de

transferência de massa. Porém, a interpretação dos resultados pode ser uma tarefa difícil, e a necessidade de um circuito equivalente, que pode mudar conforme as condições do aço, torna a técnica mais satisfatória para estudos de laboratório[59]. As principais vantagens dessa técnica são:
- Fornece informações sobre a cinética do processo, pela velocidade de corrosão.
- Técnica precisa e reprodutiva, apropriada para ambientes de alta resistividade, como é o caso do concreto.
- Fornece dados a respeito do mecanismo de controle eletroquímico, indicando se o processo corrosivo se dá por ativação, concentração ou difusão.
- Caracteriza o estado da armadura e a morfologia da corrosão.
- Técnica não destrutiva e não perturbativa, uma vez que sinais aplicados são de pequena amplitude, de forma que o potencial de corrosão não é alterado.
- Permite o acompanhamento da evolução do estado passivo ou ativo ao longo do tempo.

10.4.2.1. Interpretação dos resultados

A interpretação das medidas de EIE geralmente é feita pela correlação dos dados de impedância com um circuito elétrico equivalente, que representa os processos físicos que estão ocorrendo no sistema em investigação ou por meio de gráficos.

O gráfico $Z = Z' + jZ''$, parte real e parte imaginária, respectivamente, medido a diferentes frequências, é chamado diagrama de "Nyquist", diagrama de impedância ou espectro de impedância. A outra representação é chamada "Diagrama de Bode", que apresenta o logaritmo do módulo da impedância $(\log|Z|)$ e o deslocamento de fase como função do logaritmo da frequência.

O diagrama de Nyquist, também conhecido como representação de Argand ou Colo-Cole, consiste em uma série de pontos, cada um representando a grandeza e a direção do vetor de impedância para uma frequência em particular[66]. O diagrama é um plano complexo (real imaginário) de coordenadas cartesianas, em que se tem, na abscissa, a parte real (termos resistivos) e, na ordenada, a parte imaginária (termos capacitivos ou indutivos). Os dados de impedância, representados no plano cartesiano sob uma larga variação de frequência (100 KHz a 10 MHz; em geral 10 KHz a 10^{-4} Hz), geram configurações típicas, de acordo com o mecanismo eletroquímico predominante. A Figura 10.22 mostra um diagrama de Nyquist típico, acompanhado se seu circuito equivalente.

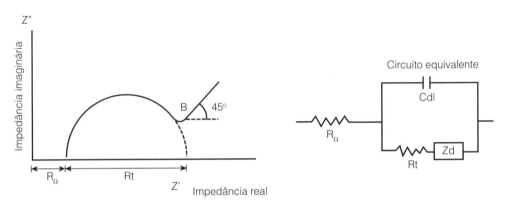

A = Região de altas frequências (100 a 70kHz)
B = Região de baixas frequências (10^{-3} a 10^{-4}Hz)

Figura 10.22. Diagrama de Nyquist, com seu circuito equivalente, mostrando o efeito da impedância difusional (SILVERMAN *apud* FREIRE[112]).

Uma vez construído o diagrama de Nyquist, faz-se a extrapolação da parte direita do semicírculo até encontrar o eixo horizontal. O diâmetro do semicírculo é a resistência à transferência de carga R_t, equivalente à resistência de polarização (R_p)[47]. Assim, quanto maior o diâmetro deste semicírculo, maior a resistência R_p e, consequentemente, menor a taxa de corrosão[62].

Uma das dificuldades da impedância nitidamente evidenciada no diagrama de Nyquist diz respeito à caracterização de uma armadura essencialmente passiva. Nesse estado, a transferência de carga ao longo da armadura, que denota um processo de corrosão, é muito pequena. Sendo assim, os semicírculos ou arcos capacitivos de transferência de carga na dupla camada elétrica são pobremente desenvolvidos, prejudicando a interpretação de dados[47].

O diagrama de Bode (Figura 10.23) consiste em um plano de eixos ortogonais, nos quais se têm, no eixo das ordenadas, duas grandezas: o logaritmo da impedância ($\log|Z|$) em ohms (Ω) e o ângulo de fase (Φ) em graus; e no eixo das abscissas, tem-se o logaritmo da frequência angular ($\log\omega$), com ω em radianos por segundo (rad/s). Pode-se também representar as abscissas pelo logaritmo da frequência ($\log f$), com f em Hertz. Com a configuração $\log\omega$ *versus* $|Z|$ pode-se determinar R_Ω e R_t (ou R_p), de acordo com a Figura 10.22; e por meio do gráfico de ângulo da fase versus $\log\omega$, é possível a determinação da capacitância da dupla camada elétrica C_{dl}, sabendo-se que:

$$Rp = 2.|Z|.tg\, \Phi_{max} \qquad (10.7)$$

$$\omega_{\phi_{máx}} = \frac{1}{C_{dl}.R_P.(1+R_P/R_\Omega)^{1/2}} \qquad (10.8)$$

Sendo ϕ_{max} o ângulo de fase máximo da impedância do sistema, $\omega_{\phi max}$ a frequência angular correspondente ao ϕ_{max} e $|Z|$ o módulo de impedância correspondente ao ϕ_{max}.

No diagrama de Bode distingue-se claramente a região de alta frequência (Figura 10.23A, região A), caracterizada pela presença de películas de passivação e outros tipos de revestimento sobre a armadura, a região de frequência média (Figura 10.23A, região B), que reflete a mudança de condutividade elétrica do revestimento durante exposição em meio corrosivo e, finalmente, a região de baixa frequência (Figura 10.23A, região C), onde a reação de corrosão na interface metal/revestimento pode ser estudada[47].

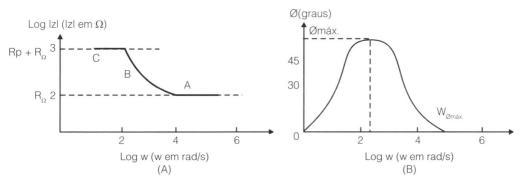

Figura 10.23. Diagrama de Bode representando a impedância (módulo e ângulo de fase) de um sistema eletroquímico de corrosão em função da frequência angular[63].

10.4.2.2. Circuitos equivalentes

Um dos maiores problemas em se utilizar circuitos equivalentes é decidir qual circuito equivalente específico, entre tantas possibilidades, deverá ser utilizado.

Um processo corrosivo envolve, simultaneamente, diversos processos físicos e, portanto, o seu circuito equivalente será composto por diferentes elementos de circuito. Contudo, de um processo para outro, os elementos de circuito podem variar também a forma com que os mesmos são interconectados. Na Tabela 10.9 é mostrada a correlação entre processos físicos e elementos de circuito elétrico usados na EIE.

Tabela 10.9. Correlação entre os processos físicos e os elementos de circuito elétrico[67]

Processo físico	Elemento de circuito
Transferência de carga	Resistores R_e e R_p
Dupla camada elétrica	Capacitor, C_{dl}
Camadas superficiais dielétricas (revestimentos orgânicos e óxidos)	Capacitor, C
Adsorção	Pseudocapacitor, C_w, e resistor, R
Transporte de massa	Pseudocapacitor, C_w, e pseudorresistor, R_w

Um dos precursores do uso da EIE para monitorar corrosão em concreto armado foi JOHN et al.[67]. Esses autores propuseram o circuito descrito na Figura 10.24 e aplicaram EIE em amostras de concreto imersas em água do mar. A resposta de impedância na baixa frequência foi relacionada com o processo de transferência de carga, considerando que a resposta em altas frequências foi designada à presença de um filme de superfície.

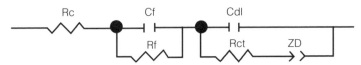

Figura 10.24. Circuito equivalente para concreto proposto por JOHN et al.[68]. Rc = resistência do concreto; Rct e Cdl = resistência de transferência de carga e capacitância de dupla camada; Rf e Cf = resistência e capacitância do filme; Zd = impedância difusional.

Outra alternativa para a interpretação do sistema aço/concreto foi proposta por MACDONALD et al. apud FREIRE[112]. Os autores descreveram a resposta de sistema baseados em um modelo de linhas de transmissão como mostrado na Figura 10.25, onde R: resistência barra/segmento; Ri: resistência concreto/segmento; Zj: impedância interfacial segmento barra/concreto.

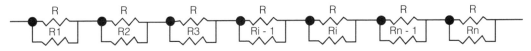

Figura 10.25. Modelo de linhas de transmissão descrito para concreto armado proposto por MACDONALD et al. apud FREIRE[112].

Esse modelo assume que as propriedades elétricas de aço e concreto são puramente resistivas, com a resistividade do concreto sendo dependente da posição devido à não homogeneidade da matriz. Por outro lado, o modelo assume que a interface é reativa devido à existência de capacitor, pseudocapacitor e componentes difusionais. Os modelos mostram que a parte real e a parte imaginária da resposta de impedância e o ângulo de fase a baixas frequências permitem detectar e localizar a corrosão.

DHOUIBI-HACHANI et al.[68] propuseram outra aproximação mostrada na Figura 10.26, que inclui os itens seguintes: (i) produtos formados diretamente na superfície do aço; (ii) produtos que são o resultado de reação entre produtos de corrosão e a pasta de cimento; e (iii) o tamanho da cobertura de concreto.

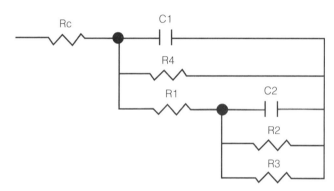

Figura 10.26. Circuito equivalente para o concreto proposto por DHOUIBI-HACHANI *et al.*[69].

O modelo mostra um bom acordo entre os dados experimentais e os diagramas de Nyquist calculados, onde C_1 e R_4 = capacitância e resistência de dispersão (dependente da frequência); C_2 e R_2 = capacitância e resistência de dispersão devido à homogeneidade dos produtos na superfície do metal; Rc = resistência do concreto; R_1 = resistência dos produtos formados na armadura; R_3 = resistência da interface aço/concreto.

Às vezes, apesar do desenvolvimento crescente na interpretação dos espectros de EIE, eles revelam a presença de características difíceis de explicar. Estas incluem: presença de ramos de baixa frequência, semicírculos deslocados e efeitos de altas frequências. O primeiro efeito conduziu à introdução de um elemento de Warburg (W) em série com a resistência de transferência de carga por causa das respostas dos processos faradáicos que acontecem na interface. Esses efeitos explicam por que o estado estacionário às vezes não pode ser alcançado com técnicas de DC convencionais, até mesmo depois de muito tempo de espera. Eles também explicam as longas constantes de tempo observadas nos espectros de impedância a baixas frequências e a necessidade para extrapolar os valores da resistência de polarização[59].

A presença de semicírculos deslocados sugere um comportamento não ideal do capacitor, conduzindo à introdução do elemento de fase constante (CPE) nos circuitos equivalentes. SAGUES et al.[69] introduziram esse elemento em sistemas que exibem processos de polarização simples. Eles concluíram que alguma melhoria é obtida se o CPE é usado em vez de um capacitor ideal. Em outro trabalho, FELIU et al.[70] propuseram um sistema mais complexo e introduziram um CPE e parâmetros difusionais no circuito equivalente, como mostrado na Figura 10.27. Isso conduziu a um aumento na precisão da determinação da resistência de polarização quando isso era possível.

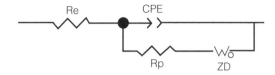

Figura 10.27. Circuito equivalente com introdução de CPE. Re = resistência do eletrólito; Rp = resistência de transferência de carga; CPE = elemento constante de fases; ZD = difusão Warburg.

O circuito equivalente proposto por Randles, na Figura 10.28A, tem uma larga aplicação em muitos sistemas eletroquímicos. Nele, R_e representa a resistência da solução e do filme do produto de corrosão, que também é conhecido, segundo SAGUES *et al.*[69], como a resistência ôhmica do eletrólito entre o ponto sensitivo de voltagem do eletrodo de referência e a interface eletrodo/eletrólito. R_t e C_{dl} representam a interface de corrosão: C_{dl} é a capacitância da dupla camada elétrica resultante de íons e moléculas de água adsorvidos, devido à diferença de potencial entre eletrodo em corrosão e a solução (ou eletrólito) e R_t é a resistência à transferência de carga, que determina a taxa da reação de corrosão e é uma medida da transferência de cargas elétricas por meio da superfície do eletrodo. Em um sistema controlado por ativação, R_t é a parcela medida pela técnica de resistência de polarização, isto é, R_t equivale a R_p.

Em estudo recente, MARTÍNEZ e ANDRADE[71] adicionaram duas constantes de tempo RC, utilizadas quando necessário, como pode ser verificado na Figura 10.28B.

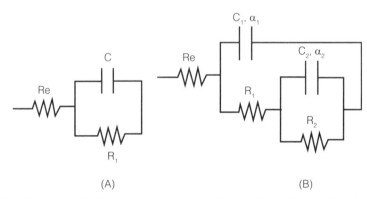

Figura 10.28. (A) Circuito equivalente simples do tipo Randles e (B) circuito Randles modificado com duas constantes de tempo[72].

Para a interface aço/concreto, o circuito equivalente não é tão simples como o circuito de Randles. O modelo proposto por CRENTSIL *apud* MACHADO[113] relaciona um semicírculo em altas frequências às propriedades do concreto. O segundo semicírculo, em frequências intermediárias, é atribuído à formação de produtos de corrosão. Em baixas frequências, a presença de um semicírculo e uma reta com inclinação característica igual a um envolve a sobreposição dos dois efeitos.

Ainda segundo MACHADO[113], o semicírculo reflete o efeito da cinética de corrosão e a reta relaciona a difusão de oxigênio através da camada de óxido, representada por um elemento de Warburg (W). A Figura 10.29 mostra a representação esquemática dessa interface aço/concreto, o circuito elétrico equivalente e o correspondente diagrama de Nyquist.

(A)

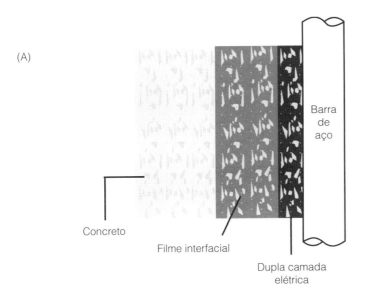

(B)

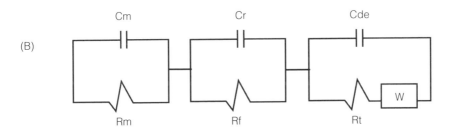

(C)

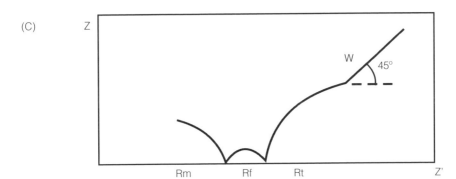

Figura 10.29. Representação esquemática de (A) interface aço/concreto; (B) circuito elétrico equivalente (m = matriz e f = filme); e (C) diagrama de Nyquist correspondente[113].

Assim, podem-se associar essas três regiões do diagrama às propriedades relativas à argamassa (matriz, m), ao filme interfacial (camada de $Ca(OH)_2$) e a uma região de interface, com transferência de cargas e capacitância da dupla camada (interface solução intersticial/aço).

De forma simplificada, podem-se identificar três faixas de frequências, em que diferentes processos apresentam uma resposta de impedância[113]:
- Altas frequências (MHz – KHz): o eletrólito apresenta uma resposta. As capacitâncias são da ordem de pF/cm². Mais de uma constante de tempo pode aparecer devido ao grau de umidade do concreto e aos diferentes constituintes das fases sólidas.
- Médias frequências (KHz – Hz): os processos faradáicos apresentam uma resposta. As capacitâncias típicas são da ordem de µF/cm². Pode-se encontrar mais de uma constante de tempo quando existe ataque localizado. O concreto carbonatado produz um achatamento do semicírculo nos diagramas de Nyquist.
- Baixas frequências (Hz – µHz): as reações redox $Fe^{2+} \leftrightarrow Fe^{3+}$ podem ocorrer, dependendo do potencial. As capacitâncias medidas são da ordem de mF/cm². Fenômenos de difusão podem aparecer através da camada passiva.

Com base nessas frequências citadas, CHRISTENSEN et al.,[72,73] propuseram uma correlação entre o fenômeno de corrosão e o circuito equivalente e que é bastante aceita em diversas pesquisas. O circuito equivalente proposto por esses autores é apresentado na Figura 10.30.

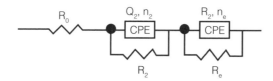

Figura 10.30. Circuito equivalente típico proposto por CHRISTENSEN *et al.*[73].

O diagrama equivalente, apresentado na Figura 10.30, está associado a uma resistência "offset aparente" (R_0) em série com a rede de concreto (R_2Q_2) e conectada, também em série, ao eletrodo (R_eQ_e). Esses elementos são mais bem visualizados pelo diagrama de Nyquist apresentados na Figura 10.31.

As variáveis mostradas na Figura 10.31 podem ser interpretadas como:
- Resistência do eletrodo (R_e): a resistência do eletrodo (no caso, a armadura) é representada pelo raio do semicírculo que se apresenta nas regiões de baixa frequência. A princípio, quanto menor esse raio, maior a corrosão.
- Resistência da matriz de cimento (R_b): este valor é facilmente detectado dos espectros de impedância, correspondendo à intersecção entre os arcos referentes ao eletrodo e ao corpo de cimento propriamente dito.
- Resistência offset (R_0): é uma resistência "de partida", sem muito interesse para o processo e sem significado físico aparente. Em termos práticos, pode ser desprezado, considerando-se $R_b = R_0 + R_2$.
- Ângulo de depressão (θ): muitas vezes expresso pelo fator de depressão do arco, n (n = 1 - (2θ/π)), está relacionado com as imperfeições do corpo de prova, predominantemente, com a distribuição de tamanho de poros. Quanto mais próximo de zero (n próximo de 1), se comporta como um capacitor perfeito no sistema.

Como se pode observar, existe uma infinidade de circuitos equivalentes propostos e que se adequam às diferentes formas de avaliar os diferentes materiais utilizados na produção do concreto e é uma árdua tarefa determinar um circuito equivalente que atenda completamente a todos os fenômenos observados no processo corrosivo.

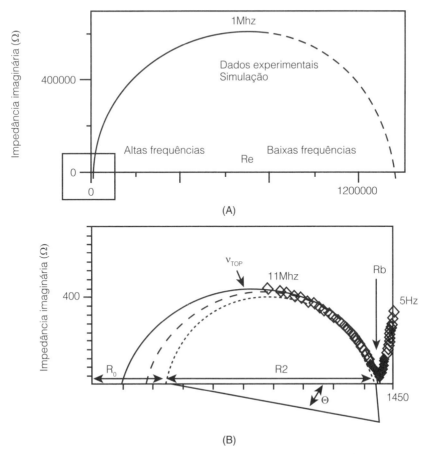

Figura 10.31. (A) Diagrama de Nyquist proposto para o concreto armado e (B) ampliação da região de alta frequência do diagrama anterior.

10.4.2.3. Análise dos resultados

A análise dos resultados de EIE em amostras de concreto armado é de alta complexidade, devido à sobreposição de arcos provenientes de fenômenos simultâneos e a ruídos da medida, associados, evidentemente, à heterogeneidade das amostras e que dificultam de forma considerável sua análise.

Devido a essas dificuldades, RIBEIRO e ABRANTES[74] propuseram uma nova forma de análise que tem sido bem aceita no meio técnico-científico. A teoria de base diz que os processos têm uma frequência angular de relaxação característica, w (a partir da qual deixam de responder) e que é dada por w = 1/RC e que também pode ser lida graficamente no topo do arco do espectro de impedâncias[75,76]. Assim, é possível associar os arcos a serem analisados com as capacitâncias e frequências típicas de cada um dos fenômenos.

Dessa forma, isolam-se os arcos identificados e relacionados com cada um dos fenômenos e faz-se uma análise local, melhorando, assim, a precisão. Estratégia semelhante havia sido adotada em seus estudos por VERMOYAL et al.[75]. Para tal, utilizou-se o circuito simplificado apresentado na Figura 10.32.

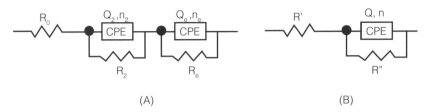

Figura 10.32. Circuitos elétricos equivalentes propostos para a interface aço-concreto, segundo (A) análise geral e (B) análise por arcos individualizados (circuito simplificado).

Quando os arcos são analisados isoladamente e fitados segundo o circuito elétrico simplificado (Figura 10.32B), têm-se como resultados, além da resistência do arco em questão (R″), os valores do elemento de fase constante (CPE), Q, e do índice "n" que mede a perfeição desse elemento, variando entre 0 e 1 e sendo mais próximo do valor unitário à medida que o CPE se aproxima de um capacitor perfeito, C[62,71,77]. Assim pode-se calcular a capacitância característica, C, de acordo com a Equação 10.9.

$$C = Q^{\frac{1}{n}} . R^{\frac{1-n}{n}} \qquad (10.9)$$

Já a frequência característica (f) associada a essa capacitância característica é calculada, em Hertz, de acordo com as Equações 10.10 e 10.11, sendo w = 1/RC[62,76]. Os valores de capacitâncias e frequências características são apresentados na Figura 10.33.

$$f(Hz) = \frac{w}{2\pi} \qquad (10.10)$$

$$f(Hz) = \frac{1}{2\pi . R . C} \qquad (10.11)$$

Observando-se a correlação entre as capacitâncias e frequências características, calculadas para cada um dos fenômenos, é possível agrupá-las como:
- Baixas frequências: na faixa de 1 MHz a 10 Hz (10^{-3} a 10 Hz), correspondem à resistência do eletrodo (R_e), logo, estão associadas ao fenômeno de corrosão. A capacitância característica desta faixa está compreendida entre 10^{-6} e 10^{-3} F/cm².
- Médias frequências: na faixa de 100 Hz a MHz (10^2 a 10^6 Hz), correspondem à resistência do concreto (R_2), estando associadas às características da matriz que envolve e protege a armadura. A capacitância característica desta faixa está compreendida entre 10^{-9} e 10^{-6} F/cm².
- Altas frequências: superiores à faixa dos MHz (> 10^6 Hz), estão associadas à resistência *offset* (R_0), de pequena relevância e valores desprezíveis nesse estudo.

Segundo alguns estudos realizados[62,78], a armadura está em processo de corrosão à medida que há o fechamento do semicírculo formado a baixas frequências, observado no diagrama de Nyquist. Assim, quanto menores os valores de R_e, mais acentuado é o processo corrosivo e a resistência do eletrodo típica de um processo corrosivo considerável é da ordem de KΩ.

Capítulo 10 Uso de técnicas de avaliação e monitoramento da corrosão em estrutura... 329

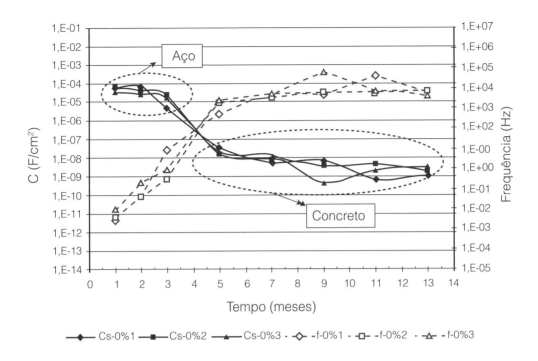

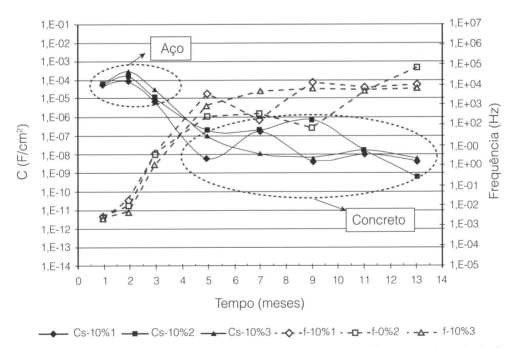

Figura 10.33. Exemplos de correlação entre as capacitâncias e frequências características de cada um dos fenômenos observados via EIE, para as amostras de concreto armado.

10.4.3. Ruídos eletroquímicos

O ruído eletroquímico é uma técnica recente para avaliar o estado de corrosão de estruturas de concreto armado. O princípio baseia-se no fato de que existem flutuações no potencial de corrosão ou na densidade de corrente ao longo do tempo que podem ser relacionadas com o início e com o desenvolvimento do estado corrosivo[79]. Esses impulsos, principalmente no caso de corrosão localizada, são gerados espontaneamente durante o processo corrosivo e podem permitir identificar o tipo de corrosão e a velocidade do processo corrosivo[80].

Do ponto de vista técnico, o monitoramento deve ser contínuo, com um equipamento de elevada sensibilidade, medindo aleatoriamente as flutuações do potencial ou da intensidade de corrente entre dois vergalhões ao longo do tempo.

Segundo BERTOCCI *apud* KEARNS[81], apesar de promissora, essa técnica é ainda pouco utilizada, embora seus resultados possam ser relacionados com outras técnicas, por exemplo, a de resistência à polarização linear e impedância eletroquímica.

10.4.4. Ruído ou emissão acústica

A técnica relaciona a emissão de ondas sonoras com o aparecimento do processo corrosivo na armadura do concreto. A energia sonora é emitida quando a expansão dos produtos de corrosão formados à superfície do aço provoca a fissuração interna do concreto. À medida que a expansão dos produtos de corrosão aumenta, por terem menor densidade que o metal, o concreto vai fissurando. A cada acontecimento desse tipo, ocorre a emissão de energia acústica com maior ou menor amplitude em função das características mecânicas do material[82].

O monitoramento da emissão acústica necessita de equipamento complexo como transdutores (sensores que transformam a energia sonora em elétrica), amplificadores e um software para tratamento os sinais recebidos.

Para a análise do ruído são medidos vários fatores característicos das ondas sonoras, como o número de picos e a sua duração (*average frequency*) e a relação entre a amplitude e o tempo de subida entre o início e o fim de cada pico (*rise time*)[83].

A utilização dessa técnica permite determinar, com exatidão, o início do processo corrosivo na armadura e, posteriormente, a fissuração do concreto adjacente. Vários estudos indicam uma boa concordância entre o aumento da emissão de energia acústica e o início do processo corrosivo[84], conforme verificado na Figura 10.34. A técnica não permite, no entanto, a determinação da velocidade do processo corrosivo.

10.4.5. Resistência à polarização linear (LPR)

Como foi visto anteriormente, uma das deficiências da técnica de medição do potencial de corrosão da armadura é a falta de dados que representem, quantitativamente, a cinética da corrosão. Assim, a resistência à polarização linear é, possivelmente, o método mais empregado para a medição da velocidade de corrosão instantânea, permitindo estimar a perda de massa da armadura de aço em um dado intervalo de tempo.

O método de obtenção das curvas de polarização foi uma das primeiras técnicas eletroquímicas a serem efetivamente empregadas em corpos de prova de aço, em concreto, para análise do processo corrosivo[79].

A técnica consiste em registrar a corrente elétrica, à medida que se aplica um sobrepotencial em torno do potencial de equilíbrio de um sistema de corrosão. Ou seja, a técnica registra as relações corrente-potencial de um sistema, a partir de condições controladas. As curvas de polarização são uma associação entre sobrepotencial (ou sobretensão, η) *versus* densidade de corrente (i, ou logaritmo da densidade de corrente, log i).

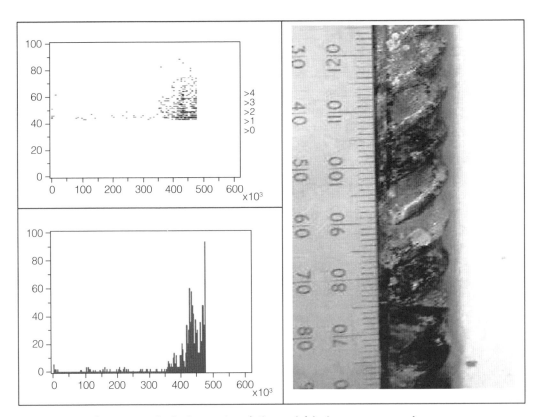

Figura 10.34. Relação entre a emissão de energia acústica e o início do processo corrosivo.

Do ponto de vista teórico basta medir a corrente gerada pela reação anódica (Equação 10.12) e consumida pela reação catódica mais frequente (Equação 10.13).

$$Fe \rightarrow Fe^{2+} + 2e^- \tag{10.12}$$

$$H_2O + 1/2 O_2 + 2e^- \rightarrow 2OH^- \tag{10.13}$$

A seguir, deve-se converter essa intensidade de corrente em massa de ferro, dissolvida por meio da Lei de Faraday (Equação 10.14).

$$m = \frac{M.I.t}{n.F} \tag{10.14}$$

Em que m, é a massa de ferro perdida, M a massa molar do ferro (56 g), I a intensidade de corrente (medida em Ampères), t o tempo em segundos, n a carga elétrica transferida (número de elétrons), e F a constante de Faraday (96.500 C).

A técnica consiste em determinar, relativamente a uma referência, o potencial elétrico de corrosão da armadura (E_{corr}) em um determinado instante e, a partir desse valor, polarizar o aço, através de um eletrodo auxiliar, anódica e catodicamente com uma velocidade de polarização muito baixa. O princípio, segundo CASCUDO *apud* ALMEIDA[114], pode ser entendido da seguinte forma: quando uma amostra metálica está em meio corrosivo, ela assume um potencial de equilíbrio (em relação a um eletrodo de referência), conhecido como potencial de corrosão (E_{corr}). Nesse potencial, a amostra apresenta correntes anódicas e catódicas de igual magnitude em sua superfície, indicando que a corrente total resultante é nula. A técnica de polarização consiste em aplicar sobretensões em relação ao E_{corr}, tanto no sentido anódico (valores de potenciais mais positivos que o E_{corr}), como no sentido catódico (valores de potenciais mais negativos que o E_{corr}).

Em geral, a curva de polarização é traçada em relação aos eixos de sobretensão *versus* corrente (em escala logarítmica, Figura 10.35) e se especifica em uma evolução linear, caracterizada pelas retas de Tafel (ou extrapolação de Tafel, ou método de intersecção) anódica e catódica[79]. Obtida a curva de polarização, pode-se deduzir, graficamente, a velocidade de corrosão, definida a partir da extrapolação dos referidos ramos lineares, culminando na intersecção cujo par de valores coordenado corresponde ao potencial de corrosão (E_{corr}) e à corrente instantânea de corrosão (I_{corr})[79,85].

A sobretensão (ou sobrepotencial, η) é obtida pela diferença entre o potencial efetivo (medido) e o potencial de equilíbrio (E_{corr}) ou potencial de circuito aberto, conforme verificado na Equação 10.15.

$$\eta = E_{med} - E_{corr} \quad (10.15)$$

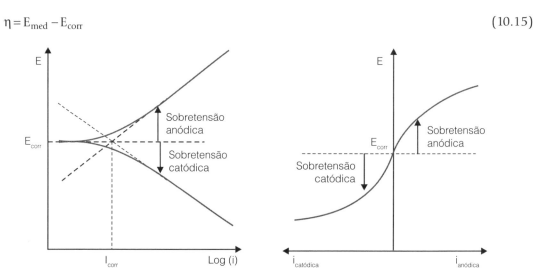

Figura 10.35. Curvas de polarização potenciodinâmica, traçadas em escala logarítmica e linear, respectivamente (BERTOLINI *apud* ALMEIDA[114]).

Quando o processo ocorre em sentido anódico, o potencial medido deve ser maior do que o potencial de equilíbrio e, portanto, a sobretensão deve ser positiva ($\eta_{anódico} > 0$); já quando o processo ocorre em sentido catódico, a sobretensão deve ser negativa ($\eta_{catódico} < 0$). A sobretensão ainda pode ser representada por meio da equação de Tafel (Equação 10.16), que descreve uma relação linear, tanto catódica como anódica, entre a sobretensão e o logaritmo de corrente, conforme a equação apresentada por Bertolini (BERTOLINI *apud* ALMEIDA[114]).

$$\eta = a + b.\log(I) \quad (10.16)$$

A corrente instantânea de corrosão pode ser obtida pela interseção dessas duas retas de Tafel. A relação determinada pela corrente instantânea e a área da armadura polarizada fornece a densidade de corrente, cujo parâmetro define a taxa de corrosão[79].

Segundo CASCUDO[85], para obtenção das curvas de Tafel, são requeridos intervalos de polarização da ordem de ± 250 a ± 300 mV em relação ao E_{corr}. Esses valores são considerados altos para a polarização, o que pode implicar a destruição do eletrodo de trabalho (armadura) no seu meio, ou seja, após o término do ensaio, o sistema pode não retornar mais às condições eletroquímicas originais de corrosão. Dessa forma, essa técnica tem uma natureza destrutiva, devendo ser aplicada com alguns cuidados.

No caso prático da medição da resistência à polarização linear de uma armadura inserida no concreto, os intervalos de polarização variam entre ± 10 e ± 20 mV, em torno de E_{corr}. A dependência linear entre o potencial e a intensidade da corrente que se registra nesse intervalo de polarização permite a avaliação corrosiva da armadura sem a sua destruição (Figura 10.36).

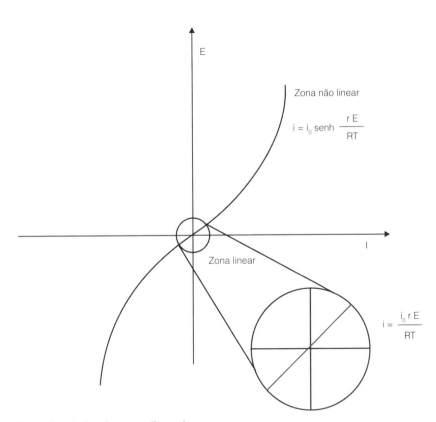

Figura 10.36. Curva de polarização e zona linear da curva.

A resistência à polarização (Rp) é dada pelo declive da reta de potencial *versus* corrente que passa por E_{corr}. A expressão matemática para a determinação da Rp é a seguinte:

$$Rp = \Delta E / I \qquad (10.17)$$

A densidade de corrente ou velocidade de corrosão instantânea designada por i_{corr}, é medida em $\mu A/cm^2$, e dada pela fórmula de Stern-Geary:

$$i_{corr} = \frac{B}{A.R_p}$$ (10.18)

Em que B é igual a $(\beta_a\beta_c/\beta_a+\beta_c)$, onde β_a e β_c são as constantes de Tafel, dadas pelo declive da curva catódica e anódica na zona de polarização linear e A é a área da armadura atravessada pela corrente, em cm^2. O valor de B, no caso do concreto, varia entre 26 e 52 mV dependendo do estado de passividade ou de atividade da armadura. Utiliza-se, frequentemente, o valor de 26 mV para o caso de a armadura estar no estado passivo e 52 mV para o estado de atividade[86,87].

Os valores para a velocidade de polarização mais utilizados variam entre 0,05 e 0,5 mV/s, no caso de uma medição potêncio-dinâmica. Para velocidades mais baixas de varredura obtêm-se, normalmente, valores de velocidades de corrosão instantâneas mais concordantes com os determinados por medição de perda efetiva de massa das armaduras[88]. Uma explicação possível para esse fato está na dificuldade que o concreto armado demonstra em reagir com rapidez às variações de campo elétrico.

Os valores obtidos por essa técnica dependem da resistência do eletrólito que, no caso particular do concreto, é conhecida vulgarmente como *IR drop* ou perda resistiva. O *IR drop* resulta da passagem da corrente através do concreto, que tem uma resistência finita, provocando, dessa forma, uma queda de tensão.

Os aparelhos atuais usados para a medição de Rp fazem automaticamente a chamada compensação ôhmica, eliminando um erro de medição que, para concretos muito secos ou muito carbonatados, pode ser significativo.

Existem duas formas de medição da polarização: (i) variando o potencial e lendo a resposta em corrente (medição potenciostática); (ii) fazendo exatamente o inverso, variando a corrente e lendo o potencial (medição galvanostática).

Como o objetivo dessa técnica é a medição de uma densidade de corrente de corrosão (i_{corr} = I/A), torna-se necessário saber qual é a área efetiva do metal que é atravessada pela corrente. O conhecimento da área de armadura de aço polarizado, numa estrutura já construída, é de difícil determinação, já que essa zona está eletricamente ligada ao restante da estrutura.

Assumindo, por hipótese, que a área da armadura polarizada é igual à área do eletrodo auxiliar, podem-se obter velocidades de corrosão 100 vezes superiores às reais[89,90].

Essa dificuldade não existe em laboratório, já que se conhecem com precisão as áreas das armaduras utilizadas nos corpos de prova. Para resolver esse problema, as medições de Rp em estruturas já construídas são, hoje em dia, realizadas utilizando uma técnica de limitação do campo elétrico (*guard rings*). Dois anéis metálicos concêntricos limitam a superfície de armadura a ser atravessada pela corrente, por imposição de uma equipotencialidade entre a zona da armadura a ser avaliada e as suas fronteiras. Na Figura 10.37 pode ser observada uma representação esquemática do aparato básico para o ensaio de R_p em laboratório, segundo estudos realizados por ALMEIDA[114] e a Tabela 10.10 apresenta a relação entre os valores de i_{corr} e o estado de corrosão da armadura, em ensaios realizados em laboratório com um dispositivo equipado com limitador da área de polarização da armadura (*guard ring*)[91,92].

Capítulo 10 Uso de técnicas de avaliação e monitoramento da corrosão em estrutura... 335

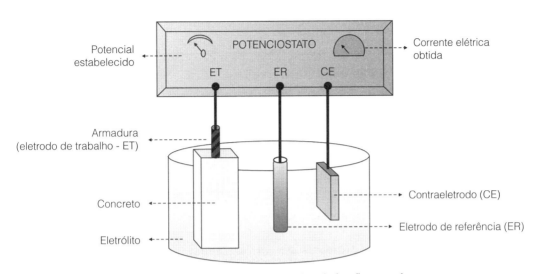

Figura 10.37. Dispositivo básico para determinação das curvas de polarização em meio aquoso.

Tabela 10.10. Relação entre a densidade de corrente (i_{corr}) e o estado de corrosão

i_{corr} (μA/cm²)	Taxa de corrosão (μm/ano)	Estado de corrosão
< 0,1	< 1,16	Passivo
0,1 a 0,5	1,16 a 5,8	Reduzido a moderado
0,5 < a < 1	5,8 a 11,6	Moderado a elevado
> 1	> 11,6	Muito elevado

Outra interpretação é possível utilizando o mesmo dispositivo para medir o R_p, mas sem *guard ring*, e que é apresentada na Tabela 10.11.

Tabela 10.11. Relação entre a expectativa de corrosão e i_{corr} medida sem *guard ring*[94]

i_{corr} (μA/cm²)	Previsão de corrosão
< 0,2	Não é esperada corrosão
0,2 a < 1,0	Corrosão possível dentro de 10 a 15 anos
1,0 < a < 10,0	Corrosão expectável dentro de 2 a 10 anos
> 10,0	Corrosão expectável dentro de 2 anos ou menos

Comparando as duas interpretações anteriores para o estado corrosivo, facilmente se verifica que, para os estados de menor velocidade de corrosão, existe um fator de conversão igual a dois entre as duas tabelas. No entanto, para estados mais avançados na velocidade do processo corrosivo, essa relação é mais difícil de estabelecer. Outros autores[90] desenvolveram uma expressão que relaciona os resultados obtidos por diferentes dispositivos de medição de Rp, conseguindo resultados com uma sobreposição entre 70 e 90%.

A temperatura, a umidade do concreto e a densidade de amarduras influenciam as medidas de Rp, logo, tais fatores devem ser registrados quando das medições. A interpretação dos resultados obtidos pode, por isso, ser diferente daquela sugerida pelas duas tabelas anteriores. Alguns autores[94,95] verificaram que, quando a temperatura sobe de 2 para 25°C, as velocidades de corrosão são multiplicadas por um fator de 2,5, independentemente do grau de corrosão ser considerado baixo ou elevado.

Por outro lado, a umidade do concreto armado, que depende da umidade relativa atmosférica (HR), da existência ou não de orvalho, de condensações por variações rápidas de temperatura, do acesso de água por salpicos ou imersão tem, também, uma influência importante na medição de Rp. Alguns autores[95] demonstraram que para concretos atacados por cloretos, a velocidade máxima de corrosão é atingida para valores de HR entre 90 e 95%, enquanto para concretos carbonatados os valores de HR variam entre 95 e 100%.

Também é uma boa prática repetir as medições em intervalos de tempo bem definidos e comparar os valores de i_{corr}, obtidos em zonas de passividade com os das zonas de atividade, para se poderem aferir os resultados.

A técnica de LPR não permite distinguir se a corrosão é localizada ou uniforme. Ensaios feitos em laboratório provam que as velocidades de corrosão medidas em pontos localizados podem ser entre 5 e 10 vezes superiores às medidas em situações de corrosão uniforme. Existe, por isso, o risco de se subestimar a velocidade de corrosão. A distinção entre esses dois tipos de corrosão deve ser feita complementando as medidas com os valores dos potenciais, com a medição da percentagem de cloretos, ou até com a observação direta da armadura, se possível.

Os valores de LPR medidos podem ser influenciados por múltiplos fatores como a umidade relativa, a temperatura, a área efetiva de armadura avaliada, o tipo de corrosão, o valor de B escolhido, entre outros. Alguns autores[95] consideram aceitáveis variações entre duas a quatro vezes para os valores obtidos por LPR.

10.4.6. TDR (Time Domain Reflectrometry)

A aplicação da TDR à inspeção do concreto armado foi baseada em uma técnica desenvolvida pela Hewlett-Packard há cerca de três décadas, e que permitia a detecção de defeitos ao longo das linhas de comunicação de sinais elétricos.

As linhas de comunicação de sinais são constituídas por dois condutores, separados por um material dielétrico. Esse sistema físico pode ser reproduzido no concreto se um fio condutor, denominado por sensor, for colocado paralelamente ao longo da armadura ou a um conjunto de cabos de pré-tensão. Apesar das diferentes condições de fronteira e dimensões das armaduras ou cabos em comparação às linhas de transmissão de sinais, a aplicação da técnica de TDR é semelhante, conforme se observa na Figura 10.38 [96]

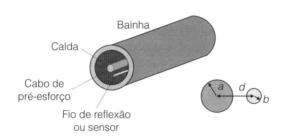

Figura 10.38. Semelhança entre a estrutura do cabo de transmissão e uma bainha de pré-esforço.

A técnica de TDR consiste na injeção de um impulso muito curto de corrente num condutor *a*. Se esse condutor *a* tiver uma impedância uniforme, praticamente todo o impulso é transmitido até ao fim do condutor e não se geram reflexões. No caso de haver variações de impedância no condutor *a*, formam-se ecos eletromagnéticos que são captados pelo outro condutor *b*, paralelo ao primeiro. Ecos construtivos correspondem aos aumentos de impedância relativamente ao sinal original, enquanto decréscimos de impedância correspondem a ecos eletromagnéticos destrutivos que atenuam o sinal original. O impulso refletido é registrado ao longo do tempo, permitindo a detecção de zonas do condutor em que há variação de impedância.

O aparecimento de zonas de corrosão na armadura vai alterar a impedância dos metais nessas zonas, o que provocará, por sua vez, um eco eletromagnético que será captado pelo fio sensor[97]. A detecção dessas alterações de impedância por TDR permite, assim, detectar zonas de corrosão nas armaduras ou cabos de pré-esforço, conforme mostra a Figura 10.39.

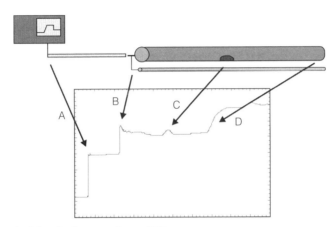

Figura 10.39. Esquema de detecção de corrosão por TDR.

A técnica de TDR não permite a determinação da velocidade do processo corrosivo e necessita, quando da montagem da estrutura, da colocação do fio sensor para poder funcionar. As vantagens da técnica estão relacionadas com a possibilidade de detectar e medir, com precisão, a extensão da área afetada pelo fenômeno corrosivo.

10.4.7. Radiografia

A radiografia é uma técnica essencialmente utilizada para detectar vazios no concreto ou nas bainhas dos cabos de pré-esforço. Do ponto de vista físico, a técnica utiliza a emissão de radiação X ou gama através da zona a ser estudada e recolhe a radiação remanescente do outro lado da zona a ser avaliada. Tal disposição obriga a ter acesso aos dois lados do local a estudar, o que nem sempre é possível em obra. As diferentes absorções da radiação ao longo do trajeto pelos diferentes materiais (diferentes densidades) que compõem o concreto permitem construir uma imagem e caracterizar os materiais atravessados.

A sua aplicabilidade na detecção de corrosão das armaduras não é muito utilizada, já que as imagens são pouco nítidas e nem sempre é possível detectar perdas de seção da armadura, mesmo utilizando imagens com ângulos diferentes. Os aparelhos mais modernos assegu-

338 Corrosão e Degradação em Estruturas de Concreto

ram melhores resoluções, mas, mesmo assim, só detectam variações de secção da armadura superiores a 15%, que são ainda insuficientes do ponto de vista da detecção da corrosão nos estados iniciais.

O tempo de exposição do concreto à radiação, necessário para a obtenção de uma imagem, pode também criar dificuldades, já que é proporcional à espessura que os raios X ou Gama têm de atravessar. Exposições de 20 a 30 minutos são muitas vezes necessárias para a obtenção de imagens. A essa desvantagem juntam-se também os problemas de segurança no trabalho associados ao manuseamento de fontes radioativas. A norma utilizada para a execução desta técnica é a BS 1881: Part 205[98].

10.4.8. Tomografia computadorizada

A utilização da tomografia computadorizada na avaliação da durabilidade do concreto armado é uma técnica recente e faz uso da emissão de radiação X ou Gama em planos diferentes para construir uma imagem tridimensional[99].

No fundo, a zona a ser avaliada é sucessivamente radiografada em planos ou ângulos diferentes, fornecendo várias imagens que, tratadas, geram uma vista tridimensional.

O princípio físico de funcionamento é o mesmo da radiografia, mas a resolução é da ordem do milímetro. O acesso a ambos os lados do local a ser avaliado é condição necessária para aplicar a técnica.

A tomografia é uma ferramenta mais utilizada na detecção do trajeto dos cabos de pré-tensão dentro do concreto do que propriamente na identificação de fenômenos de corrosão que normalmente necessitam de maior resolução.

10.4.9. Radar

Do ponto de vista físico, esta técnica utiliza impulsos de ondas eletromagnéticas de alta frequência (f > 1 GHz) e analisa a resposta dada pela reflexão dessas ondas nas interfaces dos materiais com diferentes constantes dielétricas, como é o caso do concreto, do aço, ou dos vazios[100].

As ondas refletidas e refratadas são posteriormente tratadas em função do tempo e da frequência, criando uma imagem que ajuda na detecção de cabos, armaduras e da sua posição relativamente à superfície do concreto.

A utilização dessa técnica não permite a detecção de corrosão nas armaduras nem de fissuras nos cabos de pré-tensão. É, no entanto, utilizada para a detecção de fissuras ou de pequenas desagregações no interior do concreto armado em pontes rodoviárias, que podem potencializar fenômenos de corrosão nas armaduras (Figura 10.40). A capacidade de detecção pode chegar a alguns décimos de milímetro[101]. A norma usada para a aplicação dessa técnica é ASTM D4788-03 (2003)[102].

 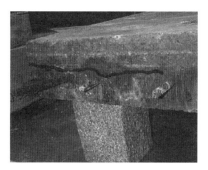

Figura 10.40. Imagem à esquerda, obtida por radar, do fenômeno corrosivo da estrutura à direita.

10.4.10. Impulso galvanostático

O desenvolvimento da eletrônica nesta última década permitiu o aparecimento de aparelhos portáteis que utilizam essa técnica para a medição da velocidade de corrosão instantânea da armadura. A técnica consiste em injetar, na armadura do concreto, um impulso de corrente anódica (I_{ap}) durante 3 a 10 segundos, e medir a variação do potencial da armadura durante esse período.

A injeção da corrente na armadura é feita por meio de um eletrodo auxiliar exterior colocado à superfície do concreto, e o registro da variação do potencial da armadura com o tempo E(t) é feito relativamente a uma referência, colocada também sobre o concreto, como pode ser visualizado na Figura 10.41.

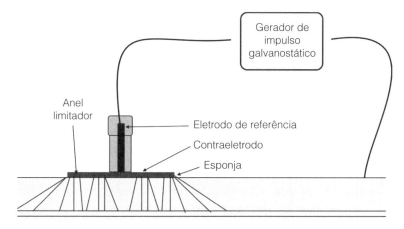

Figura 10.41. Esquema de medição da velocidade de corrosão instantânea da armadura (i_{corr}), por meio da técnica de impulso galvanostático.

A técnica utiliza os mesmos princípios da resistência à polarização linear (LPR), com a diferença de que a resposta ao estímulo da corrente é avaliada num estado não estacionário.

Os valores da intensidade de corrente injetada para polarizar a armadura variam tipicamente entre 10 e 200 μA. A interpretação dos resultados é feita considerando que o sistema aço/concreto tem um comportamento equivalente ao do circuito de Randles (Figura 10.28A). A Figura 10.42 mostra uma curva típica da resposta em tensão ao estímulo da corrente.

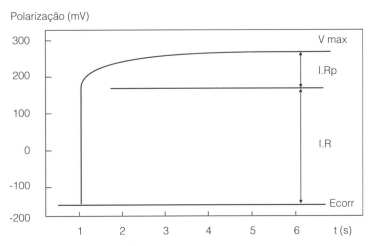

Figura 10.42. Curva de polarização típica, obtida no ensaio de impulso galvanostático.

De uma forma simples, relacionam-se maiores velocidades de corrosão instantânea da armadura com menores declives da curva (E/t). O declive da curva potencial *versus* tempo (E x t), resultante do impulso, está relacionado com a velocidade de corrosão instantânea, assumindo que o sistema aço/concreto pode ser representado pelo circuito de Randles, por meio da Equação 10.19.

$$E(t) = I_{ap}.R\Omega + I_{ap}.R_p(1 - e^{(-t/R_pC_{dl})}), \qquad (10.19)$$

Onde, Rp representa a resistência à polarização linear, Cdl a capacidade da dupla camada e R_Ω a resistência ôhmica do concreto. A solução da Equação 10.19 pode ser obtida linearizando a expressão[103,104], resultando na Equação 10.20.

$$Ln E(t) = Ln(I_{ap}.R_p) + t/R_p.C_{dl} \qquad (10.20)$$

Extrapolando a função, para t = 0, determina-se, no cruzamento da reta com o eixo das ordenadas o valor de $Ln(I_{ap}.R_p)$, com um declive dado por $1/R_p.C_{dl}$, que permite calcular os valores da resistência de polarização e da capacidade da dupla camada[105].

Os valores medidos por essa técnica são sensíveis à temperatura e à umidade relativa do concreto e à própria densidade de armaduras no local da medição. A presença de um elevado número de armaduras pode alterar a direção do campo elétrico gerado, alterando, assim, a medição. Por outro lado, esta técnica permite uma avaliação muito rápida da estrutura, o que é sempre importante.

10.4.11. Intensidade de corrente de macrocélula (*zero resistance ammetry*)

A intensidade de corrente que circula entre duas armaduras próximas dentro do concreto pode ser medida e utilizada como um indicador do nível de corrosão dessas próprias armaduras. Essa técnica foi utilizada pontualmente como uma forma de monitoramento da corrosão no concreto. A norma ASTM G109[106] explica em detalhes a utilização da técnica como ferramenta para a medição da velocidade de corrosão.

Capítulo 10   Uso de técnicas de avaliação e monitoramento da corrosão em estrutura...   341

No entanto, alguns autores[107] afirmam que, quando ambos os metais da célula de corrosão estão fortemente oxidados, a intensidade da corrente que circula na célula não é representativa do estado de corrosão em que se encontram as armaduras.

A justificativa para esse argumento parte do princípio de que uma célula de corrosão pressupõe a existência de um ânodo e de um cátodo, cuja diferença de potencial origine a "corrente de corrosão". No caso de ambas as armaduras estarem claramente oxidadas de uma forma uniforme, ambas se comportarão como ânodos e, por isso, não haverá formação de célula de corrosão entre essas duas armaduras.

De forma a assegurar sempre a presença de um ânodo e de um cátodo, é introduzido na armadura um metal mais nobre, como o aço inoxidável 316L ou até titânio. Constrói-se, dessa forma, uma macrocélula que permite medir a intensidade da corrente entre esses dois metais, mas, também, pode originar fenômenos de corrosão galvânica.

Por outro lado, o registro dessa corrente não é fácil, já que é da ordem de décimos de microampère e vai decaindo ao longo da medição, demonstrando um comportamento capacitivo.

Os mesmos autores[107] defendem, também, que esse tipo de técnica apenas pode indicar o início da perda de passivação do metal, em que a corrente medida não corresponde nem pode ser convertida numa velocidade de corrosão credível. Para que isso seja possível, seria necessário que o fenômeno corrosivo envolvesse as zonas catódicas e anódicas perfeitamente definidas e vizinhas, o que normalmente não corresponde ao modelo mais frequente de corrosão das armaduras no concreto armado, como acontece no caso da carbonatação ou do ataque por cloretos.

10.4.12. Monitoramento da corrosão em tempo real

O monitoramento da corrosão em tempo real é, hoje em dia, uma ferramenta importante na avaliação da durabilidade e segurança da estrutura de concreto armado.

O acompanhamento do processo corrosivo de uma forma contínua e regular durante a vida útil da estrutura possibilita o desenho de curvas de comportamento corrosivo, que permitem extrapolar o comportamento da estrutura relativamente ao ambiente que a rodeia. Esse conhecimento permite um melhor planejamento da manutenção, garantindo, assim, o eficiente e seguro desempenho da estrutura.

Por outro lado, o monitoramento do comportamento do concreto armado durante a execução da obra permite controlar, também, a qualidade dos materiais utilizados e a execução da concretagem, o que é uma garantia de qualidade. A possibilidade de se detectar precocemente problemas de corrosividade do concreto antes de eles se manifestarem visualmente é, também, uma grande vantagem para quem gerencia a estrutura ou para o dono da obra.

A descrição feita neste capítulo, sobre as diferentes técnicas de avaliação do estado de corrosividade do concreto, mostram que não existe uma única técnica que, utilizada isoladamente, seja capaz de avaliar com precisão o estado de corrosão do concreto tampouco prever, com alguma certeza, o futuro comportamento da estrutura do ponto de vista corrosivo.

Assim, a combinação de várias técnicas de avaliação aplicadas de um modo contínuo ou cíclico é a melhor estratégia para se poder desenhar um perfil da durabilidade da estrutura[108]. Dessa forma, desenvolveram-se sistemas de monitoramento que permitem englobar várias técnicas de avaliação do estado de corrosividade do concreto ao mesmo tempo. Os sistemas referidos têm a possibilidade de medir a velocidade de corrosão instantânea usando, por exemplo, as técnicas de LPR, EIS e BER, e, paralelamente, avaliar outros fatores que condicionam o comportamento corrosivo do concreto como a temperatura, a umidade relativa, a resistividade do concreto, os potenciais de corrosão ou até o pH[109,110].

Existem, atualmente, várias dezenas de empresas que produzem, comercializam ou desenvolvem sistemas de avaliação do estado de corrosão do concreto armado ou protendido, recorrendo às sondas colocadas na superfície do concreto. A utilização desses tipos de sondas induz, no entanto, a alguns problemas, pois os sinais captados dependem da espessura da camada de recobrimento, do grau de contaminação dessa mesma camada, da densidade de armaduras, da resistividade da superfície do concreto e da dimensão da própria sonda colocada sobre o concreto, como acontece no caso da medição da velocidade de corrosão instantânea.

Nesse sentido, os sistemas de monitoramento da corrosão evoluíram para o desenvolvimento de sondas que são inseridas no concreto, preferencialmente no momento da concretagem, e que, por isso, evitam os problemas referidos anteriormente. As referências mais diretas a esses tipos de sistemas de monitoramento são encontradas em países, como Estados Unidos, Dinamarca, Alemanha, Portugal e Reino Unido.

Produtos como os da Rohrback Cosasco Systems (Corroater, Corrosometer); VTI Virginia Technologies Inc, (EC 1); Capcis, (RCC-NT); Force Institute, (Corrowatch I e II); e Sensortech, (Schissel probe), estão representados na Figura 10.43 como exemplos de sistemas de monitoramento da corrosão com sondas incorporadas ao concreto.

Figura 10.43. (A) Sensor de corrosão Corroater 800/800T; (B) sistema de monitoramento ECI-1; (C) Corrowatch I; e (D) Schiessel probe.

Existem vantagens e desvantagens em todos os sistemas apresentados desde preço, facilidade e possibilidade de instalação, número de grandezas medidas, durabilidade das sondas entre outros fatores, pelo que a escolha do sistema deve ser feita caso a caso e tendo em conta as particularidades de cada obra.

Tabela 10.12. Grandezas medidas pelos diversos sistemas de monitoramento disponíveis comercialmente

Sistema de monitoramento	Velocidade de corrosão	Potencial de corrosão	Resistividade	Temperatura	Macrocélula	Outros
Corroater	LPR	Sim	Não	Não	Não	Não
ECI-1	LPR	Sim	Sim	Sim	Não	Aquisição de sinal e avaliação de cloretos
Corrowatch	Não	Não	Não	Não	Não	Medida de potenciais a diferentes níveis
Schiessel Probe	Não	Possível	Sim	Não	Sim	Não

Mais recentemente, foi desenvolvido experimentalmente um outro sensor[111] que permite medir, dentro do concreto, variáveis como o potencial de corrosão, velocidade de corrosão instantânea, resistividade do concreto, temperatura, quantidade de íons cloretos e concentração de oxigênio disponível. Toda essa informação é gerida por um software devidamente desenvolvido para essa aplicação e denominado por Hormicorr-SBF 01. As capacidades desse sistema são inegáveis, no entanto, as leituras não podem ser feitas de uma forma automática, não permitindo um monitoramento em tempo real ou de uma forma contínua.

No panorama europeu destacam-se dois sistemas de monitoramento da corrosão por sua confiabilidade, facilidade de montagem e integração que fazem dos valores medidos por meio das suas sondas imersas no concreto. A filosofia dos dois sistemas, Intertek e Monicorr é muito semelhante; entretanto, o sistema Monicorr permite a leitura e o envio da informação recolhida de uma forma automática para um qualquer terminal de computador.

A Figura 10.44 ilustra imagens de sensores M3 e M6 da Intertek, e a Figura 10.45 refere-se à sonda do sistema Monicorr.

Ambos os sistemas são constituídos por um conjunto de sondas embebidas no concreto, que medem o potencial de corrosão da armadura, a velocidade de corrosão instantânea e a umidade relativa do concreto. Essa informação é periodicamente enviada para uma placa de aquisição de sinal. Em seguida, essa placa tem a possibilidade de armazenar, na sua memória, os valores medidos ou, no caso do sistema Monicorr, de os enviar via celular ou fibra ótica para um endereço IP de um computador. O software desses sistemas analisa os valores recolhidos e desenha as curvas de comportamento do concreto, fornecendo informação importante sobre o estado de corrosividade da estrutura ao longo do tempo e, consequentemente, da sua durabilidade.

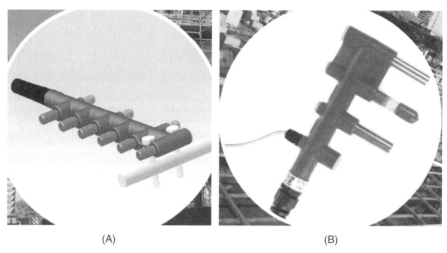

Figura 10.44. Esquema das sondas (A) M3 e (B) M4 da Intertek.

Figura 10.45. Imagem da sonda Monicorr fixa à armadura.

As Figuras 10.46 e 10.47 mostram exemplos de tabelas e gráficos, respectivamente, gerados por um desses sistemas de monitoramento da corrosão em tempo real. Realçam-se a facilidade da interpretação e a utilidade do desenho das curvas que descrevem a corrosividade do concreto.

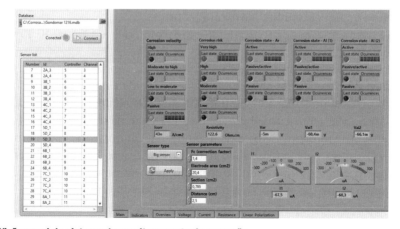

Figura 10.46. Visão geral do sistema de monitoramento da corrosão.

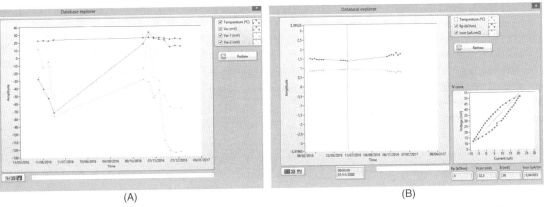

(A) (B)

Figura 10.47. Exemplos de gráficos dos potenciais de corrosão (A) e da velocidade de corrosão instantânea (B), gerados pelo sistema de monitoramento da corrosão em tempo real.

Referências

1. GONEN, T.; YAZICIOGLU, S. (2007) The influence of compaction pores on sorptivity and carbonation of concrete. Construction and Building Materials, v. 21, n. 5, p. 1040-1045.
2. HELENE, P. R. L. (1999) Corrosão em armaduras para concreto armado (4. ed). São Paulo, PINI, 48 p.
3. FERREIRA, M.B. (2013) Estudo da carbonatação natural de concretos com diferentes adições minerais após 10 anos de exposição. Dissertação (Mestrado em Engenharia) – Escola de Engenharia Civil, Programa de Pós-graduação em Geotecnia, Estruturas e Construção Civil, UFG, Goiânia, Goiás. 196 p.
4. PIRES, P.F. et al. (2016) Influência da idade de avaliação da frente de carbonatação do concreto na determinação do coeficiente de carbonatação. In: II Encontro Luso-Brasileiro de Degradação de Estruturas de Concreto – DEGRADA 2016, Lisboa. II Encontro Luso-Brasileiro de Degradação de Estruturas de Concreto. Lisboa: LNEC – Laboratório Nacional de Engenharia Civil, v. 1, p. 1-12.
5. TUUTTI, K. (1982) Corrosion of steel in concrete. Tese (Doutorado). Stockholm, Swedish Cement and Concrete Research Institute, 470 p.
6. HO, D. W. S.; LEWIS, R. K. (1987) Carbonation of concrete and its prediction. Cement and Concrete Research, v. 17, n. 3, p. 489-504.
7. JOHN, V.M. (1995) Cimentos de escória ativada com silicatos de sódio. São Paulo. Tese (Doutorado) – Escola Politécnica, Universidade de São Paulo, São Paulo. 112 p.
8. VAGHETTI, M.A.O. (1999) Efeito da cinza volante com cinza de casca de arroz ou sílica ativa sobre a carbonatação do concreto com cimento Portland. Dissertação (Mestrado em Engenharia) – Curso de Pós-graduação em Engenharia Civil, Universidade Federal de Santa Maria, Santa Maria. 114 p.
9. ROY, S. K.; POH, K. B.; NORTHWOOD, D. O. (1999) Durability of concrete – accelerated carbonation and weathering studies. Building and Environment, v. 34, 597-606.
10. PAPADAKIS, V. G. (2000) Effect of supplementary cementing materials on concrete resistance against carbonation and chloride ingress. Cement and Concrete Research, v. 30, n. 2, p. 291-299feb.
11. CUNHA, A.N.Q.; HELENE, P.R.L. (2001) Despassivação das armaduras de concreto por ação da carbonatação. São Paulo: EPUSP (Boletim Técnico da Escola Politécnica da USP, Departamento de Engenharia de Construção Civil). 14 p.
12. SANJUÁN, M.A.; OLMO, C. del. (2001) Carbonation resistance of one industrial mortar used as a concrete coating. Building and Environment, v. 36, n. 8, p. 949-953, out.
13. KULAKOWSKI, M.P. (2002) Contribuição ao estudo da carbonatação em concretos e argamassas compostos com adição de sílica ativa. Tese (Doutorado em Engenharia) – Escola de Engenharia, Programa de Pós

-graduação em Engenharia Metalúrgica, Minas e Materiais, Universidade Federal do Rio Grande do Sul, Porto Alegre. 200 p.

14. ABREU, A.G. (2004) Estudo da corrosão da armadura induzida por carbonatação em concretos com cinza volante. Tese (Doutorado em Engenharia) – Escola de Engenharia, Programa de Pós-graduação em Engenharia Civil, Universidade Federal do Rio Grande do Sul, Porto Alegre. 212 p.

15. CHANG, C. F.; CHEN, J. W. (2006) The experimental investigation of concrete carbonation depth. Cement and Concrete Research, v. 36, 1760-1767, set.

16. PARK, D. C. (2008) Carbonation of concrete in relation to CO2 permeability and degradation of coatings. Construction and Building Materials, 2260-2268.

17. RIBEIRO, D.V. (2010) Influência da adição da lama vermelha nas propriedades e na corrosibilidade do concreto armado. Tese (Doutorado em Ciência e Engenharia de Materiais) – Universidade Federal de São Carlos, São Carlos. 222 p.

18. TALUKDAR, S.; BANTHIA, N.; GRACE, J. R. (2012) Carbonation in concrete infrastructure in the context of global climate change – Part 1: Experimental results and model development. Cement and Concrete Composites, 924-930.

19. KOU, S. C.; POON, C. S. (2012) Enhancing the durability properties of concrete prepared with coarse recycled aggregate. Construction and Building Materials, 69-76.

20. CAMPOS, R.N. et al. (2016) Carbonatação e penetração de íons cloretos em concretos com cinza de biomassa. In: 2° Encontro luso-brasileiro de degradação de estruturas de Betão. Anais do 2° Encontro luso-brasileiro de degradação de estruturas de Betão. DEGRADA. 12 p.

21. SILVA, A.S. et al. (2016) Carbonatação em concretos com graduação de porosidade. In: 2° Encontro luso-brasileiro de degradação de estruturas de Betão. Anais do 2° Encontro luso-brasileiro de degradação de estruturas de Betão. DEGRADA. 12 p.

22. SANTOS, B.S.; ALBUQUERQUE, D.D.M.; RIBEIRO, D.V. (2016) Efeito da adição do metacaulim na carbonatação de concretos de cimento Portland. In: 2° Encontro luso-brasileiro de degradação de estruturas de Betão. Anais do 2° Encontro luso-brasileiro de degradação de estruturas de Betão. DEGRADA. 12 p.

23. LI, Y.; WANG, R.; ZHAO, Y. (2017) Effect of coupled deterioration by freeze-thaw cycle and carbonation on concrete produced with coarse recycled concrete aggregates. Journal of the Ceramic Society of Japan, v. 125, 36-45.

24. SILVA, G.A.O. (2017) Avaliação de durabilidade de concretos contendo agregados reciclados de resíduos de construção civil (RCC). Dissertação (Mestrado em Engenharia) – Programa de Pós-graduação em Engenharia Civil, Universidade Federal da Bahia, Salvador. 186 p.

25. SANTOS, L. (2006) Avaliação da resistividade elétrica do concreto como parâmetro para a previsão da iniciação da corrosão induzida por cloretos em estruturas de concreto. Dissertação (Mestrado em estruturas) – Departamento de Estruturas, Universidade de Brasília, Brasília. 162 p.

26. POLDER, R. B. (2001) Test methods for on site measurement of resistivity of concrete – a RILEM TC-154 technical recommendation. Construction and Building Materials, v. 15, n. 2–3, p. 125-131.

27. WHITING, D. A.; NAGI, M. A. (2003) Electrical resistivity of concrete – a literature review. Illinois, USA, Portland Cement Association (R&D Serial N. 2457), 58 p.

28. BASHEER, P. A. M.; et al. (2002) Monitoring electrical resistance of concretes containing alternative cementitious materials to assess their resistance to chloride penetration. Cement & Concrete Composites, v. 24, n. 5, p. 437-449.

29. MCCARTER, W. J.; STARRS, G.; CHRISP, T. M. (2000) Electrical conductivity, diffusion, and permeability of Portland cement-based mortars. Cement and Concrete Research, v. 30, n. 9, p. 1395-1400.

30. ANDRADE, C. (1993) Calculation of diffusion coefficients in concrete from ionic migration measurements. Cement and Concrete Research, v. 23, n. 3, p. 724-742.

31. SHI, C. (2004) Effect of mixing proportions of concrete on its electrical conductivity and the rapid chloride permeability test (ASTM C1202 or ASSHTO T277) results. Cement and Concrete Research, v. 34, n. 3, p. 537-545.

Capítulo 10 Uso de técnicas de avaliação e monitoramento da corrosão em estrutura... **347**

32. HORNBOSTEL, K.; GEIKER, C. K.; LARSEN, M. R. (2013) Relationship between concrete resistivity and corrosion rate – A literature review. Cement & Concrete Composites, v. 39, 60-72.

33. HOPE, B. B.; IP, A. K.; MANNING, D. G. (1985) Corrosion and electrical impedance in concrete. Cement Concrete Research, v. 15, 525-534.

34. LÓPEZ, W.; GONZÁLEZ, J. A. (1993) Influence of the degree of pore saturation on the resistivity of concrete and the corrosion rate of steel reinforcement. Cement and Concrete Research, v. 23, 368-376.

35. MORRIS, W.; et al. (2002) Corrosion of reinforcing steel evaluated by means of concrete resistivity measurements. Corrosion Science, v. 44, 81-99.

36. GONZÁLEZ, J. A.; MIRANDA, J. M.; FELIU, S. (2004) Considerations on reproducibility of potential and corrosion rate measurements in reinforced concrete. Corrosion Science, v. 46, 2467-2485.

37. ELKEY, W.; SELLEVOLD, E. J. (1995) Electrical resistivity of concrete. Publication No. 80. Oslo, Norwegian Road Research Laboratory.

38. ANDRADE, C.; ALONSO, C. (1996) Corrosion rate monitoring in the laboratory and on-site. Construction and Building Materials, v. 10, 315-328.

39. BROOMFIELD, J.; MILLARD, S. (2002) Measuring concrete resistivity to assess corrosion rates. Concrete. Berkshire, n. 128, p. 37-39.

40. SMITH, K. M.; SCHOKKER, A. J.; TIKALSKY, P. J. (2004) Performance of supplementary cementitious materials in concrete resistivity and corrosion monitoring evaluations. ACI Materials Journal, v. 101, 385-390.

41. FELIU, S.; et al. (1989) Relationship between Conductivity of Concrete and Corrosion of Reinforcing Bars. British Corrosion Journal, v. 24-3, 195-198.

42. GLASS, G. K.; et al. (1991) Factors affecting steel corrosion in carbonated mortars. Corrosion Science, v. 32, 1283-1294.

43. BROWNE, R. D. (1982) Design prediction of the life for reinforced concrete in marine and other chloride environments. Durability of Building Materials, v. 1, 113-125.

44. SENGUL, O. (2014) Use of electrical resistivity as an indicator for durability. Construction and Building Materials, v. 73, 434-441.

45. RUPNOW, T.D.; ICENOGLE, P.J. (2012) Evaluation of surface resistivity measurements as an alternative to the rapid chloride permeability test for quality assurance and acceptance. Transportation Research Board (TRB) 91st Annual Meeting, Washington. Anais. Washington. 16 p.

46. KESSLER, R.J. et al. (2008) Surface resistivity as an indicator of concrete chloride penetration resistance. Concrete Bridge Conference, St. Louis. Anais. 18 p.

47. LANGFORD, P.; BROOMFIELD, J. (1987) Monitoring the corrosion of reinforcing steel. Construction Repair, v. 1, n. 2., p. 32-36.

48. GJØRV, O.E. (2015) Projeto da durabilidade de estruturas de concreto em ambientes de severa agressividade. Revisão técnica: FIGUEIREDO, E.P.; HELENE, P. Tradução: BECK, L.M.M.D. São Paulo: Oficina de Textos.

49. MADANI, H.; et al. (2014) Chloride penetration and electrical resistivity of concretes containing nanosilica hydrosols with different specific surface area. Cement and Concrete Composites, v. 53, 18-24.

50. DOTTO, J. M. R.; et al. (2004) Influence of silica fume addition on concretes physical properties and on corrosion behaviour of reinforcement bars. Cement and Concrete Composites, v. 26, 31-39.

51. ROCHA, F.C. (2012) Leituras de potencial de corrosão em estruturas de concreto armado: influência da relação água/cimento, da temperatura, da contaminação por cloretos, da espessura de cobrimento e do teor de umidade do concreto. Dissertação (Mestrado) – Universidade Federal do Paraná, Curitiba. 136 p.

52. MOTA, D.A. (2016) Influência da adição de materiais pozolânicos na corrosibilidade do concreto armado, analisada por meio do potencial de corrosão e resistividade elétrica. Dissertação (Mestrado) – Universidade Federal da Bahia, Salvador. 168 p.

53. CHUNG, H. W. (1985) Ultrasonic testing of concrete after exposure to high temperatures. Nondestructive Testing and Evaluation, v. 18-5, 275-278.

54. PRASARD, J.; et al. (1983) Theory and practice of ultra-sonic testing. treatise on non-destructive testing and evaluation. Nondestructive testing resouce center. Bangalore, Central Laboratory HAL.

55. AMERICAN SOCIETY FOR TESTING AND MATERIALS. ASTM C-597-83, Standard. (1983) Test method for pulse velocity through concrete. Annual Book of ASTM Standards, v. 04.02. Philadelphia.

56. BRITISH STANDARDS EN 12504-4:2000. (2000) Testing concrete. Determination of ultrasonic pulse velocity. London.

57. ELSENER, B.; BÖNHI, H. (1992) Electrochemical methods for the inspection of reinforcement corrosion in concrete structures. Field Experience Materials Science Forum, v. 111/112, 635.

58. PEREIRA, V. C. O.; ALMEIDA, K.; MONTEIRO, E. C. B. (2012) Avaliação da corrosão em argamassas de cimento portland utilizando a técnica de potencial de corrosão. Construindo, v. 4, n. 1, p. 6-22.

59. MONTEMOR, M. F.; SIMÕES, A. M. P.; FERREIRA, M. G. S. (2003) Chloride-induced corrosion on reinforcing steel: from the fundamentals to the monitoring techniques. Cement and Concrete Composites, v. 25, n. 4–5, p. 491-502.

60. MIRANDA, J. M.; et al. (2007) Limitations and advantages of electrochemical chloride removal in corroded reinforced concrete structures. Cement and Concrete Research, v. 37, n. 4, p. 596-603.

61. FAJARDO, G.; VALDEZ, P.; PACHECO, J. (2009) Corrosion of steel rebar embedded in natural pozzolan based mortars exposed to chlorides. Construction and Building Materials, v. 23, n. 2, p. 768-774.

62. AGUILAR, A.; SAGÜÉS, A.; POWERS, R. (1990) Corrosion Rates of Steel in Concrete. ASTM-STP 1065, American Society for Testing and Materials, p. 66-85.

63. ESCALANTE, E.; et al. (1990) Corrosion of reinforcement in concrete. London-New York, Applied Science Elsevier, p. 281.

64. SAGÜES, A. Corrosion measurement techniques for steel in concrete. Corrosion 93, Paper 353. Houston, TX: National Association of Corrosion Engineers, 1993.

65. VIDEM, K. (1998) Corrosion of reinforcement in concrete. Monitoring, prevention and rehabilitation. EFC Publication, n. 25, p. 104-121, London.

66. WOLYNEC, S. (2003) Técnicas eletroquímicas em corrosão. São Paulo, EDUSP, 166 p.

67. JOHN, D. G.; SEARSON, P. C.; DAWSON, J. L. (1981). British Corrosion Journal, v. 16, 102.

68. DHOUIBI-HACHANI, L.; et al. (1996) Comparing the steel-concrete interface state and its eletrochemical impedance. Cement and Concrete Research, v. 26, n. 2, p. 253-266.

69. SAGUES, A. A.; KRANC, S. C.; MORENO, E. I. (1995) The time-domain response of a corrodyng system with constant phase angle interfacial component: application to steel in concrete. Corrosion Science, v. 37, n. 7, p. 1097-1113.

70. FELIU, V.; et al. (1998) Equivalent circuit for modelling the steel-concrete interface I: experimental evidence and theroretical predictions. Corrosion Science, v. 40, n. 6, p. 975-993.

71. MARTÍNEZ, I.; ANDRADE, C. (2008) Application of EIS to cathodically protected steel: tests in sodium chloride solution and in chloride contaminated concrete. Corrosion Science, v. 50, n. 10, p. 2948-2958.

72. CHRISTENSEN, B. J.; et al. (1994) Impedance spectroscopy of hydrating cement-based materials: measurement, interpretation, and application. Journal of the American Ceramic Society, v. 77, n. 11, p. 2789-2804.

73. CHRISTENSEN, B. J.; MASON, T. O.; JENNINGS, H. M. (1992) Influence of silica fume on the early hydration of Portland cements using impedance spectroscopy. Journal of the American Ceramic Society, v. 4, n. 75, p. 939-945.

74. RIBEIRO, D. V.; ABRANTES, J. C. C. (2016) Application of electrochemical impedance spectroscopy (EIS) to monitor the corrosion of reinforced concrete: A new approach. Construction and Building Materials, v. 111, 98-104.

75. VERMOYAL, J. J.; et al. (1999) AC impedance study of corrosion films formed on zirconium based alloys. Electrochimica Acta, v. 45, n. 7, p. 1039-1048.

76. MAIA, L. F.; RODRIGUES, A. C. M. (2004) Electrical conductivity and relaxation frequency of lithium borosilicate glasses. Solid State Ionics, v. 168, n. 1–2, p. 87-92.

77. COVERDALE, T.; et al. (1995) Interpretation of impedance spectroscopy of cement paste via computer modelling. Journal of Materials Science, v. 30, n. 20, p. 712-719.
78. SILVA, F.G. (2006) Estudo de concretos de alto desempenho frente à ação de cloretos. Tese (Doutorado em Ciência e Engenharia de Materiais) – Área de Interunidades em Ciência e Engenharia de Materiais, Universidade de São Paulo, São Carlos. 218 p.
79. EDEN, D.A.; ROTHWELL, A.N. (1992) Electrochemical noise data: analysis, interpretation and presentation. Conference on Corrosion 92, NACE International, paper 292, Houston, TX.
80. GOWERS, K. R.; MILLIARD, S. G. (1999) Electrochemical technology for corrosion assessment of reinforced concrete structures. Civil Engineering. Structures and Buildings, v. 134, 129-134.
81. KEARNS, J.R. et al. (1996) Electrochemical noise measurement for corrosion applications. ASTM STP 1277. ASTM, West Conshohocken, PA, 39.
82. GREEN, A. T. (1970) Stress wave emission and fracture of pre-stressed concrete reactor vessel materials. Second Inter-American Conference on Materials Technology, ASME, v. 1, 635-649.
83. OHTSU, M.; OKAMOTO, T.; YUYAMA, S. (1998) Moment tensor analysis of acoustic emission for cracking mechanisms in concrete. ACI Structural Journal, v. 2, n. 95, p. 87-95.
84. COLE, P.; WATSON, J. (2005) Acoustic emission for corrosion detection. 3° MENDT-Middle East Nondestructive Testing Conference & Exhibition Bahrain, Manama, p. 27-30.
85. CASCUDO, O. (1997) O controle da corrosão de armaduras em concreto (2ª ed). Goiânia, PINI e UFG, 240 p.
86. STERN, M.; GEARY, A. L. (1957) Electrochemical polarization a theorical analysis of shape of polarization curves. Journal of Electrochemical Society, v. 104, n. 1, p. 56-63.
87. MANSFELD, F. (1977) Polarization resistance measurement, electrochemical techniques for corrosion. Houston, National Association of Corrosion Engineers, p. 18-26.
88. ANDRADE, C.; GONZÁLEZ, J. A. (1978) Quantitative measurements of corrosion rate of reinforcing steels embedded in concrete using polarization resistance measurements. Werkstoffe und Korrosion, v. 29, 515.
89. FLIS, J.; et al. (1992) Condition evaluation of concrete bridges relative to reinforcement corrosion. Method for Measuring Corrosion Rate of the Reinforcing Steel, v. 2.
90. BJEGOVIC, D.; MILSIC, B. A.; STEHLY, R. D. (2007) Monitoring of reinforced concrete structures. A review. International Journal of Electrochemical Science, v. 2, 1-28.
91. BROOMFIELD, J. et al. (1993) Corrosion rate measurements and life prediction for reinforced structures. Structural faults and repair-93. University of Edinburgh, 155-164.
92. BROOMFIELD, J. et al. (1994) Corrosion rate measurements in reinforced concrete structures by a linear polarization device. Symposium on Corrosion of Steel in Concrete. American Concrete Institute Special Publication, Philip D. Cady (ed.), p. 151.
93. CLEAR, K. C. (1989) Measuring the rate of corrosion of steel in field concrete structures. Transportation Research Board.
94. BROOMFIELD, J. et al. (2003) Monitoring of Reinforcement corrosion concrete in the field. Concrete Solutions. 1st International Conference on Concrete Repair, St-Malo, France.
95. ANDRADE, C. et al. (1995) Progress on Design and Residual Life Calculation with Regard to Rebar Corrosion Concrete. Techniques to access the corrosion activity of steel reinforced concrete structures. ASTM STP 1276.
96. BHATIA, S.K.; HUNSPERGER, R.G.; CHAJES, M.J. (1998) Modeling electromagnetic properties of bridge cables for non-destructive evaluation. International Conference on Corrosion and Rehabilitation of Reinforced Concrete Structures. Federal Highway Administration, Orlando, Florida.
97. LIU, W. (1998) Nondestructive evaluation of bridge cables using time domain reflectometry. Master's thesis, Department of Electrical and Computer Engineering, University of Delaware.
98. BRITISH STANDARDS 1881-124. (1988) Testing concrete. Methods of analysis of hardened concrete.
99. FLANNERY, B. P.; et al. (1987) Three-dimensional X-ray, Microtomography. Science, v. 237, 1439-1443.

100. HUSTON, D. R.; et al. (2000) Ground penetrating radar system for infrastructure health monitoring. Journal of Applied Geophysics, v. 43, 139-146.
101. SMITH, S. S. (1995) Detecting pavement deterioration with subsurface interface radar. Sensors, 29-40.
102. ASTM D4788. (2003) Standard test method for detecting delaminations in bridge decks using infrared thermography. West Conshohocken, PA, American Society for Testing and Materials.
103. NEWTON, C. J.; SYKES, J. M. A. (1988) Galvanic pulse technique for investigation of steel corrosion in concrete. Corrosion Science, v. 28, 1051-1073.
104. ELSENER, B. et al. (1997) Assessment of reinforcement corrosion by means of galvanostatic pulse technique. Proceedings of the International Conference on Repair of Concrete Structures, from Theory to Practice in a Marine Environment. Svolvaer Norway, p. 391-400.
105. ELSENER, B. (1995) Corrosion rate of reinforced concrete structures determined by electrochemical methods. Material Science Forum, 192-194, e 857-866.
106. ASTM G109 2005. Método de teste padrão para determinar os efeitos de aditivos químicos sobre a corrosão da armadura de aço embutido no concreto exposto a ambientes de cloreto. ASTM International. West Conshohocken, PA.
107. BERK, N.S.; SHEN, D.F.; SUNDBERG, K.M. (1992) Comparison of the linear polarization resistence technique to the macrocell corrosion technique, ASTM, p. 207.
108. ELSENER, B.; BÖHNI, H. (2001) Potential mapping and corrosion of steel in concrete. Construction and Building Materials, v. 15, n. 2–3, p. 125-131.
109. MILLARD, S.; HARRISON, J.; EDWARDS, A. (1989). British Journal of Non-destructive Testing, v. 31, 616.
110. TULLMIN, M.A.; HANSSONE, C.M. (2004) Electrochemical technics for measuring reinforcing steel corrosion. University Kingston, ON Canada.
111. DUFFÓ, G. S.; FARINA, S. (2012) Development of embeddable sensor to monitor de corrosion process of new and existing reinforced concrete structures. Construction and Building Materials, v. 23, 2746-2751.
112. FREIRE, K.R.R. (2005) Avaliação do desempenho de inibidores de corrosão em armaduras de concreto. Dissertação (Mestrado em estruturas), Universidade Federal do Paraná, Paraná. 192 p.
113. MACHADO, M.A.G.T.C. (2004) Inibidores de corrosão em concreto armado contra o ataque de agentes da chuva ácida. Tese (Doutorado em construção civil), Universidade Federal de São Carlos, São Carlos. 162 p.
114. ALMEIDA, F.C.R. (2013) Avaliação do potencial de corrosão de armaduras em concretos com substituição parcial do agregado miúdo pela areia de cinza do bagaço de cana-de-açúcar – ABCA. Dissertação (Mestrado em Estruturas e Construção civil), Universidade Federal de São Carlos, São Carlos. 206 p.

Capítulo 11

Uso de técnicas eletroquímicas para a reabilitação de estruturas

M. Zita Lourenço

11.1. Introdução

Na reabilitação de estruturas de concreto armado é fundamental que a estratégia de intervenção a adotar seja baseada no conhecimento das causas e extensão da deterioração, de modo a permitir a implementação da solução técnica e economicamente mais apropriada a cada situação.

As técnicas mais utilizadas na reabilitação de estruturas em que a corrosão é devida à contaminação do concreto por íons cloreto são a reparação localizada e os métodos eletroquímicos, como a proteção catódica e a dessalinização, também conhecida por extração eletroquímica de cloretos. No caso de estruturas carbonatadas, as técnicas mais utilizadas são a reparação convencional e a realcalinização. A reparação convencional envolve a remoção mecânica do concreto contaminado seguido da sua substituição por material novo. Embora essa técnica seja bastante utilizada, a sua aplicação na reabilitação de estruturas contaminadas por íons cloreto é pouco eficaz a longo prazo. Dado que, se a reparação não remover todo o concreto contaminado por cloretos, novas áreas de corrosão são formadas adjacentes às zonas reparadas, designadas por ânodos incipientes dando, assim, continuação à deterioração[1,2]. Para que a reparação convencional tenha uma longa durabilidade, é necessário remover todo o concreto contaminado, de modo a evitar a formação dos novos ânodos, e substituir por concretos ou argamassas de qualidade adequada ao tipo de reparação e ao ambiente da estrutura. A aplicação de métodos eletroquímicos na reabilitação de uma estrutura resulta, em geral, em soluções mais eficazes e econômicas no controle da corrosão.

O objetivo da proteção catódica é reduzir a corrosão das armaduras, pela aplicação, durante toda a vida da estrutura, de corrente contínua externa. O objetivo da dessalinização e da realcalinização é eliminar o agente agressor, por meio da aplicação temporária de um campo elétrico.

Pretende-se, neste capítulo, apresentar uma revisão breve dos fundamentos teóricos dessas técnicas eletroquímicas e descrever sumariamente os aspectos técnicos considerados, pela autora, mais importantes para a implementação dessas técnicas. Como exemplo, serão apresentados dois casos ilustrando a aplicação prática de proteção catódica e de dessalinização a duas estruturas de concreto armado. Informações mais aprofundadas poderão ser encontradas na literatura citada no texto.

11.2. Proteção catódica

As primeiras aplicações da proteção catódica em estruturas de concreto armado foram realizadas pelo Departamento de Transporte da Califórnia (EUA), nos anos 1970, para controlar a corrosão das armaduras nos tabuleiros de pontes[3]. Desde então, a proteção catódica tornou-se uma das técnicas mais valiosas para a reabilitação de estruturas de concreto sofrendo de corrosão induzida por cloretos. Em 1982, a Federal Highway Administration nos Estados Unidos reconheceu a proteção catódica como a única técnica de reabilitação capaz de eliminar a corrosão de estruturas deterioradas, independentemente do teor de cloretos[4]. Tem sido utilizada na reabilitação de todo o tipo de estruturas, incluindo pontes, edifícios, monumentos e estruturas portuárias e industriais[5-8], principalmente estruturas expostas ao ambiente marinho, e em alguns países, em estruturas como tabuleiros de pontes e parques de estacionamento, devido à contaminação do concreto pelo sal de degelo. Tem sido também utilizada, com sucesso, em estruturas de concreto protendido, apesar do risco da ocorrência de trincamento do aço de alta resistência devido à penetração do hidrogênio atômico no metal[9].

O sucesso da aplicação de proteção catódica a uma estrutura depende de uma série de requisitos, nomeadamente da seleção do sistema anódico mais apropriado, do projeto, da correta instalação, operação e monitoramento do sistema durante a vida útil da estrutura. Existem atualmente várias normas, códigos e relatórios técnicos internacionais que estabelecem os requisitos para a correta aplicação de proteção catódica nas estruturas de concreto expostas à atmosfera, nas estruturas imersas e nas estruturas enterradas[10-14].

11.2.1. Teoria e princípios básicos

A proteção catódica é um método eletroquímico de controle da corrosão, que utiliza a circulação de corrente contínua entre um eletrodo (ânodo) exposto ao ambiente e o metal a proteger (cátodo). A aplicação de corrente no metal a proteger provoca um decréscimo do seu potencial de corrosão para um nível em que a velocidade de corrosão é zero ou suficientemente reduzida. De acordo com MEARS e BROWN[15], a proteção catódica efetiva consiste na supressão das reações anódicas, por meio da aplicação de uma corrente oposta, forçando as zonas catódicas locais a serem polarizadas ao potencial das zonas anódicas, eliminando, assim, o fluxo de corrente entre as zonas anódicas e as catódicas.

Do ponto de vista termodinâmico, a aplicação da corrente de proteção reduz a velocidade de corrosão de um metal, baixando o potencial, para valores inferiores ao potencial de equilíbrio do metal no ambiente exposto, isto é, para a zona de imunidade do diagrama potencial-pH, ou para a zona de passivação, dependendo do metal e do ambiente a que está exposto. Na prática, não é necessário eliminar completamente a corrosão (proteção total ou imunidade), mas, sim, reduzir a velocidade de corrosão para valores insignificantes. Quando o metal está exposto a soluções contendo íons cloreto, caso das armaduras em concreto contaminado por cloretos, é suficiente baixar o potencial para a zona de passivação perfeita do diagrama potencial-pH, também conhecido como o diagrama de Pourbaix[16]. Em estruturas novas, não contaminadas, é suficiente fornecer corrente de modo a manter o potencial de proteção na zona de passivação imperfeita, na qual não é possível o início de corrosão por pites na superfície passiva.

A proteção catódica pode ser aplicada de duas formas: por ânodos galvânicos ou por corrente impressa. Na primeira, o metal a proteger é ligado diretamente a um metal mais ativo, ânodo galvânico, também conhecido como ânodo de sacrifício, que se dissipa gradualmente libertando elétrons, gerando, dessa forma, corrente elétrica entre os dois metais. Como a corrente iônica flui do ânodo para as armaduras através do concreto, a sua resistividade é crucial para a eficácia do sistema. É essencial uma baixa resistividade para não opor resistência à passagem da corrente. Nos sistemas por corrente impressa, utiliza-se um ânodo inerte e uma fonte exterior de alimentação de corrente contínua. Devido à elevada resistividade do concreto, os sistemas de corrente impressa são os mais utilizados em estruturas aéreas de concreto armado. Daí o enfoque ser dado principalmente a esse tipo de sistema.

Os componentes básicos de um sistema de proteção catódica por corrente impressa são: ânodo, cátodo (armaduras), concreto (eletrólito) e a fonte de corrente contínua, conforme ilustrado no esquema da Figura 11.1.

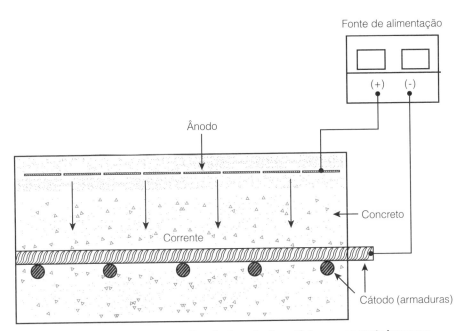

Figura 11.1. Representação esquemática da aplicação da proteção catódica por corrente impressa.

Além de inverter o processo da corrosão, a passagem da corrente elétrica induz modificações químicas no concreto, como resultado das reações que ocorrem principalmente nas interfaces ânodo/concreto e armaduras/concreto. A reação principal que ocorre na interface aço/concreto é a redução de oxigênio e a produção de íons hidróxido (Equação 11.1):

$$O_2 + 2H_2O + 4e^- \rightarrow 4OH^- \tag{11.1}$$

Contudo, se o potencial do aço se tornar muito negativo pode também ocorrer a reação (Equação 11.2), com liberação de hidrogênio e produção de íons hidróxido.

$$2H_2O + 2e^- \rightarrow 2OH^- + H_2 \tag{11.2}$$

A formação de íons hidróxido, como resultado das reações 11.1 ou 11.2, contribui para o aumento da alcalinidade do concreto e a restauração do filme passivo na superfície do metal. Porém, a liberação de hidrogênio, na eventualidade de ocorrer a reação 11.2, pode causar a fragilização do aço devido à penetração do hidrogênio atômico no metal. Esse problema é desprezível em aços normais, mas em aços sob tensão não deve ser ignorado, e a aplicação de proteção catódica em estruturas com esse tipo de aços deve ser implementada com muito cuidado.

As reações que podem ocorrer na interface ânodo/concreto, quando se utilizam ânodos inertes, são (Equações 11.3 a 11.5):

$$2H_2O \rightarrow 4H^+ + O_2 + 4e^- \tag{11.3}$$

$$4OH^- \rightarrow 2H_2O + O_2 + 4e^- \tag{11.4}$$

e a evolução de cloro, em estruturas contaminadas por cloretos:

$$2Cl^- \rightarrow Cl_2 + 2e^- \tag{11.5}$$

resultando no consumo da alcalinidade e na acidificação do concreto na interface com o ânodo, que pode causar a destruição da pasta de cimento. De modo a minimizar a acidificação, é necessário manter a densidade de corrente anódica abaixo de determinados valores, dependendo do tipo de ânodo a utilizar.

Outro fenômeno resultante da passagem da corrente elétrica, que também induz modificações na composição química do concreto, é a eletromigração iônica. A circulação de corrente iônica no concreto é o resultado da migração dos íons presentes na solução dos poros. Sob a ação de um campo elétrico, os íons com carga positiva (Na^+, K^+) migram para junto do cátodo (armaduras), e os íons com carga negativa (OH^-, Cl^-) migram para junto do ânodo, resultando num decréscimo dos cloretos nas armaduras e contribuindo, igualmente, para a passivação das armaduras. Portanto, o efeito da aplicação de proteção catódica não é só a eliminação ou redução da corrosão, mas também o aumento da alcalinidade e a redução do teor de íons cloreto nas armaduras, contribuindo para a formação do filme passivo na superfície das armaduras.

11.2.2. Densidade de corrente

Conforme exposto anteriormente, a densidade de corrente (intensidade de corrente por unidade de área das armaduras) necessária para proteção depende das condições iniciais de corrosão, do grau de contaminação e do ambiente de exposição. Segundo LAZZARI e PEDEFERRI[17], em estruturas de aéreas contaminadas com cloretos, é necessária a aplicação de 5 a 20 mA/m² da superfície de metal a proteger. Em estruturas submersas e enterradas, devido à limitada concentração de oxigênio no concreto, o valor necessário para proteção é inferior, da ordem de 0,2 a 2 mA/m². Em estruturas não contaminadas, como estruturas novas, é suficiente aplicar valores entre 0,2 e 2 mA/m² para prevenção da corrosão. Na prática e de acordo com as normas existentes, utiliza-se genericamente de 2 a 20 mA/m² da superfície de metal a proteger em estruturas contaminadas, e de 0,2 a 2 mA/m² para a proteção de estruturas não contaminadas ou submersas[10-12]. Em alguns casos publicados na literatura[18] foi necessário aplicar densidades de corrente mais elevadas, da ordem dos 3,5 a 4 mA/m² para se obter suficiente polarização/despolarização, de modo a satisfizer os critérios de proteção. Densidades de corrente de proteção mais elevadas implicam maiores densidades de corrente anódica e, consequentemente, uma maior quantidade de ânodo a utilizar para se obter o mesmo tempo de vida deste.

11.2.3. Critérios de proteção

Para avaliar o desempenho dos sistemas de proteção catódica, utilizam-se vários critérios de proteção. Os mais utilizados são[10]:

- *Critério do potencial absoluto -720 mV Ag/AgCl/0,5 M KCl*: o valor do potencial instante off deverá ser mais negativo que -720 mV Ag/AgCl. Esse potencial deverá ser medido entre 0,1 e 1 segundo após o corte da corrente contínua. Esse critério utiliza-se geralmente para estruturas, ou partes das estruturas, submersas ou enterradas.
- *Critério de 100 mV de decrescimento do potencial*: este valor é determinado pela diferença entre o valor instante *off* e o potencial medido após um período de tempo de corte da corrente contínua, período de despolarização, conforme ilustrado na Figura 11.2. De acordo com a NACE[12], se o potencial de corrosão (potencial natural antes da aplicação de corrente) ou o potencial *off* apresentar valores mais positivos que -200 mV $Cu/CuSO_4$, significa que o aço se encontra passivo e não é necessária a aplicação do valor mínimo de 100 mV. O tempo de despolarização varia com as condições de exposição de cada estrutura, teor de umidade e com a qualidade do concreto[19] e não depende da eficiência da proteção catódica[12]. A norma Australiana AS 2832.5 (Cathodic protection of metals – steel in concrete structures[11]) permite um período de despolarização até 72 h. A norma europeia EN ISO 12696 (Cathodic protection of steel in concrete[10]) recomenda, para estruturas expostas à atmosfera, a obtenção de, no mínimo, 100 mV em 24 h de despolarização e, no mínimo 150 mV para períodos mais longos.

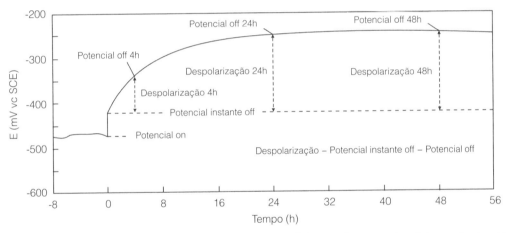

Figura 11.2. Representação esquemática da variação do potencial com o tempo, após a interrupção da corrente, indicando a despolarização em 4, 24 e 48 horas.

Conforme exposto anteriormente, para valores de potencial de proteção mais negativos pode ocorrer a libertação de hidrogênio, de acordo com a reação 11.2, que em presença de aço de alta resistência, caso do concreto protendido, pode originar fragilização do pré-esforço. Portanto, independentemente do critério de proteção a utilizar, o valor do potencial de proteção (instante off) não deve ser mais negativo que -900 mV Ag/AgCl para aço sob tenção ou -1.100 mV Ag/AgCl para aço normal[10].

11.2.4. Tipos de ânodos

A proteção catódica pode ser aplicada a estruturas completa ou parcialmente submersas ou enterradas, estruturas contendo eletrólitos ou completamente expostas à atmosfera (concreto aéreo). O tipo de ânodo a utilizar varia conforme o tipo de estrutura ou elemento a proteger, as condições ambientais a que os elementos estão expostos e o tempo de vida útil esperado.

A seleção do sistema de ânodo mais adequado para uma estrutura é um fator crítico no desempenho do sistema e de sua durabilidade a longo prazo. O tipo de estrutura a ser protegida, as condições de exposição ambiental, o tempo de vida útil esperada, a análise do custo do ciclo de vida, a facilidade de instalação, o impacto visual e estrutural sobre a estrutura, entre outros, são fatores que devem ser considerados no processo da seleção do tipo de ânodo. O dimensionamento do ânodo e o zoneamento do sistema (divisão em zonas eletricamente independentes) devem ser efetuados de modo que as armaduras sejam polarizadas uniformemente e evitando a descarga de corrente desigual no ânodo. Os fatores a considerar incluem possíveis variações na densidade de corrente de proteção, na distribuição das armaduras e na resistividade elétrica do concreto.

a) Ânodos para estruturas enterradas ou submersas

Para a proteção de estruturas, ou partes de estruturas, enterradas ou imersas, os ânodos utilizados são similares aos empregados na proteção convencional de estruturas metálicas, como tubagens, estacas metálicas, tanques etc. Poderão ser utilizados ânodos galvânicos ou de corrente impressa, instalados no solo ou na água, consoante o meio envolvente do concreto.

Como ânodos galvânicos, poderão utilizar-se as ligas de alumínio-zinco-índio, de zinco ou de magnésio para proteção de concreto imerso, sendo os ânodos de alumínio somente adequados para condições salinas. Os ânodos poderão ser ligados diretamente às armaduras, por meio da soldadura direta da barra de fixação (patilha) às armaduras ou de cabos elétricos. Para o concreto enterrado, dependendo da resistividade elétrica do solo, poderão ser utilizadas ligas de zinco ou de magnésio. Nessas condições, os ânodos são geralmente colocados a uma certa distância da estrutura a proteger e inseridos em material de enchimento, normalmente uma mistura de gesso, bentonita e sulfato de sódio.

Para corrente impressa, os materiais anódicos mais utilizados incluem ferro, silício, titânio ativado revestido com óxidos de metais nobres (Ti/MMO), titânio revestido com platina e/ou nióbio. Poderão ser instalados em forma tubular, como varas ou em fios. Os ânodos poderão ser fixos no concreto ou instalados a certa distância da estrutura a proteger (ânodos remotos). Em estruturas enterradas, os ânodos poderão ainda ser instalados individualmente ou agrupados em leito de ânodos e são geralmente instalados em material de enchimento, constituído por moinha de coque calcinado. Para proteção de estruturas submersas, os ânodos são instalados diretamente na água, a alguma distância do concreto ou fixos à estrutura com um suporte apropriado, dependendo das condições de exposição. A Figura 11.3 ilustra a instalação de um ânodo para proteção da parte submersa de um caixotão de concreto, em que o ânodo é fixo à parede do concreto utilizando um tubo perfurado como suporte.

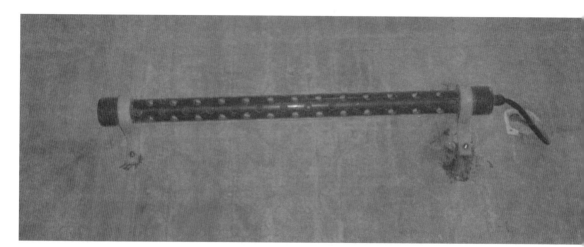

Figura 11.3. Exemplo de um ânodo e respectivo suporte utilizado para proteção da parte submersa de um caixotão de entrada de água do mar, de uma unidade industrial.

O tipo e a quantidade de ânodos a utilizar, as suas dimensões e capacidade, a localização e o método de instalação dependem das necessidades de corrente, da resistividade do eletrólito (solo ou água), das dimensões e geometria da estrutura a proteger e do ambiente de exposição. Esses fatores devem ser considerados no projeto, de modo a permitir a distribuição de corrente e a polarização uniforme em toda a área a proteger.

b) Ânodos para estruturas aéreas

Existem, no mercado internacional, vários tipos de sistemas anódicos, que apresentam características diferentes relativamente a desempenho, desgaste, sua durabilidade e efeitos na estrutura. Os mais frequentemente utilizados em concreto exposto à atmosfera (aéreo) incluem malha expandida de titânio ativado (Ti/MMO), ânodos em forma de fita, ânodos discretos, revestimentos metálicos de Zn ou Al-Zn-In, revestimentos orgânicos condutores (à base de solvente ou solúvel em água, contendo fibras de carbono) e revestimentos cimentícios contendo fibras de carbono revestidas a níquel. Serão apresentados, com mais detalhe, os ânodos considerados pela autora como os mais resistentes e com longo histórico de utilização.

- Malha de titânio ativado, revestida com óxidos de metais nobres (Ti/MMO): este ânodo consiste numa malha de titânio revestida com uma mistura de óxidos de metais ou de metais preciosos, encapsulada em argamassa de baixa resistividade elétrica. Existem vários tipos de malha com densidades de correntes anódicas diferentes. A malha é aplicada na superfície do elemento a proteger com fixadores de plástico, após a reparação localizada das áreas degradadas, seguida da preparação da superfície do concreto. A camada de recobrimento da malha é geralmente aplicada por projeção da argamassa, com espessura de 15 a 25 mm (Figura 11.4). A preparação da superfície é uma operação muito importante na performance desse tipo de ânodo, porque a adesão da camada de recobrimento ao concreto original é um fator crítico na durabilidade a longo prazo desse sistema.

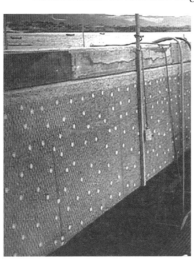

(A)   (B)

Figura 11.4. Aplicação do ânodo malha de titânio a uma parede dos encontros de uma ponte. (A) Fixação da malha com fixadores de plástico à superfície do concreto; (B) aplicação por projeção a seco da camada de recobrimento.

- Fitas de malha de Ti/MMO: consiste em fitas de titânio revestidas com uma mistura de óxidos de metais, encapsuladas em argamassa. As fitas podem ser de malha ou sólidas e apresentam dimensões variáveis, desde 10 a 25 mm de largura com diferentes densidades de corrente anódica. O tipo de fita, as dimensões, o espaçamento etc. dependem da necessidade de corrente e da resistividade do concreto em cada elemento. O método de instalação depende do elemento a proteger e do seu estado de deterioração. A fita pode ser instalada em ranhuras, pouco profundas, realizadas na superfície do concreto e repletas com argamassa, conforme ilustrado na Figura 11.5. Em elementos muito deteriorados, pode ser fixada às armaduras com fixadores/ espaçadores de plástico, antes da aplicação do material de reparação. Pode ainda ser instalada entre camadas de argamassa de reparação. Nesse caso, após a primeira aplicação de camada de reparação, fixa-se a fita ao concreto e aplica-se a segunda camada, conforme ilustrado na Figura 11.6. Independentemente do seu modo de aplicação, é necessário manter uma distância mínima de 15 mm entre as armaduras e as fitas, de modo a evitar drenagem excessiva de corrente que pode originar consumo acelerado do ânodo nessas zonas.

Figura 11.5. Aplicação das fitas de malha de titânio a pilares. (A) Abertura das ranhuras; (B) instalação das fitas; e (C) aspecto final.

Figura 11.6. Aplicação das fitas de malha de titânio entre camadas de argamassa.

- Ânodos discretos ou singulares: este tipo de ânodo, em forma de sonda, pode ser instalado em formato tubular, em fita de malha ou sólida ou em forma de varas. Encontram-se em vários materiais e com dimensões e correntes variáveis. São inseridos em furos, realizados no concreto do elemento a proteger que, após a inserção do ânodo, é repleto com material condutor, como pasta ou gel de grafite ou argamassas de baixa resistividade. Os furos realizados na estrutura são de diâmetro e comprimento variáveis conforme o tipo de ânodo a utilizar. O material do ânodo pode ser titânio platinizado, Ti/MMO ou cerâmicas condutoras. Os ânodos singulares são conectados entre si, com fitas ou fios de titânio para formar conjuntos ou subzonas. O tipo de ânodo a utilizar, a quantidade e o espaçamento dependem do tipo de estrutura e da corrente necessária para proteção, e são parâmetros a definir na fase de projeto. Esse tipo de ânodo é apropriado para a proteção de elementos compactos, como vigas e colunas (Figura 11.7).

Figura 11.7. Aplicação de ânodos discretos nos pilares de uma ponte e ilustração esquemática da instalação do ânodo no pilar.

- Ânodos galvânicos: como material anódico utilizam-se geralmente ligas de zinco ou de alumínio-zinco-índio que poderão ser aplicadas em forma de película, de malha ou de pastilha. Devido ao modo de funcionamento da proteção galvânica, é fundamental que a resistividade do concreto seja baixa, de modo a não opor demasiada resistência à passagem da corrente iônica no concreto. Portanto, esse tipo de ânodo não é o mais apropriado para a proteção de concreto aéreo em condições de elevada resistividade. Como revestimento metálico é aplicado por projeção de uma fina camada de metal na superfície do concreto a proteger ou diretamente nas armaduras nas zonas deterioradas. Para aumentar a sua eficácia poderá utilizar-se uma solução de sais higroscópicos, com o fim de reter a umidade no concreto e diminuir a sua resistividade.

Outros sistemas incluem ânodos de zinco em forma de folha ou malha de zinco, fixada diretamente à superfície a proteger. A malha de zinco é encapsulada em argamassa e protegida com uma jaqueta de fibra de vidro. Esse sistema foi desenvolvido para a proteção da zona da maré e de salpicos de pilares ou estacas de estruturas marítimas.

O sistema de proteção catódica com maior aplicação no Brasil[20] é constituído por discos ou pastilhas de zinco instalados nas zonas de reparação localizada. Os ânodos são encapsulados em argamassas especiais, condutoras e alcalinas, que permitem manter o zinco ativo e acomodar os produtos da corrosão do zinco. Esse sistema foi desenvolvido para eliminar a corrosão nas áreas adjacentes às zonas reparadas (efeito de ânodo incipiente) e, assim, aumentar a durabilidade da reparação[14]. Os ânodos são instalados nas zonas reparadas, fixos diretamente às armaduras, durante a reparação da estrutura.

Um sistema recentemente desenvolvido para tratamento de estruturas contaminadas por cloretos é conhecido por sistema híbrido de tratamento eletroquímico[21]. Funciona como dessalinização temporária e proteção catódica galvânica. Consiste na utilização de ânodos de zinco inseridos em furos no concreto, encapsulados em argamassas ativadas. Os ânodos são interconectados e ligados às armaduras através de caixas de junção. O sistema é inicialmente energizado, durante uma a duas semanas, usando uma fonte de alimentação temporária, com o objetivo de diminuir o teor de cloretos nas armaduras. Após o tratamento eletroquímico, a fonte de alimentação é removida e os ânodos são ligados diretamente às armaduras, passando a funcionar como sistema galvânico.

11.2.5. Sensores de monitoramento

A verificação da eficácia dos sistemas de proteção catódica é efetuada por meio da medição dos potenciais do aço na interface com o concreto. Para tal, é necessária a instalação de um sistema de monitoramento, constituído por sensores e instrumentos de medida. Os sensores de monitoramento para estruturas aéreas deverão ser embutidos no concreto e localizados em zonas representativas das diferentes condições de corrosão da estrutura a monitorar. Deverão ser robustos, estáveis, apresentar longa durabilidade e ser próprios para embutir em concreto armado.

Existem dois tipos de sensores de monitoramento[13]; verdadeiros eletrodos de referência e pseudoeletrodos. Na primeira categoria encontram-se os eletrodos de prata-cloreto de prata (Ag/AgCl), de calomelanos saturado (SCE), de cobre-sulfato de cobre (Cu/CuSO$_4$) e de manganês-dióxido de manganês (Mn/MnO$_2$). Os pseudoeletrodos, como não são verdadeiros eletrodos de referência, não são adequados para a medição do potencial absoluto. Contudo, são apropriados para a medição do valor da despolarização, daí serem também conhecidos como sondas de despolarização. Os pseudoeletrodos mais comuns incluem grafite, zinco e titânio. Os sensores mais utilizados para uso permanente em concreto exposto à atmosfera são:

- Eletrodos de referência de Ag/AgCl e de Mn/MnO$_2$ (Figura 11.8). Os eletrodos de Cu/CuSO$_4$, embora bastante utilizados na proteção catódica tradicional, não são apropriados para utilização

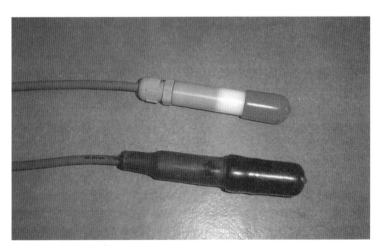

Figura 11.8. Exemplo de eletrodos de referência permanentes, de Ag/AgCl e de Mn/MnO$_2$, próprios para concreto armado.

no concreto. Poderão originar erros na eventualidade de derrame do sulfato de cobre sobre o concreto[10] ou por contaminação do eletrodo por íons cloro.
- Sondas de despolarização de titânio ativado.

Para o monitoramento de partes enterradas ou submersas poderão utilizar-se também eletrodos de zinco ou de $Cu/CuSO_4$, instalados na água ou solo. As sondas de despolarização não são adequadas para o monitoramento de estruturas ou parte de estruturas enterradas ou submersas, uma vez que o critério de proteção mais adequado a esse tipo de condições é o do potencial absoluto.

11.2.6. Transformadores retificadores e sistemas de monitoramento e controle

Para os sistemas de proteção catódica por corrente impressa é necessária a utilização de uma fonte de energia de corrente contínua, que poderá ser um sistema solar, uma bateria ou um transformador retificador, que é o mais frequentemente utilizado. Esse equipamento tem como função transformar a corrente alternada em corrente contínua de baixa tensão. Contém, geralmente em conjunção com o fornecimento de energia, sistemas de controle e de monitoramento acoplados, para a regulação e monitoramento da corrente e da tensão de saída e do monitoramento dos potenciais. Essas unidades podem ser simples, em que o monitoramento e a regulação são efetuados manualmente ou podem ser muito sofisticadas e totalmente controladas e monitoradas por computador, permitindo, inclusive, o acesso remoto aos sistemas.

As unidades manuais são essencialmente constituídas por fontes de alimentação, voltímetros e amperímetros, para medição da intensidade da corrente e da tensão fornecida, e voltímetro de impedância elevada, para medição dos potenciais. Exemplo de uma unidade é apresentado na Figura 11.9. Os sistemas computadorizados permitem o monitoramento e o controle contínuo e automático da proteção catódica. São constituídos essencialmente por transformadores retificadores e unidades de controle e monitoramento que funcionam com software próprio e desenvolvido para cada projeto.

Figura 11.9. Unidade de alimentação, com controle e monitoramento manual, constituída por transformadores retificadores e instrumentos de medida.

11.2.7. Aspectos a considerar no projeto e aplicação

A concepção de um sistema de proteção catódica deve incluir, entre outros parâmetros: a seleção do sistema de ânodo mais adequado; a determinação do número, dimensão, localização e método de instalação dos ânodos; a divisão do sistema em zonas anódicas independentes, considerando as diferentes necessidades de corrente, as variações na contaminação e na resistividade do concreto e o ambiente de exposição de cada parte da estrutura, a fim de assegurar a polarização adequada e uniforme a todas as partes da estrutura. O tipo de sistema de alimentação controle e monitoramento deve ser selecionado com base na complexidade da estrutura e do sistema e na análise custo-benefício. Deve ser dimensionado considerando os requisitos de corrente e tensão necessários para cada zona, assim como a quantidade de sensores de monitoramento. O tipo de sensores de monitoramento utilizados, o seu número e localização para permitir a determinação da eficácia da proteção catódica devem também ser parâmetros a definir no projeto.

A determinação da extensão da corrosão, as condições ambientais da estrutura, o teor de cloretos e a resistividade elétrica do concreto são parâmetros fundamentais que deverão servir de fundamento à concepção e ao dimensionamento do sistema. Nesse sentido, é fundamental a realização de uma investigação à estrutura antes da concepção do sistema. Em alguns casos, é também recomendável a instalação de um teste-piloto em uma pequena área, antes da instalação a toda a estrutura, para otimização do projeto.

Um dos aspectos importantes no projeto de reabilitação de uma estrutura deteriorada é a definição do método de reparação das zonas deterioradas. O método de reparação do concreto, quando se utilizam métodos eletroquímicos, é diferente para a reparação convencional. A fim de que a reparação localizada seja eficaz, é necessário remover todo o concreto contaminado por cloretos, de modo a evitar a formação de novas zonas anódicas e a continuação da corrosão. Na reparação para métodos eletroquímicos, é somente necessário remover e repor a camada de concreto nas áreas que apresentem anomalias, delaminação, fissuração ou armaduras expostas. A intervenção de reparação nessas zonas consiste na remoção de uma camada superficial de concreto, até atingir as armaduras, na limpeza das armaduras e na posterior reposição da seção, por meio da aplicação de argamassa de reparação, conforme exemplificado na Figura 11.10.

Figura 11.10. Reparação para aplicação de método eletroquímico. Nesses casos, não é necessário remover o concreto contaminado por detrás das armaduras ou em zonas não deterioradas.

A existência de continuidade elétrica entre as armaduras de um elemento ou zona a tratar é muito importante na adequada implementação das técnicas eletroquímicas. Se existirem armaduras descontínuas, estas podem ainda corroer devido à interferência pelas correntes vagabundas. Daí a importância da realização de testes, para verificação da continuidade elétrica das armaduras, antes ou durante a instalação e a continuidade estabelecida quando necessário. Em estruturas existentes, e quando a proteção é aplicada antes de ocorrer corrosão significativa das armaduras, o problema da descontinuidade não é, geralmente, significante.

11.3. Dessalinação

11.3.1. Teoria e princípios básicos

A dessalinização é um método eletroquímico que se aplica, temporariamente, em estruturas de concreto contaminadas por cloretos, com o objetivo de removê-los. Esse processo, também conhecido por extração eletroquímica de cloretos, consiste na aplicação de corrente elétrica contínua, entre a armadura do concreto (cátodo) e um ânodo externo aplicado na superfície do concreto e embebido numa solução eletrolítica. Essa técnica envolve processos físico-químicos, tais como: eletrólise, eletromigração iônica e eletrosmose. Embora esses processos possam ocorrer simultaneamente, como consequência da aplicação de corrente elétrica entre o ânodo e o cátodo, a eletrólise e a eletromigração são os mais relevantes nesse tratamento.

Ambos contribuem para a redução da razão de íons Cl^-/OH^- na interface aço/concreto, o que desfavorece o fenômeno de corrosão. Na eletrólise ocorre formação de íons hidróxido (OH^-) na interface aço/concreto (Equações 11.1 e 11.2), originando um ambiente alcalino, que conduz à repassivação das armaduras. Na eletromigração, os íons cloreto (Cl^-, carregados negativamente) são atraídos para o ânodo externo (carregado positivamente), e os íons sódio (Na^+), potássio (K^+), cálcio (Ca^{2+}) (carregados positivamente) são atraídos para o cátodo (armaduras), carregados negativamente.

Desse modo, os íons cloreto são removidos da interface aço/concreto, na direção do ânodo externo, podendo, mesmo, ser removidos do concreto. Simultaneamente, o enriquecimento em metais alcalinos, na proximidade das armaduras, desempenha um papel importante na preservação da alcalinidade na interface aço/concreto após o tratamento. Esse fato deve-se à capacidade de esses íons formarem compostos com grande parte dos íons hidróxidos formados no processo de eletrólise. O princípio de funcionamento da dessalinização é esquematicamente representado na Figura 11.11.

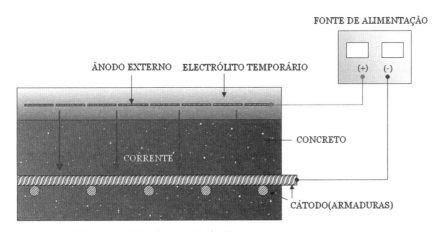

Figura 11.11. Representação esquemática da dessalinização.

364 Corrosão e Degradação em Estruturas de Concreto

A densidade de corrente normalmente aplicada varia entre 0,5 e 2 A/m² de concreto. A duração do tratamento varia, em geral, entre quatro a sete semanas[22-24], dependendo da concentração inicial de cloretos, da origem dos cloretos, da qualidade do concreto, da geometria da estrutura e da distribuição das armaduras no elemento a tratar.

11.3.2. Ânodos e eletrólitos

Neste tratamento, o ânodo é temporariamente instalado na superfície do concreto, por meio de um método adequado a cada situação, e é removido após o tratamento. Os materiais mais utilizados são malha de titânio ativado, ânodo inerte e não consumível, e malha de aço carbono, que é consumida no processo. Os ânodos de titânio têm a vantagem de não serem consumidos durante o tratamento, podendo ser reutilizados em vários tratamentos, e não originarem resíduos associados ao seu consumo. A malha de aço, como é consumida no processo, deve ser dimensionada de modo a conter massa suficiente em toda a sua extensão até o final do tratamento. O consumo do ânodo produz grandes quantidades de produtos ferrosos, podendo afetar o aspecto do acabamento final que, em certas situações, torna inviável a sua utilização. A principal vantagem dos ânodos consumíveis relativamente aos inertes é o seu custo, que é relativamente baixo.

O eletrólito mais comum é a água, devido ao seu baixo custo e fácil acesso. No entanto, a água poderá acidificar, como resultado das reações anódicas, provocando um decréscimo do pH e promovendo a libertação de cloro gasoso nos ânodos inertes. Caso o pH decresça para valores inferiores a 6, a água poderá ser substituída por soluções aquosas de hidróxido de cálcio ou de borato de lítio. Para garantir a presença de solução eletrolítica em toda a extensão do tratamento é utilizado um suporte, designado suporte de eletrólito, que pode ser constituído por fibra de celulose projetada, manta de feltro ou outro material polimérico que assegure essa função.

11.3.3. Critérios de finalização de tratamento

Vários critérios poderão ser utilizados para determinar a finalização do tratamento[22-24]:
1. Teor de cloretos no concreto: o tratamento é finalizado quando o teor de cloretos no concreto, na proximidade das armaduras, for reduzido até um determinado valor considerado crítico para a obtenção das condições passivas, geralmente aceite entre 0,2 e 0,4% (massa de cimento). A determinação de cloretos é realizada em amostras (corpos de prova) retiradas nas áreas sob tratamento e, de preferência, junto às armaduras. A quantidade e a localização das amostras devem ser apropriadas à complexidade da estrutura e às variações do teor de cloretos no concreto antes de tratamento. Esses parâmetros devem ser definidos no projeto.
2. A quantidade de carga por unidade de área: este critério estipula que a densidade de carga por unidade de aço deverá ser superior a 600 A.h/m² e inferior a 1.500 A.h/m².
3. Razão Cl⁻/OH⁻: utilizando este critério, a razão Cl⁻/OH⁻ a atingir deve ser inferior a 0,6.

Na prática, utiliza-se a combinação de vários critérios. É aconselhável a realização de um teste-piloto para determinação do critério, da duração do tratamento e dos parâmetros operacionais adequados às diferentes condições existentes na estrutura.

No final do tratamento, o circuito elétrico é interrompido, o ânodo e o suporte são removidos, e a superfície é limpa dos vestígios de tratamento antes da aplicação de pintura ou revestimento final.

Capítulo 11   Uso de técnicas eletroquímicas para a reabilitação de estruturas

11.3.4. Limitações à sua aplicabilidade

Como a densidade de corrente a aplicar em dessalinização é muito superior à utilizada em proteção catódica, o potencial das armaduras poderá evoluir para valores muito negativos, zona de evolução de hidrogênio (Equação 11.2). Como o aço de alta resistência pode ser susceptível à fragilização por hidrogênio, essa técnica não é, de modo geral, apropriada para tratamento de estruturas ou elementos que contenham pré-esforço na área de tratamento. Todavia, segundo MILLER[25], algumas estruturas nessas circunstâncias poderão ser dessalinizadas, se tomadas as devidas precauções.

O aumento da alcalinidade, conjuntamente com a migração dos íons K^+ e Na^+ para junto das armaduras, poderá conduzir à deterioração do concreto na presença de agregados potencialmente susceptíveis à ocorrência de reações álcalis-agregado (RAA). Nessas circunstâncias, os íons hidróxido, em excesso, poderão reagir com a sílica produzindo silicatos solúveis, causando a deterioração do concreto. Consequentemente, esse tratamento também não deve ser genericamente aplicado a esse tipo de concreto, exceto se demonstrado, por meio de instalações-piloto ou outras investigações, que as reações álcalis-agregado não são agravadas com o tratamento.

11.4. Realcalinização

11.4.1. Teoria e princípios básicos

A realcalinização é, assim como a dessalinização, um método eletroquímico que se aplica temporariamente para promover a realcalinização do concreto contaminado. A implementação da técnica consiste igualmente na aplicação de corrente elétrica contínua, entre a armadura do concreto (cátodo – pólo negativo) e uma malha metálica externa (ânodo – pólo positivo), encapsulada num eletrólito. A realcalinização resulta de vários processos físico-químicos que ocorrem simultaneamente, mas a velocidades diferentes; produção de íons hidróxido na superfície das armaduras, em consequência das reações que ocorrem na interface metal/concreto (Equações 11.1 e 11.2); transporte do eletrólito alcalino no concreto por eletrosmose, por absorção e por migração iônica. O princípio de funcionamento desse tratamento é semelhante ao da dessalinização, esquematizado na Figura 11.11. A produção de íons OH^- induz, ao nível das armaduras, aumento do pH, para valores acima de 13,5. Como o número de transporte de íons OH^- é elevado, a corrente fornecida faz com que a maior parte destes se afaste das armaduras. Desse modo, aumenta a zona realcalinizada, fazendo com que esta seja suficiente para manter as condições de passivação por longos períodos após o tratamento[17]. Simultaneamente, os íons OH^- existentes na solução eletrolítica migram por eletrosmose, do exterior para o interior do concreto. Segundo LAZZARI e PEDEFERRI[17], esse mecanismo é mais eficiente quando se utiliza a solução de carbonato de sódio em vez de outros eletrólitos. A quantidade de hidróxido produzido na interface do aço/concreto e a que entra por eletroosmose é função da carga total aplicada, da corrente aplicada e da duração do tratamento.

A densidade de corrente utilizada varia entre 0,5 e 2 A/m^2 de superfície de concreto. A duração do tratamento varia de alguns dias a algumas semanas, dependendo das condições da estrutura, como a profundidade de carbonatação, a espessura do recobrimento, a qualidade do concreto e a geometria das armaduras, e dos valores operacionais, como a densidade de corrente e a sua distribuição. A carga total requerida é geralmente da ordem de 40 a 200 $A.h/m^2$ [26-28].

11.4.2. Ânodos e eletrólitos

Os ânodos são os mesmos que utilizados na dessalinização. No entanto, o uso de malha de aço nesse processo é mais adequado, dado que o tempo de tratamento é menor e, portanto, é menos provável que a malha seja completamente consumida. Como eletrólito utilizam-se soluções aquosas de metais alcalinos, geralmente de sódio ou de potássio, com concentração de 1 M. Segundo alguns pesquisadores[17,29], a utilização de carbonato de sódio torna o tratamento mais resistente à recarbonatação. Para garantir a presença de solução eletrolítica em toda a extensão do tratamento é utilizado um suporte que poderá ser fibra de celulose projetada, manta de feltro ou outro material polimérico que assegure essa função.

11.4.3. Critérios de finalização de tratamento

O final do tratamento é determinado pela medição regular do pH. Os testes são efetuados em corpos de prova e utilizando a solução alcoólica de fenolftaleína como indicador de pH. Os corpos de prova devem ser retirados em áreas representativas das diferentes condições da estrutura. Antes da aplicação desses tratamentos é necessário reparar as áreas visivelmente deterioradas com material de reparação compatível com o concreto original. No final do tratamento, o circuito elétrico é interrompido, o ânodo e suporte removidos, e a superfície limpa dos vestígios de tratamento antes da aplicação de pintura ou revestimento final.

11.4.4. Limitações à sua aplicabilidade

À semelhança da dessalinização, este tratamento também não deve ser usualmente aplicado em presença de aço protendido e em concreto com agregados potencialmente reativos. Exceto se demonstrado, por meio de instalações-piloto ou outras investigações, que o tratamento não causa quaisquer danos às armaduras ou ao concreto.

11.5. Casos práticos

11.5.1. Aplicação de proteção catódica

A estrutura a reabilitar consiste numa laje superior de uma estrutura de concreto armado localizada num estaleiro naval. A laje encontra-se totalmente subterrânea e fica localizada a curta distância do mar. O concreto da laje apresentava um teor de cloretos elevado, provenientes do solo envolvente que funciona com uma fonte contínua de cloretos, e que conduziu à corrosão das armaduras. Como consequência da corrosão das armaduras, a laje apresentava extensivo destacamento (lascamento) e fissuração da camada de recobrimento da face interna (intradorso) da laje, conforme ilustrado na Figura 11.12.

A reparação convencional, consistindo na remoção do concreto nas áreas degradadas e reposição com concreto ou argamassas de reparação, não seria uma solução eficaz a longo prazo, dado que não era possível remover a camada mais profunda de concreto, altamente contaminada existente entre a armadura inferior e a superior. Além disso, o solo circundante proporcionaria uma fonte contínua de cloretos e, consequentemente, os cloretos continuariam a acumular-se no concreto, continuando o processo de corrosão das armaduras, implicando novas e sucessivas intervenções para reparação. Assim, como técnica de reabilitação foi realizada a reparação

Figura 11.12. Vista da face inferior da laje apresentando corrosão generalizada das armaduras, com destacamento da camada de concreto de recobrimento.

localizada das zonas deterioradas e implementação de um sistema de proteção catódica por corrente impressa.

Antes da instalação da proteção catódica, foi necessário remover todo o concreto delaminado, fissurado e solto. Inicialmente, a área afetada parecia pequena, no entanto, foi necessário remover o concreto de recobrimento em toda a superfície da laje. As armaduras que apresentavam redução de seção de, no mínimo, 20%, foram substituídas. A continuidade elétrica entre as armaduras foi verificada após a limpeza e a reparação das armaduras corroídas. O ânodo utilizado foi a fita de malha de Ti/MMO, com 20 mm de largura, com densidade de corrente anódica de 5,5 mA/m linear de fita. As fitas foram instaladas espaçadas 250 mm, e foram interligadas, por meio de soldadura por pontos, a uma fita de titânio sólido, distribuidor da corrente, de 12 mm de largura.

Devido ao destacamento generalizado da camada inferior de concreto, o método de instalação das fitas consistiu em colocar a fita entre duas camadas de concreto projetado. O material de projeção foi selecionado de modo a garantir a compatibilidade com o concreto existente. Após a projeção da primeira camada de concreto, as fitas foram fixadas ao concreto, com fixadores isolantes, antes da aplicação da segunda camada. As ligações elétricas às armaduras e os eletrodos de Ag/AgCl e de Mn/MnO_2 foram instalados em locais selecionados antes da aplicação da primeira camada de concreto. Testes para verificação da ausência de curto-circuitos entre o ânodo e as armaduras foram também realizados antes e durante a aplicação da segunda camada de argamassa. Detalhes da instalação são apresentados na Figura 11.13. O sistema foi energizado em modo de corrente constante (contínua). A instalação de proteção catódica a essa estrutura demonstrou ser simples e econômica, e não aumentou, substancialmente, o custo final da obra de reabilitação.

(A)   (B)

Figura 11.13. Detalhes da instalação de proteção catódica na laje superior de uma estrutura de concreto num estaleiro naval: (A) Ligação elétrica às armaduras, efetuada antes da aplicação da primeira camada de concreto; e (B) aplicação das fitas de ânodo entre duas camadas de concreto.

11.5.2. Aplicação de dessalinização

Durante o projeto de reabilitação de um edifício escolar e após a remoção dos materiais de revestimento dos pavimentos, detetaram-se indícios de sinais de corrosão severa nas armaduras superiores da laje do primeiro piso do edifício. Consequentemente, foi elaborado um estudo com o objetivo de caracterizar os elementos estruturais principais, avaliar a extensão da deterioração e determinar as causas da corrosão. Relativamente à extensão da deterioração, as principais conclusões do estudo indicaram que as zonas que apresentavam maior deterioração do concreto eram as partes maciças da laje, com maior densidade de armadura. Conclui-se que a corrosão foi causada pela elevada contaminação de cloretos no concreto ao nível das armaduras superiores. O perfil de cloretos (variação da concentração de cloretos com a profundidade), obtido nas duas faces da laje, diminuindo para o interior e de baixo valor na face inferior da laje, indicou que a origem dos cloretos seria o material de revestimento da face superior, constituído por uma betonilha feita com agregados salgados, removida durante os trabalhos de reabilitação.

Relativamente às técnicas a adotar para a reabilitação da laje, e tendo em consideração que a contaminação do concreto ao nível das armaduras era elevada, concluiu-se que a reparação local não seria eficaz nem aconselhável, dado que seria necessário demolir todo o concreto envolvente das armaduras, concreto contaminado. Esse procedimento poria em risco a segurança estrutural na fase de reparação e poderia alterar, significativamente, a distribuição de tensões na estrutura. Como alternativa foram consideradas duas opções: a instalação de proteção catódica ou a remoção eletroquímica dos cloretos. Concluiu-se que a técnica mais adequada para a reabilitação da laje seria a remoção eletroquímica dos cloretos, eliminando-se, desse modo, o agente causador da corrosão, e dispensando o monitoramento periódico, inerente aos sistemas de proteção catódica. A reabilitação consistiu numa intervenção múltipla, que incluiu a remoção e a reposição do concreto nas zonas degradadas, a correção do recobrimento das armaduras em áreas consideradas deficientes, a implementação do tratamento de dessalinização na face superior da laje e a aplicação de um esquema de pintura na face inferior.

Antes da aplicação do tratamento de dessalinização, foi necessário reparar adequadamente as áreas que apresentavam concreto deteriorado. Em algumas zonas, devido à extensão da deterioração, foi necessário repor as armaduras corroídas por meio da sua substituição por armaduras novas.

tratamento da laje dos três blocos, que constituem o edifício, foi faseado de modo que cada bloco fosse tratado individualmente. Foi utilizada como ânodo uma malha de aço eletrossoldado, instalada entre camadas de feltro para suporte do eletrólito, a água. Foi instalado um sistema de rega com água, que garantiu a molhagem uniforme e contínua do material de suporte do ânodo (feltro), para assegurar a distribuição uniforme da corrente elétrica a toda a superfície do concreto a tratar. Detalhes da instalação são apresentados na Figura 11.14.

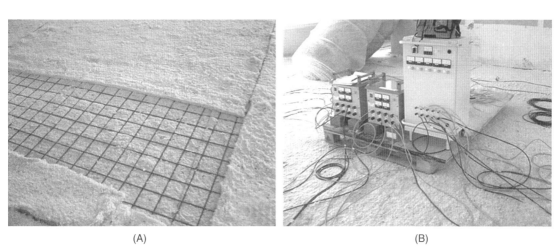

(A)　　　　　　　　　　　　　　　　　　　(B)

Figura 11.14. Aspectos do processo de dessalinização da laje de um edifício escolar. (A) Instalação da malha de aço (ânodo) entre camadas de feltro; e (B) ligações às fontes de alimentação.

O sistema foi dimensionado para fornecer densidade de corrente média de 1 A/m^2 de aço das armaduras. O sistema anódico, em cada módulo, foi dividido em múltiplas zonas, eletricamente independentes, e cada zona foi alimentada por uma saída independente da fonte de alimentação, de modo a assegurar um controle adequado da corrente a toda a superfície do concreto. Durante o tratamento foi efetuado o monitoramento da amperagem (A.h), em cada zona, para determinação da carga total. Foram extraídos corpos de prova em áreas consideradas representativas, para determinação do teor de cloretos ao nível das armaduras. O tratamento foi finalizado quando o teor de cloretos no concreto junto às armaduras foi reduzido para valores inferiores a 0,4% (massa de cimento) e quando a quantidade de carga por unidade de área foi de, no mínimo, 600 $A.h/m^2$ de aço. A duração do tratamento em cada módulo (com cerca de 500 m^2 de área de concreto) variou de 4 a 7 semanas, sendo o tratamento mais prolongado requerido nos módulos em que o concreto apresentava teor de cloreto mais elevado.

No final do tratamento todos os componentes foram removidos e a superfície do concreto limpa de todos os vestígios de tratamento, antes da aplicação da pintura na face inferior da laje.

Referências

1. PAGE, C.L. (1989) Corrosion and corrosion control of steel in concrete. Proceedings of the 2nd International Conference and Exhibition, paper 21, June, England.
2. FORSYTH, M.; LOURENÇO, M.Z. (1997) Corrosion and protection of steel in concrete. Corrosion & Materials, v. 22, 13-16.
3. BROOMFIELD, J. (2007) Anode selection for protection of RCS. Materials Performance, v. 46, n. 1.
4. FEDERAL HIGHWAY AUTHORITY. (1983) Report RD-83/048.

5. BROOMFIELD, J. (1994) International development and growth. Seminar on Cathodic Protection of Reinforced Concrete Structures, SCPRC, London, paper 6.
6. TETTAMANTI, M.; et al. (1997) Cathodic prevention and protection of concrete elements at the Sydney opera house. Materials Performance, v. 9, 21-25.
7. MOURA, R.; DUARTE, F. (2005) Proteção Catódica em Betão Armado na Ponte Ferroviária de Portimão. Corrosão e Proteção de Materiais, v. 24, n. 4.
8. LOURENÇO, M.Z. (2012) Cathodic protection application to new and existing reinforced concrete structures. Reglamentación de las estructuras de hormigón. de la perspectiva prescriptiva al diseño por prestaciones, Madrid.
9. GODSON, I.; LOURENCO, Z. (2007) Impressed current cathodic protection of prestressed concrete. Proceedings of Eurocorr 2007, Freiburg, Germany, paper 1188.
10. EUROPEAN COMMITTEE FOR STANDARDIZATION. (2012) EN ISO 12696. Cathodic protection of steel in concrete.
11. AUSTRALIAN STANDARDS. AS 2832.5. (2002) Cathodic protection of metals- steel in concrete structures.
12. NATIONAL ASSOCIATION OF CORROSION ENGINEERS. SP0290-2007. (2007) Impressed current cathodic protection of reinforced steel in atmospherically exposed concrete structures, Houston.
13. NATIONAL ASSOCIATION OF CORROSION ENGINEERS. Item 24202-2002. (2002) Use of reference electrodes for atmospherically exposed reinforced concrete structures, Houston.
14. NATIONAL ASSOCIATION OF CORROSION ENGINEERS. Item 24224. (2005) Sacrificial cathodic protection of reinforced concrete elements – a state-of-the-art report, Houston.
15. MEARS, R.B.; BROWN, R.H. (1938) A theory of cathodic protection. Transactions of the Electrochemical Society, v. 74, 519-531.
16. POURBAIX, M. (1973) Lectures on electrochemical corrosion. Plenum press, p. 235-295.
17. LAZZARI, L.; PEDEFERRI, P. (2006) Cathodic protection. Milano, Polipress, p. 287.
18. CHAUDHARY, Z. (2002) Cathodic protection of new seawater concrete structures in petrochemical plants. Materials Performance, v. 42, n. 12.
19. LOURENCO, Z. (2002) Depolarization characteristics of cathodically protected reinforced concrete structures. Corrosion Engineering-online, Edition July.
20. ARAUJO, A.; PANOSSIAN, Z.; LOURENÇO, Z. (2013) Proteção catódica de estruturas de concreto. Revista Ibracon de Estruturas e Materiais, v. 6, n. 2, p. 178-193.
21. GLASS, G.; ROBERT, A.C.; DAVISON, N. (2008) Hybrid corrosion protection of chloride contaminated concrete. Construction Materials, v. 161, n. CM4.
22. EUROPEAN COMMITTEE FOR STANDARDIZATION. EN 14038-2:2011. Electrochemical re-alkalization and chloride extraction treatments for reinforced concrete-part 2 chloride extraction, 2011.
23. NATIONAL ASSOCIATION OF CORROSION ENGINEERS. SP0107-2007. (2007) Electrochemical realkalization and chloride extraction for reinforced concrete, Nace, Houston.
24. NATIONAL ASSOCIATION OF CORROSION ENGINEERS. Item 24214. (2001) Electrochemical chloride extraction from steel reinforced concrete – a state-of-the-art report, Houston.
25. MILLER J.B. (2006) Electrochemical chloride extraction and realkalization part 1 Principles, durability, experience and post treatment. Seminário OE, Lisboa, out.
26. EUROPEAN COMMITTEE FOR STANDARDIZATION. EN 14038-1:2004. (2004) Electrochemical re-alkalization and chloride extraction treatments for reinforced concrete – part 1 realkalization.
27. NATIONAL ASSOCIATION OF CORROSION ENGINEERS. Item 24214. (2001) Electrochemical chloride extraction from steel reinforced concrete – a state-of-the-art report, Houston.
28. NATIONAL ASSOCIATION OF CORROSION ENGINEERS. Item 24223. (2004) Electrochemical realkalization of steel-reinforced concrete – a state-of-the-art report, Houston.
29. ELSENER, B. et al. (1997) Repair of reinforced concrete structures by electrochemical techniques – field experience. In : MIETZ, J., ELSENER, B., POLDER, R., (eds.). Corrosion of Reinforcement in Concrete – Monitoring, Prevention and Rehabilitation. Papers from Eurocorr 97, Publication n. 25 (8), p. 125-140. London, UK: IoM Communications.

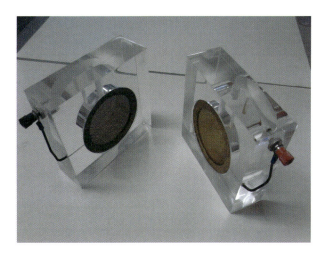

Figura 4.9. Aparato para avaliação da taxa de migração de cloretos, segundo a norma ASTM C 1202/97.

Figura 4.11. Realização do ensaio de migração de cloretos em (A) amostras de concreto e (B) argamassa.

2   Corrosão e Degradação em Estruturas de Concreto

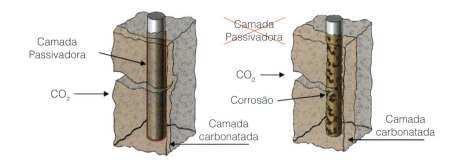

Figura 6.4. Representação do avanço da frente de carbonatação e da destruição da camada passivadora. (Adaptado de TULA *apud* Carmona[13]).

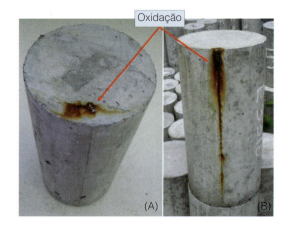

Figura 7.11. Produtos da oxidação da pirita em superfície de corpos de prova de concreto: (A) aos 120 dias e (B) aos 360 dias.

Figura 7.13. Ocorrência de corrosão negra em uma viga de concreto armado[51].

Figura 7.14. Conversão da ferrugem negra em óxido férrico[51].

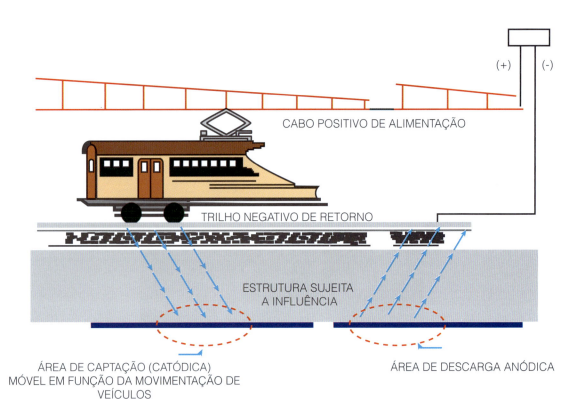

Figura 7.16. Interferência ocasionada por um sistema eletrificado em corrente contínua sobre uma estrutura enterrada[59].

Figura 8.8. Amostras de concreto de (A) Referência (sem ar incorporado) antes da ciclagem; (B) Referência após 300 ciclos; e contendo incorporação de ar nos teores de (C) 10%, após 100 ciclos; (D) 10%, após 300 ciclos; (E) 4%, após 300 ciclos; e (F) 6%, após 300 ciclos.

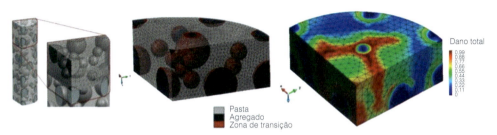

Figura 8.30. Modelização do concreto como um material compósito exposto às altas temperaturas[145].

Figura 9.2. Fixação da fita de malha de titânio às armaduras, com espaçadores de plástico, antes da concretagem.

Figura 9.4. Aplicação de prevenção catódica: (A) instalação das fitas do anodo de Ti/MMO nas armaduras de uma laje, antes da concretagem; e (B) laje concretada.

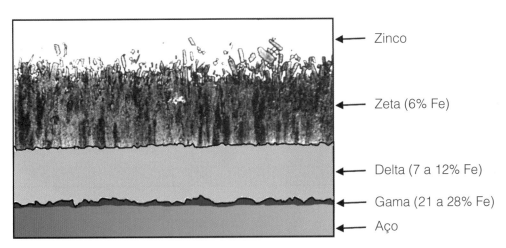

Figura 9.6. Representação esquemática de um revestimento galvanizado por imersão a quente, mostrando as camadas com diferentes teores de Zn que constituem o revestimento (Adaptado de Rowland[22]).

Figura 9.7. (A) Presença de trincas no concreto causadas pela formação do produto de corrosão na armadura; e (B) presença da armadura exposta diretamente ao meio corrosivo devido à formação do produto de corrosão que causou o rompimento da camada de concreto.

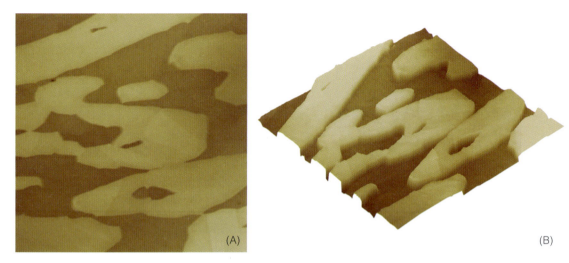

Figura 9.11. Imagens topográficas obtidas por meio de microscopia de força atômica de uma liga de aço inoxidável duplex (Fe-22,6%Cr-5,38%Ni-0,024%C-1,57%Mn-0,35%Si-0,013%P-0,008%S-2,58%Mo-0,13%N), após sofrer ataque químico em solução de ácido oxálico A e B se referem, respectivamente, à imagem em duas dimensões e à imagem em três dimensões A fase escura se refere à ferrita e a fase clara se refere à austenita[60].

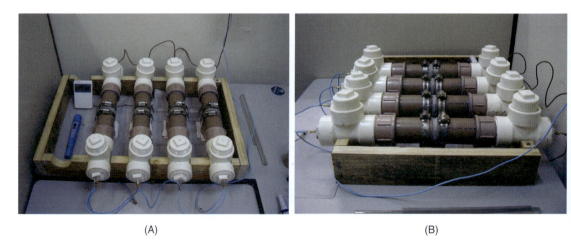

Figura 10.2. Realização do ensaio de migração de cloretos.

Figura 10.3. Evolução da região carbonatada do concreto aos 3, 6, 9 e 13 meses, por métodos acelerados, indicada pela reação da fenolftaleína.

Figura 10.14. (A) Barras em solução de ácido clorídrico 1:1 com 3,5 g/L de hexametilenotetramina; (B) imersão das barras em acetona; e (C) secagem das barras com jato de ar quente.

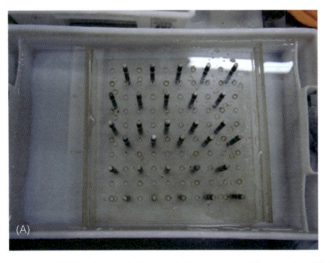

Figura 10.15. Célula eletroquímica montada para a medida do potencial de corrosão das barras de aço (A) Imersa em solução de NaCl 3% e (B) medida do potencial das barras.

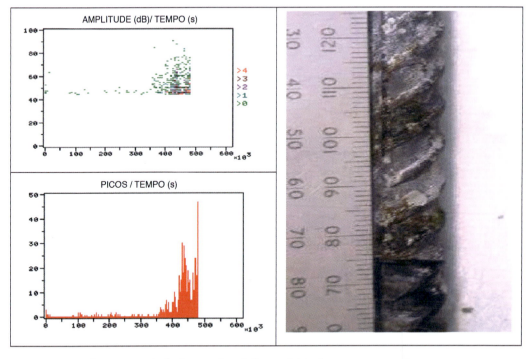

Figura 10.34. Relação entre a emissão de energia acústica e o início do processo corrosivo.

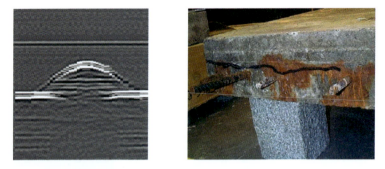

Figura 10.40. Imagem à esquerda, obtida por radar, do fenômeno corrosivo da estrutura à direita.

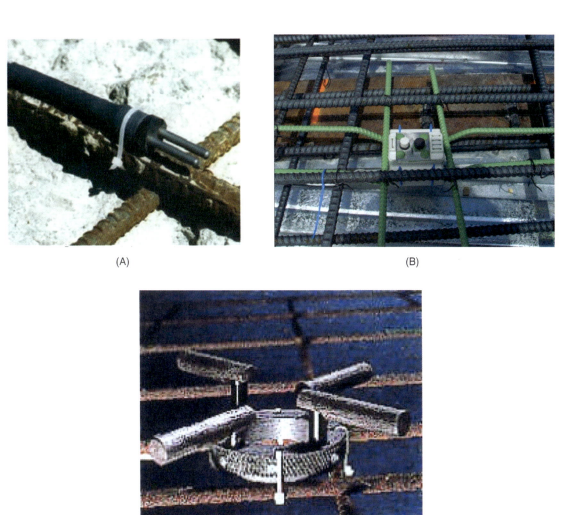

Figura 10.43. (A) Sensor de corrosão Corroater 800/800T; (B) sistema de monitoramento ECI-1 e (C) Corrowatch I.

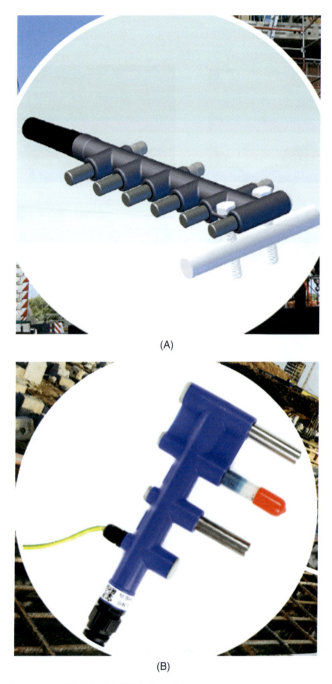

(A)

(B)

Figura 10.44. Esquema das sondas (A) M3 e (B) M4 da Intertek.

Figura 10.45. Imagem da sonda Monicorr fixa à armadura.

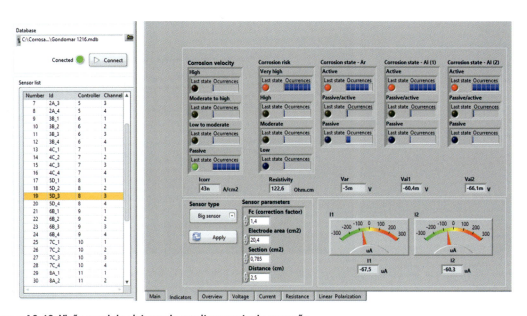

Figura 10.46. Visão geral do sistema de monitoramento da corrosão.

Figura 11.4. Aplicação do anodo malha de titânio a uma parede dos encontros de uma ponte (A) Fixação da malha com fixadores de plástico à superfície do concreto; (B) aplicação por projeção a seco da camada de recobrimento.

Figura 11.5. Aplicação das fitas de malha de titânio a pilares (A) Abertura das ranhuras; (B) instalação das fitas; e (C) aspecto final.

Figura 11.7. Aplicação de anodos discretos nos pilares de uma ponte e ilustração esquemática da instalação do anodo no pilar.

Figura 11.13. Detalhes da instalação de proteção catódica na laje superior de uma estrutura de concreto num estaleiro naval: (A) Ligação elétrica às armaduras, efetuada antes da aplicação da primeira camada de concreto; e (B) aplicação das fitas de anodo entre duas camadas de concreto.

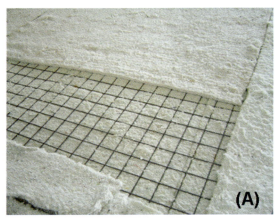 

Figura 11.14. Aspectos do processo de dessalinização da laje de um edifício escolar (A) Instalação da malha de aço (anodo) entre camadas de feltro; e (B) ligações às fontes de alimentação.